Renatus Ziegler

—

Zahlen und ihre Struktur

Renatus Ziegler

Zahlen und ihre Struktur

Mathematische und philosophische Untersuchungen im Umfeld der Ideen natürlicher und reeller Zahlen und ihrer Nichtstandardmodelle

Königshausen & Neumann

Bibliografische Information der Deutschen Nationalbibliothek

Die Deutsche Nationalbibliothek verzeichnet diese Publikation in der Deutschen Nationalbibliografie; detaillierte bibliografische Daten sind im Internet über http://dnb.d-nb.de abrufbar.

Gedruckt auf säurefreiem, alterungsbeständigem Papier
Einbandgestaltung: Christoph Jäggy
Satz: Gregor Schneider

Printed in Germany
ISBN 978-3-8260-5169-2
www.koenigshausen-neumann.de
www.libri.de
www.buchhandel.de
www.buchkatalog.de

Inhalt

Vorwort 9

1 Einführung 11

1.1 Ausgangspunkte, Ziele und Gesichtspunkte 11

1.2 Resultate und Zusammenfassungen 12

2 Mathematische Gesichtspunkte 17

2.1 Die Peano-Axiome der natürlichen Zahlenreihe 17

2.2 Rekursive Definition von Addition und Multiplikation 19

2.3 Monomorphie der Peano-Axiome 21

2.4 Beispiele für Peanostrukturen 23

2.5 Peano-Arithmetik 25

2.6 Ordnungseigenschaften 27

2.7 Die Unendlichkeit der Zahlenreihe 30

2.8 Nichtisomorphe Modelle in der Gruppentheorie 33

2.9 Peanostrukturerweiterungen 35

2.10 Hypernatürliche Zahlen 37

2.10.1 Adjunktionsmethode 37

2.10.2 Ultrapotenzmethode 42

2.10.3 Skolemsche Methode 48

2.10.4 Vergleich der Methoden 51

Bibliographische Hinweise 52

3 Mathematik und formale Logik 53

3.1 Voraussetzungen, Gesichtspunkte und Ziele der formalen Logik 53

3.2 Grundbegriffe der formalen Propositionslogik 55

3.2.1 Formale Logik der unbestimmten Propositionen 55

3.2.2 Formale Logik der Propositionsbestimmung: Bewertung und Gültigkeit, propositionslogische Gesetze 59

3.2.3 Propositionslogische Folgerung und der Modellbegriff 62

3.2.4 Propositionslogisches Schließen 63

3.2.5 Propositionslogische Deduktion 64

3.2.6 Adäquatheit der Propositionslogik 65

3.2.7 Algebra der Propositionen 66

3.2.8 Mathematisierung der formalen Propositionslogik: Bemerkungen zur Axiomatik 67

3.2.9 Grenzen der formalen Propositionslogik 68

3.3 Grundbegriffe der formalen Prädikatenlogik 69

3.3.1 Formale Logik der unbestimmten Prädikate 69

3.3.2 *Freie Variablen und Quantifizierung* . . . 72
3.3.3 *Formale Logik der Prädikatenbestimmung: Interpretation und Erfüllbarkeit, prädikatenlogische Gesetze* . . . 75
3.3.4 *Prädikatenlogische Folgerung und der Modellbegriff* . . . 78
3.3.5 *Prädikatenlogische Schlüsse* . . . 79
3.3.6 *Prädikatenlogische Deduktion* . . . 81
3.3.7 *Prädikatenlogische Adäquatheit* . . . 81
3.3.8 *Klassische Syllogistik* . . . 82
3.3.9 *Mathematisierung der formalen Prädikatenlogik: Bemerkungen zur Axiomatik* . . . 86
3.3.10 *Grenzen der formalen Prädikatenlogik* . . . 86

3.4 Axiomensysteme im Rahmen der formalen Prädikatenlogik . . . 87
3.4.1 *Strukturen, Interpretationen und Modelle* . . . 87
3.4.2 *Definitionen* . . . 88
3.4.3 *Theoreme und Beweise* . . . 90

3.5 Widerspruchsfreiheit und Vollständigkeit . . . 92
3.5.1 *Relative (modellabhängige) Widerspruchsfreiheit und Vollständigkeit von Axiomensystemen* . 92
3.5.2 *Deduktive Widerspruchsfreiheit und Vollständigkeit von Axiomensystemen* . . . 94
3.5.3 *Existenz und Widerspruchsfreiheit* . . . 96

3.6 Grundbegriffe der formalen Klassenlogik und Relationenlogik . . . 97
3.6.1 *Extensionale und intensionale Auffassung von Prädikaten* . . . 97
3.6.2 *Klassenbildung* . . . 98
3.6.3 *Relationen und Funktionen* . . . 99
3.6.4 *Gesetze der Klassen- und Relationenlogik* . . . 99
3.6.5 *Isomorphie der Klassenalgebra mit der Algebra der Propositionen und mit der monadischen Prädikatenalgebra* . . . 100
3.6.6 *Äquivalenz der Klassenlogik mit der monadischen Prädikatenlogik* . . . 101
3.6.7 *Mengenlehre als Mathematisierung der Klassenlogik* . . . 102
3.6.8 *Grenzen der formalen Klassen- und Relationenlogik* . . . 103

3.7 Zum Problem der Antinomien im Umkreis der formalen Logik . . . 103
3.7.1 *Antinomien der Klassenbildung* . . . 104
3.7.2 *Antinomien der Modellbildung* . . . 109

3.8 Mathematische Mengenlehre . . . 112
3.8.1 *Finsler-Mengenlehre* . . . 113
3.8.2 *Cantor-Mengenlehre* . . . 118
3.8.3 *Das Auswahlprinzip* . . . 119
3.8.4 *Mathematik und Mengenlehre* . . . 120

3.9 Zur formallogischen Darstellung der Gesetzmäßigkeiten natürlicher Zahlen . . . 121
3.9.1 *Axiome, Prädikate und Strukturen* . . . 121
3.9.2 *Definitionen* . . . 122
3.9.3 *Theoreme und Beweise* . . . 123

3.10 Ausblick: Prinzipielle Grenzen der formalen Logik . . . 126
3.10.1 *Symbolisierung und formale Darstellung* . . . 126
3.10.2 *Grenzen der rein formalen Logik* . . . 127
3.10.3 *Grenzen der Anwendung der formalen Logik* . . . 128

Bibliographische Hinweise . . . 129

4 Kommunikation und mechanische Manipulation 131

4.1 Warum Symbolisierung? . . . 131

4.2 Symbolische Darstellung von Zahlen: Ziffern und Zahlensysteme . . . 132

4.3 Eine Sprache zur symbolischen Darstellung der formalen Logik . . . 133

4.4 Symbolisierungen . . . 135
4.5 Interpretationen und Modelle: symbolische Folgerung und Erfüllbarkeit . . . 138
4.6 Sequenzenkalkül: symbolische Ableitbarkeit und syntaktische Widerspruchsfreiheit . . . 142
4.7 Semantische und syntaktische Begriffe . . . 144
4.8 Das Endlichkeitstheorem . . . 145
4.9 Nichtstandardmodelle der Arithmetik: Der Satz von Skolem . . . 147
4.10 Die Ordnungsstruktur von abzählbaren Nichtstandardmodellen . . . 149
4.11 Konstruktion von Nichtstandardmodellen . . . 151
4.11.1 Adjunktionsmethode . . . 152
4.11.2 Ultrapotenzmethode . . . 154
4.11.3 Ein Übergang von der Adjunktionsmethode zur Ultrapotenzmethode . . . 157
4.11.4 Skolems Konstruktionsmethode . . . 158
4.11.5 Axiomatik für Nichtstandardmodelle . . . 159
4.11.6 Was sind und was sollen die Nichtstandardzahlen? . . . 160
4.12 Vollständigkeit . . . 162
4.13 Aufzählbarkeit und Entscheidbarkeit . . . 165
4.14 Die Gödelschen Unvollständigkeitssätze . . . 169
4.15 Das Skolemsche Paradoxon . . . 174
4.16 Die Sprachen erster Stufe im Vergleich mit Sprachen höherer Stufe . . . 177
4.17 Zusammenfassung und Diskussion . . . 179
4.18 Prinzipielle Grenzen der Symbolisierbarkeit: Die Finslerschen Sätze . . . 181
4.19 Prinzipielle Nicht-Symbolisierbarkeit der Finsler-Mengenlehre . . . 187
Bibliographische Hinweise . . . 189

5 Nichtstandardkonstruktionen für reelle Zahlen 191
5.1 Angeordnete Körper . . . 191
5.1.1 Archimedische Körper und die klassische Auffassung der reellen Zahlen . . . 191
5.1.2 Konstruktionen der reellen Zahlen . . . 193
5.1.3 Nichtarchimedische Körper . . . 196
5.1.4 Reell-abgeschlossene Körper . . . 197
5.2 Nichtstandarderweiterungen der reellen Zahlen . . . 198
5.2.1 Motivation . . . 198
5.2.2 Folgenringe . . . 200
5.2.3 Ultrapotenzmethode . . . 202
5.2.4 Adjunktion . . . 204
5.2.5 Standard- und Nichtstandardelemente, Monaden . . . 206
5.2.6 Interne Mengen und Funktionen, Nichtstandarderweiterungen, Stetigkeit . . . 209
5.3 Symbolisierungen . . . 211
5.3.1 Symbolisierung der Axiome der reellen Zahlen . . . 211
5.3.2 Nichtstandardmodelle . . . 212
5.3.3 Axiomatik . . . 213
5.3.4 Theorie der reell-abgeschlossenen Körper . . . 214
5.4 Ausblick auf einige Grundbegriffe der Nichtstandardanalysis . . . 216
5.4.1 Limes und Stetigkeit . . . 216
5.4.2 Differential . . . 217
5.5 Was sind und was sollen reelle Nichtstandardzahlen? . . . 218
Bibliographische Hinweise . . . 219

Anhang 221

Thoralf Skolem: Über die Bedeutung des Satzes von Löwenheim-Skolem 223
Vorbemerkung des Herausgebers 223
Historische und systematische Bemerkungen 223
Anwendung des Satzes von Löwenheim auf die Axiomatik der Mengenlehre 226
Über die Nicht-Kategorizität mathematischer Begriffe 233
Diskussion 237

Gregor Schneider: Nachwort 241

Literatur 255

Symbolregister 262

Sachregister 264

Namenregister 275

VORWORT

Die vorliegenden mathematischen und logischen Untersuchungen im Umkreis der natürlichen Zahlen können als Fundament einer weitergehenden Betrachtung des mathematischen Denkens in seinem Verhältnis zu anderen Denk- und Erfahrungsformen dienen. Es soll insbesondere genauer untersucht werden, inwiefern mathematisches Denken in erweiterte Denkformen hineinreicht. In etwas anderer Weise ausgedrückt geht es um die Frage, inwieweit solche erweiterten Denk- und Erfahrungsformen in spezieller Erscheinungsweise im spezifisch mathematischen Denken anwesend sind.

Im mathematischen und logischen Bereich sind in dieser Untersuchung nur wenig Resultate zu finden, die über das bereits Bekannte hinausreichen. Es dürfte aber die Form der Darstellung und die zum Ausdruck gebrachten Gesichtspunkte zumindest an manchen Stellen ungewohnt sein. Es wurde zum Beispiel der Versuch unternommen, vom streng formallogischen (nicht: symbolisch-logischen) Gesichtspunkt aus zu einer genauen Einsicht in die Natur von mathematischen Axiomensystemen zu kommen. Dabei ergeben sich erhebliche Differenzen sowohl in den Resultaten wie in den Beweisführungen zu den entsprechenden Untersuchungen in der symbolischen Logik. Historisch gesehen ist es im Rahmen der traditionellen mathematischen Logik nie zu einer gründlichen Untersuchung von Axiomensystemen im Rahmen der rein formalen Logik gekommen, da schon am Beginn der Entwicklung der mathematischen Logik im allgemeinen eine Symbolisierung als unumgänglich angesehen wurde.

Eine Veranlassung zur genaueren mathematischen Untersuchung von Modellen der Peano-Axiome und deren ordnungstheoretischen Erweiterungen zu Nichtstandardzahlen ging unter anderem von dem Aufsatz «Von der Gedankenlosigkeit in der Behandlung der Mathematik» [1961] von Louis Locher aus. Dort steht die Klärung des genauen Stellenwertes und der Bedeutung der Entdeckung Skolems über die «Nichtcharakterisierbarkeit» der natürlichen Zahlen durch endlich (oder unendlich) viele Axiome im Vordergrund (siehe dazu die Anmerkung am Ende des Abschnittes 1.2). Die anfängliche Fragestellung hat sich im Lauf der immer interessanter und spannender werdenden Untersuchungen erweitert zu dem Ziel, einige Grundlagen der Logik und Mathematik auszuarbeiten, welche als Basis einer weitergehenden philosophischen Beleuchtung dienen können.

Ohne die mannigfachen Anregungen zu klaren Begriffsbildungen, Gliederungen und Unterscheidungen im Bereich der Beobachtungen des Denkens in Gesprächen und Seminaren mit Werner A. Moser im Rahmen des TROXLER-Institutes in Basel hätte ich es allerdings kaum gewagt, mich so weit in das bisher wenig bearbeitete Gebiet einer Philosophie der Mathematik und Logik auf ideenrealistischer Grundlage vorzuwagen.

Für eine Durchsicht und Verbesserungsvorschläge danke ich Arthur Bakker, Gerhard Kowol und Gregor Schneider. Gregor Schneider verdanke ich zudem die Umsetzung des ursprünglichen MS-Word-Files in LaTeX. Das gab zugleich den Anlass für einige Überarbeitungen, nicht zuletzt durch seine Anmerkungen. An dieser Stelle möchte ich ihm auch herzlich danken für sein

Nachwort, in welchem moderne metamathematische Resultate in ihrer Bedeutung für die Natur der Zahlen ausgelotet werden. Ansonsten ist die Struktur der Fassung vom November 1996, die im Rahmen meiner damaligen Forschungsarbeiten an der Mathematisch-Astronomischen am Goetheanum (Dornach, Schweiz) erarbeitet wurde, in ihrem Grundgehalt beibehalten worden.

Hinweise zur Benutzung: Literatur wird abgekürzt zitiert und im Literaturverzeichnis mit allen notwendigen Angaben angeführt. Das Buch enthält ein Sachregister, ein Namenregister und ein Symbolregister. In letzterem werden erst mathematischen Symbole, dann Abkürzungen und zuletzt Kürzel für die hier verwendeten Axiome aufgeführt. – Im Sachregister sind die wichtigesten Begriffe unter folgenden Sachgruppen zu finden: Antinomie, Axiomensystem, Definition, Beweis, Finsler-Mengenlehre, Hyperreelle Zahlen, Klassenbildung, Körper, Logik, Natürliche Zahlen, Peano-Arithmetik: symbolisiert, Peano-Axiome, Prädikatenform, Prädikatenkalkül, Prädikatenlogik, Propositionslogik, Reelle Zahlen.

Renatus Ziegler, im März 2013

Kapitel 1
Einführung

1.1 Ausgangspunkte, Ziele und Gesichtspunkte

Eine erste Bekanntschaft mit den elementaren mathematischen Eigenschaften natürlicher Zahlen wird hier vorausgesetzt. Ebenso die anfängliche Kenntnis einiger begrifflicher Werkzeuge des mathematischen Denkens wie Funktionen, Mengen, etc. Kenntnisse in höherer Mathematik werden nicht erwartet, wohl aber das Bedürfnis, sich über die Natur des mathematischen und logischen Denkens Rechenschaft zu geben, das heißt immer wieder darüber zu reflektieren, was beim mathematischen Denken geschieht. Um in diesen Prozeß hineinzukommen, muß erst ein wenig im exemplarischen Sinne Mathematik getrieben werden, um genügend Erfahrungsmaterial zur Verfügung zu haben.

Die natürlichen Zahlen werden als Gegenstände der Mathematik behandelt: Elementare mathematische Untersuchungen bilden den sachgemäßen und natürlichen Ausgangspunkt aller weiteren Betrachtungen. Mathematische Überlegungen bedienen sich jedoch auch logischer Hilfsmittel, sodaß jede mathematische Analyse sachgemäß mit einer logischen Analyse verknüpft werden kann. Mathematik und Logik verhalten sich in diesem Zusammenhang im wesentlichen wie Inhalt und Form: Mathematische Inhalte (Begriffe, Gesetze) werden gemäß den Formen, oder Regeln, der Logik miteinander verknüpft. Orientiert man sich an den Inhalten, so fällt zunächst die logische Form nicht ins Auge. Dieses Zusammenspiel von Logik und Mathematik soll zunächst näher untersucht werden.

Mit anderen Worten, Ausgangspunkt ist zunächst das bezüglich seiner Eigenform naive mathematische Denken, das sich sicher in seinen Inhalten bewegt. Schritt für Schritt werden dann die mitbeteiligten, aber zunächst nicht offenbaren Denkformen ins beobachtende und erkennende Bewußtsein gehoben, bis eine erweiterte Einsicht in die innere Differenzierung des mathematischen Denkens zutage tritt. Dies kann zur Grundlage eines kritischen mathematischen Denkens werden, das heißt eines solchen Denkens, das sich seiner Eigengesetzlichkeit, und damit seiner Grenzen und Möglichkeiten bewußt ist.

Besonderer Wert wird auf die Abgrenzung oder begriffliche Unterscheidung (Bestimmung) verschiedener Denkeinstellungen gelegt, wodurch erst die im Gesamtgeschehen des mathematischen und logischen Denkens anwesenden Denkformen aufgedeckt werden können. Methodisch wird dabei so vorgegangen, daß zunächst auf bereits betätigte unterschiedliche Denkverfahrensweisen aufmerksam gemacht wird, bevor eine tiefergehende begriffliche Bestimmung derselben angegangen wird.

Insofern ist das Vorgehen nicht systematisch-deduktiv, sondern denk-phänomenologisch. Mit anderen Worten, es wird versucht, aus der Beobachtung des mathematischen und logischen

Denkens zu einigen Einsichten (Urteilen) über die innere Natur dieser Denkformen zu kommen.

Um einem Mißverständnis vorzubeugen, muss hier betont werden, daß es nicht um eine Psychologisierung des mathematischen und logischen Denkens geht. Vielmehr soll deutlich gemacht werden, daß weder das rein mathematische noch das rein logische Denken in ihren verschiedenen Spielarten sich selbst zu begründen in der Lage sind. Die Aufdeckung einiger im mathematischen und logischen Denken inhärenten umfassenderen Denkformen ist das Hauptanliegen dieser Untersuchungen.

Um von den Hauptzielen dieser Arbeit nicht abzulenken, wird auf die Untersuchung historischer Sachverhalte und die Beziehungen zur sich gegenwärtig stark verändernden Philosophie der Mathematik verzichtet. Weiter wird auch von Zusammenhängen der Zahlen mit außerhalb ihres eigentlichen Gebietes liegenden mathematischen Bereichen nicht die Rede sein.

Man beachte: Der hier verwendete Wortgebrauch ist nicht immer standardgemäß; so wird insbesondere der Ausdruck *formal* nicht im Sinne einer Darstellbarkeit durch endlich viele materielle *Zeichen* (siehe weiter unten), sondern im Sinne der klassischen aristotelischen Logik und deren Erweiterungen verwendet. Was sonst meist als «formale Logik» bezeichnet wird, heißt hier «symbolische Logik».

1.2 Resultate und Zusammenfassungen

Die mathematischen Fragen, die hier vor allem interessieren, sind: Wie lassen sich die natürlichen und die reellen Zahlen als *Ganzes* begreifen? Was zeichnet sie unter allgemeineren Strukturen *spezifisch* aus? Wodurch *unterscheiden* sie sich von anderen verwandten mathematischen Gebilden? Inwiefern und durch welche Eigenschaften lassen sich die natürlichen und reellen Zahlen auf *eindeutige Weise* charakterisieren? Es wird also nicht untersucht werden, was einzelne natürliche oder reelle Zahlen voneinander unterscheidet oder in welchen Relationen solche Zahlen untereinander stehen (Primzahlen, vollkommene Zahlen, gerade Zahlen, rationale Zahlen, algebraische Zahlen, irrationale Zahlen etc.), sondern was *allen* gemeinsam ist.

Grundsätzlich lassen sich für die Untersuchung natürlicher Zahlen der algebraische vom ordnungstheoretischen Gesichtspunkt unterscheiden. Beim ersteren stehen Addition und Multiplikation und deren Eigenschaften im Vordergrund und beim letzteren die Reihenfolge.

Peano-Axiome und ihre Modelle

Die im wesentlichen auf Peano und Dedekind zurückgehenden sogenannten *Peano-Axiome* knüpfen an die Ordnungseigenschaften der natürlichen Zahlen an. Sie halten in knapper Weise die notwendigen und, wie sich zeigen wird, auch hinreichenden Eigenschaften natürlicher Zahlen fest (Abschnitte 2.1 und 2.2).

Die natürlichen Zahlen bilden einen Bereich von Objekten des Denkens, wobei es zu jeder natürlichen Zahl genau eine weitere natürliche Zahl gibt, Nachfolger genannt (Nachfolgerfunktion), wobei die folgenden Eigenschaften gelten: (1) die 1 ist eine natürliche Zahl, die nicht Nachfolger irgendeiner natürlichen Zahl ist; (2) die Nachfolger zweier verschiedener natürlichen Zahlen sind stets verschieden; (3) jede Menge natürlicher Zahlen, welche die 1 enthält und mit jeder natürlichen Zahl auch deren Nachfolger, enthält alle natürlichen Zahlen (vollständige Induktion).

Mit *Struktur* wird ein System (eine Menge) von Dingen benannt, in welchem gewisse Verknüpfungen (Funktionen, Relationen) definiert sind. Man kann zeigen, daß die oben genannten Eigenschaften der natürlichen Zahlen die Struktur dieser Zahlen bis auf Isomorphie festlegen, das heißt in jeder Struktur, welche dieselben Eigenschaften erfüllt, lassen sich dieselben Gesetzmäßigkeiten aufweisen (Satz von Dedekind: Monomorphie oder Kategorizität der Peano-Axiome; Abschnitt 2.3). Vom Gesichtspunkt der durch die Eigenschaften der Peano-Axiome bedingten begrifflichen Bezüge sind solche Systeme ununterscheidbar. In diesem Sinne sind die natürlichen Zahlen durch die Peano-Axiome eindeutig festgelegt. Solche Strukturen heißen *Modelle der Peano-Axiome*. Neben den natürlichen Zahlen, für welche diese Axiome aufgestellt wurden, gelten sie für alle diskreten, archimedisch und linear geordneten Mengen von Objekten mit einer Nachfolgerfunktion sowie einem ersten (aber keinem letzten) Element, etwa den positiven ungeraden Zahlen $1, 3, 5, 7, 9, \ldots$ (Abschnitte 2.4 bis 2.7).

Strukturerweiterungen der natürlichen Zahlen
Auf der Grundlage der Peano-Axiome lassen sich nun Addition und Multiplikation einführen und so der Anschluß des ordnungstheoretischen an den algebraischen Gesichtspunkt herstellen. Beide Gesichtspunkte geben Anlaß zur Betrachtung von Erweiterungsstrukturen, das heißt solchen Strukturen, die umfassender als die natürlichen Zahlen sind, und in die zugleich eine isomorphe Kopie der natürlichen Zahlen eingebettet ist. Die Forderung nach uneingeschränkter Ausübung der Subtraktion oder Division (außer durch 0) führt bekanntermaßen auf die ganzen bzw. rationalen Zahlen. Die im folgenden näher diskutierten ordnungstheoretischen Erweiterungen führen auf sogenannte *hypernatürliche Zahlen* (Abschnitt 2.9).

Zunächst ist klar, daß wegen der Monomorphie-Eigenschaft der Peano-Axiome jede echte Strukturerweiterung auf Strukturen führt, die nicht zu den natürlichen Zahlen isomorph sind, also in einigen Eigenschaften wesentlich von den «natürlichen Eigenschaften» abweichen. In der hier angestrebten Erweiterung (Abschnitt 2.10) soll insbesondere die Diskretheit, das Anfangselement 1 sowie die eindeutige Bestimmtheit eines Nachfolgers und Vorgängers (letzteres außer beim Anfangselement) gewährleistet sein. Es zeigt sich, daß insbesondere auf das Induktionsaxiom verzichtet werden muß. Dies hat unter anderem zur Konsequenz, daß die Archimedizität nicht erfüllt ist, das heißt es gibt nicht zu allen hypernatürlichen Zahlen a eine natürliche Zahl n, sodaß $n \cdot 1 > a$. Weiter gilt bei Systemen hypernatürlicher Zahlen (die übrigens auch nichtabzählbar sein können) immer unendlich absteigende Ketten von Elemente, das heißt es gibt Elemente $a_1, a_2, a_3, \ldots$ mit $\ldots < a_3 < a_2 < a_1$.

Hypernatürliche Zahlen lassen sich gliedern in das zu den natürlichen Zahlen isomorphe Anfangsstück und den «Rest», die sogenannten *unnatürlichen Zahlen*. Die letzteren sind gegenüber den ersteren unendlich groß; sie sind der Quell der von den natürlichen Zahlen abweichenden Eigenschaften hypernatürlicher Zahlen. Gemeinsam haben natürliche und hypernatürliche Zahlen die Eigenschaft einer diskreten linearen (oder totalen) Ordnung.

Eine mathematische Konstruktion hypernatürlicher Zahlen kann entweder durch Adjunktion eines unendlich großen Elementes oder mit Hilfe von Folgen natürlicher Zahlen (Ultrapotenzmethode) erreicht werden.

Formale Logik
Die formale Logik, insbesondere die Prädikatenlogik, wird hier in der heute üblichen Weise ausgehend von der Logik der Propositionen (Behauptungen oder Urteile) aufgebaut, allerdings ohne expliziten Bezug auf irgendeine sprachliche oder symbolische Darstellung. Die Sparche dient hier bloß als hinweisendes Instrument für sprachunabhängige, das heißt nicht auf sprachliche Faktoren begründete oder bezogene logische Sachverhalte. Damit soll demonstriert werden, daß im Rahmen der Logik ein expliziter Bezug auf irgendeine Sprache weder notwendig noch für das denkende Begreifen, im Kontrast zum automatisierbaren Verarbeiten von Zeichen, sinnvoll ist. Besonderer Wert wird auf die klare Abgrenzung des mit dem Begriff der Wahrheit verknüpften Begriffs der *Folgerung* und des mit der formalen Ableitbarkeit nach gewissen Regeln verknüpften Begriffs des *Beweises* gelegt (Abschnitte 3.2 und 3.3).

Es stellt sich heraus, daß die formale Logik im wesentlichen eine Logik der Schlußformen ist, das heißt alle Begriffe werden in ihr nur soweit ausdifferenziert und bestimmt, als es für den Aufbau einer Schlußformenlehre notwendig und hinreichend ist. Begriffe und Urteile werden also nur insofern untersucht, als sie für den Aufbau der Schlußformen verwendbar sind. Dies bedingt unter anderem, daß man es auch in der Prädikatenlogik nicht mit Begriffen oder Gesetzen als solchen zu tun hat, sondern nur mit Begriffen in Relation zu den Gegenständen, die unter sie fallen. – Ein kurzer Blick auf die klassische Syllogistik (Abschnitt 3.3.8) zeigt diese als Spezialfall der Logik einstelliger Prädikate.

Nach einer Analyse verschiedener Definitions- und Beweisformen (Abschnitt 3.4) werden im Abschnitt 3.5 Axiomensysteme, das heißt endliche Mengen von Propositionen, im Rahmen der formalen Prädikatenlogik besprochen. Es werden dort unter anderem folgende fundamentale Resultate abgeleitet: (1) Eine Proposition folgt aus einem widerspruchsfreien Axiomensystem genau dann (das heißt ist genau dann wahr), wenn sie aus diesem Axiomensystem beweisbar ist. (2) Es gibt genau dann keine von einem widerspruchsfreien Axiomensystem unabhängige, das heißt weder wahre noch falsche Proposition, wenn es keine unbeweisbare, das heißt weder beweisbare noch widerlegbare Proposition gibt. Das Resultat (1) gilt auch in der symbolischen Prädikatenlogik, (2) nicht.

Nach einem Exkurs in die Klassen- und Relationenlogik (Abschnitt 3.6) wird das Antinomienproblem in der Klassenlogik und in der Prädikatenlogik ausführlich diskutiert (Abschnitt 3.7). Als Konsequenz ergibt sich, daß das aufmerksame und hinreichend genau unterscheidende (im strengen Sinne über Mathematik und Logik stehende) Denken allen anstehenden Problemen klar gewachsen ist, ohne daß es sich selbst durch Einführung symbolischer Kalküle einschränken muß.

Im Abschnitt 3.8 werden im Anschluß an Paul Finslers Grundlegung der Mengenlehre einige Aspekte der Mathematischen Mengenlehre skizziert. Insbesondere wird gezeigt, daß es einen konsistenten Aufbau der Mengenlehre gibt, der ohne Rekurs auf eine symbolische Logik auskommt. Es handelt sich um einen Auszug aus einer ausführlicheren Abhandlung über die Finsler-Mengenlehre, die zusammen mit Arthur Bakker verfaßt wurde (siehe Bakker/Ziegler [1996]).

Das Kapitel schließt mit einem kurzen Rückblick auf die Zahlenlehre (Abschnitt 3.9) sowie einigen Betrachtungen und Hinweisen auf die Grenzen der formalen Logik (Abschnitt 3.10).

Symbolisierung
Die symbolische Darstellung mathematischer Gedanken, das heißt deren Darstellung durch Zeichen und Kombinationen derselben sowie die darauf aufbauende mathematische Behandlung solcher Zeichensysteme (Abschnitte 4.2 bis 4.8) dient in erster Linie der standardisierten Kommunikation sowie der erhöhten mechanisch-maschinellen Reproduzierbarkeit und Kontrollierbarkeit der Aussagestrukturen in syntaktischer Hinsicht. Der eigentliche Grund zur Symbolisierung ist, zu untersuchen, zu welchen Resultaten eine endlich oft wiederholte geregelte Manipulation auf der Grundlage endlich vieler Zeichen führt (Abschnitt 4.1). Man kann auch von einer mathematischen Modellierung einer in symbolisierter Form vorliegenden nicht mathematischen Theorie (hier der formalen Logik) sprechen.

Skolem hat nun entdeckt, wenn man sich bei der Symbolisierung der Operationen mit natürlichen Zahlen im Falle der Mengenbildung auf Teilmengenbildung beschränkt und keine Mengen von Mengen natürlicher Zahlen zuläßt, so lassen die in einem solchen symbolischen System oder symbolischen Kalkül (elementarer Prädikatenkalkül oder Prädikatenkalkül erster Stufe) formulierten Peano-Axiome auch *nicht intendierte Modelle* zu (Abschnitt 4.9). In einem solchen Kalkül gilt die von Gödel entdeckte Tatsache (Vollständigkeit der Prädikatenlogik erster Stufe), daß jeder relativ zu einer endlichen Satzmenge gültige Satz auch aus dieser Satzmenge beweisbar ist. Die Beschränkungen dieses Kalküls lassen es jedoch nicht zu, daß die (durch die Definition von Addition und Multiplikation erweiterten) Peano-Axiome in ihrem gesamten inhaltlichen Umfang erfaßt werden. Dies hat zur Konsquenz, daß die Peano-Axiome ihre Monomorphie-Eigenschaft einbüßen und es zu den natürlichen Zahlen nichtisomorphe Modelle der Peano-Axiome gibt. Es gibt sogar solche Modelle (und das ist der Kern von Skolems Entdeckung, die zugleich den Keim der Nichtstandardanalysis in sich birgt), in denen dieselben im symbolischen Kalkül formulierbaren Sätze gelten wie bei den natürlichen Zahlen. Solche Modelle heißen *Nichtstandardmodelle*. Die weiter oben genannten, mit Hilfe von Adjunktion oder Ultrapotenzen konstruierten hypernatürlichen Zahlensysteme bilden solche Nichtstandardmodelle (Abschnitte 4.10 und 4.11). Entscheidend dabei ist, daß man vom Gesichtspunkt des Kalküls aus keinen Unterschied zwischen den gewöhnlichen natürlichen Zahlen (Standardzahlen) und den hypernatürlichen Zahlen (Standardzahlen plus Nichtstandardzahlen) feststellen kann, da ja für beide dieselben Aussagen gelten. Nimmt man jedoch einen Standpunkt außerhalb des Kalküls ein, so kann man natürlich die Nichtisomorphie dieser verschiedenen Zahlensysteme einsehen.

Zusammenfassend kann man sagen, daß sich die natürlichen Zahlen in einer in bestimmter Weise eingeschränkten symbolischen Sprache (Prädikatenkalkül erster Stufe) weder mit endlich vielen noch mit abzählbar unendlich vielen Aussagen (Axiomen) eindeutig, das heißt bis auf Isomorphie, erfassen lassen. Sie entschlüpfen sozusagen dem sprachlich-symbolischen, nicht aber dem gedanklich-begrifflichen Zugriff. Weiter ergibt sich die zum ersten Mal von Gödel bemerkte Unvollständigkeit der Peano-Theorie: Nicht jeder wahre arithmetische Satz ist im Kalkül aus den Peano-Axiomen beweisbar oder ableitbar (Abschnitt 4.13). Es gibt sogar keine endliche oder rekursiv aufzählbare unendliche arithmetische Satzmenge, aus welcher *alle* wahren Sätze ableitbar wären (erster Gödelscher Unvollständigkeitssatz [1931]; Abschnitt 4.14).

Werden einige Einschränkungen der symbolischen Sprache fallengelassen (Übergang zum Prädikatenkalkül zweiter Stufe), so gewinnt man zwar die eindeutige Charakterisierbarkeit der natürlichen Zahlen im Rahmen der Peano-Axiome wieder, handelt sich aber die prinzipielle

Schwierigkeit ein, daß für einen innerhalb des Rahmens einer bestimmten Satzmenge (Axiomensystem) wahrer Satz nicht notwendigerweise ein kalkülmäßiger Beweis existieren muß (Abschnitt 4.16).

Grenzen der Symbolisierung
Der erste Gödelsche Unvollständigkeitssatz zusammen mit dem zweiten, der besagt, wenn ein symbolischer Kalkül widerspruchsfrei ist, diese Tatsache nicht mit den Mitteln dieses Kalküls beweisbar ist, betrifft die relativen Grenzen *innerhalb* des Bereichs logisch-symbolischer Systeme. Finslers Unvollständigkeitssätze gehen wesentlich darüber hinaus. Finsler konnte zeigen [1926a], daß nicht jeder denkbare mathematische Zusammenhang auch symbolisch darstellbar ist (Antinomie der endlichen Definierbarkeit) und daß von der symbolisch-logischen Widerspruchsfreiheit nicht auf die inhaltliche, und demzufolge nicht einmal auf die formallogische Widerspruchsfreiheit geschlossen werden kann (Abschnitt 4.18). Legt man darüber hinaus die oben angeführten Resultate zur formalen Logik zugrunde, so hat dies weiter zur Konsequenz, daß die Finsler-Mengenlehre prinzipiell nicht symbolisierbar ist (Abschnitt 4.19).

Bemerkung
Die Darstellung der Resultate von Skolem ist bei Locher [1961] zumindest mißverständlich. Zunächst zeigte Skolem [1934], daß es auch mit abzählbar unendlich vielen Axiomen (in [1933] waren es endlich viele) nicht gelingt, die natürliche Zahlenreihe vollständig zu charakterisieren. Entscheidend ist aber die weder bei Waismann [1936, Kapitel 9A] noch bei Locher [1961, § 3] klar hervorgehobene Tatsache, daß es bei Skolem um Axiome geht, die in einer elementaren symbolischen Sprache (Prädikatenkalkül erster Stufe) dargestellt sind. Nur für ein derart symbolisiertes (Peanosches) Axiomensystem für die natürlichen Zahlen gelten die von Locher und Waismann gemachten weitreichenden Aussagen über die Nicht-Erfaßbarkeit natürlicher Zahlen. (Eine Quelle vielfältiger Mißverständnisse ist die Tatsache, daß es in der einschlägigen Literatur üblich ist, unter «Axiomatisierung» meist stillschweigend eine «Axiomatisierung innerhalb eines symbolischen Kalküls», meist ein Prädikatenkalkül erster Stufe, zu verstehen. Damit wird jedoch das ignoriert, um was es Finsler und Locher eigentlich geht: die klare Unterscheidung einer gedankeninhaltlichen von einer bloß symbolisch-formalen Auffassung von Axiomen.) Werden die Peano-Axiome inhaltlich aufgefaßt, so kann bewiesen werden (Satz von Dedekind), daß sie das System der natürlichen Zahlen bis auf Isomorphie eindeutig festlegen. Dies bedeutet, daß auch andere diskrete lineare und archimedische Ordnungen mit Anfangselement so strukturiert sind wie die natürlichen Zahlen. Mehr kann von der Mathematik nicht erwartet werden. In Waismanns Darstellung jedoch ist diese Tatsache, daß unterschiedliche, jedoch zueinander isomorphe Modelle der (inhaltlich aufgefaßten) Peano-Axiome existieren, vermischt mit der durch Skolem bewiesenen Existenz von Modellen der symbolisierten Peano-Axiome, die *nicht* isomorph sind zu den natürlichen Zahlen (Nichtstandardmodelle).

Kapitel 2
Mathematische Gesichtspunkte

In diesem Kapitel wird der Begriff des Mathematischen in naiver Weise verwendet; er kann in dieser Studie zunächst nicht weiter präzisiert werden. In der Zahlenlehre beschäftigte sich die Mathematik mit den Zahlen und ihren Eigenschaften und Beziehungen untereinander. Ausgangspunkt sind die natürlichen Zahlen, die in dieser Arbeit im Vordergrund stehen. Diese Zahlen werden in diesem Kapitel als vorhanden und bekannt vorausgesetzt: Es sollen ihre Eigenschaften und Relationen unter bestimmten Gesichtspunkten herausgearbeitet werden. Dabei steht die notwendige und hinreichende Charakterisierung der *natürlichen Zahlen als Ganzheit* im Vordergrund und nicht die Bestimmung von Eigenschaften *einzelner* Zahlen (Primzahlen, vollkommene Zahlen, etc.). Für die natürlichen Zahlen kommen vor allem der algebraische und der ordnungstheoretische Gesichtspunkt in Betracht. Beim ersteren stehen die für das Rechnen relevanten Eigenschaften im Vordergrund (Addition, Multiplikation, Kommutativ- und Assoziativgesetze, etc.), beim zweiten die Reihenfolge. In Anknüpfung an die Dedekind-Peano-Axiome wird der zweite Gesichtspunkt in den Vordergrund gestellt und darauf die algebraischen Gesetze gegründet. Für den umgekehrten Weg wird auf die Literatur verwiesen (siehe etwa Felscher [1978a], Kapitel 3).

2.1 Die Peano-Axiome der natürlichen Zahlenreihe

Es wird von allen Beziehungen, welche die natürlichen Zahlen zu außerhalb ihrer selbst liegenden Gegenständen haben sowie von allen Relationen abgesehen, die nicht unmittelbar die Reihenfolge betreffen. Durch diese Eigenschaften sollen also weder außer den Zahlen auch andere Objekte, noch nur ein Teilbereich der Zahlen bestimmt werden. Da zunächst ebenfalls von den eigentlichen Rechengesetzen (Addition, Multiplikation, etc.) abgesehen wird, bleibt nur die Folgenform der natürlichen Zahlen übrig. Die Zahlenfolge hat einen Anfang, aber kein Ende, und zu jeder Zahl gibt es genau eine nachfolgende Zahl, wobei die Nachfolger verschiedener Zahlen verschieden sind.

Die natürlichen Zahlen bilden also eine nach einer Seite hin offene, geordnete Folge von Elementen mit eindeutig bestimmtem erstem Element und eindeutig bestimmten Nachfolgern. Eine graphische Veranschaulichung gibt Figur 2.1.

Figur 2.1

Insbesondere dürfen im Sinne dieser Veranschaulichung keine Verzweigungen (Figur 2.2a), keine Zyklen (Figur 2.2b, 2.2c) vorkommen und es darf kein Aufeinandertreffen von Nachfolgern verschiedener Vorgänger geben (Figur 2.2c, 2.2d).

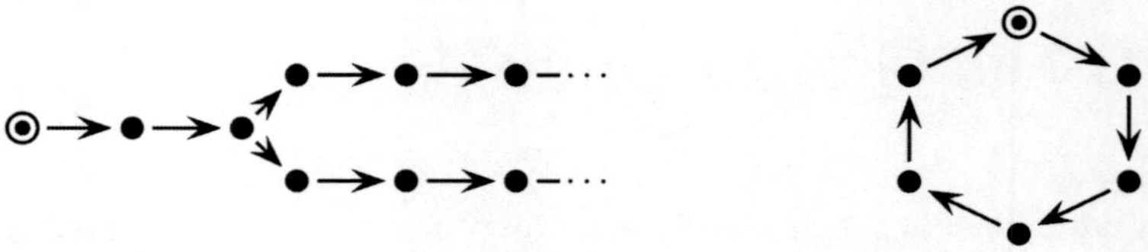

Figur 2.2a,b

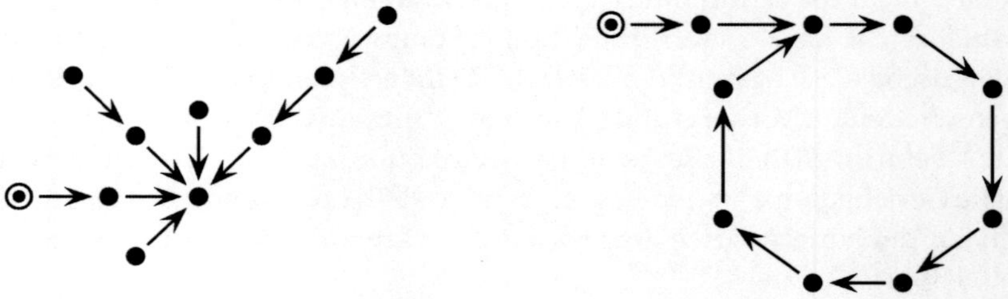

Figur 2.2c,d

Eine Präzisierung und Explizierung dieser am naiven Zahlverständnis entwickelten Eigenschaften kann durch eine *axiomatische* (implizite) Charakterisierung des Zahlbegriffs geschehen, in welcher die wichtigsten Bezüge des Zahlbegriffs zu im engsten Umkreis liegenden Begriffen explizit gesetzt werden.

Peano Axiome P. Die natürlichen Zahlen bilden einen Bereich $\mathbb{N}$ von Objekten des Denkens. Die *Nachfolgerfunktion* ν ist eine einstellige Funktion von $\mathbb{N}$ in sich, $\nu : n \mapsto \nu(n)$, das heißt eine Beziehung, die jeder natürlichen Zahl n eine andere natürliche Zahl, ihren *Nachfolger* $\nu(n)$ zuordnet. Genau eine natürliche Zahl, die 1, erfüllt

P1 Die natürliche Zahl 1 ist kein Nachfolger einer natürlichen Zahl, das heißt $\nu(n) \neq 1$ für alle natürlichen Zahlen n.

Weiter gilt

P2 Sind die Nachfolger zweier natürlicher Zahlen gleich, so sind sie selbst gleich, das heißt für alle natürlichen Zahlen n, m mit $\nu(n) = \nu(m)$ folgt $n = m$.

Man beachte, daß **P2** meist in umgekehrter Richtung festgehalten wird: Aus $n \neq m$ folgt $\nu(n) \neq \nu(m)$.

2.2 Rekursive Definition von Addition und Multiplikation

Aus dem Umgang mit natürlichen Zahlen läßt sich eine Einsicht in die Rechengesetze gewinnen. Ausgehend von der obigen Bestimmung natürlicher Zahlen lassen sich diese Gesetze *rekursiv* (oder *induktiv*) definieren. Für die Addition heißt dies, daß man nacheinander für eine beliebige natürliche Zahl m festlegt: $m+1 = \nu(m)$, $m+2 = m+\nu(1) = \nu(m+1)$, $m+3 = m+\nu(2) = \nu(m+2), \ldots$, allgemein also $m+\nu(n) = \nu(m+n)$. Damit diese Definition sinnvoll ist, muß gelten:

Theorem 2.1 (Eindeutigkeit und Existenz der Addition) *Zu zwei natürlichen Zahlen m, n gibt es genau eine natürliche Zahl $m+n$, die Summe von m und n, sodaß*

(1) $\quad m+1 = \nu(m)$ *für jedes* m;

(2) $\quad m+\nu(n) = \nu(m+n)$ *für jedes* m, n.

Sei M die Menge derjenigen natürlichen Zahlen m, für welche für alle n die obigen Eigenschaften (1) und (2) gelten. Für den Beweis des Theorems 2.1 ist zu zeigen, daß M *alle* natürlichen Zahlen umfaßt, das heißt, daß allen natürlichen Zahlen diese Eigenschaften zukommen. Dazu zeigt man, daß dies für 1 der Fall ist, sowie, falls für m diese Eigenschaften erfüllt sind, dies auch für $\nu(m)$ gilt. Daß der letztere Schluß zum Ziel führt, ist plausibel, läßt sich jedoch aus den bisher angeführten Axiomen nicht ableiten, muß also separat gefordert werden. Daraus ergibt sich das sogenannte *Induktionsaxiom*.

P3 *(Axiom der vollständigen Induktion)* Für jede Eigenschaft E von natürlichen Zahlen gilt: Hat 1 die Eigenschaft E und hat für jede natürliche Zahl n, welche die Eigenschaft E hat, auch $\nu(n)$ die Eigenschaft E, so hat jede natürliche Zahl die Eigenschaft E.

Beweis von Theorem 2.1: (i) *Eindeutigkeit*: Angenommen es gäbe zwei Summen $m+n$ und $m+'n$, welche die Bedingungen (1) und (2) erfüllen. Es ist zu zeigen, daß $m+n = m+'n$ für alle natürlichen Zahlen m, n. Es sei m fest vorgegeben; dann wird die Eigenschaft $E(n)$ definiert durch: $m+n = m+'n$.

Wegen (1) gilt

$$m+1 = \nu(m),$$
$$m+'1 = \nu(m),$$

und damit $m+1 = m+'1$, also $E(1)$. Es gelte nun $E(n)$: $m+n = m+'n$ für ein n; zu zeigen ist die Gültigkeit von $E(\nu(n))$, das heißt $m+\nu(n) = m+'\nu(n)$. Nun ist wegen (2)

$$m+\nu(n) = \nu(m+n),$$
$$m+'\nu(n) = \nu(m+'n).$$

Zusammen mit $E(n)$ folgt $m+\nu(n) = m+'\nu(n)$, also $E(\nu(n))$. Damit ist gezeigt, daß es nur *eine* Summe geben kann, welche die Bedingungen (1) und (2) erfüllt.

(ii) *Existenz*: Es ist zu zeigen, daß für jede natürliche Zahl m die Summe $m+n$ existiert für alle natürlichen Zahlen n mit den Bedingungen (1), (2). Sei $E(m)$ die Eigenschaft, daß es (wegen (i) genau) eine Summe $m+n$ gibt für alle natürlichen Zahlen n mit (1), (2).

Für den Nachweis von $E(1)$ wird die Summe definiert durch $1+n := \nu(n)$ vermöge der Wohldefiniertheit der Nachfolgerfunktion. Dann gilt tatsächlich:

(1) $1+1=\nu(1)$,

(2) $1+\nu(n)=\nu(\nu(n))=\nu(1+n)$.

Es gelte $E(m)$, das heißt es existiert die Summe $m+n$ für alle natürlichen Zahlen und es gilt insbesondere $m+\nu(n)=\nu(m+n)$. Es bleibt zu zeigen, daß $E(\nu(m))$ gilt. Die Summe wird definiert durch $\nu(m)+n:=\nu(m+n)$. Dies ist möglich, da $E(m)$ gilt und die Nachfolgerfunktion wohldefiniert ist. Dann gilt tatsächlich:

(1) $\nu(m)+1=\nu(m+1)=\nu(\nu(m))$,

(2) $\nu(m)+\nu(n)=\nu(m+\nu(n))=\nu(\nu(m+n))=\nu(\nu(m)+n))$.

Also gilt $E(m)$ für alle natürlichen Zahlen m. Damit ist die Existenz der Summe gesichert und Theorem 2.1 bewiesen. ■

In entsprechender Weise lassen sich das Assoziativgesetz mit Hilfe der Eigenschaft

$E(k)$: $(m+n)+k=m+(n+k)$ für m, n fest

beweisen und das Kommutativgesetz mit Hilfe der Eigenschaft

$E(m)$: $m+n=n+m$ für n fest.

Entsprechend geht man für die Multiplikation vor. Für eine natürliche Zahl m wird nacheinander festgelegt: $m\cdot 1=m$, $m\cdot 2=m\cdot\nu(1)=m\cdot 1+m$, $m\cdot 3=m\cdot\nu(2)=m\cdot 2+m, \ldots$, allgemein also $m\cdot\nu(n)=m\cdot n+m$. Es gilt dabei das

Theorem 2.2 (Eindeutigkeit und Existenz der Multiplikation) *Zu zwei natürlichen Zahlen m, n gibt es genau eine natürliche Zahl $m\cdot n$, sodaß*

(1) $m\cdot 1=m$ *für jedes* m;

(2) $m\cdot\nu(n)=m\cdot n+m$ *für jedes* m, n.

Beweis von Theorem 2.2: Analog wie Beweis von Theorem 2.1 mit Hilfe des Induktionsaxioms **P3.** ■

Entsprechend beweist man auch das Kommutativgesetz mit Hilfe der Eigenschaft

$E(m)$: $m\cdot n=n\cdot m$ für n fest,

und das Distributivgesetz mit Hilfe der Eigenschaft

$E(k)$: $m\cdot(n+k)=m\cdot n+m\cdot k$ für m, n fest,

sowie das Assoziativgesetz mit Hilfe der Eigenschaft

$E(k)$: $(m\cdot n)\cdot k=m\cdot(n\cdot k)$ für m, n fest.

In mengentheoretischer Form läßt sich das Induktionsaxiom mit Hilfe des Begriffs einer beliebigen Menge anstelle einer beliebigen Eigenschaft so darstellen:

P3′ Ist M eine beliebige Menge natürlicher Zahlen mit den Eigenschaften

(a) $1\in M$,

(b) aus $n\in M$ folgt $\nu(n)\in M$ für alle natürlichen Zahlen n,

so enthält M alle natürlichen Zahlen als Elemente.

In einer dazu äquivalenten Form kann das Induktionsaxiom auch folgendermaßen dargestellt werden:

P3″ Es gibt keine echte Teilmenge M der Menge der natürlicher Zahlen mit den Eigenschaften (a) und (b).

Da eine Menge M, welche die Eigenschaften (a) und (b) erfüllt, keine Elemente enthalten kann, welche nicht aufgrund der Axiome **P1** und **P2** aus 1 durch fortgesetzte Übergänge zu den Nachfolgerzahlen gebildet werden können, ist **P3″** wiederum äquivalent mit:

P3‴ Die Menge der natürlichen Zahlen ist der Durchschnitt aller Mengen M mit den Eigenschaften (a) und (b).

Damit wird deutlich, daß das Induktionsaxiom eine Art *Minimalbedingung* für die die Axiome **P1** und **P2** erfüllenden mathematischen Objektbereiche ist.

2.3 Monomorphie der Peano-Axiome

Keines der Peano-Axiome ist überflüssig, alle sind notwendig zur Bestimmung der für die Mathematik (insbesondere das Rechnen) relevanten Eigenschaften natürlicher Zahlen (siehe Oberschelp [1976], S. 17). Sie sind aber auch hinreichend: sie bestimmen die natürlichen Zahlen im mathematisch-inhaltlichen Sinne *eindeutig*. Dies soll nun näher beleuchtet werden.

Eine nichtleere Menge M mit einer einstelligen Funktion $\mu : M \to M$, wobei $\mu(m)$ der μ-Nachfolger von $m \in M$ genannt wird, und einem ausgezeichneten Element $1_{\mathcal{M}}$ bilden eine *Struktur* $\mathcal{M} = \langle M, \mu, 1_{\mathcal{M}} \rangle$. Insbesondere bilden die natürlichen Zahlen $\mathbb{N}$ zusammen mit der Nachfolgerfunktion ν und dem ausgezeichneten Element $1 := 1_{\mathcal{N}}$ eine solche Struktur $\mathcal{N} = \langle \mathbb{N}, \nu, 1 \rangle$; sie erfüllt außerdem die Axiome **P1**, **P2** und **P3**. Strukturen, welche die Peano-Axiome **P1**, **P2** und **P3** erfüllen, sollen *Peanostrukturen* genannt werden.

Zwei Strukturen $\mathcal{M} = \langle M, \mu, 1_{\mathcal{M}} \rangle$, $\mathcal{M}' = \langle M', \mu', 1'_{\mathcal{M}} \rangle$ sind *isomorph*, wenn es eine umkehrbar eindeutige (bijektive) Funktion, einen *Isomorphismus* $\pi : M \to M'$ mit $\pi : m \in M \mapsto \pi(m) = m' \in M'$ gibt, sodaß die ausgezeichneten Elemente sich entsprechen sowie das π-Bild des μ-Nachfolgers eines $m \in M$ gleich dem μ'-Nachfolger des π-Bildes m' von m ist, das heißt falls gilt:

$$\pi(1_{\mathcal{M}}) = 1_{\mathcal{M}'}$$
$$\pi(\mu(m)) = \mu'(\pi(m)) = \mu'(m').$$

Für die Funktionen π und μ, μ' gilt also die Beziehung $\pi \circ \mu = \mu' \circ \pi$ oder $\mu' = \pi \circ \mu \circ \pi^{-1}$. Es gilt nun folgende fundamentale Tatsache.

Theorem 2.3 (*Monomorphie der Peano-Axiome* P) *Zwei beliebige Peanostrukturen* $\langle M, \mu, 1_{\mathcal{M}} \rangle$, $\langle M', \mu', 1'_{\mathcal{M}} \rangle$ *sind isomorph.*

Beweis (Für einen Beweis, der auf dem Rekursionssatz von Dedekind aufbaut, siehe Oberschelp [1976], Kapitel I, § 6 oder Ebbinghaus et al. [1988], Kapitel 1.2.) Der Rekursionssatz behauptet die Eindeutigkeit und Existenz rekursiv definierter Funktionen. Vermöge einer geeignet rekursiv definierten bijektiven Abbildung $\pi : M \to M'$ läßt sich dann ein Isomorphismus konstruieren. – Der folgende direkte Beweis ist sinngemäß von Ebbinghaus/Flum/Thomas

[1992], Kapitel III, §7, übernommen). Ohne Beschränkung der Allgemeinheit wird angenommen, daß $\langle M', \mu', 1_{\mathcal{M}} \rangle = \langle \mathbb{N}, \nu, 1 \rangle$. Dies bedeutet, daß aus $\pi : \mathbb{N} \to M$ und $\pi' : \mathbb{N} \to M'$ folgt $\pi' \circ \pi^{-1} : M \to M'$ und daß $\pi' \circ \pi^{-1}$ wieder eine Isomorphie ist. Dann muß der Isomorphismus $\pi : \mathbb{N} \to M$ zwischen $\mathcal{N} = \langle \mathbb{N}, \nu, 1 \rangle$ und $\mathcal{M} = \langle M, \mu, 1_{\mathcal{M}} \rangle$ folgenden Bedingungen genügen, wobei $n + 1 := \nu(n)$ (siehe Figur 2.3):

(i) $\pi(1) = 1_{\mathcal{M}}$

(ii) $\pi(n+1) = \mu(\pi(n))$ für alle $n \in \mathbb{N}$.

Dadurch ist π induktiv für alle n definiert. Es bleibt zu beweisen, daß π eine Bijektion von $\mathbb{N}$ auf M ist. Da $\langle M, \mu, 1_{\mathcal{M}} \rangle$ das Induktionsaxiom **P3** erfüllt, lassen sich Induktionsbeweise führen. Diese werden zum Nachweis der Surjektivität und Injektivität von π benötigt.

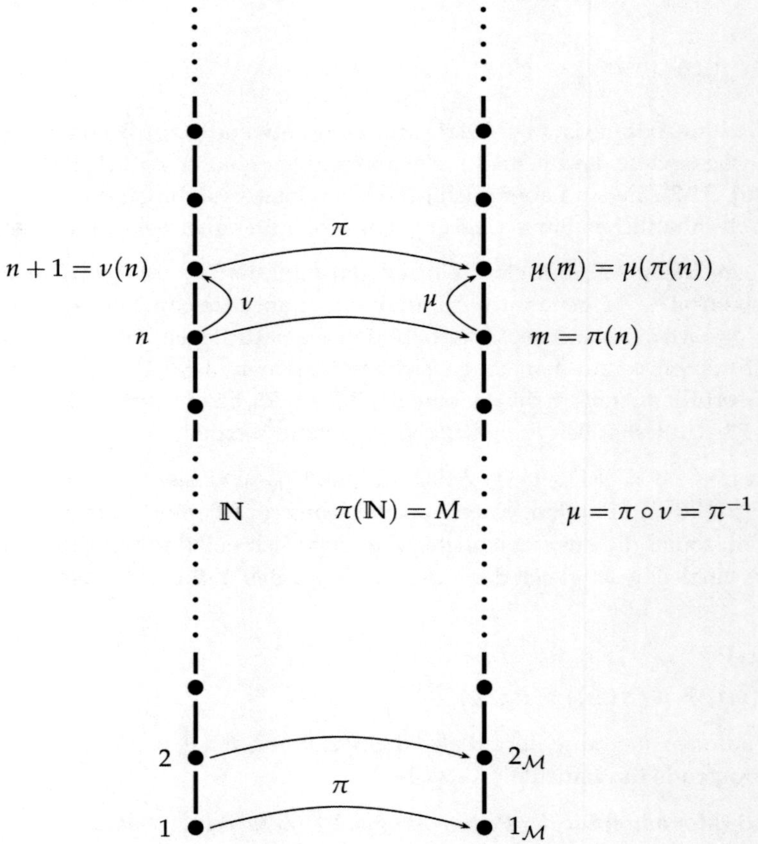

Figur 2.3

Zur Surjektivität: Zu zeigen ist, daß *jedes* Element von M zum Bildbereich $\pi(\mathbb{N})$ gehört. Die Eigenschaft $E(m)$ sei festgelegt durch: $m \in M$ gehört zu $\pi(\mathbb{N})$. Zu zeigen ist, daß $E(\mu(m))$ gilt. Zunächst gilt $E(1)$, denn wegen (i) liegt $1_{\mathcal{M}} \in M$ im Bild $\pi(\mathbb{N})$ von π. Falls $E(m)$ gilt, das heißt, falls m im Bild von π liegt mit $m = \pi(n)$, so ist nach Anwendung von μ: $\mu(m) = \mu(\pi(n))$ und mit (ii) $\mu(m) = \pi(n+1)$, also ist auch $\mu(m)$ im Bild von π; wegen **P3** ist dann jedes Element von M in $\pi(\mathbb{N})$, also gilt $E(\mu(m))$.

Zur Injektivität: Es wird durch Induktion über n gezeigt, daß die folgende Eigenschaft $E(n)$ gilt: Für alle $i \in \mathbb{N}$: Ist $i \neq n$, so ist $\pi(i) \neq \pi(n)$. Es wird zuerst die Gültigkeit von $E(1)$ gezeigt. Dazu setzt man zunächst $n = 1$; dann kann sicher nicht $i = 1$ sein. Es sei also $i \neq 1$, etwa $i = k+1$; dann ist wegen (ii) $\pi(i) = \pi(k+1) = \mu(\pi(k))$, und da das Axiom **P1** erfüllt ist, ist $\mu(\pi(k)) \neq 1_{\mathcal{M}}$, also wegen (i) $\pi(i) \neq \pi(1)$. Induktionsschritt: Die Beziehung $E(n)$ sei für n bewiesen, und es sei $i \neq n+1$. Ist $i = 1$, so schließt man wie im Falle $n = 1$, daß $\pi(n+1) = \mu(\pi(n)) \neq 1_{\mathcal{M}} = \pi(1) = \pi(i)$. – Ist $i \neq 1$, etwa $i = k+1$, so ist wegen $i \neq n+1$ auch $k \neq n$ und nach Induktionsvoraussetzung $\pi(k) \neq \pi(n)$. Da **P2** erfüllt ist und somit μ injektiv, ergibt sich hieraus $\mu(\pi(k)) \neq \mu(\pi(n))$ und wegen (ii) $\pi(k+1) \neq \pi(n+1)$, das heißt $\pi(i) \neq \pi(n+1)$, also gilt $E(n+1)$. Damit ist Theorem 2.3 bewiesen. ■

Strukturen $\langle M, \mu, 1_{\mathcal{M}} \rangle$, $\langle M', \mu', 1'_{\mathcal{M}} \rangle$, welche die Axiome **P1**, **P2** und **P3** erfüllen, das heißt für welche die Axiome wahre, zutreffende Beziehungen darstellen, heißen *Modelle* dieses Axiomensystems. Axiomensysteme, deren Modelle *alle* isomorph zueinander sind, heißen *kategorisch* oder *monomorph*. Zur Charakterisierung eines Objektbereiches durch Axiome kann formalmathematisch nicht mehr erreicht (oder verlangt) werden, als die Bestimmtheit von Modellen bis auf Isomorphie. Isomorphe Modelle können jedoch *inhaltlich*, das heißt bezüglich den Modellelementen und deren spezifischen Verknüpfungen, beträchtliche Unterschiede aufweisen. So liegen die Unterschiede zwischen euklidischer und polareuklidischer (dualeuklidischer) Geometrie nicht in dem durch das entsprechende Axiomensystem festgelegten Beziehungssystem, sondern ausschließlich in der Unterschiedenheit der Strukturen, die Modelle eines und desselben Axiomensystems sind. Darüberhinaus besteht auch ein inhaltlicher (kein formaler) Unterschied zwischen einem Anschauungsmodell und einem Koordinatenmodell dieser Geometrien.

2.4 Beispiele für Peanostrukturen

In diesem Abschnitt werden einige unterschiedliche Peanostrukturen untersucht, das heißt Beispiele für *Modelle des Peanoschen Axiomensystems* $\mathbf{P} = \langle \mathbf{P1}, \mathbf{P2}, \mathbf{P3} \rangle$.

(I) Standardmodell der natürlichen Zahlen: $\mathcal{N} = \langle \mathbb{N}, \nu, 1 \rangle$.

Die Nachfolgerfunktion ν operiert auf den natürlichen Zahlen $n \in \mathbb{N}$ mit $\nu(n) = n+1$. Dabei gilt:

$\mathbb{N} = \{1, 2, 3, 4, \ldots\} := \{1, \nu(1), \nu(\nu(1)), \nu(\nu(\nu(1))), \nu(\nu(\nu(\nu(1)))), \ldots\} = \{1, 1+1, 1+1+1, 1+1+1+1, \ldots\}$.

(II) Positive gerade Zahlen: $\langle 2\mathbb{N}, \nu_2, 2 \rangle$.

Die Nachfolgerfunktion ν_2 operiert auf den positiven geraden Zahlen $g \in 2\mathbb{N}$ mit $\nu_2(g) = g+2$. Dabei gilt $2\mathbb{N} = \{2, 4, 6, 8, \ldots\} := \{2, 2+2, 2+2+2, 2+2+2+2, \ldots\}$.

(III) Fortgesetzte Teilung: $\langle T, \tau, 1 \rangle$.

Die Nachfolgerfunktion τ operiert auf denjenigen positiven Zahlen $t \in T$, die aus 1 durch fortgesetzte Halbierung hervorgehen, das heißt es gilt $\tau(t) = t/2$ mit $T = \{1, \frac{1}{2}, \frac{1}{4}, \frac{1}{8}, \ldots\}$.

(IV) Erste Mengendarstellung natürlicher Zahlen (nach von Neumann [1925][1928]).

Sei $\emptyset$ die leere Menge. Man definiert dann

$$\mathbf{1} := \{\emptyset\},$$
$$\mathbf{2} := \mathbf{1} \cup \{\mathbf{1}\} = \{\mathbf{1}, \emptyset\},$$
$$\mathbf{3} := \mathbf{2} \cup \{\mathbf{2}\} = \{\mathbf{2}, \mathbf{1}, \emptyset\}, \ldots,$$
$$\boldsymbol{n}+\mathbf{1} := \boldsymbol{n} \cup \{\boldsymbol{n}\} = \{\boldsymbol{n}, \boldsymbol{n}-\mathbf{1}, \ldots, \mathbf{2}, \mathbf{1}, \emptyset\}.$$

Die Menge $\{\mathbf{1}, \mathbf{2}, \mathbf{3}, \ldots, \boldsymbol{n}, \ldots\}$ bildet zusammen mit der einstelligen Funktion $\boldsymbol{n} \mapsto \boldsymbol{n} \cup \{\boldsymbol{n}\}$ und dem ausgezeichneten Element $\mathbf{1} := \{\emptyset\}$ eine Peanostruktur.

(V) Zweite Mengendarstellung natürlicher Zahlen (nach Zermelo [1908]).

Sei $\emptyset$ wieder die leere Menge. Nun definiert man:

$$1 := \{\emptyset\},$$
$$2 := \{1\} = \{\{\emptyset\}\},$$
$$3 := \{2\} = \{\{1\}\} = \{\{\{\emptyset\}\}\}, \ldots,$$
$$n+1 := \{n\} = \{\{n-1\}\} = \ldots = \{\{\ldots\{\emptyset\}\ldots\}\}.$$

Die Menge $\{1, 2, 3, 4, \ldots\}$ bildet zusammen mit der einstelligen Funktion $n \mapsto \{n\}$ und dem ausgezeichneten Element $1 := \{\emptyset\}$ eine Peanostruktur.

(VI) Sei g ein projektive Punktreihe und F, A zwei verschiedene Punkte dieser Reihe. Ist κ eine parabolische Projektivität mit dem Fixpunkt F und ist P die Menge $\{A, \kappa(A), \kappa(\kappa(A)), \ldots\}$, so ist $\langle P, \kappa, A\rangle$ eine Peanostruktur (Figur 2.4).

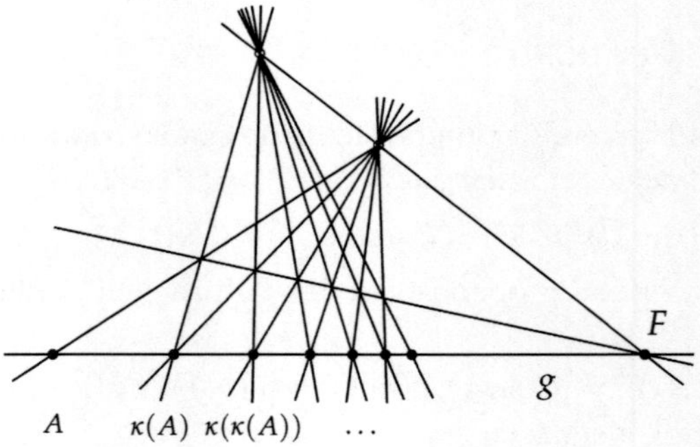

Figur 2.4

Wird der Punkt F in den anschaulich unendlichfernen Punkt F_∞ (Fernpunkt) der euklidischen Geraden versetzt und κ als euklidische Isometrie (Translation) interpretiert, so erhält man die durch fortgesetzte euklidische Translationen erzeugbare Folge gleichabständiger Punkte (Figur 2.5). Offensichtlich führt die Iteration jeder direkten Projektivität auf eine Peanostruktur (siehe dazu Ostheimer/Ziegler [1996], Kapitel I 3).

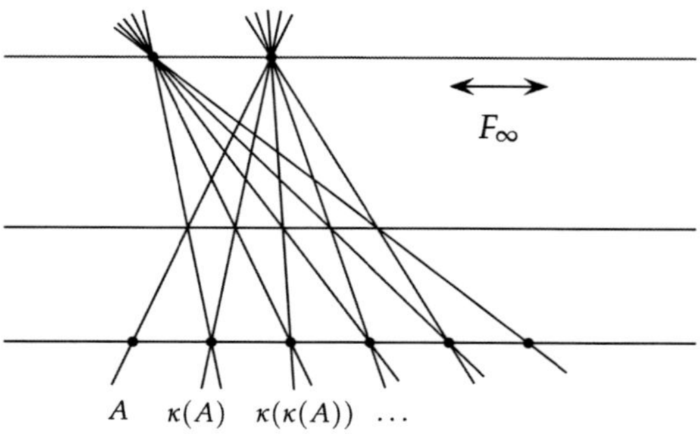

Figur 2.5

Man beachte, daß die Konstruktionen von (II) und (III) unmittelbar auf den natürlichen Zahlen im Sinne des Standardmodells (I) aufbauen. In diesem Sinne handelt es sich um ein Teilmodell beziehungsweise um ein aus dem Standardmodell abgeleitetes Modell und nicht um vom Standardmodell unabhängige Modelle.

Zum Beweis, daß die angeführten Strukturen tatsächlich Modelle des Peanoschen Axiomensystems, das heißt Peanostrukturen sind, ist folgendes zu beachten. Bei der Konstruktion der jeweiligen Grundelemente $m \in M$ der Struktur $\mathcal{M} = \langle M, \mu, 1_{\mathcal{M}} \rangle$, handelt es sich um induktive Definitionen der folgenden Form:

(1) $1_{\mathcal{M}}$ ist eine Zahl;

(2) Wenn m eine Zahl ist, so ist auch $\mu(m)$ eine Zahl;

(3) Sonst gibt es keine weiteren Zahlen.

Damit wird deutlich, daß insbesondere das Induktionsaxiom **P3'** erfüllt ist. Die Bestätigung der anderen Axiome **P1** und **P2** bietet keine Schwierigkeiten.

Aus den angeführten Beispielen für Peanostrukturen kann entnommen werden, daß die Elemente von Peanostrukturen monotone Folgen mit einem außerhalb dieser Strukturen existierenden Häufungselement L bilden (L hat keinen Vorgänger). Für (I) und (II) ist $L = \infty$, für (III) ist $L = 0$, für (IV) und (V) ist $L = \omega$ (= Ordnungszahl der geordneten Menge der natürlichen Zahlen) und für (VI) ist $L = F$.

2.5 Peano-Arithmetik

Das Axiomensystem von Peano, **P** = {**P1**, **P2**, **P3**} läßt sich erweitern zu einem Axiomensystem der Arithmetik der natürlichen Zahlen, der sogenannten *Peano-Arithmetik* {**P1**, **P2**, **P3**, **P4**, **P5**, **P6**, **P7**}. Die hinzukommenden Axiome definieren die Addition und Multiplikation der natürlichen Zahlen. Diese zweistelligen Funktionen sind gemäß den Theoremen 2.1 und 2.2 eindeutig bestimmt.

P4 Für jede natürliche Zahl m gilt: $m + 1 = \nu(m)$.

P5 Für alle natürliche Zahlen m, n gilt: $m + \nu(n) = \nu(m + n)$.

P6 Für jede natürliche Zahl m gilt: $m \cdot 1 = m$.

P7 Für alle natürliche Zahlen m, n gilt: $m \cdot \nu(n) = m \cdot n + m$.

Daraus lassen sich alle üblichen Rechengesetze der natürlichen Zahlen ableiten.

Setzt man für die Nachfolgerfunktion ν von vornherein $\nu(m) := m + 1$, so läßt sich das Axiomensystem der Peano-Arithmetik **PA** allein mit Hilfe der beiden Verknüpfungen $+$ und $\cdot$ darstellen. Ist dabei $E(n)$ eine einstellige Eigenschaft natürlicher Zahlen, so wird die Menge M definiert durch

$$n \in M :\Leftrightarrow E(n),$$

also $M = \{n \mid E(n)\}$. Damit ergibt sich folgende axiomatische Festlegung der Eigenschaften natürlicher Zahlen:

Die natürlichen Zahlen bilden einen Bereich $\mathbb{N}$ von Gegenständen des Denkens, mit den zweistelligen Funktionen $+ : \mathbb{N} \times \mathbb{N} \to \mathbb{N}$ mit $(m, n) \mapsto m + n$, und $\cdot : \mathbb{N} \times \mathbb{N} \to \mathbb{N}$ mit $(m, n) \mapsto m \cdot n$. Dabei gelten die folgenden Eigenschaften, wobei 1 eine natürliche Zahl ist:

PA1 Für jede natürliche Zahl ist $n + 1 \neq n$.

PA2 Für alle natürlichen Zahlen m, n folgt aus $m + 1 = n + 1$ die Beziehung $m = n$.

PA3 Jede Teilmenge M natürlicher Zahlen, für welche gilt: $1 \in M$ und aus $m \in M$ folgt $m + 1 \in M$, enthält *alle* natürlichen Zahlen.

PA4 Für alle natürlichen Zahlen m, n gilt: $m + (n + 1) = (m + n) + 1$.

PA5 Für jede natürliche Zahl m gilt: $m \cdot 1 = m$.

PA6 Für alle natürlichen Zahlen m, n gilt: $m \cdot (n + 1) = m \cdot n + m$.

Dieses Axiomensystem **PA** = {**PA1, PA2, PA3, PA4, PA5, PA6**} ergibt sich unmittelbar aus {**P1, P2, P3, P4, P5, P6, P7**} durch Einsetzung der Bestimmung von **P4** in **P1, P2, P3, P5, P6** und **P7** sowie die Ersetzung von **P3** durch das dazu äquivalente Axiom **PA3** (siehe dazu Abschnitt 2.2 und Axiom **P3'**). Umgekehrt folgt aus {**PA1, PA2, PA3, PA4, PA5, PA6**} unmittelbar das Axiomensystem {**P1, P2, P3, P4, P5, P6, P7**} vermöge der Festlegung $m + 1 := \nu(m)$. Die beiden Axiomensysteme sind also äquivalent und charakterisieren die Peano-Arithmetik auf (bis auf Isomorphie) eindeutige Weise.

Die Axiome {**P1, P2, P3, P4, P5, P6, P7**} geben Anlaß zu arithmetischen Strukturen der Form $\mathcal{A} = \langle A, \nu_{\mathcal{A}}, +_{\mathcal{A}}, \cdot_{\mathcal{A}}, 1_{\mathcal{A}} \rangle$ und die Axiome {**PA1, PA2, PA3, PA4, PA5, PA6**} zu Strukturen der Form $\mathcal{A} = \langle A, +_{\mathcal{A}}, \cdot_{\mathcal{A}}, 1_{\mathcal{A}} \rangle$. Man spricht in beiden Fällen von *arithmetischen Strukturen*, falls diese Strukturen Modelle der jeweiligen Axiomensysteme sind. Die Elemente von A heißen dann jeweils natürliche Zahlen.

Das Monomorphietheorem 2.3 für Peanostrukturen läßt sich nun ohne grosse Schwierigkeiten auf arithmetische Strukturen übertragen.

Theorem 2.4 (Monomorphie der Peano-Arithmetik PA) *Zwei beliebige arithmetische Strukturen sind isomorph.*

Beweis: Die Isomorphie π für Peanostrukturen gemäß Theorem 2.3 wird auf natürliche Weise auf arithmetische Strukturen erweitert, indem sie mit Hilfe der Theoreme 2.1 und 2.2 auf die Funktionen $+$ und $\cdot$ und deren π-Bilder erweitert wird. Ist also $\mathcal{A} = \langle A, +_{\mathcal{A}}, \cdot_{\mathcal{A}}, 1_{\mathcal{A}} \rangle$ eine beliebige Struktur, so muß gezeigt werden, daß sie isomorph ist zu $\langle \mathbb{N}, +, \cdot, 1 \rangle$, das heißt es muß gelten:

(1) $\pi(n+m) = \pi(n) +_{\mathcal{A}} \pi(m)$ für alle $m, n \in \mathbb{N}$,

(2) $\pi(n \cdot m) = \pi(n) \cdot_{\mathcal{A}} \pi(m)$ für alle $m, n \in \mathbb{N}$.

Dazu muß der Isomorphismus der Ausgangsstrukturen erweitert werden vermöge der Beziehungen

(iii) $\pi(n+1) = \pi(n) +_{\mathcal{A}} \pi(1), \quad \pi(n+m) = \pi(n) +_{\mathcal{A}} \pi(m)$ für alle $m, n \in \mathbb{N}$,

(iv) $\pi(n \cdot 1) = \pi(n) \cdot_{\mathcal{A}} \pi(1), \quad \pi(n \cdot m) = \pi(n) \cdot_{\mathcal{A}} \pi(m)$ für alle $m, n \in \mathbb{N}$.

Wegen der Eindeutigkeit der Addition und Multiplikation (Theorem 2.1 und 2.2) für beide Strukturen, sind (iii) und (iv) wohldefiniert. Daraus läßt sich (1) und (2) ableiten. ■

Alle im Abschnitt 2.4 angeführten Peanostrukturen, das heißt Modelle von **P**, können zu Modellen von **PA**, also zu arithmetischen Strukturen erweitert werden.

2.6 Ordnungseigenschaften

Es folgt eine Untersuchung der *Ordnungsstruktur der natürlichen Zahlen*, da diese bei der Analyse von Erweiterungsstrukturen sowie Nichtstandardmodellen der symbolisierten Peano-Arithmetik eine entscheidende Rolle spielen.

Die *Kleinerrelation* $<$ wird durch folgende Festlegung definiert: Für alle natürlichen Zahlen m, n ist $m < n$ genau dann, wenn $m \neq n$ und es eine natürliche Zahl k gibt mit $m + k = n$.

Zunächst ist klar, daß die Relation $<$ *antireflexiv* ist, das heißt $m < m$ ist nicht möglich, denn es gibt keine natürliche Zahl k mit $m + k = m$ (Beweis durch Induktion über k). Weiter ist die Relation $<$ *transitiv*, denn aus $m < n$ und $n < i$ folgt $m < i$ (*Beweis:* aus $m + k_1 = n$ und $n + k_2 = i$ folgt $(m + k_1) + k_2 = i$, also $m + (k_1 + k_2) = i$, also $m < i$) und *trichotomisch*, denn es gilt für zwei gegebene natürliche Zahlen m, n immer entweder $m < n$ oder $m = n$ oder $n < m$ (Beweis durch Induktion über n).

Man bezeichnet eine Struktur $\langle A, < \rangle$ als ein (totale oder lineare) *Ordnung*, oder eine *Ordnungsstruktur*, wenn sie folgende Axiome **O** erfüllt:

O1 *Antireflexivität:* Für alle $a \in A$ ist nicht $a < a$.

O2 *Transitivität:* Für alle $a, b, c \in A$ gilt: aus $a < b$ und $b < c$ folgt $a < c$.

O3 *Trichotomie:* Für alle $a, b \in A$ gilt entweder $a < b$ oder $a = b$ oder $b < a$.

Aus obigen Überlegungen ergibt sich, daß $\langle \mathbb{N}, < \rangle$ eine Ordnungsstruktur ist. Offensichtlich ist dieses Axiomensystem nicht unabhängig, denn **O1** kann aus **O3** abgeleitet werden (falls entweder-oder-oder in **O3** in ausschliesslichem Sinne gilt). In dieser Form kann jedoch **O** mit anderen Arten von Ordnungen besser verglichen werden.

Für eine totale Ordnung $\langle A, <\rangle$ und $a, b \in B \subseteq A$ ist a ein *erstes* (kleinstes) *Element* von B genau dann, wenn für alle $c \in B$ gilt $a < c$; das Element a ist *letztes* (größtes) *Element* von B genau dann, wenn für alle $c \in B$ gilt $c < a$; das Element a ist *Ordnungsvorgänger* von b und b ist *Ordnungsnachfolger* von a genau dann, wenn $a < b$ und es kein c gibt mit $a < c < b$. Eine Ordnungsstruktur $\langle A, <\rangle$ heißt *diskret* genau dann, wenn jedes Element, das nicht letztes Element ist, einen Nachfolger hat und jedes Element, das nicht erstes Element ist, einen Vorgänger hat.

Theorem 2.5 *Die Ordnungsstruktur $\langle \mathbb{N}, <\rangle$ ist eine diskrete Ordnung, in der gilt:*

(a) 1 *ist kleinstes oder erstes Element von* $\mathbb{N}$;

(b) $\mathbb{N}$ *hat kein größtes oder letztes Element;*

(c) $k+1$ *ist der Ordnungsnachfolger von* k;

(d) *Wenn* $k \neq 1$, *so hat* k *einen Ordnungsvorgänger;*

(e) *Wenn* $k \neq 1, k \neq 2, \ldots, k \neq n$ *dann ist* $n < k$.

Beweis: (a) Es muß gezeigt werden: für alle $k \in \mathbb{N}$, $k \neq 1$ ist $1 < k$, das heißt es existiert ein $j \in \mathbb{N}$ mit $1 + j = k$. Man wähle j so, daß $\nu(j) = k = j + 1$. – (b) (indirekt) Sei k größtes Element, das heißt es gilt für alle $i \in \mathbb{N}$ die Beziehung $i < k$, insbesondere für $i = k+1$, also $k+1 < k$. Nun gilt aber auch nach Definition von $<$ die Beziehung $k < k+1$, im Widerspruch zur Trichotomie. – (c) Zunächst ist $k < k+1$. Es sei $l < k+1$. Falls $l \neq k$, so ist auch $l < k$, also sicher nicht $k < l$. Also gibt es kein l mit $k < l < k+1$. – (d) Wenn $k \neq 1$, so ist wegen (a) und der Trichotomie $1 < k$; also existiert ein j mit $1 + j = k$. Die Zahl j ist dann der Ordnungsvorgänger von k. – (e) (Induktion über n) Aus $k \neq 1$ folgt $1 < k$; aus $k \neq 2$ folgt weiter wegen der Trichotomie $2 < k$, da $k < 2$ die Existenz eines j mit $k + j = 2$ impliziert; ein solches j gibt es aber nicht, da aus $k > 1$ folgt $k + j > 1 + 1 = 2$. Man kann nun zeigen: folgt aus $k \neq 1, k \neq 2, \ldots, k \neq m$ die Beziehung $m < k$, so folgt mit $k \neq m+1$ auch $m + 1 < k$. Wegen $m < k$ ist $k = m + j$. Ist $k \neq m+1$, so ist $j \neq 1$, also $j = \pi(i) = i + 1$. Mithin ist $k = (m+1) + i$, das heißt $k > m + 1$. ∎

Theorem 2.6 *Ist $n > 1$ eine natürliche Zahl, so gibt es genau eine natürliche Zahl k sodaß entweder $n = 2k$ oder $n = 2k+1$.*

Beweis (Induktion über n): Sei $n = 2$, dann gilt für $k = 1$ die Beziehung $n = 2k$; für $n = 3$ gilt bei $k = 1$ die Beziehung $n = 2k + 1$. Es gelte nun für irgendein n die obige Behauptung. Es wird gezeigt, daß sie dann auch für $n+1$ zutrifft. Falls für n genau ein k existiert mit $n = 2k$, so existiert für $n+1$ genau ein $k' = k$ mit $n + 1 = 2k + 1$ und falls für n genau ein k existiert mit $n = 2k + 1$, so existiert für $n+1$ genau ein $k' = k + 1$ mit $n + 1 = 2k + 2 = 2(k+1) = 2k'$. ∎

Die nach Theorem 2.6 für jedes $1 < n \in \mathbb{N}$ existierende und eindeutig bestimmte Zahl k wird als $[n/2]$ geschrieben und heißt *ganzer Teil* des Bruches $n/2$. Es gilt also: $[n/2]$ ist entweder gleich $n/2$ für n gerade oder $(n-1)/2$ für n ungerade.

Theorem 2.7 (Archimedisches Prinzip) *Zu gegebenen $k \in \mathbb{N}$ gibt es stets ein $n \in \mathbb{N}$, $n > 1$, sodaß* $n \cdot 1 = (\underbrace{1 + 1 + 1 + \ldots + 1}_{n\text{-mal}}) > k$.

Beweis (Induktion über k): Sei $k = 1$, dann ist für $n = 2 = 1 + 1$ offenbar $n \cdot 1 > k$. Es gelte nun für ein k die Beziehung $n \cdot 1 > k$. Für $k + 1$ ist dann auf jeden Fall $n \cdot 1 + 1 > k + 1$, also $(n + 1) \cdot 1 > k + 1$. ■

Zum Schluß werden die *Standardstrukturen der Peano-Arithmetik* definiert:

$$\mathcal{N}_\nu = \langle \mathbb{N}, \nu_\mathcal{N}, 1_\mathcal{N} \rangle, \quad \mathcal{N} = \langle \mathbb{N}, +_\mathcal{N}, \cdot_\mathcal{N}, 1_\mathcal{N} \rangle, \quad \mathcal{N}_< = \langle \mathbb{N}, +_\mathcal{N}, \cdot_\mathcal{N}, <_\mathcal{N}, 1_\mathcal{N} \rangle.$$

Dabei erfüllt die Struktur $\mathcal{N}_\nu$ die Axiome **P1, P2, P3**, das heißt $\mathcal{N}_\nu$ ist ein Modell dieser Axiome. Die Strukturen $\mathcal{N}$ und $\mathcal{N}_<$ erfüllen die Axiome **PA** = { **PA1, PA2, PA3, PA4, PA5, PA6** } und $\mathcal{N}_<$ erfüllt zusätzlich die Axiome **O** = { **O1, O2, O3** }.

Die totale oder lineare Ordnung der natürlichen Zahlen hat eine weitere entscheidende Eigenschaft. Ganz allgemein heißt eine (total oder linear) geordnete Menge M *wohlgeordnet* genau dann, wenn jede nichtleere Teilmenge von M ein kleinstes (oder erstes) Element hat.

Theorem 2.8 *Die Ordnungsstruktur $\langle \mathbb{N}, < \rangle$ ist wohlgeordnet.*

Beweis (indirekt): Sei A eine nichtleere Teilmenge von $\mathbb{N}$, die kein kleinstes Element hat. Man betrachte $B \subset \mathbb{N}$ mit

$$B = \{k \in \mathbb{N} \mid k \leq n \text{ für alle } n \in A\}.$$

Mit **PA3** folgt: Da $n \geq 1$ für $n \in \mathbb{N}$, ist sicher $1 \in B$. Sei $m \in B$, dann ist $m \leq n$ für alle $n \in A$. Dann kann aber m nicht zu A gehören, sonst wäre m das kleinste Element von A im Widerspruch zur Voraussetzung. Also ist $m < n$ für alle $n \in A$ und damit $m + 1 \leq n$ für alle $n \in A$. Daraus folgt: $(m + 1) \in B$ und mit Hilfe des Induktionsaxioms **PA3** weiter $B = \mathbb{N}$. Dies bedeutet jedoch, daß $m \leq n$ für jedes $m \in \mathbb{N}$ und jedes $n \in A$ zutrifft, also muß $A = \emptyset$ sein. ■

Es gilt jedoch auch die Umkehrung, das heißt das Induktionsaxiom kann aus der Wohlordnung von $\langle \mathbb{N}, < \rangle$ abgeleitet werden.

Theorem 2.9 *Aus der Wohlordnung von $\langle \mathbb{N}, < \rangle$ folgt das Induktionsaxiom* ***PA3****.*

Beweis (indirekt): Sei M eine Teilmenge von $\mathbb{N}$, welche die Bedingungen von **PA3** erfüllt, das heißt für welche $1 \in M$ und mit $m \in M$ ist auch $(m + 1) \in M$. Man nehme nun an, die Menge $\mathbb{N} - M$ sei nicht leer. Wegen der Wohlordnung von $\mathbb{N}$ muß es ein erstes Element n_0 in $\mathbb{N} - M$ geben. Da $1 \in M$ ist $1 \notin (\mathbb{N} - M)$, also ist $n_0 \neq 1$ und hat einen Vorgänger $k \in \mathbb{N}$. Dies bedeutet aber, daß zwar k zu M gehört, nicht aber $(k + 1) = n_0$, im Widerspruch zur Voraussetzung, daß M die Bedingung von **PA3** erfüllt. Also ist $\mathbb{N} - M$ leer, und damit $M = \mathbb{N}$. ■

Es gilt: Die Wohlgeordnetheit einer linear geordneten Menge A ist äquivalent mit der Nichtexistenz von *unendlich absteigenden Ketten*, das heißt von Elementen $a_1, a_2, a_3, \dots$ in A mit $\dots <_\mathcal{A} a_3 <_\mathcal{A} a_2 <_\mathcal{A} a_1$. Der Beweis dieser Behauptung ist indirekt. Sei also $\langle A, < \rangle$ wohlgeordnet. Man nimmt an, A enthalte eine unendlich absteigende Kette: $\dots <_\mathcal{A} a_3 <_\mathcal{A} a_2 <_\mathcal{A} a_1$; dann hat die Teilmenge $\{\dots, a_3, a_2, a_1\}$ von A kein erstes Element, im Widerspruch zur Wohlgeordnetheit. Also enthält A keine solche Kette. – Enthält umgekehrt A keine unendlich absteigende Kette und nimmt man an, es sei $\langle A, < \rangle$ nicht wohlgeordnet. Aus letzterem folgt, es existiert eine Teilmenge $B \subseteq A$, die kein erstes Element hat. Also existiert für ein $a_1 \in A$ ein $a_2 \in A$ mit $a_2 <_\mathcal{A} a_1$ und weiter ein $a_3 \in A$ mit $a_3 <_\mathcal{A} a_2 <_\mathcal{A} a_1$ etc. im Widerspruch zur Nichtexistenz einer solchen Kette. Folglich muß $\langle A, < \rangle$ wohlgeordnet sein.

Die Peanoaxiome können auch durch eine geeignete Ergänzung der Axiome der diskreten Ordnung abgeleitet werden. Man betrachte dazu einen Bereich $\mathbb{N}$ von Objekten des Denkens mit einer zweistelligen Relation $<$, welche die Axiome **O1, O2, O3** erfüllen. Man definiert die Ordnungsnachfolger und -vorgänger wie oben und fordert weiter die Axiome der Diskretheit für eine lineare Ordnung:

DO1 Jedes nichtletzte Element hat einen Ordnungsnachfolger.

DO2 Jedes nichterste Element hat einen Ordnungsvorgänger.

Weiter wird verlangt:

EL Es gibt ein erstes aber kein letztes Element.

Dies bedeutet, es gibt ein $1 \in \mathbb{N}$ mit $1 < n$ für alle $n \in \mathbb{N}$ und es gibt kein $k \in \mathbb{N}$ mit $n < k$ für alle $n \in \mathbb{N}$. Dann definiert man die Nachfolgerfunktion $\nu : \mathbb{N} \to \mathbb{N}$ durch: $\nu(n) = m$ gilt genau dann wenn m ein Ordnungsnachfolger von n ist.

Die Funktion ν ist *wohldefiniert*: Wegen **EL** und **DO1** gibt es zu jedem $n \in \mathbb{N}$ einen Nachfolger. Es kann auch nicht verschiedene Nachfolger zu einer natürlichen Zahl n geben. Denn sei $\nu(n) = m$ und man nehme an, es gäbe ein $m \neq m'$ mit $\nu(n) = m'$. Dann ist etwa $m < m'$, und da m Nachfolger von n ist, gilt $n < m < m'$. Dies steht in Widerspruch zur Tatsache, daß m' Ordnungsnachfolger von n ist. Also ist $m' = m$. – Weiter ist ν injektiv, denn sei $\nu(n) = \nu(m) = k > 1$, dann sind m, n die Ordnungsvorgänger von k. Wäre $m \neq n$, also etwa $m < n$, so folgt $m < n < k$, im Widerspruch zur Ordnungsvorgängereigenschaft von m, also ist $m = n$. Wegen **EL** ist $m < \nu(m) \neq 1$ für alle $m \in \mathbb{N}$. Damit wurde **P1** und **P2** bewiesen. **P3** folgt aus dem Axiom der Wohlordnung:

WO Jede nichtleere Teilmenge hat ein kleinstes Element.

Damit wurde gezeigt, daß die Axiome { **P1, P2, P3** } und die Axiome { **O1, O2, O3, DO1, DO2, EL, WO** } zueinander äquivalent sind. Mit anderen Worten, jedes Modell des einen Axiomensystems (das sind Peanostrukturen) ist auch ein Modell des anderen Axiomensystems. Da die Axiome { **P1, P2, P3** } monomorph sind, trifft dies auch auf für die Axiome { **O1, O2, O3, DO1, DO2, EL, WO** } zu.

2.7 Die Unendlichkeit der Zahlenreihe

Die Unterscheidung zwischen endlichen und unendlichen Mengen von Gegenständen kann im wesentlichen auf zwei verschiedene Arten geschehen. Man kann entweder eine explizite Definition der Endlichkeit geben und definiert unendlich als nicht-endlich oder man stellt eine Explizitdefinition der Unendlichkeit auf und definiert endlich als nicht-unendlich. In beiden Fällen soll die Definition so geartet sein, daß jede Menge von Gegenständen entweder in die eine oder in die andere Kategorie fällt.

Es sei begonnen mit einer Definition der Endlichkeit unter Voraussetzung der natürlichen Zahlen $1, 2, \ldots$. Es sei N_n die Menge aller natürlichen Zahlen kleiner oder gleich n:

$$N_n := \{x \mid x \in \mathbb{N} \text{ und } 1 \leq x \leq n\}.$$

Eine Menge M heißt dann *gewöhnlich-endlich*, wenn sie entweder leer ist oder eine natürliche Zahl n existiert, sodaß zwischen den Elementen von M und den Elementen von N_n eine bijektive (das heißt eine eineindeutige oder umkehrbar eindeutige) Beziehung hergestellt werden kann. Sie heißt *gewöhnlich-unendlich*, wenn sie nicht gewöhnlich-endlich ist.

Es wird weiter unten gezeigt werden, daß die Menge $\mathbb{N}$ aller natürlichen Zahlen gewöhnlich-unendlich ist.

Im Abschnitt 2.4 wurde gezeigt, daß zum Beispiel die geraden Zahlen (wie auch die ungeraden Zahlen) bei geeigneter Definition der Nachfolgerfunktion ein Modell der Peano-Axiome bilden und demzufolge ordnungstheoretisch den natürlichen Zahlen äquivalent sind. Sie sind dies auch in einem anderen Sinne: obwohl die geraden Zahlen $\mathbb{G}$ eine echte Teilmenge der natürlichen Zahlen $\mathbb{N}$ bilden, gibt es «genau so viele» gerade wie natürliche Zahlen. Dies ersieht man sofort aus der bijektiven Abbildung $\kappa\colon \mathbb{N} \to \mathbb{G},\ n \mapsto g = 2n$.

Daraus ergeben sich folgende Paare (n, g) von Zahlen: $(1,2)$, $(2,4)$, $(3,6)$, ... Dedekind erkannte als erster, daß die Eigenschaft der natürlichen Zahlen, einer Teilmenge von sich selbst gleichzählig oder gleichmächtig zu sein, für unendliche Mengen charakteristisch ist. Dies ist der Ausgangspunkt für die zweite Definition.

Eine Menge M heißt *Dedekind-unendlich*, wenn sie eine echte Teilmenge M' besitzt, sodaß zwischen den Elementen von M und den Elementen von M' eine bijektive Beziehung hergestellt werden kann. Sie heißt *Dedekind-endlich*, wenn sie nicht Dedekind-unendlich ist, das heißt wenn es keine solche eineindeutige Beziehung gibt.

Im folgenden soll nun bewiesen werden, daß die beiden Definitionen äquivalent sind, das heißt eine Menge genau dann gewöhnlich-endlich oder -unendlich ist, wenn sie Dedekind-endlich bzw. Dedekind-unendlich ist.

Zunächst soll gezeigt werden: *Jede Dedekind-unendliche Menge ist auch gewöhnlich-unendlich.*

Beweis: Es seien A und B zwei Mengen, deren Elemente durch eine Funktion f bijektiv aufeinander bezogen sind und für welche eine echte Teilmenge A' von A existiert, sodaß A und A' durch eine Funktion g bijektiv aufeinander bezogen sind. Die Funktion h sei die auf A' eingeschränkte Funktion f, die A' in eine echte Teilmenge B' von B abbildet. Dann ist die Funktion $hgf^{-1}\colon B \to B'$ ebenfalls bijektiv.

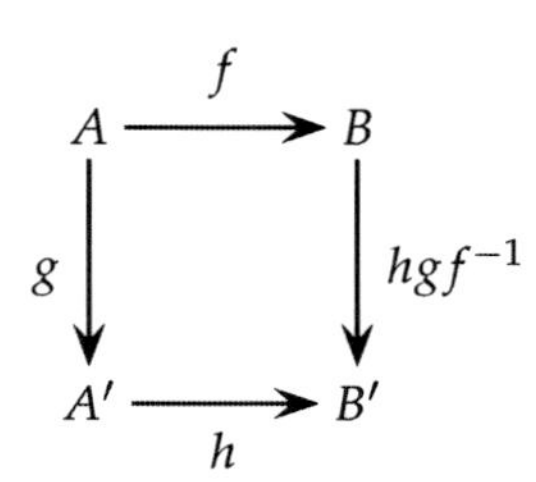

Ersetzt man A, B, A' durch M, N_k und M', so muß es unter den gegebenen Voraussetzungen eine Teilmenge N_k' von N_k geben, deren Elemente bijektiv aufeinander bezogen sind. Dies ist natürlich nicht möglich, wie man jetzt mit Hilfe des Induktionsaxioms **P3** auf indirekte Weise zeigen kann.

Sei $E(k)$ die Eigenschaft, daß N_k gewöhnlich-endlich ist, das heißt, daß es *kein* N_k gibt, sodaß N_k bijektiv auf eine echte Teilmenge N'_k von N_k bezogen werden kann. Für $k = 1$ ist $N_1 = \{1\}$ und die einzige echte Teilmenge ist die leere Menge $\emptyset$, also gilt sicher $E(1)$.

Es gelte nun $E(k)$ und zu zeigen ist, daß dann auch $E(k+1)$ gelten muß. Es wird angenommen, $E(k+1)$ gelte nicht. Dann gibt es eine bijektive Beziehung zwischen einer echten Teilmenge N'_{k+1} von N_{k+1} und N_{k+1}:

$$\begin{array}{ccccccc} N_{k+1}: & 1 & 2 & \ldots & k & k+1 \\ \cup & \downarrow & \downarrow & & \downarrow & \downarrow \\ N'_{k+1}: & n_1 & n_2 & \ldots & n_k & n_{k+1} \end{array}$$

Dann gibt es zwei Fälle: Entweder ist $n_{k+1} = k+1$ oder für ein $1 \leq i \leq k+1$ ist $n_i = k+1$. Im ersten Fall läßt sich die letzte Kolonne im obigen Diagramm streichen, und damit ergibt sich ein Widerspruch zu $E(k)$. Im zweiten Fall nummeriert man die n_j's so um, daß die Zahl $k+1$ an die letzte Stelle zu stehen kommt und argumentieren wie im ersten Fall weiter. Damit ist $E(n)$ wahr für alle n. Da es keine bijektive Beziehung der Elemente von $\mathbb{N}$ mit den Elementen von N_k für irgendein k gibt, ist $\mathbb{N}$ gewöhnlich-unendlich ■

Es gilt auch die Umkehrung: *Jede gewöhnlich-unendliche Menge ist Dedekind-unendlich.*

Beweis: Es sei M eine gewöhnlich-unendliche Menge, also eine nicht gewöhnlich-endliche Menge. Dies bedeutet, daß M nicht leer ist und daß es kein $k \in \mathbb{N}$ gibt, sodaß die Elemente von N_k bijektiv auf die Elemente von M bezogen werden können. Da M nicht leer ist, kann man irgendein Element x_1 aus M auswählen. Dann ist sicher $M - \{x_1\}$ nicht leer, andernfalls wäre M nicht gewöhnlich-unendlich. Mit demselben Argument ergibt sich, daß $M - \{x_1, x_2\}$ nicht leer ist, wenn x_2 eine weiteres aus M ausgewähltes Element ist. Hat man so sukzessive k Elemente $x_1, x_2, \ldots, x_k$ aus M ausgewählt, so muß $M - \{x_1, x_2, \ldots, x_k\}$ nicht leer sein, andernfalls wäre M nicht gewöhnlich-unendlich. Also kann ein weiteres Element x_{k+1} ausgewählt werden. Vermöge des Induktionsaxioms **P3** ergibt sich daraus, daß sich für jedes n eine Menge von Elementen $\{x_1, x_2, \ldots, x_N\}$ aus M auswählen läßt.

Man betrachte die Beziehung

$$x_n \mapsto x_{n+1} \text{ und } x \mapsto x \text{ falls } x \neq x_i \text{ für alle } i$$

der Elemente von M auf sich selbst, das heißt genauer eine Beziehung der Elemente von M auf die Elemente von $M - \{x_1\}$. Sie ist bijektiv und $M - \{x_1\}$ ist eine echte Teilmenge von M. Damit ist M Dedekind-unendlich ■

Man beachte, daß der Auswahlprozeß der Elemente $x_1, x_2, \ldots$ aus M nicht konstruktiver Natur ist, das heißt nicht explizit angegeben wird, welche Elemente ausgewählt werden müssen. Es wird hier sogar nicht einmal im Prinzip angegeben, aufgrund welcher Kriterien die Auswahl erfolgt. Dies ist nicht weiter problematisch, denn die Existenz der einzelnen Gegenstände wird ohnehin vorausgesetzt und wenn es mehr als einen Gegenstand in einer Menge gibt, so kann daraus auch im Prinzip einer davon ins denkende Auge gefaßt werden. Man beachte jedoch, daß dieses sogenannte *Auswahlprinzip* (axiom of choice, **AC**) in den meisten Mathematisierungen der Klassen- und Relationenlogik, das heißt der mathematischen Mengenlehre, explizit als Axiom gefordert werden muß. Eine Ausnahme davon bildet die Mengenlehre von Finsler (siehe Abschnitt 3.8), wo das Auswahlprinzip für den Bereich der «gewöhnlichen» (zirkelfreien) Mengen beweisbar ist.

2.8 Nichtisomorphe Modelle in der Gruppentheorie

In der Mathematik sind nicht nur kategorische Axiomensysteme interessant: beispielsweise sind die Gruppenaxiome nicht kategorisch und erlauben deshalb eine Fülle von zueinander nicht isomorphen Modellen. So sind Gruppen verschiedener Ordnung (das heißt Gruppen mit verschieden vielen Elementen) sicher nicht isomorph, da es zwischen endlichen Mengen unterschiedlicher Anzahl keine Bijektion geben kann. Im folgenden werden Beispiele angegeben von zwei endlichen Gruppen gleicher Ordnung, die nicht isomorph zueinander sind: die zyklische Gruppe der Ordnung 4 und die Kleinsche Vierergruppe. Zunächst werden jedoch die Gruppenaxiome festgehalten.

Gruppenstruktur. Eine Gruppe ist ein Struktur $\mathcal{G} = \langle G, \gamma, e \rangle$ mit einer Menge $G = \{g_1, g_2, g_3, \ldots\}$, einer zweistelligen Funktion, der *Gruppenoperation*, $\gamma : G \times G \longrightarrow G$, die Paaren von Elementen von G ein Element in G zuordnet und einem *ausgezeichneten Element* e. Für alle $g_i, g_j \in G$ gilt also $\gamma(g_i, g_j) \mapsto g_k \in G$ (der besseren Lesbarkeit halber wird für $\gamma(g_i, g_j)$ im folgenden auch der gewohnte Ausdruck $g_i \circ g_j$ oder einfach $g_i g_j$ verwendet). Dabei gelten die folgenden

Gruppenaxiome G:

G1 Für alle $g_i, g_j, g_k \in G$ gilt $(g_i \circ g_j) \circ g_k = g_i \circ (g_j \circ g_k)$;

G2 Für alle $g_i \in G$ gilt $g_i \circ e = g_i$;

G3 Zu jedem $g_i \in G$ gibt es ein $g_j \in G$ mit $g_i \circ g_j = e$.

Jede Struktur, welche die Gruppenaxiome erfüllt, also ein Modell der Axiome **G** = {**G1, G2, G3**} ist, ist eine *Gruppenstruktur*, eine *konkrete Gruppe* oder einfach eine *Gruppe*.

Beispiele für Gruppenstrukturen (= konkrete Gruppen):

(1) Sei δ eine $90°$-Drehung eines Quadrates um seinen Mittelpunkt. Dann bildet die Menge $\{e, \delta, \delta^2, \delta^3\}$ eine Gruppe, wenn die Gruppenoperation die Zusammensetzung zweier Drehungen bedeutet und $e := \delta^4$ ist.

(2) Sei (1234) die Permutation der natürlichen Zahlen $1 \to 2 \to 3 \to 4 \to 1$. Dann ist für die Zusammensetzung von Permutationen als Gruppenoperation die Menge $\{e, (1234), (1234)^2, (1234)^3\}$ eine Gruppe mit $e := (1234)^4$.

(3) Sei $[n] := [n]_4$ die Restklasse einer natürlichen Zahl n modulo 4. Dann ist mit der Addition von Restklassen als Gruppenoperation die Menge $\{e, [1], [2], [3]\}$ eine Gruppe mit $e := [4]$.

(4) Seien σ_1, σ_2 die Spiegelungen eines Quadrates in dessen Kantenhalbierenden (Figur 2.6). Dann ist für die Zusammensetzung dieser Spiegelungen als Gruppenoperation die Menge $\{e, \sigma_1, \sigma_2, \sigma_1\sigma_2\}$ eine Gruppe mit $e := (\sigma_1)^2 = (\sigma_2)^2$.

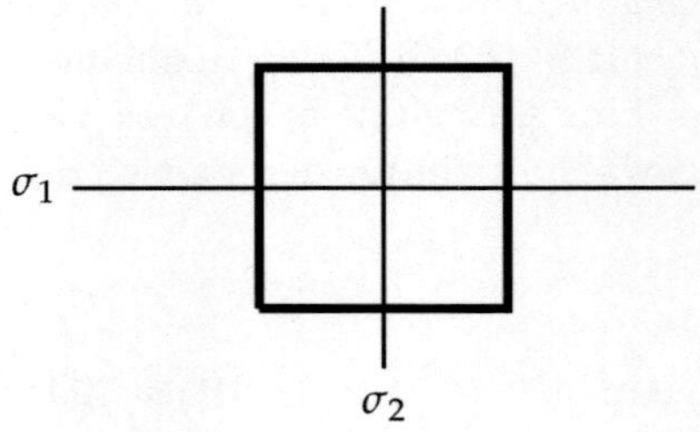

Figur 2.6

(5) Seien ζ_1, ζ_2 die Spiegelungen eines Quadrates in dessen Diagonalen (Figur 2.7). Dann ist für die Zusammensetzung dieser Spiegelungen als Gruppenoperation die Menge $\{e, \zeta_1, \zeta_2, \zeta_1\zeta_2\}$ eine Gruppe mit $e := (\zeta_1)^2 = (\zeta_2)^2$.

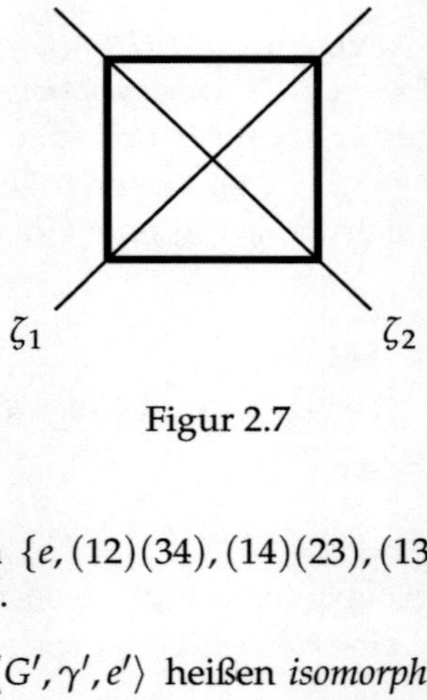

Figur 2.7

(6) Die Menge der Permutationen $\{e, (12)(34), (14)(23), (13)(24)\}$ bilden eine Gruppe mit $e := ((12)(34))^2 = ((14)(23))^2$.

Zwei Gruppenstrukturen $\langle G, \gamma, e\rangle$, $\langle G', \gamma', e'\rangle$ heißen *isomorph*, wenn es eine Bijektion, einen *Isomorphismus* $\pi : G \to G'$ mit $\pi : g \in G \mapsto \pi(g) = g' \in G'$ gibt, sodaß $\pi(e) = e'$ und $\pi(\gamma(g_i, g_j)) = \gamma'(\pi(g_i), \pi(g_j)) = \gamma'(g'_i, g'_j)$. Es gilt dann die Beziehung $\gamma' = \pi \circ \gamma \circ \pi^1$.

Die angeführten Beispiele sind alle *endliche Gruppen*, das heißt Gruppenstrukturen $\langle G, \gamma', e\rangle$, für welche die Anzahl $|G|$ der Elemente endlich ist. Solche Gruppen können eindeutig durch die Operationsstruktur ihrer Elemente (Cayley-Tabelle, Gruppen-Tafel) festgelegt werden. Isomorphe Gruppen haben dieselbe Operationsstruktur und unterscheiden sich nur durch die Interpretation ihrer Elemente. Sieht man von der Interpretation der Elemente ab und behält nur die Operationsstruktur, so hat man eine sogenannte *abstrakte Gruppe* vor sich.

Die Beispiele für Gruppenstrukturen, das heißt die konkreten Gruppen (1), (2), (3) sind alle isomorph zueinander, ebenso (4), (5), (6). Sie sind außerdem *kommutativ*, das heißt es gilt $g_i \circ g_k = g_k \circ g_i$. Die entsprechenden Operationsstrukturen können für eine Gruppe mit den Elementen $\{e, g_1, g_2, g_3\}$ folgendermaßen dargestellt werden:

Abstrakte Gruppe für die Strukturen (1), (2), (3):
Zyklische Gruppe der Ordnung 4

$\mathbf{C}_4$	e	g_1	g_2	g_3
e	e	g_1	g_2	g_3
g_1	g_1	g_2	g_3	e
g_2	g_2	g_3	e	g_1
g_3	g_3	e	g_1	g_2

Abstrakte Gruppe für die Strukturen (4), (5), (6):
Kleinsche Vierergruppe.

$\mathbf{K}_4$	e	g_1	g_2	g_3
e	e	g_1	g_2	g_2
g_1	g_1	e	g_3	g_2
g_2	g_2	g_3	e	g_1
g_3	g_3	g_2	g_1	e

Aufgrund der verschiedenen Operationsstrukturen können die abstrakten Gruppen $\mathbf{C}_4$ und $\mathbf{K}_4$ nicht isomorph sein, folglich ist auch keine der konkreten Gruppen (1), (2), (3) zu irgendeiner der Gruppen (4), (5), (6) isomorph.

Zwei Gruppenstrukturen sind nicht isomorph, wenn sie entweder nicht von derselben Ordnung sind, oder die Operationsstruktur (im endlichen Falle die Cayley-Tabellen) nicht übereinstimmen.

Für spätere Zwecke, wenn es um Fragen der Symbolisierbarkeit geht, werden noch die folgenden speziellen Eigenschaften angeführt, die Gruppen erfüllen oder nicht erfüllen können. Ein Element $g \in G$ einer Gruppe $\mathcal{G} = \langle G, \circ, e \rangle$ heißt von *endlicher Ordnung*, wenn es ein $n \in \mathbb{N}$ gibt mit $g^n = e$. Eine Gruppe heißt *abelsch* oder *kommutativ*, wenn für zwei beliebige Elemente $g, h \in G$ gilt $g \circ h = h \circ g$. Eine abelsche Gruppe heißt *torsionsfrei*, wenn es keine Elemente ungleich e endlicher Ordnung in der Gruppe gibt. Eine abelsche Gruppe heißt *Torsionsgruppe*, wenn jedes $g \in G$ von endlicher Ordnung ist.

Zur Illustrierung dieser Definitionen folgen einige Folgerungen und Eigenschaften ohne Beweise: Die Elemente endlicher Ordnung in einer abelschen Gruppe $\mathcal{G}$ bilden eine Untergruppe $\mathcal{T}$, die sogenannte *Torsionsuntergruppe* von $\mathcal{G}$. Ist $\mathcal{T} = \mathcal{G}$, so ist $\mathcal{G}$ eine Torsionsgruppe. Enthält $\mathcal{T}$ nur das Neutralelement e, so ist $\mathcal{G}$ torsionsfrei. Endliche abelsche Gruppen (wie $\mathbf{C}_4$) sind Torsionsgruppen, während unendliche zyklische Gruppen (wie $\langle \mathbb{Z}, +, 1 \rangle$) torsionsfrei sind. Ist $\mathcal{T}$ die Torsionsuntergruppe von $\mathcal{G}$, so ist die Faktorgruppe $\mathcal{G}/\mathcal{T}$ torsionsfrei.

2.9 Peanostrukturerweiterungen

Die übliche Erweiterung der Struktur der natürlichen Zahlen $\mathcal{N}$ führt zunächst auf die Struktur der ganzen Zahlen $\mathcal{Z}$ und dann auf die Struktur der rationalen Zahlen $\mathcal{Q}$. Hierfür ist die uneingeschränkte Ausführbarkeit der Rechenoperationen der Subtraktion sowie der Division maßgebend. Diese Erweiterung hat einen algebraischen Charakter. Hier soll ein anderer Weg eingeschlagen werden, nämlich eine Art ordnungstheoretische Erweiterung der natürlichen Zahlen.

Die Struktur $\mathcal{E} = \langle E, +_{\mathcal{E}}, \cdot_{\mathcal{E}}, <_{\mathcal{E}}, 1_{\mathcal{E}} \rangle$ heißt eine *Erweiterung* der Struktur $\mathcal{N} = \langle \mathbb{N}, +_{\mathcal{N}}, \cdot_{\mathcal{N}}, <_{\mathcal{N}}, 1_{\mathcal{N}} \rangle$ oder allgemeiner irgendeiner arithmetischen Struktur, wenn letztere in ihr enthalten ist, das heißt wenn es eine injektive eindeutige, operationserhaltende Abbildung, eine *elementare Einbettung* $\varepsilon \colon \mathcal{N} \to \mathcal{E}$ gibt mit $n \in \mathbb{N} \mapsto e \in E$ und $1_{\mathcal{E}} = 1_{\mathcal{N}}$. Die Operationen $+_{\mathcal{E}}$, $\cdot_{\mathcal{E}}$ und

$<_{\mathcal{E}}$ heißen dann die *natürlichen Fortsetzungen* der Operationen $+_{\mathcal{N}}$, $\cdot_{\mathcal{N}}$ und $<_{\mathcal{N}}$ von $\mathcal{N}$ in $\mathcal{E}$ (siehe Figur 2.8).

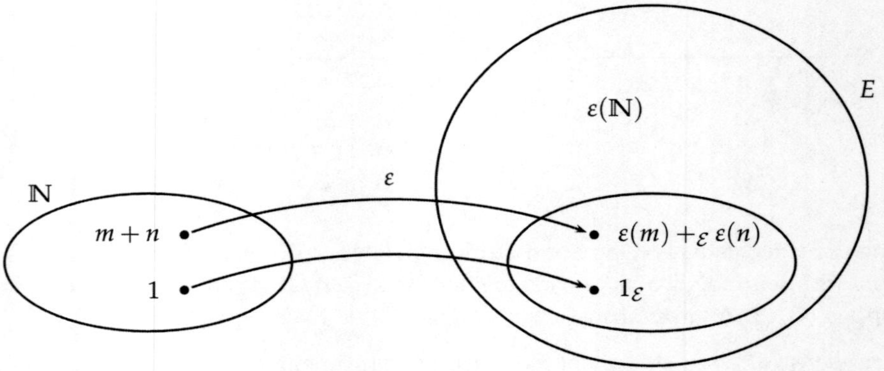

Figur 2.8

Es werden in geraffter Weise die bekannteren Strukturerweiterungen der natürlichen Zahlen rekapituliert, damit man die hier angestrebte Erweiterung in einem größeren Zusammenhang sehen kann.

I. *Algebraische Erweiterungen der natürlichen Zahlen.*

(1) Wird die uneingeschränkte Umkehrbarkeit der Addition gefordert, das heißt die Subtraktion eingeführt, so kommt man zu den *ganzen Zahlen* $\mathcal{Z}$. Diese haben kein erstes Element mehr, ihre Ordnung ist aber nach wie vor linear, diskret und archimedisch. Die Wohlgeordnetheit besteht nicht mehr.

(2) Die Forderung nach einer uneingeschränkten Durchführbarkeit der Multiplikation (Division) führt auf die *positiven rationalen Zahlen* $\mathcal{Q}^+$. Sie sind dicht, also nicht mehr diskret, haben kein erstes Element, sind aber linear geordnet, archimedisch und nicht wohlgeordnet.

(3) Die Verbindung von (1) und (2) führt auf die *rationalen Zahlen* $\mathcal{Q}$.

II: *Ordnungstheoretische Erweiterungen der natürlichen Zahlen.*

(4) Durch die natürliche Fortsetzung des Zählprozesses unter besonderer Berücksichtigung des Ordnungsaspektes sowie der Erhaltung der Wohlordnung (das heißt der Nichtexistenz von unendlich absteigenden Ketten) kommt man auf die *Ordinalzahlen*. Diese können als Ordnungstypen von Wohlordnungen, das heißt als Klassen zueinander bezüglich der Relation $<$ isomorpher (ähnlicher) Mengen, definiert werden. Da es Ordnungszahlen ohne Vorgänger gibt, sogenannte *Limeszahlen* (der transfinite Ordnungstypus der natürlichen Zahlen ω ist die kleinste solche Zahl), sind die Ordinalzahlen nicht diskret, enthalten aber ein erstes Element, sind linear geordnet (Vergleichbarkeitstheorem) und wohlgeordnet.

(5) Durch die natürliche Fortsetzung des Zählprozesses unter besonderer Berücksichtigung der Anzahlhierarchie kommt man zu den *Kardinalzahlen*. Dies sind die kleinsten Ordinalzahlen einer Klasse gleichmächtiger Ordinalzahlen. Hier gibt es ebenfalls Elemente ohne Vorgänger,

die *Limeskardinalzahlen*. Die erste transfinite Kardinalzahl $\aleph_0$ ist die kleinste Limeskardinalzahl. Folglich sind die Kardinalzahlen ebenfalls nicht diskret, haben jedoch ein erstes Element, sind linear geordnet (Vergleichbarkeitstheorem) und wohlgeordnet.

(6) Stellt man an eine Strukturerweiterung die Forderung nach der Erhaltung des ersten Elementes, der linearen Ordnung sowie der Diskretheit, so erhält man Strukturen, die mit keiner der obigen zusammenfallen. Es handelt sich um die sogenannten *hypernatürlichen Zahlen*, die im Abschnitt 2.10 ausführlich diskutiert werden. Es wird sich zeigen, daß diese nicht wohlgeordnet sind und demzufolge das Induktionsaxiom nicht erfüllen; im weiteren erweisen sie sich nach Einführung der Addition als nicht archimedisch.

2.10 Hypernatürliche Zahlen

Läßt sich die Struktur der natürlichen Zahlen, das heißt eine arithmetische Struktur, so ins «Unendliche» erweitern, daß die alte Struktur eine echte Teilstruktur der neuen Struktur wird und die Gesetze der alten Struktur soweit wie möglich erhalten bleiben? Aufgrund des Monomorphietheorems 2.4 ist klar, daß keine echte Erweiterung der natürlichen Zahlen in allen Einzelheiten mit der Ausgangsstruktur, der arithmetischen Struktur $\mathcal{N} = \langle \mathbb{N}, +_{\mathcal{N}}, \cdot_{\mathcal{N}}, 1_{\mathcal{N}} \rangle$ übereinstimmen kann. Man muss also in jedem Fall auf gewisse Eigenschaften verzichten. Was man auf jeden Fall erhalten will, ist die *diskrete Ordnung* der Struktur, das heißt die Eigenschaft, daß es zu allen nicht mit dem ersten Element $1_{\mathcal{E}}$ identischen Elementen der neuen Struktur $\mathcal{E}$ einen eindeutigen Vorgänger und Nachfolger gibt.

Im folgenden werden einige Methoden zur Gewinnung von speziellen, insbesondere diskreten (jedoch nicht notwendigerweise abzählbaren) Peanostrukturerweiterungen diskutiert. Sie führen zu den *hypernatürlichen Zahlen*, die sich gliedern lassen in *Standardzahlen* und *Nichtstandardzahlen*. Es wird sich herausstellen, daß man unter anderem auf die Eigenschaft der Archimedizität verzichten muss.

Das Vorgehen ist wie folgt: Es wird zuerst eine Erweiterungsstruktur mit der Grundmenge A konstruiert, wobei $\mathbb{N} \subset A$. Danach wird gezeigt, daß diese Struktur eine lineare Ordnung sowie diskret ist. Am Schluß ergibt sich, daß die Wohlgeordnetheit nicht mehr gilt sowie die Archimedizität verletzt ist.

2.10.1 Adjunktionsmethode

Es wird von der konkreten arithmetischen Struktur $\mathcal{N} = \langle \mathbb{N}, +_{\mathcal{N}}, \cdot_{\mathcal{N}}, 1_{\mathcal{N}} \rangle$ der natürlichen Zahlen ausgegangen. Im folgenden werden die Subskripte der Operationen $+$ und $\cdot$ sowie der Konstanten 1 unterdrückt. Sei u ein Element, das von allen natürlichen Zahlen verschieden ist: $u \neq n$ für alle $n \in \mathbb{N}$. Die Adjunktion von u zu $\mathcal{N}$ zur Gewinnung einer neuen Struktur $\mathcal{A}$ besteht darin, das neue Element u mit allen Elementen von $\mathbb{N}$ und mit sich selbst durch die Operationen $+_{\mathcal{A}}$ und $\cdot_{\mathcal{A}}$ zu verknüpfen. Das Element u soll sich bezüglich $+_{\mathcal{A}}$ und $\cdot_{\mathcal{A}}$ genau so verhalten wie ein Element $n \neq 1$ in $\mathbb{N}$, das heißt, wird u in irgendeiner aus $+_{\mathcal{A}}$ und $\cdot_{\mathcal{A}}$ zusammengesetzten Beziehung durch $m \in \mathbb{N}$ ersetzt, so geht $+_{\mathcal{A}}$ in $+$ und $\cdot_{\mathcal{A}}$ in $\cdot$ über. Sei $k \in \mathbb{N}$, dann sehen die zu $\mathbb{N}$ hinzukommenden Elemente, die sogenannten *unnatürlichen Zahlen* oder *Nichtstandardzahlen*, zunächst so aus:

$$\begin{array}{l} u \\ u +_A 1, u +_A 2, \ldots, u +_A k, \ldots \\ u +_A u = 2u, 3u, \ldots, ku, \ldots \\ u \cdot_A u = u^2, u^2 +_A 1, u^2 +_A 2, \ldots, u^2 +_A k, \ldots \\ u^2 +_A u, u^2 +_A 2u, \ldots, u^2 +_A ku, \ldots \\ u^2 +_A u^2 = 2u^2, 3u^2, \ldots, ku^2, \ldots \\ \ldots \end{array}$$

Die allgemeine Form der so aufgebauten Elemente sieht dann folgendermaßen aus:

$$k_n u^n +_A k_{n-1} u^{n-1} +_A \ldots +_A k_2 u^2 +_A k_1 u +_A k_0 .$$

Es sei A die Menge der natürlichen Zahlen ergänzt durch die durch Adjunktion von u hinzukommenden Elemente. Wie weiter unten klar werden wird, enthält A noch andere Elemente als die oben angeführten, insbesondere die durch die Ordnung bestimmten Vorgänger. Bevor ein konkretes Beispiel einer Erweiterungsstruktur angegeben wird, wird allgemein gezeigt, daß alle durch Adjunktion zustandekommenden Erweiterungen von arithmetischen Strukturen die verlangten Eigenschaften erfüllen.

Die Elemente der Menge $\mathcal{A}$ nennt man auch *hypernatürliche Zahlen*. In diesem Abschnitt soll gezeigt werden, daß $\langle A, <_A \rangle$ eine diskrete Ordnung ist, aber $\langle A, +_A, \cdot_A, 1 \rangle$ keine arithmetische Struktur sein kann. Dazu definiert man: Für alle $a, b \in A$ ist $a <_A b$ genau dann, wenn $a \neq b$ und es ein $c \in A$ gibt mit $a +_A c = b$.

Da $u \neq n$ für alle $n \in \mathbb{N}$, so sind aufgrund der an u gestellten Bedingung auch alle weiteren unnatürlichen Zahlen ungleich irgendeiner natürlichen Zahl. Daraus folgt: Ist $a \in A$ eine unnatürliche Zahl, so ist $a > n$ für alle $n \in \mathbb{N}$. *Beweis* (indirekt, Verwendung von **O3**): Da a unnatürlich ist, gibt es kein $k \in \mathbb{N}$ mit $a = k$. Wäre $a <_A k$ für irgendein $k \in \mathbb{N}$, so gäbe es ein $b \in A$ mit $a +_A b = k$, was nicht möglich ist, da a und folglich $a +_A b$ unnatürlich ist.

Nun werden die Axiome der Ordnung **O** geprüft. Axiom **O1** (antireflexiv): Es sei $a \in A$ mit $a <_A a$. Dies bedeutet, daß ein $c \in A$ existiert mit $a +_A c = a$. Da diese Formel für keine natürliche Zahl gilt, kann sie gemäß Voraussetzung auch nicht für unnatürliche Zahlen gelten. – Axiom **O2** (transitiv): Für alle $a, b, c \in A$ gilt: Aus $a <_A b$ und $b <_A c$ folgt $a <_A c$. *Beweis*: Gemäß Voraussetzung gilt $a +_A d_1 = b$, $b +_A d_2 = c$ mit $d_1, d_2 \in A$; daraus ergibt sich $(a +_A d_1) +_A d_2 = a +_A (d_1 +_A d_2) = c$ also $a <_A c$. – Axiom **O3** (trichotomisch): Für alle $a, b \in A$ gilt: Entweder ist $a <_A b$ oder $a = b$ oder $b <_A a$. *Beweis*: Es können keine zwei dieser Beziehungen gleichzeitig bestehen, da dies sonst auch für die Ersetzung der unnatürlichen Zahlen durch natürliche der Fall sein müßte, was unmöglich ist. Weiter muß mindestens eine dieser Beziehungen bestehen, da sonst keine dieser Beziehungen für natürliche Zahlen zutreffen könnte.

Damit ist gezeigt: $\langle A, <_A \rangle$ ist eine *totale* oder *lineare Ordnung*. Es bleibt zu zeigen, daß diese Ordnung *diskret* ist. *Behauptung*: Jedes $a \in A$ hat genau einen Ordnungsnachfolger und jedes $b \in A$, $b \neq 1$, hat genau einen Ordnungsvorgänger. *Beweis*: Das Element $b \in A$ ist Ordnungsnachfolger von a, wenn $a <_A b$ und es kein $c \in A$ gibt mit $a <_A c <_A b$. Man kann nun zeigen: $b := a +_A 1$ ist Ordnungsnachfolger. Denn zunächst ist $a <_A a +_A 1$. Es sei nun $c <_A a +_A 1$;

falls $c \neq a$, so ist entweder $c <_{\mathcal{A}} a$ oder $c >_{\mathcal{A}} a$. Wäre $c >_{\mathcal{A}} a$, so müßte es ein $d \in A$ geben mit $c = a +_{\mathcal{A}} d$, im Widerspruch zu $c <_{\mathcal{A}} a +_{\mathcal{A}} 1$. Also ist $c <_{\mathcal{A}} a$ und es gibt kein $c \in A$ mit $a <_{\mathcal{A}} c <_{\mathcal{A}} b$. – Das Element $a \in A$ ist Ordnungsvorgänger von $b \neq 1$, wenn $a <_{\mathcal{A}} b$ und es kein $c \in A$ gibt mit $a <_{\mathcal{A}} c <_{\mathcal{A}} b$. Weiter gilt: Das Element $a \in A$ mit $a +_{\mathcal{A}} 1 = b$ ist Ordnungsvorgänger von b. Denn für ein $b \neq 1$ ist $b >_{\mathcal{A}} 1$, also existiert ein $a \in A$ mit $b = a +_{\mathcal{A}} 1$. Wie oben zeigt man, daß es kein $c \in A$ gibt mit $a <_{\mathcal{A}} c <_{\mathcal{A}} a +_{\mathcal{A}} 1$.

Da in der erweiterten Zahlenstruktur $\mathcal{A}$ die natürlichen Zahlen enthalten sind, sieht $\mathcal{A}$ am Anfang wie die Menge der natürlichen Zahlen aus: $1, 2, 3, \ldots$. Eine unnatürliche Zahl $a \in A$ ist, wie oben gezeigt, größer als jede natürliche Zahl $n \in \mathbb{N}$, kommt also in der durch $<_{\mathcal{A}}$ induzierten Ordnung *nach* allen natürlichen Zahlen: $1, 2, 3, \ldots, a$ (Figur 2.9).

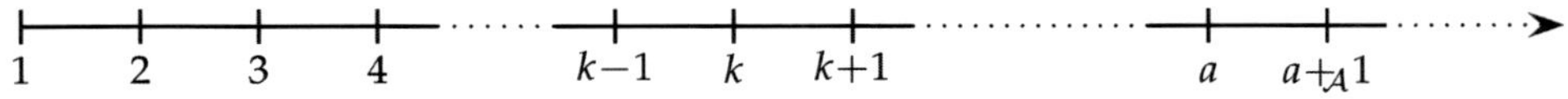

Figur 2.9

Nun gibt es in $\mathcal{A}$ zu jedem Element $a \in A$ einen Ordnungsnachfolger $a +_{\mathcal{A}} 1$ und zu jedem von 1 verschiedenen Element $b \in A$ einen Ordnungsvorgänger a mit $b = a +_{\mathcal{A}} 1$. Zu jeder unnatürlichen Zahl a ergibt sich also eine unbegrenzte Anzahl weiterer Elemente, die zusammen mit a bezüglich $<_{\mathcal{A}}$ so geordnet sind wie die ganzen Zahlen $\langle \mathbb{Z}, < \rangle$ (Figur 2.10).

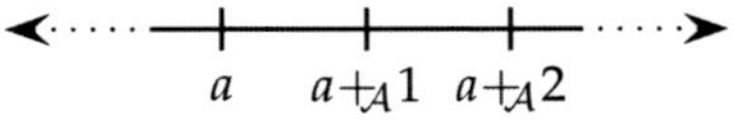

Figur 2.10

Die obige zu den ganzen Zahlen isomorphe Menge unnatürlicher Zahlen werde eine *Sequenz unnatürlicher Zahlen* genannt. Offenbar gehört jede unnatürliche Zahl einer solchen Sequenz an. Weiter ist nach Konstruktion die Menge der unnatürlichen Zahlen abzählbar. Bezeichnet man mit ω den Ordnungstypus der natürlichen Zahlen und mit ω^* den Ordnungstypus der negativen ganzen Zahlen, so haben die ganzen Zahlen den Ordnungstypus $\omega^* + \omega$. Ist θ der Ordnungstypus der (abzählbaren) Menge der Sequenzen, so ist der *Ordnungstypus der Menge unnatürlicher Zahlen* gleich $(\omega^* + \omega)\theta$. Dieser Ordnungstypus bedeutet, daß es zu *jedem* Element einer bezüglich $<$ geordneten Menge mit dem Ordnungstypus θ eine Sequenz von Elementen gibt, die zu den ganzen Zahlen $\langle \mathbb{Z}, < \rangle$ isomorph ist (Figur 2.11).

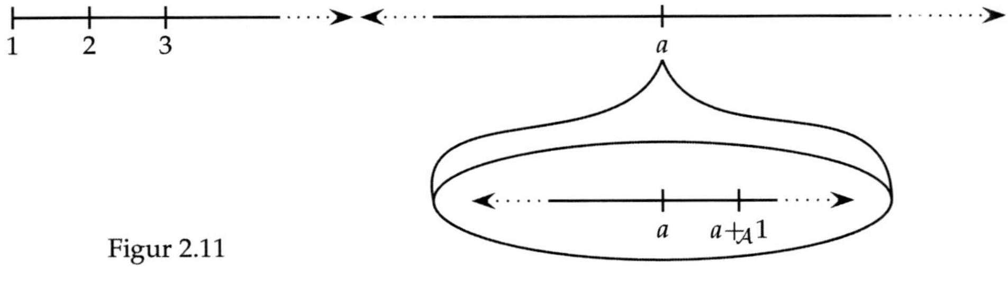

Figur 2.11

Damit ist bewiesen: *Der Ordnungstypus einer durch Adjunktion erweiterten arithmetischen Peanostruktur ist gleich* $\omega + (\omega^* + \omega)\theta$ (Figur 2.12).

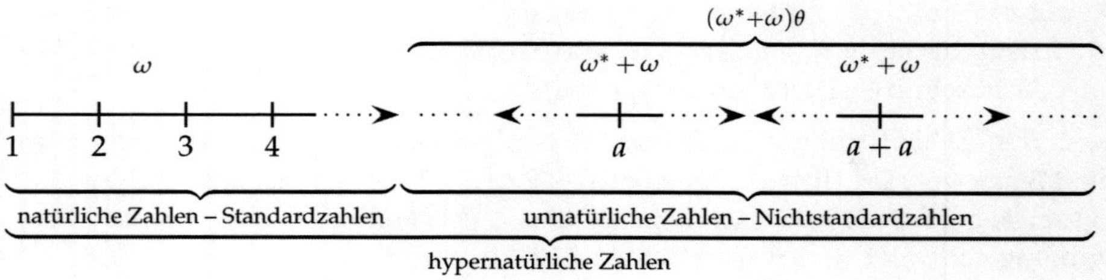

Figur 2.12

Weiter kann gezeigt werden, daß sich $\mathcal{A} = \langle A, +_{\mathcal{A}}, \cdot_{\mathcal{A}}, <_{\mathcal{A}}, 1\rangle$ in einigen wesentlichen Eigenschaften von $\mathcal{N}_< = \langle \mathbb{N}, +_{\mathcal{N}}, \cdot_{\mathcal{N}}, <_{\mathcal{N}}, 1_{\mathcal{N}}\rangle$ unterscheidet. Es ist unmittelbar klar, daß die Struktur $\mathcal{A}$ die Axiome **PA1**, **PA2**, **PA4**, **PA5**, **PA6** erfüllt. Das Axiom **PA3** kann nicht gelten, da sonst $\mathcal{A}$ zu $\mathcal{N}_<$ isomorph sein müßte.

Im weiteren ist $\mathcal{A}$ *nicht archimedisch*, das heißt das Theorem 2.7 gilt nicht. Denn für irgendeine unnatürliche Zahl a wurde gezeigt, daß für alle natürlichen Zahlen n gilt $a > n$. Es gibt also kein $n \in \mathbb{N}$ sodaß $n \cdot 1 > a$.

Weiter gilt: Die Ordnung $\langle \mathbb{N}, <_{\mathcal{N}}\rangle$ besitzt keine unendlich absteigenden Ketten von Elementen, das heißt keine Elemente $n_1, n_2, n_3, \ldots$ in $\mathbb{N}$ mit $\ldots <_{\mathcal{N}} n_3 <_{\mathcal{N}} n_2 <_{\mathcal{N}} n_1$. Ist dagegen $\langle A, <_{\mathcal{A}}\rangle$ eine durch Adjunktion erweiterte arithmetische Struktur, so gibt es Elemente $a_1, a_2, a_3, \ldots$ in A mit $\ldots <_{\mathcal{A}} a_3 <_{\mathcal{A}} a_2 <_{\mathcal{A}} a_1$. Denn ist $a_1 \in A$, so hat a_1 einen Ordnungsvorgänger a_2, das Element a_2 hat wiederum einen Ordnungsvorgänger a_3 und so weiter. Also ist $\langle A, <_{\mathcal{A}}\rangle$ *nicht wohlgeordnet*.

Die Bedingungen an die durch Adjunktion konstruierte Erweiterungsstruktur $\mathcal{A} = \langle A, +_{\mathcal{A}}, \cdot_{\mathcal{A}}, <_{\mathcal{A}}, 1\rangle$ lassen sich verschärfen, wenn über die am Anfang dieses Abschnittes genannten Bedingungen hinausgehend gefordert wird: Jede Behauptung $P(u)$, in der das Element u vorkommt, gilt genau dann, wenn die Behauptung $P(n)$ für fast alle $n \in \mathbb{N}$ gilt, das heißt für alle $n \in \mathbb{N}$ gilt mit nur endlich vielen oder gar keinen Ausnahmen. Damit lassen sich in $\mathcal{A}$ unter geeigneten Voraussetzungen auch Divisionen ausführen, insbesondere gibt es dann zu jedem Element $a \in A$ ein Element $k \in A$, sodaß entweder $a = 2k$ oder $a = 2k + 1$. Damit läßt sich zeigen, daß die Menge der Sequenzen unnatürlicher Zahlen kein erstes und kein letztes Element hat sowie dicht ist (siehe dazu die ausführlichere Ableitung dieses Sachverhaltes am Ende des Abschnittes 2.10.2). Daraus folgt dann mit der Abzählbarkeit dieser Menge, daß ihr Ordnungstypus gleich dem Ordnungstypus η der rationalen Zahlen ist.

Beispiele von hypernatürlichen Strukturen

Die obigen Untersuchungen legen die Bildung folgender Struktur nahe. Es sei u das adjungierte Elemente, $p(u)$ das Polynom

$$p(u) = \sum_{k=1}^{n} p_k u^k = p_1 u + p_2 u^2 + \ldots + p_n u^n, \text{ wobei } p_k \in \mathbb{N} \text{ und } n \in \mathbb{N}.$$

Man betrachte das geordnete Paar $(p(u), z)$ mit $z \in \mathbb{Z}$ und die Menge der hypernatürlichen Zahlen

$$A = \{a \mid \text{ entweder ist } a \in \mathbb{N} \text{ oder } a = (p(u), z), \quad z \in \mathbb{Z}\}.$$

Im ersten Fall ist a natürlich, das heißt eine Standardzahl und im zweiten Fall unnatürlich, das heißt eine Nichtstandardzahl. Man denke sich $\mathbb{N}$ und $\mathbb{Z}$ auf die gewöhnliche Weise geordnet und die Menge der Polynome $p(u)$ lexikographisch geordnet. Dann definiert man die Relationen auf der Menge A durch

$$\begin{array}{lll}
a =_{\mathcal{A}} a' & \text{genau dann wenn} & a \in \mathbb{N}: \ a = a' \\
 & & a \notin \mathbb{N}: \ p(u) = p(u), z = z' \\
a +_{\mathcal{A}} a' =_{\mathcal{A}} a'' & \text{genau dann wenn} & a \in \mathbb{N}, a' \in \mathbb{N}: \ a + a' = a'' \\
 & & a \in \mathbb{N}, a' \notin \mathbb{N}: \ (p'(u), a + z') = a'' \\
 & & a \notin \mathbb{N}, a' \in \mathbb{N}: \ (p(u), a' + z) = a'' \\
 & & a \notin \mathbb{N}, a' \notin \mathbb{N}: \ (p(u) + p'(u), z + z') = a'' \\
a \cdot_{\mathcal{A}} a' =_{\mathcal{A}} a'' & \text{genau dann wenn} & a \in \mathbb{N}, a' \in \mathbb{N}: \ a + a' = a'' \\
 & & a \in \mathbb{N}, a' \notin \mathbb{N}: \ (a \cdot p'(u), a \cdot z') = a'' \\
 & & a \notin \mathbb{N}, a' \in \mathbb{N}: \ (a' \cdot p(u), a' \cdot z) = a'' \\
 & & a \notin \mathbb{N}, a' \notin \mathbb{N}: \ (p(u) \cdot p'(u), z \cdot z') = a'' \\
a <_{\mathcal{A}} a' & \text{genau dann wenn} & a \in \mathbb{N}, a' \in \mathbb{N}: \ a < a' \\
 & & a \in \mathbb{N}, a' \notin \mathbb{N}: \ a < a' \\
 & & a \notin \mathbb{N}, a' \in \mathbb{N}: \ a' < a \\
 & & a \notin \mathbb{N}, a' \notin \mathbb{N}: \ p(u) < p'(u) \\
 & & \text{und wenn } p(u) = p'(u) \text{ bei } z < z'.
\end{array}$$

Aufgrund der oben abgeleiteten Eigenschaften folgt unmittelbar, daß die Struktur $\mathcal{A} = \langle A, +_{\mathcal{A}}, \cdot_{\mathcal{A}}, <_{\mathcal{A}}, 1\rangle$ eine lineare, diskrete nichtarchimedische Ordnung ist. Man kann dies auch direkt anhand der obigen Definition der Operationen zeigen, denn $\mathbb{N}$ und $\mathbb{Z}$ sind linear geordnet und die Menge der Polynome ist durch die lexikographische Ordnung ebenfalls linear geordnet. Die Diskretheit ergibt sich aus der Diskretheit von $\mathbb{N}$ sowie der Tatsache, daß es zu jedem $a = (p(u), z)$ den Ordnungsvorgänger $(p(u), z-1)$ und den Ordnungsnachfolger $(p(u), z+1)$ gibt. Weiter ist $\mathcal{A}$ nicht archimedisch, denn wegen $u > n$ (2. Bedingung an $a <_{\mathcal{A}} a'$) für alle $n \in \mathbb{N}$ gibt es für kein $n \in \mathbb{N}$ ein $k \in \mathbb{N}$ mit $k \cdot n > u$. Für jedes $a = (p(u), z)$ gibt es die unendlich absteigende Kette $(p(u), z), (p(u), z-1), (p(u), z-2), \ldots$, also ist $\mathcal{A}$ nicht wohlgeordnet.

Jedes feste Polynom $p(u)$ bestimmt genau eine Sequenz $(p(u), z)$ für $z \in \mathbb{Z}$. Zu unnatürlichen Zahlen $(p(u), z)$ in verschiedenen Sequenzen gehören verschiedene Polynome $p(u)$. Führt man die Division

$$[p(u)/2] := [p_1/2]\, u + [p_2/2]\, u^2 + \ldots + [p_n/2]\, u^n$$

ein, so ergibt sich unmittelbar, daß die Menge der Sequenzen dicht ist: denn zu zwei unnatürlichen Zahlen mit den Polynomen $p(u)$ und $p'(u)$ gibt es eine mittlere Sequenz mit dem Polynom $[(p(u) + p'(u))/2]$. Offenbar hat die Menge der Sequenzen weder ein erstes noch ein letztes Element: Zu $(p(u), z)$ gibt es immer ein $(2p(u), z)$ und ein $([p(u)/2], z)$.

Durch das eben angeführte Beispiel einer hypernatürlichen Struktur wird auch das folgende Beispiel nahegelegt, das allerdings nicht aus einer Adjunktion hervorgeht. Anstatt des geordneten Paares $(p(u), z)$ betrachtet man das geordnete Paar (q, z) mit $q \in \mathbb{Q}$ (oder $q \in \mathbb{R}$) und $z \in \mathbb{Z}$ und definiert die Menge

$$\{a \mid \text{entweder ist } a \in \mathbb{N} \text{ oder } a = (q,z),\ q \in \mathbb{Q} \text{ und } z \in \mathbb{Z}\}.$$

Die Beziehungen $=$, $+$, $\cdot$ und $<$ werden ganz entsprechend wie oben definiert und man macht sich leicht klar, daß die dadurch enstehende Struktur alle verlangten Eigenschaften besitzt.

Die so konstruierten unnatürlichen Zahlen lassen sich geometrisch veranschaulichen durch Figur 2.13, wo in einem Koordinatensystem auf der x-Achse die rationalen (oder reellen) Zahlen $\mathbb{Q}$ und auf der y-Achse die ganzen Zahlen $\mathbb{Z}$ aufgetragen sind.

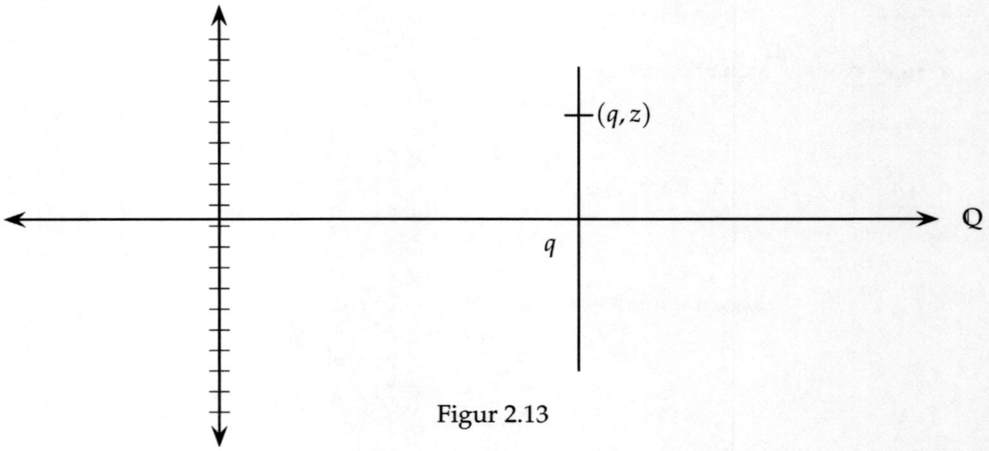

Figur 2.13

2.10.2 Ultrapotenzmethode

Die Konstruktion der *direkten Potenz* (auch direktes Produkt genannt) einer gegebenen Struktur ist ein wohlbekanntes Hilfsmittel zur Erzeugung weiterer Strukturen (insbesondere in der Gruppentheorie). Allerdings kann die direkte Potenz einer Struktur deutlich von der ursprünglichen Struktur abweichende Eigenschaften haben. Hier ist ein elementares Beispiel einer direkten Potenz: Gegeben seien a und b mit $a \neq b$ und $a \leq_{\mathcal{A}} b$. Dann ist die Struktur $\mathcal{A} = \langle a, b, \leq_{\mathcal{A}} \rangle$ total geordnet. Die direkte Potenz $\mathcal{A}^2$ besteht aus allen Paaren (x,y), wo x und y gleich a oder b sind, geordnet nach der komponentenweise von $\mathcal{A}$ übertragenen Vorschrift:

$$(x,y) \leq_{\mathcal{A}^2} (u,v) := x \leq u \wedge y \leq v.$$

Daraus ergibt sich, daß die Struktur $\mathcal{A}^2 = \langle \{\{a,a\},\{a,b\},\{b,a\},\{b,b\}\}, \leq_{\mathcal{A}^2} \rangle$ nicht total geordnet ist, denn es ist zwar $\{b,b\} \geq_{\mathcal{A}^2} \{a,b\} \geq_{\mathcal{A}^2} \{a,a\}$ und $\{b,b\} \geq_{\mathcal{A}^2} \{b,a\} \geq_{\mathcal{A}^2} \{a,a\}$, aber $\{a,b\}$ und $\{b,a\}$ sind nicht vergleichbar.

Die direkte Potenz kann im allgemeinen also nicht verwendet werden, um aus alten Strukturen neue zu machen, welche dieselben, in naheliegender Weise übertragenen, elementaren Eigenschaften haben wie die Ausgangsstruktur.

Es soll nun die Frage angegangen werden, ob man mehr erreicht, wenn man die direkte Potenz ins Unendliche erweitert, das heißt nicht n-Tupel von natürlichen Zahlen betrachten, sondern Folgen natürlicher Zahlen. Es sei also $\mathbb{N}^{\mathbb{N}}$ die Menge aller (unendlichen) Folgen natürlicher

Zahlen. Einzelne Folgen werden mit $\{a_n\}, \{b_n\}, \{c_n\}, \ldots$ bezeichnet. Man führt nun eine Relation auf der Menge dieser Folgen ein: Zwei Folgen $\{a_n\}$, $\{b_n\}$ sind *äquivalent*, wenn sie fast überall dieselben Komponenten haben, das heißt wenn gilt: $a_n \neq b_n$ für höchstens endlich viele n. Damit ergibt sich eine eindeutig bestimmte Einteilung der Folgen in Restklassen äquivalenter Folgen (siehe unten). Das System aller dieser Restklassen werde mit F bezeichnet. Man definiert dann bezüglich den Elementen von F die Gleicheit, Addition und Multiplikation und bildet so die Struktur $\mathcal{F}$. Zur Vereinfachung der Schreibweise und zur Herstellung des Bezugs zu Verallgemeinerungen führt man jedoch zuerst das System der kofiniten Teilmengen der Menge $\mathbb{N}$ der natürlicher Zahlen ein, deren Komplement relativ zu $\mathbb{N}$ endlich ist.

Eine Teilmenge M der Menge der natürlichen Zahlen $\mathbb{N}$ heißt *kofinit* genau dann wenn ihr Komplement $\mathbb{N} - M$ endlich ist. Die Familie aller kofiniten Mengen wird mit C bezeichnet.

Damit kann die oben erwähnte Äquivalenzklassenbildung folgendermaßen eingeführt werden:

$$\{a_n\}/C := \{\{b_n\} \mid \{n \in \mathbb{N} \mid a_n = b_n\} \in C\}.$$

Diese Konstruktion führt tatsächlich auf eine Äquivalenzklassenbildung, denn zunächst gilt $\{a_n\}/C = \{b_n\}/C$ genau dann, wenn $\{n \in \mathbb{N} \mid a_n = b_n\} \in C$. Aus der Tatsache, daß der Durchschnitt zweier kofinierter Mengen kofinit ist, sowie jede Menge, die eine kofinite Menge umfaßt, ebenfalls kofinit ist, läßt sich sofort die Reflexivität und Symmetrie einsehen; die Transitivität folgt aus $\{n \in \mathbb{N} \mid a_n = b_n\} \cap \{n \in \mathbb{N} \mid b_n = c_n\} \subseteq \{n \in \mathbb{N} \mid a_n = c_n\}$.

Die Elemente $\{a_n\}/C, \{b_n\}/C, \{c_n\}/C, \ldots$ werden nun abgekürzt als $\boldsymbol{a}, \boldsymbol{b}, \boldsymbol{c}, \ldots$, also ist $\boldsymbol{a} =_C \boldsymbol{b}$ genau dann wenn $\{n \in \mathbb{N} \mid a_n = b_n\} \in C$. Für das System F der Äquivalenzklassen schreibt man auch $F := \mathbb{N}^{\mathbb{N}}/C$. Damit lassen sich die genannten Operationen auf den Elementen von $\mathbb{N}^{\mathbb{N}}/C$ leicht definieren:

$\boldsymbol{a} +_C \boldsymbol{b} =_C \boldsymbol{c}$	genau dann wenn	$\{n \in \mathbb{N} \mid a_n + b_n = c_n\} \in C$,
$\boldsymbol{a} \cdot_C \boldsymbol{b} =_C \boldsymbol{c}$	genau dann wenn	$\{n \in \mathbb{N} \mid a_n \cdot b_n = c_n\} \in C$,
$\boldsymbol{a} <_C \boldsymbol{b}$	genau dann wenn	$\{n \in \mathbb{N} \mid a_n < b_n\} \in C$.

Es bleibt zu zeigen, daß diese Operationen unabhängig von den jeweils gewählten Repräsentanten sind. Es sei also $\boldsymbol{a} =_C \boldsymbol{a}'$ und $\boldsymbol{b} =_C \boldsymbol{b}'$, dann ist $\boldsymbol{a} +_C \boldsymbol{b} = \boldsymbol{a}' +_C \boldsymbol{b}'$. Denn sei $M_1 = \{n \in \mathbb{N} \mid a_n = a'_n\}$, $M_2 = \{n \in \mathbb{N} \mid b_n = b'_n\}$, dann sind $M_1, M_2 \in C$. Dann folgt $M_1 \cap M_2 \subseteq \{n \in \mathbb{N} \mid a_n + b_n = a'_n + b'_n\}$. Da der Durchschnitt zweier kofinierter Mengen kofinit ist, sowie jede Menge, die eine kofinite Menge umfaßt, ebenfalls kofinit ist, gilt mit $a_n + b_n =: c_n$ und $a'_n + b'_n =: c'_n$ die Beziehung $\{n \in \mathbb{N} \mid c_n = c'_n\} \in C$. Analog zeigt man, daß $\boldsymbol{a} \cdot_C \boldsymbol{b} = \boldsymbol{a}' \cdot_C \boldsymbol{b}'$ wenn $\boldsymbol{a} =_C \boldsymbol{a}'$ und $\boldsymbol{b} =_C \boldsymbol{b}'$ gilt. – Ist $\boldsymbol{a} =_C \boldsymbol{a}'$ und $\boldsymbol{b} =_C \boldsymbol{b}'$ sowie $\boldsymbol{a} <_C \boldsymbol{b}$, so folgt $\boldsymbol{a}' <_C \boldsymbol{b}'$, denn mit $M_3 = \{n \in \mathbb{N} \mid a_n < b_n\}$ folgt $M_1 \cap M_2 \cap M_3 \subseteq \{n \in \mathbb{N} \mid a'_n < b'_n\}$ und damit ist letztere Menge kofinit, also die $<_C$-Relation auf F repräsentantenunabhängig.

Weiter gilt: Die Anordnung der Elemente von F vermöge der $<_C$-Relation ist *transitiv* und *antireflexiv*. Sei dazu $\boldsymbol{a} <_C \boldsymbol{b}$ und $\boldsymbol{b} <_C \boldsymbol{c}$, das heißt $M_3 = \{n \in \mathbb{N} \mid a_n < b_n\} \in C$ und $M_4 = \{n \in \mathbb{N} \mid b_n < c_n\} \in C$. Daraus folgt $M_3 \cap M_4 \subseteq \{n \in \mathbb{N} \mid a_n < c_n\} \in C$, und damit ist $\boldsymbol{a} <_C \boldsymbol{c}$. – Es sei $\boldsymbol{a} <_C \boldsymbol{b}$, also $M_3 = \{n \in \mathbb{N} \mid a_n < b_n\} \in C$. Dann ist $\{n \in \mathbb{N} \mid a_n > b_n\}$ endlich, also nicht in C, folglich gilt nicht $\boldsymbol{b} <_C \boldsymbol{a}$.

Hier wurden zwei wichtige Eigenschaften von kofiniten Megen verwendet:

(F_1) Wenn $M_1 \in C$ und $M_2 \in C$, dann ist $M_1 \cap M_2 \in C$.

(F_2) Wenn $M_0 \in C$ und $M_0 \subseteq M$, dann ist $M \in C$.

Zusammen mit der Eigenschaft

(F_0) $\emptyset \notin C$

heißt dies, daß das System C der kofiniten Teilmengen der natürlicher Zahlen $\mathbb{N}$ einen *Filter* über $\mathbb{N}$ bildet (Fréchet-Filter). Dies ist einer der wichtigsten und zugleich einer der wenigen Filter, die explizit angegeben werden können.

Das Einselement von F wird festgelegt durch $\mathbf{1}_C := \{1,1,1,1,\ldots\}/C$ und analog $\boldsymbol{n}_C := \{n,n,n,\ldots\}/C$. Dann ist die Struktur $\mathcal{F} = \mathcal{N}^{\mathcal{N}}/\mathcal{C}$ mit $F = \mathbb{N}^{\mathbb{N}}/C$ eindeutig festgelegt: $\mathcal{F} = \langle F, +_C, \cdot_C, <_C, \mathbf{1}_C \rangle$. Man beachte, daß nicht alle Elemente von $\mathbb{N}^{\mathbb{N}}/C$ miteinander vergleichbar sind, also kann die Struktur $\langle \mathbb{N}^{\mathbb{N}}/C, <_C \rangle$ keine totale Ordnung sein. Beispiele für unvergleichbare Elemente von $\mathbb{N}^{\mathbb{N}}/C$: $\{1,2,1,2,1,2,\ldots\}$ und $\{2,1,2,1,2,1,\ldots\}$ sowie $\{1,2,3,1,2,3,\ldots\}$ und $\{3,2,1,3,2,1,\ldots\}$.

Es wird jetzt gezeigt, daß $\mathcal{F}$ ein Modell der Axiome **PA1, PA2, PA4, PA5, PA6** ist. Als Vorbedingung dieses Nachweises muss man den oben eingeführten Filter über $\mathbb{N}$ zu einem sogenannten Ultrafilter über $\mathbb{N}$ erweitern. Sonst ergibt sich nämlich folgendes Problem: Ist M irgendeine Teilmenge von $\mathbb{N}$, so lassen sich zwei Folgen $\boldsymbol{a} = \{a_n\}/C$ und $\boldsymbol{b} = \{b_n\}/C$ konstruieren mit:

$a_n = 2$ für $n \in M$ und $a_n = 1$ sonst,

$b_n = 1$ für $n \in M$ und $b_n = 2$ sonst.

Für die zugehörigen Restklassen $\boldsymbol{a}$ und $\boldsymbol{b}$ gilt $\boldsymbol{a} \cdot_C \boldsymbol{b} = \mathbf{2}_C$, denn

$$\{n \in \mathbb{N} \mid a_n \cdot b_n = 2\} = \mathbb{N} \in C.$$

Man will jedoch erreichen, daß aus $\boldsymbol{a} \cdot_C \boldsymbol{b} = \mathbf{2}_C$ folgt, entweder $\boldsymbol{a} = \mathbf{1}_C$ oder $\boldsymbol{b} = \mathbf{1}_C$ ist, das heißt

$$\{n \in \mathbb{N} \mid a_n = 1\} = \mathbb{N} - M \in C \text{ oder } \{n \in \mathbb{N} \mid b_n = 1\} = M \in C.$$

Dies läßt sich jedoch mit den bisherigen Mitteln nicht garantieren (siehe weiter unten für ein Gegenbeispiel). Man definiert deshalb zur Sicherung der Eindeutigkeit der Faktoren in einer Multiplikation: Ist die Familie $\mathcal{U}$ von Teilmengen von $\mathbb{N}$ ein Filter über $\mathbb{N}$, so heißt $\mathcal{U}$ ein *Ultrafilter* über $\mathbb{N}$, wenn:

(F_3) Für jedes $M \subseteq \mathbb{N}$ ist entweder $M \in \mathcal{U}$ oder $\mathbb{N} - M \in \mathcal{U}$.

Man kann zeigen, daß (F_3) äquivalent ist mit der Forderung, daß es zu $\mathcal{U}$ keinen echten Oberfilter gibt, das heißt wenn für jeden Filter $\mathcal{G}$ mit $\mathcal{U} \subset \mathcal{G}$ gilt $\mathcal{U} = \mathcal{G}$ (siehe etwa Landers/Rogge [1994], Satz 2.6, S.12; Laugwitz [1986], S.96).

Da weder die Mengen der geraden Zahlen noch die Menge der ungeraden Zahlen zu $\mathcal{C}$ gehört, ist $\mathcal{C}$ kein Ultrafilter über $\mathbb{N}$. Es läßt sich aber jeder Filter über $\mathbb{N}$ zu einem Ultrafilter über $\mathbb{N}$ erweitern. Dies geht jedoch bislang nur auf *nichtkonstruktive* Weise. Der Beweis beruht im wesentlichen auf einer Anwendung des zum *Auswahlaxiom* äquivalenten *Zornschen Lemmas*. Dieses besagt, daß es zu jeder (hier durch die Inklusion der Filter $\mathcal{G}$ mit $\mathcal{G} \supseteq \mathcal{C}$) partiell geordneten Menge, in der jede nichtleere total geordnete Teilmenge eine obere Schranke besitzt, ein maximales Element existiert. Es gibt nur sehr wenige Ultrafilter, die überhaupt explizit bekannt sind.

Theorem 2.10 *Jeder Filter über* $\mathbb{N}$ *läßt sich zu einem Ultrafilter über* $\mathbb{N}$ *erweitern.*

Beweis (mit indirekten Schlüssen und Verwendung des Zornschen Lemmas): Siehe Engeler [1983], S. 39; Landers/Rogge [1994], Satz 2.5, S. 11 f.]. ■

Es kann also durch die Verfeinerung der direkten Potenzkonstruktion aufgrund eines Filters erreicht werden, daß die neue Struktur im wesentlichen dieselben Eigenschaften hat wie die Ausgangsstruktur. Anschaulich gesprochen handelt es sich dabei um die Konstruktion der Familie aller Folgen natürlicher Zahlen, wobei zwei Folgen gleich sind, wenn sie «fast überall», das heißt hier auf einem Ultrafilter $\mathcal{U}$ übereinstimmen.

Es sei nun also $\mathcal{U}$ ein Ultrafilter über $\mathbb{N}$, der den Fréchet-Filter $\mathcal{C}$ der kofiniten Teilmengen über $\mathbb{N}$ erweitert, das heißt ein System $\mathcal{U}$ von Teilmengen von $\mathbb{N}$, das die Eigenschaften (F_0), (F_1), (F_2), (F_3) erfüllt und für welches gilt $\mathcal{U} \supset \mathcal{C}$. Er wird im folgenden festgehalten und liegt der Konstruktion der Ultrapotenz zugrunde.

Ausgehend von einem solchen Ultrafilter $\mathcal{U}$ über $\mathbb{N}$ definiert man nun die *Ultrapotenz* $^*\mathcal{N}$ von $\mathcal{N}_< = \langle \mathbb{N}, +_\mathcal{N}, \cdot_\mathcal{N}, <_\mathcal{N}, 1_\mathcal{N} \rangle$ durch

$$^*\mathcal{N} = \langle {}^*\mathbb{N}, +_\mathcal{U}, \cdot_\mathcal{U}, <_\mathcal{U}, 1_\mathcal{U} \rangle$$

wobei

$$\{a_n\} := \{a_1, a_2, a_3, \ldots\},\ a_i \in \mathbb{N};$$

$$\{a_n\}/\mathcal{U} := \{\{b_n\} \mid \{n \in \mathbb{N} \mid a_n = b_n\} \in \mathcal{U}\};$$

$$^*\mathbb{N} := \mathbb{N}^\mathbb{N}/\mathcal{U} = \{\{a_n\}/\mathcal{U} \mid a_n \in \mathbb{N}, n \in \mathbb{N}\};\ 1_\mathcal{U} := \{1,1,1,\ldots\}/\mathcal{U} = \{\{a_n\} \mid \{n \in \mathbb{N} \mid a_n = 1\} \in \mathcal{U}\}.$$

Es wird wieder $\{a_n\}/\mathcal{U}$, $\{b_n\}/\mathcal{U}, \ldots$ durch $\boldsymbol{a}$, $\boldsymbol{b}, \ldots$ abgekürzt und festgesetzt:

$\boldsymbol{a} =_\mathcal{U} \boldsymbol{b}$	genau dann wenn $\{n \in \mathbb{N} \mid a_n = b_n\} \in \mathcal{U}$;
$\boldsymbol{a} +_\mathcal{U} \boldsymbol{b} =_\mathcal{U} \boldsymbol{c}$	genau dann wenn $\{n \in \mathbb{N} \mid a_n + b_n = c_n\} \in \mathcal{U}$;
$\boldsymbol{a} \cdot_\mathcal{U} \boldsymbol{b} =_\mathcal{U} \boldsymbol{c}$	genau dann wenn $\{n \in \mathbb{N} \mid a_n \cdot b_n = c_n\} \in \mathcal{U}$;
$\boldsymbol{a} <_\mathcal{U} \boldsymbol{b}$	genau dann wenn $\{n \in \mathbb{N} \mid a_n < b_n\} \in \mathcal{U}$.

Der Nachweis der Äquivalenzklassenbildung sowie der Repräsentantenunabhängigkeit der verschiedenen Operationen geschieht auf analoge Weise wie weiter oben im Falle des Filters $\mathcal{C}$.

Daraus folgt unmittelbar die Gültigkeit der Axiome **PA1, PA2, PA4, PA5, PA6**. Die Gültigkeit der Ordnungsaxiome **O1** und **O2** wurde bereits weiter oben gezeigt. Zum Nachweis, daß $\langle {}^*\mathbb{N}, <_\mathcal{U} \rangle$ eine totale Ordnung ist, bleibt zu zeigen, daß auch **O3** gilt: Für alle $\boldsymbol{a}, \boldsymbol{b} \in {}^*\mathbb{N}$ ist entweder $\boldsymbol{a} <_\mathcal{U} \boldsymbol{b}$ oder $\boldsymbol{a} =_\mathcal{U} \boldsymbol{b}$ oder $\boldsymbol{a} >_\mathcal{U} \boldsymbol{b}$. Zunächst ist wegen der Ultrafiltereigenschaft (F_3) entweder $\{n \in \mathbb{N} \mid a_n = b_n\}$ oder $\{n \in \mathbb{N} \mid a_n \neq b_n\}$ ein Element von $\mathcal{U}$. Im letzteren Falle ist entweder $\{n \in \mathbb{N} \mid a_n < b_n\}$ oder $\{n \in \mathbb{N} \mid a_n > b_n\}$ ein Element von $\mathcal{U}$, womit alles gezeigt ist.

Behauptung: Die Ordnung $\langle {}^*\mathbb{N}, <_\mathcal{U} \rangle$ ist diskret. *Beweis*: Für die Diskretheit ist zu zeigen, daß jedes Element $\boldsymbol{a} \in {}^*\mathbb{N}$ genau einen Ordnungsnachfolger und genau einen Ordnungsvorgänger hat. Es wird gezeigt: $\boldsymbol{a} +_\mathcal{U} \boldsymbol{1}_\mathcal{U}$ ist Ordnungsnachfolger von $\boldsymbol{a}$. Es ist auf jeden Fall $\boldsymbol{a} <_\mathcal{U} \boldsymbol{a} +_\mathcal{U} \boldsymbol{1}_\mathcal{U}$. Da es keine natürliche Zahl c_n gibt mit $a_n < c_n < a_n + 1$, so gilt $\{n \in \mathbb{N} \mid a_n < c_n < a_n + 1\} = \emptyset \notin \mathcal{U}$, also gibt es auch kein $\boldsymbol{c} = \{c_n\}/\mathcal{U}$ mit $\boldsymbol{a} <_\mathcal{U} \boldsymbol{c} <_\mathcal{U} \boldsymbol{a} +_\mathcal{U} \boldsymbol{1}_\mathcal{U}$. – Entsprechend zeigt man die Eindeutigkeit des Ordnungsvorgängers. Daraus folgt die Diskretheit.

Die natürlichen Zahlen $\mathcal{N}$ lassen sich auf einfache Weise in ihre Ultrapotenz $^*\mathcal{N}$ einbetten: Man ordnet jedem $k \in \mathbb{N}$ das Element $\boldsymbol{k} = \{k,k,k,\dots\}/\mathcal{U} = \{\{a_n\} \mid \{n \in \mathbb{N} \mid k_n = k\} \in \mathcal{U}\}$ zu. Diese Zuordnung ist offenbar eindeutig sowie bezüglich $+$, $\cdot$ und $<$ operationserhaltend. Denn falls für $h,k \in \mathbb{N}$ gilt $h < k$, so ist auch $\boldsymbol{h} <_{\mathcal{U}} \boldsymbol{k}$ mit $\boldsymbol{h} = \{h,h,h,\dots\}/\mathcal{U}$ und $\boldsymbol{k} = \{k,k,k,\dots\}/\mathcal{U}$, da $\{n \in \mathbb{N} \mid h_n < k_n\} \in \mathcal{C} \subseteq \mathcal{U}$. Die den Elementen von $\mathbb{N}$ entsprechenden Elemente in $^*\mathbb{N}$ heißen *Standardelemente*, die übrigen *Nichtstandardelemente*. Solche gibt es tatsächlich, denn für $\boldsymbol{u} = \{1,2,3,\dots\}/\mathcal{U} = \{\{u_n\} \mid \{n \in \mathbb{N} \mid u_n = n\} \in \mathcal{U}\}$ gilt $\boldsymbol{k} <_{\mathcal{U}} \boldsymbol{u}$ für alle Standardelemente $\boldsymbol{k}$, denn die Komponenten von $\{u_n\}$ übersteigen jedes feste $k \in \mathbb{N}$, also $\{n \in \mathbb{N} \mid k_n < u_n\} \in \mathcal{C} \subseteq \mathcal{U}$. Relativ zu den Standardelementen ist also $\boldsymbol{u}$ unendlich groß. Demzufolge hat $^*\mathbb{N}$ wesentlich mehr Elemente als $\mathbb{N}$ und es kann folglich keinen Isomorphismus zwischen $\mathcal{N}_< = \langle \mathbb{N}, +_{\mathcal{N}}, \cdot_{\mathcal{N}}, <_{\mathcal{N}}, \mathbf{1}_{\mathcal{N}}\rangle$ und $^*\mathcal{N} = \langle {}^*\mathbb{N}, +_{\mathcal{U}}, \cdot_{\mathcal{U}}, <_{\mathcal{U}}, \mathbf{1}_{\mathcal{U}}\rangle$ geben. Da in $^*\mathcal{N}$ die Axiome **PA1**, **PA2**, **PA4**, **PA5**, **PA6** gültig sind, folgt daraus die Ungültigkeit des Induktionsaxioms **PA3** (andernfalls müßte $^*\mathcal{N}$ zu $\mathcal{N}_<$ isomorph sein). Weiter ergibt sich daraus, daß *jedes* Nichtstandardelement größer ist als *alle* Standardelemente. Dies ist gleichbedeutend mit der Tatsache, daß $^*\mathcal{N}$ nicht archimedisch ist, das heißt, daß es nicht für jedes $\boldsymbol{a} \in {}^*\mathbb{N}$ ein Standardelement $\boldsymbol{n} \in {}^*\mathbb{N}$ gibt, sodaß $\boldsymbol{n} \cdot \mathbf{1}_{\mathcal{U}} >_{\mathcal{U}} \boldsymbol{a}$.

Da es zu jedem Nichtstandardelement genau einen Ordnungsvorgänger gibt, sowie zu diesem wieder genau einen Ordnungsvorgänger und so weiter, enthält die Ordnung $\langle {}^*\mathbb{N}, <_{\mathcal{U}}\rangle$ eine *unendlich absteigende Kette von Elementen* – im Gegensatz zu $\langle \mathbb{N}, <_{\mathcal{N}}\rangle$, wo es keine solche Kette gibt. Zusammen mit der Tatsache, daß es zu jedem Nichtstandardelement $\boldsymbol{a}$ eine Folge gibt, bestehend aus dem Ordnungsnachfolger, dem Ordnungsnachnachfolger usw., ergibt sich, daß es zu jedem Nichtstandardelement eine Folge von Elementen gibt, die zusammen mit $\boldsymbol{a}$ bezüglich $<_{\mathcal{U}}$ so geordnet sind wie die ganzen Zahlen $\langle \mathbb{Z}, <\rangle$. Man nennt diese zu $\langle \mathbb{Z}, <\rangle$ isomorphe Struktur eine *Sequenz* von Nichtstandardelementen. Zunächst ist klar, daß jedes Nichtstandardelement einer solchen Sequenz angehört. Nun gilt: Die Menge der Sequenzen von Nichtstandardelementen (nicht die Menge der Nichtstandardelemente selbst) hat kein erstes und kein letztes Element und ist dicht.

Um die Dichtheit zu zeigen, muss man erst eine Division in $^*\mathcal{N}$ gemäß Theorem 2.6 einführen. Man beachte, daß die folgenden Überlegungen unabhängig von irgendeiner speziellen Struktur sind. Es sei $\boldsymbol{a} \in {}^*\mathbb{N}$, dann ist entweder $\{n \in \mathbb{N} \mid a_n/2 \in \mathbb{N}\} \in \mathcal{U}$ oder $\{n \in \mathbb{N} \mid (a_n+1)/2 \in \mathbb{N}\} \in \mathcal{U}$. Man schreibt für die entsprechende Zahl in $^*\mathbb{N}$ den Ausdruck $[\boldsymbol{a}/2]$.

Entscheidend für alles weitere ist die folgende Einsicht: *Zwei Nichtstandardelemente* $\boldsymbol{a}, \boldsymbol{b} \in {}^*\mathbb{N}$ *unterscheiden sich genau dann durch ein Nichtstandardelement, wenn sie in verschiedenen Sequenzen liegen. Beweis* (indirekt): Es sei zunächst $\boldsymbol{a} +_{\mathcal{U}} \boldsymbol{u} = \boldsymbol{b}$, wo $\boldsymbol{u}$ ein Nichtstandardelement darstellt. Wären $\boldsymbol{a}$ und $\boldsymbol{b}$ Elemente derselben Sequenz, so wäre etwa $\boldsymbol{b} = \boldsymbol{a} +_{\mathcal{U}} \boldsymbol{k}$ wo $\boldsymbol{k}$ ein Standardelement ist und damit $\boldsymbol{a} +_{\mathcal{U}} \boldsymbol{u} = \boldsymbol{a} +_{\mathcal{U}} \boldsymbol{k}$, also $\boldsymbol{u} = \boldsymbol{k}$ im Widerspruch zur Voraussetzung. Sind umgekehrt $\boldsymbol{a}$, $\boldsymbol{b}$ in verschiedenen Sequenzen und wäre $\boldsymbol{b} = \boldsymbol{a} +_{\mathcal{U}} \boldsymbol{k}$ mit der Standardzahl $\boldsymbol{k}$, so wäre $\boldsymbol{b}$ Element der Sequenz $\boldsymbol{a}$, $\boldsymbol{a} +_{\mathcal{U}} \mathbf{1}$, $\boldsymbol{a} +_{\mathcal{U}} \mathbf{2}, \dots$, im Widerspruch zur Voraussetzung.

Weiter wird gezeigt, daß die geordnete Menge der Sequenzen von Nichtstandardelelementen weder ein erstes noch ein letztes Element hat, sowie dicht ist. *Beweis*: Sei $\boldsymbol{u}$ ein Nichtstandardelement, dann ist $2\boldsymbol{u} := \boldsymbol{u} +_{\mathcal{U}} \boldsymbol{u}$ ein Nichtstandardelement, da es sich von $\boldsymbol{u}$ durch ein Nichtstandardelement unterscheidet. Wegen $\boldsymbol{u} = [\boldsymbol{u}/2] + [\boldsymbol{u}/2]$ bzw. $\boldsymbol{u} + 1 = [\boldsymbol{u}/2] + [\boldsymbol{u}/2]$ ist auch $[\boldsymbol{u}/2]$ ein Nichtstandardelement. Also liegen beide Elemente in einer anderen Sequenz als $\boldsymbol{u}$. Außerdem ist $\boldsymbol{u} <_{\mathcal{U}} 2\boldsymbol{u}$ und $[\boldsymbol{u}/2] <_{\mathcal{U}} \boldsymbol{u}$; da dieser Prozeß fortsetzbar ist, gibt es weder ein kleinstes noch eine größtes Nichtstandardelement. – Sind nun $\boldsymbol{u}$ und $\boldsymbol{v}$ Nichtstandardelemente in verschiedenen Sequenzen, so ist ihre Differenz ein Nichtstandardelement. Wegen $\boldsymbol{u} +_{\mathcal{U}} \boldsymbol{v} = [(\boldsymbol{u} +_{\mathcal{U}} \boldsymbol{v})/2] + [(\boldsymbol{u} +_{\mathcal{U}} \boldsymbol{v})/2]$ bzw. $\boldsymbol{u} +_{\mathcal{U}} \boldsymbol{v} + 1 = [(\boldsymbol{u} +_{\mathcal{U}} \boldsymbol{v})/2] + [(\boldsymbol{u} +_{\mathcal{U}} \boldsymbol{v})/2]$ ist auch ihre Differenz zu $[(\boldsymbol{u} +_{\mathcal{U}} \boldsymbol{v})/2]$ ein Nichtstandardelement. Also liegt letzteres Element auf einer «mittleren» Sequenz zwischen den Sequenzen $\boldsymbol{u}$ und $\boldsymbol{v}$. Damit ist die Dichtheit der Menge der Sequenzen von Nichtstandardelementen bewiesen.

Interne Mengen und Nichtstandarderweiterungen
Die Menge *aller* Elemente von ${}^*\mathbb{N}$ wird als Menge der *hypernatürlichen Zahlen* bezeichnet. Im vorangehenden wurden diese Zahlen gegliedert in Standard- und Nichtstandardelemente. Im folgenden wird eine Gliederung der Mengen von Teilmengen hypernatürlicher Zahlen ${}^*\mathbb{N}$ in *interne* und *externe* Mengen eingeführt. Dies wird ermöglichen, für interne Teilmengen von ${}^*\mathbb{N}$ das Induktionsaxiom zu beweisen.

Eine Teilmenge A der hypernatürlichen Zahlen wird, analog wie diese Zahlen selbst, als eine Folge $\{A_n\}$ von Teilmengen natürlicher Zahlen (Standardelemente) definiert, wobei gilt:

$\boldsymbol{a} = \{a_n\}/\mathcal{U} \in A \subseteq {}^*\mathbb{N}$ genau dann, wenn $\{n \in \mathbb{N} \mid a_n \in A_n\} \in \mathcal{U}$.

Jede auf diese Weise festgelegte Menge $A \subset {}^*\mathbb{N}$ heißt *interne* Menge, alle übrigen Mengen heißen *externe* Mengen. – *Beispiel*: Es sei $A_n = \{5, 6, \ldots, n-1, n\}, n \geq 5$, und $\boldsymbol{k} = \{k, k, \ldots\}/\mathcal{U}$. Es gilt für alle $k \geq \mathbf{5} : \boldsymbol{k} \in A$, denn $\{n \in \mathbb{N} \mid k_n \in \{5, 6, \ldots, n-1, n\}\} \in \mathcal{U}$.

Zwei interne Mengen A, B sind genau dann gleich, wenn $A_n = B_n$ für (fast) alle n. Falls für eine Mengenfolge $\{A_n\}$ gilt $A_n = A$ für (fast) alle n, dann heißt die interne Menge, welche durch die konstante Folge $\{A\}$ definiert ist, die *Nichtstandarderweiterung* von A und wird mit ${}^*A$ notiert. Dies bedeutet, daß $\boldsymbol{a} \in {}^*A$ genau dann, wenn $\{n \in \mathbb{N} \mid a_n \in A\}$ kofinit und damit in $\mathcal{U}$ ist. – Beispiele: ${}^*\mathbb{N}$ ist die Nichtstandarderweiterung von $\mathbb{N}$; die Nichtstandarderweiterung einer endlichen Menge $\{k^{(1)}, k^{(2)}, k^{(3)}, \ldots k^{(n)}\}$ ist gleich der Menge ${}^*\{\boldsymbol{k}^{(1)}, \boldsymbol{k}^{(2)}, \boldsymbol{k}^{(3)}, \ldots \boldsymbol{k}^{(n)}\}$. Insbesondere ist jedes Standardelement ein internes Element (einelementige Menge mit konstanter Mengenfolge).

Man kann natürlich nicht zeigen, daß jede nichtleere Teilmenge von ${}^*\mathbb{N}$ wohlgeordnet ist, das heißt immer ein erstes (oder immer ein letztes) Element hat, da dies äquivalent zum Induktionsaxiom **PA3** ist (siehe Theorem 2.8 und 2.9). Aber es gilt

Theorem 2.11 *Jede nichtleere interne Teilmenge von ${}^*\mathbb{N}$ hat ein kleinstes Element.*

Beweis: Sei A eine nichtleere interne Teilmenge von ${}^*\mathbb{N}$. Dann gibt es eine Folge $\{A_n\}$ von Teilmengen von $\mathbb{N}$, durch welche die Elemente von A bestimmt sind. Man kann ohne Beschränkung der Allgemeinheit annehmen, daß nicht alle A_n leer sind. Dann gibt es für jedes n eine natürliche Zahl a_n, welche das kleinste Element der Menge A_n ist. Die hypernatürliche Zahl $\{a_1, a_2, \ldots\}/\mathcal{U}$ gehört dann sicher zu A und ist sicher das kleinste Element von A. ■

Daraus folgt: Die Menge der Nichtstandardelemente, das heißt die Menge der unendlich großen Elemente relativ zu den Standardelementen, ist ein *externe* Menge von ${}^*\mathbb{N}$. Denn diese Menge hat sicher kein kleinstes Element, kann also nach Theorem 2.11 nicht intern sein.

Theorem 2.12 *Die Menge $\mathbb{N}$ aller Standardelemente ist eine externe Menge in ${}^*\mathbb{N}$.*

Beweis: Man zeigt zunächst, daß jede nichtleere nach oben beschränkte interne Menge von $^*\mathbb{N}$ ein größtes Element besitzt. Sei A eine solche interne Menge. Dann existiert ein $\boldsymbol{b} \in {}^*\mathbb{N}$, sodaß $\boldsymbol{a} <_{\mathcal{U}} \boldsymbol{b}$ für alle $a \in A$ und gemäss Definition von A gibt es eine Folge $\{A_n\}$ von nach oben beschränkten Teilmengen von $\mathbb{N}$, sodaß für alle $i \in A_n$ gilt $i \leq b_n$. Wieder kann man ohne Beschränkung der Allgemeinheit annehmen, daß alle A_n nicht leer sind. Dann gibt es für jedes n eine natürliche Zahl a_n, welche das größte Element der Menge A_n ist. Die hypernatürliche Zahl $\boldsymbol{a} = \{a_1, a_2, \ldots\}/\mathcal{U}$ gehört dann zu A und ist sicher das größte Element von A. – In $^*\mathbb{N}$ ist $\mathbb{N}$ durch jedes Nichtstandardelement nach oben beschränkt; $\mathbb{N}$ hat aber kein größtes Element, also ist $\mathbb{N}$ eine externe Menge in $^*\mathbb{N}$. ■

Theorem 2.13 (Vollständige Induktion in $^*\mathbb{N}$) *Eine interne Menge in $^*\mathbb{N}$, die $\mathbf{1}_{\mathcal{U}}$ enthält und mit $\boldsymbol{b}$ auch stets $\boldsymbol{b} +_{\mathcal{U}} \mathbf{1}_{\mathcal{U}}$, ist gleich der Menge $^*\mathbb{N}$.*

Beweis: $\{A_n\}$ sei eine Folge von Teilmengen von $\mathbb{N}$ mit den Eigenschaften: Aus $1 \in A_n$ und mit $b_n \in A_n$ ist auch $b_n + 1 \in A_n$ folgt, daß $a_n \in A_n$ für alle $a_n \in \mathbb{N}$, also $A_n = \mathbb{N}$. Daraus folgt: Falls $M_1 = \{n \in \mathbb{N} \mid 1 \in A_n\}$ und $M_2 = \{n \in \mathbb{N} \mid \text{ aus } b_n \in A_n \text{ folgt } b_n + 1 \in A_n\}$ kofinit sind, dann ist $M_1 \cap M_2$ kofinit, und daraus folgt weiter, daß die Menge $\{n \in \mathbb{N} \mid A_n = \mathbb{N}\}$ ebenfalls kofinit ist. Damit ist die durch die fast überall konstante Folge $\{A\}$ definierte interne Menge gleich der Nichtstandarderweiterung von $\mathbb{N}$, also gleich $^*\mathbb{N}$. ■

Man beachte, daß das Theorem über die vollständige Induktion nicht für beliebige Teilmengen von $^*\mathbb{N}$ gilt, sondern nur für interne Mengen. Insbesondere ist es natürlich falsch für die Menge $\mathbb{N}$ aller Standardelemente, wie man bereits aus anderen Überlegungen weiss.

Interne Funktionen und Nichtstandarderweiterungen
Für die Analyse mathematischer Funktionen über $^*\mathbb{N}$ muß ebenso die Unterscheidung zwischen extern und intern eingeführt werden. Eine Folge $\{f_n\}$ arithmetischer Funktionen $A \to \mathbb{N}$, $A \subseteq \mathbb{N}$, definiert eine *interne* arithmetische Funktion $f : {}^*A \to {}^*\mathbb{N}$, $^*A \subseteq {}^*\mathbb{N}$, wenn gilt: $\{x_n\}/\mathcal{U} \in {}^*A \subseteq {}^*\mathbb{N} \mapsto \{f_n(x_n)\} = \{y_n\} \in {}^*\mathbb{N}$ genau dann, wenn $\{n \in \mathbb{N} \mid y_n = f_n(x_n)\} \in \mathcal{U}$. Insbesondere heißt die durch die konstante Folge $\{f\}$ mit $f_n = f$ für (fast) alle $n \in \mathbb{N}$ bestimmte interne Funktion die *Nichtstandarderweiterung* oder *Nichtstandardversion* der Funktion f und wird notiert mit $^*f$. Sei also f eine Funktion $A \to \mathbb{N}$ mit $A \subseteq \mathbb{N}$, so ist die Nichtstandarderweiterung $^*f : {}^*A \to {}^*\mathbb{N}$ mit $^*A \subseteq {}^*\mathbb{N}$ gegeben durch $^*f(\boldsymbol{x}) = \{f(x_n)\}/\mathcal{U}$ für alle $\boldsymbol{x} \in {}^*A$, das heißt für alle Folgen $\{x_n\}$ mit $\{n \in \mathbb{N} \mid x_n \in A\} \in \mathcal{U}$. – Beispiel: $f(x) = 2x$, $f : \mathbb{N} \to \mathbb{N}$. Dann ist $^*f(\boldsymbol{x}) = \{f(x)\}/\mathcal{U} = \{2x\}/\mathcal{U} = 2\boldsymbol{x}$. Falls man die Variablen x über $\mathbb{N}$ mit den Variablen $\boldsymbol{x}$ über den Standardzahlen in $^*\mathbb{N}$ identifiziert, so wird $^*f(\boldsymbol{x}) = 2\boldsymbol{x} = 2x = f(x)$.

2.10.3 Skolemsche Methode

Wesentlich in Skolems Gedankengang ist, daß man zur Konstruktion einer erweiterten Peanostruktur nicht von der Menge *aller* Folgen natürlicher Zahlen ausgeht, sondern von einer (an sich beliebigen) *abzählbaren* Menge von Folgen natürlicher Zahlen.

Der entscheidende Kern von Skolems Gedankenführung, und zugleich der Grund warum diese Überlegungen nicht auf die Konstruktion von erweiterten Modellen für die reellen Zahlen anwendbar ist, ist ein Theorem über abzählbare Folgen von Folgen natürlicher Zahlen: jede solche

Folgenmenge läßt sich so ordnen, daß insbesondere die Trichotomieeigenschaft gilt, woraus sich dann leicht ergibt, daß diese Menge total geordnet werden kann. Auf dieser Grundlage kann dann gezeigt werden, daß diese Folgenmenge die natürlichen Zahlen als Anfangsstück enthält.

In Anknüpfung an Skolem [1934] wird nachstehend die Funktionsschreibweise für Folgen verwendet. Eine Folge $\{a_1, a_2, a_3, \ldots\}$ repräsentiert dann die Gesamtheit der Bilder einer arithmetischen Funktion $\alpha : \mathbb{N} \to \mathbb{N}$ mit $n \mapsto \alpha(n) = a_n$. Die Zusammensetzung zweier arithmetischer Funktionen α und β zu $\alpha\beta$ ist durch die Hintereinanderausführung von Funktionen definiert. Für (streng) monoton wachsende Funktionen α gilt: wenn $n > m$, so ist $\alpha(n) > \alpha(m)$. Dies bedeutet, daß α injektiv oder eineindeutig ist.

Theorem 2.14 *Sei $\mathcal{C}$ der Filter der kofiniten Teilmengen über $\mathbb{N}$. Ist $\alpha^{(1)}, \alpha^{(2)}, \alpha^{(3)}, \ldots$ eine beliebige abzählbare Folge arithmetischer Funktionen, so gibt es eine monoton wachsende arithmetische Funktion γ, sodaß für jedes Indexpaar (i, j) entweder $\alpha^{(i)}\gamma <_{\mathcal{C}} \alpha^{(j)}\gamma$ oder $\alpha^{(i)}\gamma =_{\mathcal{C}} \alpha^{(j)}\gamma$ oder $\alpha^{(i)}\gamma >_{\mathcal{C}} \alpha^{(j)}\gamma$ ist, das heißt*

$$\{n \in \mathbb{N} \mid \alpha^{(i)}\gamma(n) < \alpha^{(j)}\gamma(n)\} \in \mathcal{C} \qquad \textit{oder}$$

$$\{n \in \mathbb{N} \mid \alpha^{(i)}\gamma(n) = \alpha^{(j)}\gamma(n)\} \in \mathcal{C} \qquad \textit{oder}$$

$$\{n \in \mathbb{N} \mid \alpha^{(i)}\gamma(n) > \alpha^{(j)}\gamma(n)\} \in \mathcal{C}.$$

Beweis: Man betrachtet zunächst zwei beliebige arithmetische Funktionen μ und ν und zeigt, daß es eine monoton wachsende Funktion γ gibt, sodaß für alle n entweder $\mu\gamma(n) < \nu\gamma(n)$ oder $\mu\gamma(n) = \nu\gamma(n)$ oder $\mu\gamma(n) > \nu\gamma(n)$ gilt. Zur Bestimmung von γ unterteilt man die Menge der natürlichen Zahlen $n \in \mathbb{N}$ in drei Klassen $K_<, K_=, K_>$, je nachdem ob $\mu(n) < \nu(n)$ oder $\mu(n) = \nu(n)$ oder $\mu(n) > \nu(n)$ gilt. Mindestens eine der drei Klassen $K_<, K_=, K_>$ ist unendlich. Die Elemente dieser Klasse (oder der ersten der Klassen $K_<, K_=, K_>$, falls mehr als eine unendlich ist) ordnet man nach wachsender Größe und definiert dies als die Funktionswerte der arithmetischen Funktion $\gamma(n)$ für $n = 1, 2, 3, \ldots$. Für die für alle n gültigen Relationen $<, =, >$ zwischen den Funktionswerten $\mu\gamma(n)$ und $\nu\gamma(n)$ wird $\diamond$ geschrieben.

Es werden jetzt die abzählbar unendlich vielen arithmetischen Funktionen $\alpha^{(1)}, \alpha^{(2)}, \alpha^{(3)}, \ldots$ betrachtet. Hier kann man zunächst die Paare (i, j), $i < j$, aller Indizes in einer einfach unendlichen Folge ordnen, etwa so, daß man sie zuerst nach wachsenden Werten von $i + j$ ordnet und die mit derselben Summe $i + j$ nach wachsenden Werten von i ordnet. Dadurch bekommt man die Folge

$$(1,2)(1,3)(1,4)(2,3)(1,5)(2,4)(1,6)(2,5)(3,4)(1,7)\ldots \tag{9.1}$$

Diese Folgen von Paaren werden mit $\mu^{(k)}, \nu^{(k)}$ für $k = 1, 2, 3, \ldots$ bezeichnet.

Zur Konstruktion von γ geht man folgendermaßen vor. Man konstruiert eine Folge von monoton wachsenden arithmetischen Funktionen $\gamma^{(1)}, \gamma^{(2)}, \gamma^{(3)}, \ldots$ mit den zugeordneten Ordnungsrelationen $\diamond_1, \diamond_2, \diamond_3, \ldots$. Vermöge der oben abgeleiteten Beziehung zwischen zwei beliebigen arithmetischen Funktionen μ und ν gibt es zunächst eine monoton wachsende Funktion $\gamma^{(1)}$, sodaß für alle n gilt

$$\mu^{(1)}\gamma^{(1)}(n) \diamond_1 \nu^{(1)}\gamma^{(1)}(n).$$

Dann gibt es für die arithmetischen Funktionen $\mu^{(2)}\gamma^{(1)}$ und $\nu^{(2)}\gamma^{(1)}$ eine monoton wachsende arithmetische Funktion $\gamma^{(2)}$, sodaß für alle n gilt

$$\mu^{(2)}\gamma^{(1)}\gamma^{(2)}(n) \diamond_2 \nu^{(2)}\gamma^{(1)}\gamma^{(2)}(n)$$

und entsprechend ein $\gamma^{(3)}$ für die Funktionen $\mu^{(3)}\gamma^{(1)}\gamma^{(2)}$ und $\nu^{(3)}\gamma^{(1)}\gamma^{(2)}$ sodaß

$$\mu^{(3)}\gamma^{(1)}\gamma^{(2)}\gamma^{(3)}(n) \diamond_3 \nu^{(3)}\gamma^{(1)}\gamma^{(2)}\gamma^{(3)}(n)$$

für alle n und so weiter. Es sei nun für alle k

$$\gamma(k) := \gamma^{(1)}\gamma^{(2)}\gamma^{(3)}\dots\gamma(k)(k).$$

Behauptung: Ist $\mu^{(k)}, \nu^{(k)}$ das k-te Paar in der Folge, so gilt für alle $n \geq k$ die Beziehung

$$(9.2) \qquad \mu^{(k)}\gamma(n) \diamond_k \nu^{(k)}\gamma(n).$$

Denn es gilt nach Konstruktion für alle n

$$(9.3) \qquad \mu^{(k)}\gamma^{(1)}\gamma^{(2)}\dots\gamma^{(k)}(n) \diamond_k \nu^{(k)}\gamma^{(1)}\gamma^{(2)}\dots\gamma^{(k)}(n).$$

Setzt man hier insbesondere $n = k$, so erhält man

$$(9.4) \qquad \mu^{(k)}\gamma(k) \diamond_k \nu^{(k)}\gamma(k).$$

Da (9.3) für *alle* n gilt, so gilt es auch für die Zahlen $\gamma^{(k+1)}\gamma^{(k+2)}\dots\gamma^{(k+p)}(n)$, also ist für alle n

$$(9.5) \qquad \mu^{(k)}\gamma^{(1)}\gamma^{(2)}\dots\gamma^{(k+p)}(n) \diamond_k \nu^{(k)}\gamma^{(1)}\gamma^{(2)}\dots\gamma^{(k+p)}(n).$$

Wird hier speziell $n := k + p$ gesetzt, so erhält man

$$\mu^{(k)}\gamma(k+p) \diamond_k \nu^{(k)}\gamma(k+p).$$

Wegen (9.4) und (9.5) gilt also (9.2) für alle $n \geq k$, wie behauptet wurde. – Es bleibt zu zeigen, daß die arithmetische Funktion γ monoton wachsend ist. Da $\gamma^{(k)}$ für jede Zahl k monoton wachsend ist, also insbesondere für alle k gilt $\gamma^{(k)}(k) \geq k$ und daher $\gamma^{(k+1)}(k+1) \geq k$, so ist

$$\gamma(k+1) = \gamma^{(1)}\gamma^{(2)}\gamma^{(3)}\dots\gamma^{(k)}\gamma^{(k+1)}(k+1) > \gamma^{(1)}\gamma^{(2)}\gamma^{(3)}\dots\gamma^{(k)}(k) = \gamma(k).$$

Damit ist Theorem 2.14 bewiesen. ■

Sei nun eine beliebige Menge A von abzählbar vielen arithmetischen Funktionen $\alpha^{(1)}, \alpha^{(2)}, \alpha^{(3)}, \dots$ gegeben. Gemäß Theorem 2.14 existiert eine monoton wachsende Funktion γ, sodaß zwei beliebige Elemente $\alpha^{(i)}\gamma$ und $\alpha^{(j)}\gamma$ für fast alle n dieselbe Relation $<$, $=$ oder $>$ zueinander haben. Man definiert nun eine Struktur $\mathcal{A} = \langle A, +_{\mathcal{A}}, \cdot_{\mathcal{A}}, <_{\mathcal{A}} \rangle$ vermöge

$\alpha^{(i)} =_{\mathcal{A}} \alpha^{(j)}$	genau dann, wenn $\{n \in \mathbb{N} \mid \alpha^{(i)}\gamma(n) = \alpha^{(j)}\gamma(n)\} \in \mathcal{C}$,
$\alpha^{(i)} <_{\mathcal{A}} \alpha^{(j)}$	genau dann, wenn $\{n \in \mathbb{N} \mid \alpha^{(i)}\gamma(n) < \alpha^{(j)}\gamma(n)\} \in \mathcal{C}$,
$\alpha^{(i)} +_{\mathcal{A}} \alpha^{(j)} =_{\mathcal{A}} \alpha^{(k)}$	genau dann, wenn $\{n \in \mathbb{N} \mid \alpha^{(i)}\gamma(n) + \alpha^{(j)}\gamma(n) = \alpha^{(k)}\gamma(n)\} \in \mathcal{C}$,
$\alpha^{(i)} \cdot_{\mathcal{A}} \alpha^{(j)} =_{\mathcal{A}} \alpha^{(k)}$	genau dann, wenn $\{n \in \mathbb{N} \mid \alpha^{(i)}\gamma(n) \cdot \alpha^{(j)}\gamma(n) = \alpha^{(k)}\gamma(n)\} \in \mathcal{C}$.

Wie im Falle der Folgen natürlicher Zahlen zeigt man (Abschnitt 2.10.2), daß die Relationen $=_{\mathcal{A}}, <_{\mathcal{A}}, +_{\mathcal{A}}, \cdot_{\mathcal{A}}$ repräsentantenunabhängig (das heißt wohldefiniert) sind sowie $=_{\mathcal{A}}, <_{\mathcal{A}}$ transitiv und symmetrisch bzw. antireflexiv sind. Aus Theorem 2.14 folgt weiter, daß die durch $<_{\mathcal{A}}$ induzierte Ordnung auf A trichotomisch ist. Damit wird schließlich $\langle A, <_{\mathcal{A}} \rangle$ zu einer totalen Ordnung.

Zur Folge A der arithmetischen Funktionen $\alpha^{(1)}, \alpha^{(2)}, \alpha^{(3)}, \dots$ nimmt man, falls sie nicht schon dazu gehören, die konstanten Funktionen $\alpha(n) = 1, \alpha(n) = 2, \dots$ hinzu sowie die identische

Funktion $\iota(n) = n$ und die Nachfolgerfunktion $\nu(n) = n + 1$. Die konstanten Funktionen bezeichnet man wie früher mit $\mathbf{1}_{\mathcal{A}}, \mathbf{2}_{\mathcal{A}}, \mathbf{3}_{\mathcal{A}}, \ldots, \boldsymbol{m}_{\mathcal{A}}, \ldots$. Damit ist die Struktur $\mathcal{A} = \langle A, +_{\mathcal{A}}, \cdot_{\mathcal{A}}, <_{\mathcal{A}}, \mathbf{1}_{\mathcal{A}} \rangle$ eindeutig festgelegt.

Eine Ungleichung zwischen konstanten Funktionen $\boldsymbol{m}_{\mathcal{A}} <_{\mathcal{A}} \boldsymbol{m'}_{\mathcal{A}}$ bedeutet dann, daß $\boldsymbol{m}_{\mathcal{A}}(n) < \boldsymbol{m'}_{\mathcal{A}}(n)$ für alle n, das heißt $\{n \in \mathbb{N} \mid \boldsymbol{m}_{\mathcal{A}}(n) < \boldsymbol{m'}_{\mathcal{A}}(n)\} = \mathbb{N} \in \mathcal{C}$. Weiter gilt für jede Funktion α die Beziehung $\alpha \geq \mathbf{1}_{\mathcal{A}}$, das heißt $\alpha =_{\mathcal{A}} \mathbf{1}_{\mathcal{A}}$ oder $\alpha >_{\mathcal{A}} \mathbf{1}_{\mathcal{A}}$, denn $\{n \in \mathbb{N} \mid \alpha\gamma(n) > 1 \text{ oder } \alpha\gamma(n) = 1\} = \mathbb{N} \in \mathcal{C}$. Weiter gibt es für jede Funktion α einen eindeutig bestimmten Nachfolger $\alpha +_{\mathcal{A}} \mathbf{1}_{\mathcal{A}}$, denn falls es eine Funktion β gäbe, die zwischen α und $\alpha +_{\mathcal{A}} \mathbf{1}_{\mathcal{A}}$ läge, so müßte gelten $\{n \in \mathbb{N} \mid \alpha\gamma(n) < \beta\gamma(n) < \alpha\gamma(n) + 1\} \in \mathcal{C}$, was unmöglich ist, da für kein n beide Ungleichungen zugleich gelten können.

Daraus folgt nun, daß die den natürlichen Zahlen entsprechenden konstanten Funktionen, die sogenannten *Standardelemente*

$$\mathbf{1}_{\mathcal{A}}, \mathbf{2}_{\mathcal{A}}, \mathbf{3}_{\mathcal{A}}, \ldots$$

ein echtes Anfangsstück der total geordneten Menge A bilden. Denn es gibt Elemente in A, die größer sind als alle konstanten Funktionen, etwa $\iota(n) = n$. Hier gilt $\iota >_{\mathcal{A}} \boldsymbol{m}_{\mathcal{A}}$, da $\{n \in \mathbb{N} \mid \iota\gamma(n) = \gamma(n) > \boldsymbol{m}_{\mathcal{A}}(n) = m\} \in \mathcal{C}$. Solche Elemente heißen wieder *unnatürliche Zahlen* oder *Nichtstandardelemente*.

Es ist deshalb wieder klar, daß $\mathcal{A}$ nicht isomorph zu $\mathcal{N}_<$ sein kann und folglich das Axiom **PA3** in $\mathcal{A}$ nicht gilt, da offenbar alle übrigen Axiome von **PA** erfüllt sind. Weiter ist $\mathcal{A}$ nicht archimedisch und enthält unendlich absteigende Ketten.

Definiert man wieder wie im obigen Abschnitt 2.10.2 eine Sequenz von Nichtstandardelementen als die Menge der Ordnungsvorgänger, Ordnungsvorvorgänger usw. sowie der Ordnungsnachfolger, Ordnungsnachnachfolger usw. eines Nichtstandardelementes, so wurde dort gezeigt, daß die Menge der Sequenzen kein erstes und kein letztes Element hat sowie dicht ist. Da hier, im Falle der Skolemschen Konstruktion, die Menge aller Elemente in $\mathcal{A}$ abzählbar ist, hat die Menge der Sequenzen die Ordnungsstruktur η der (der Größe nach geordneten) rationalen Zahlen.

Interne Mengen und Funktionen sowie Nichtstandarderweiterungen werden wie im vorangehenden Abschnitt definiert.

2.10.4 Vergleich der Methoden

Die im vorangehenden entwickelten erweiterten Peanostrukturen $\mathcal{A}$, die sogenannten *hypernatürlichen Zahlen*, haben folgende Gemeinsamkeiten: sie sind (totale oder lineare) Ordnungen, diskret, nicht archimedisch und nicht isomorph zu $\mathcal{N}_<$. Sie erfüllen die Axiome **PA1, PA2, PA4, PA5, PA6** nicht aber **PA3**. Die natürlichen Zahlen lassen sich in $\mathcal{A}$ so einbetten, daß sie ein echtes Anfangsstück der Ordnung $\langle A, <_{\mathcal{A}} \rangle$ bilden (Standardelemente).

Die erweiterte Struktur $\mathcal{A}$ enthält mindestens abzählbar unendlich viele unendlich große Elemente (Nichtstandardelemente oder unnatürliche Zahlen). Die durch Adjunktion erweiterte arithmetische Struktur $\mathcal{N}_<$ sowie die durch die Skolemsche Methode konstruierte Struktur haben beide abzählbar unendlich viele Elemente. Die durch die Ultrapotenzmethode konstruierbaren Strukturen sind im allgemeinen nicht mehr abzählbar. Ohne wesentliche Änderung des Gedankenganges könnten im Falle der Ultrapotenzmethode auch Folgen reeller Zahlen (anstatt Folgen natürlicher Zahlen) herangezogen werden.

Elemente der Gesamtheit der Standard- und Nichtstandardelemente, die hypernatürlichen Zahlen, verhalten sich bezüglich $+, \cdot, <$ formal gleich wie die natürlichen Zahlen. Beschränkt man sich auf *interne* Mengen und *interne* Funktionen, so verhalten sich sogar die Mengen und Funktionen hypernatürlicher Zahlen formal gleich wie die entsprechenden Mengen und Funktionen natürlicher Zahlen. Insbesondere gilt, wie oben gezeigt wurde (Theorem 2.13), das Prinzip der vollständigen Induktion für interne Mengen. Dies bedeutet, daß die Menge der Peano-Axiome für hypernatürliche Zahlen bezüglich interner Mengen hypernatürlicher Zahlen erfüllt ist. Daraus folgt weiter, daß unter bestimmten Bedingungen im System der hypernatürlichen Zahlen dieselben Theoreme gelten müssen wie für die natürlichen Zahlen. Eine genau Ableitung, Analyse und Formulierung dieses Tatbestandes findet sich im Abschnitt 4.11.

Bibliographische Hinweise

Abschnitt 2.1 bis 2.6: Die elementaren Theoreme der Peano-Arithmetik findet man vollständig abgeleitet in Oberschelp [1976]; siehe auch Landau [1930], Felscher [1978a], Mainzer [1988], Pickert/Görke [1962].

Abschnitt 2.7: Siehe Wilder [1983], chap. III 4-5. Für weitere Definitionen endlicher Mengen und deren Beziehungen siehe Felscher [1978a], Kapitel 3.7.

Abschnitt 2.9 und 2.10: Für Zahlstrukturerweiterungen nach der Adjunktionsmethode, siehe Laugwitz [1986], Kapitel 2.2, Ebbinghaus/Flum/Thomas [1992], Kapitel VI.4; für die Ultrapotenzmethode, siehe Engeler [1983], Kapitel 1.4, Laugwitz [1986], Kapitel 2.3, Hoskins [1990].

Kapitel 3
Mathematik und formale Logik

3.1 Voraussetzungen, Gesichtspunkte und Ziele der formalen Logik

Die an den mathematischen *Inhalten* (Ideen) orientierte Darstellung arithmetischer, und überhaupt allgemein mathematischer Gesetze bedient sich logischer Elemente, die selbst keine mathematischen Inhalte sind, sondern Formen, die zur gedanklichen Darstellung dieser Inhalte dienen. Die formale Logik erhebt unter einem besonderen Gesichtspunkt solche Formen zu ihrem Inhalt.

Den Kern der gedanklichen Darstellung mathematischer Inhalte bilden die Propositionen. Dies sind Verknüpfungen mathematischer Inhalte oder Begriffe (Ideen), die entweder wahr oder falsch sind. Da die formale Logik von allen konkreten Inhalten absieht, fällt die Prüfung, ob eine Proposition wahr oder falsch ist sowie die konkreten Methoden zu einer solchen Überprüfung nicht in ihren Bereich. Sie muß davon ausgehen, daß entweder das eine oder das andere der Fall ist. Selbstverständlich gehört auch die Frage, was Wahrheit überhaupt ist, nicht zur formalen Logik, sondern zur allgemeinen Denk- und Erkenntnislehre. Weiter kann sich die formale Logik nicht darum kümmern, wie man zu mathematischen Begriffen und deren inhaltlichen Verknüpfungen kommt, denn dazu müßten wieder diese Inhalte selbst herangezogen werden. Zu ihrem Gebiet gehören jedoch diejenigen Formen von Konsequenzen und Schlüssen, die allein aufgrund der Form von Propositionen und deren Zusammensetzungen gewonnen werden können. Daraus folgt, daß die formale Logik sowohl Begriffe wie Propositionen nur soweit analysiert, als dies für die Untersuchung von Formen von Schlußfolgerungen (Deduktionen), deren Gültigkeit oder Ungültigkeit allein auf formalen Sachverhalten gründen, notwendig ist. Damit fallen alle ontologischen, psychologischen sowie erkenntniswissenschaftlichen Gesichtspunkte weg. Es geht in der formalen Logik nur um eine Entwicklung der Denkformen hinsichtlich der Gültigkeit von Formen von Schlußfolgerungen aus gegebenen Formen von Sachverhalten, und nicht um eine umfassende Wissenschaft des Denkens, eine allgemeine Lehre von den Denkformen. Etwas präziser müßte man also von formaler Deduktions- oder Schlußfolgerungslogik sprechen.

Im Gegensatz zu vielen anderen Autoren wird hier nicht von Aussagen, also gesprochenen oder geschriebenen Dingen ausgegangen, sondern von den den *Aussagen* zugrundeliegenden *Sachverhalten*. Diese sind die *Propositionen*, von denen weiter oben die Rede war. In welchem Verhältnis diese Propositionen zur Ideenwelt und deren Repräsentation im individuellen Denkbewußtsein stehen, ist Thema einer allgemeinen Denk- und Erkenntnislehre, die hier nicht entfaltet werden kann. Für die formale Logik ist «Proposition» ein nicht aus ihren eigenen Voraussetzungen ableitbarer Fundamentalbegriff, der allem weiteren zugrundeliegt. Entsprechendes gilt für die Begriffe «Wahrheit», «Relation», etc. Die *sprachliche* Repräsentation sowie deren Verhältnis zu den repräsentierten Inhalten ist kein Thema der formalen Logik, so wie sie hier verstanden wird. Auch wenn man sich zwecks Kommunikation sprachlicher oder symbolischer Mittel bedient, so weisen diese Zeichen nur auf diejenigen Sachverhalte hin, um die es eigentlich geht; sie sind nicht selbst die Sache oder der Gegenstand der Untersuchung. Mit Proposition ist also, um es noch deutlicher zu sagen, weder die sprachliche Repräsentation (eben die Aussage oder der Satz) noch die Einheit von Bedeutungsinhalt und Aussage gemeint, sondern nur dieser *Inhalt* selbst, eben der Sachverhalt. Damit entfällt für die formale Logik die Diskussion aller Probleme, die mit dem Verhältnis von Zeichen und gemeintem Inhalt zusammenhängen.

Im weiteren gehört es auch nicht zur formalen Logik, zu untersuchen, in welchem Verhältnis eine Proposition dem *Inhalt* nach mit einer anderen Proposition steht, ob sie ihr etwa äquivalent ist, das heißt ob es sich etwa um zwei Repräsentationen ein und desselben gesetzmäßigen Prinzips handelt. Denn die verschiedenen Weisen individuell-gedanklicher Darstellung oder Repräsentation objektiver Gesetze ist nicht Thema der formalen Logik, sondern der Begründung der formalen Logik aus einer allgemeinen Denklehre.

Im Sinne der Unterscheidung der traditionellen Logik in Begriff, Urteil und Schluß, ist die formale Logik eine Lehre von den Formen der Schlüsse, in welcher Begriffe und Urteile nur in denjenigen Eigenschaften behandelt werden, die für die jeweiligen Schlußverfahren notwendig und hinreichend sind. Damit sind zugleich in vorläufiger Art die Grenzen der formalen Logik bestimmt, nicht aber die Grenzen des formalen Gesichtspunktes überhaupt. Über die Grenzen der formalen Logik wird weiter unten Genaueres entwickelt werden (Abschnitt 3.10).

Die Hauptbestandteile der formalen Logik sind die formale Propositionslogik (Abschnitt 3.2), die formale Prädikatenlogik (Abschnitt 3.3) und die formale Klassenlogik (Abschnitt 3.6). Wenn keine Verwechslungen zwischen formaler und symbolischer (das heißt auf Zeichensystemen basierter) Propositionslogik zu befürchten sind, so wird im folgenden der Ausdruck «formal» weggelassen, sodaß in diesem Kapitel unter Propositionslogik oder Prädikatenlogik immer *formale Propositionslogik* bzw. *formale Prädikatenlogik* verstanden wird, da im vorliegenden Kapitel ohnehin von symbolischer Logik nur selten die Rede ist.

Um Formen von Schlußfolgerungen geht es sowohl in der Propositionslogik als auch in der Prädikatenlogik. Darüber hinaus werden in der Prädikatenlogik unter anderem Behauptungs- oder Urteilsformen entwickelt. Man beachte, daß es bei Formen von Schlußfolgerungen nicht um Wahrheit oder Unwahrheit geht, sondern um Korrektheit oder Gültigkeit. Die Voraussetzungen (Prämissen) und die Schlußfolgerungen (Konklusionen) sind zwar Propositionen, die wahr oder falsch sein können, die Formen von Schlußfolgerungen selbst sind aber keine Propositionen, sie sind weder wahr noch unwahr. Eine Schlußform ist *korrekt*, wenn allein aufgrund der Form, unabhängig von jedem konkreten Inhalt der Prämissen und Konklusionspropositionen, sich ergibt, daß die Schlußproposition in jedem Fall wahr ist, wenn die Voraussetzungen dies ebenfalls sind; andernfalls ist eine Schlußform inkorrekt. Das schließt nicht aus, daß eine inkorrekte Schlußform in konkreten Fällen aus wahren Prämissen auch ein wahres Resultat liefert:

> Alle Primzahlen außer 2 sind ungerade Zahlen;
> 13 ist eine ungerade Zahl.
> ___
> Also ist 13 eine Primzahl.

Ersetzt man 13 durch 15, so liefert diese Schlußform offensichtlich ein falsches Resultat. Sie ist also nicht korrekt oder gültig. – Nach der Entwicklung der Prädikatenlogik im Abschnitt 3.3 werden die Begriffe der Widerspruchsfreiheit und Vollständigkeit im Zusammenhang mit Axiomensystemen im Rahmen der formalen Prädikatenlogik genauer untersucht (Abschnitt 3.5).

Die Einsicht, daß die Propositionslogik der sachgemäße Ausgangspunkt der formalen Deduktionslogik ist, war ein entscheidender Fortschritt in der Entwicklung der Logik, der im wesentlichen auf Frege und Russell zurückgeht. Damit war einerseits ein unmittelbarer Anschluß an denjenigen Teil des logischen Denkens möglich, der dem gewöhnlichen Denken am leichtesten zugänglich ist und andererseits eine konsequente Beschränkung auf Probleme der Formen von Schlüssen. Im Sinne eines methodischen Vorgehens, das dort anknüpft, wo die konkretesten Erfahrungen des gewöhnlichen Denkens vorliegen, ist dies sinnvoll. Eine systematische Begründung der formalen Logik müßte jedoch den umgekehrten Weg einschlagen und ausgehen von einer Ideen- oder Begriffslehre zur Urteils- und Propositionslehre sowie schließlich zur Deduktionslehre kommen. Das ist die Aufgabe einer allgemeinen Denk- und Erkenntnislehre, die nicht zum Gegenstand der vorliegenden Untersuchungen gehört.

3.2 Grundbegriffe der formalen Propositionslogik

3.2.1 Formale Logik der unbestimmten Propositionen

Die Propositionslogik ist die Lehre von denjenigen bestimmten Gedankenverknüpfungen, die entweder wahr oder falsch sind. Solche Verknüpfungen heißen *Propositionen*. Die innere mehr oder weniger komplizierte Struktur von Propositionen wird in der Propositionslogik nicht weiter untersucht, falls die Propositionen nicht ausschließlich aus anderen Propositionen zusammengesetzt sind. Die Analyse der Propositionen hinsichtlich ihrer Elemente und Strukturen ist Thema der Prädikatenlogik (Abschnitt 3.3). Was hier unter Propositionen verstanden wird, nennen andere Autoren auch den Sinn, die Bedeutung oder den Sachverhalt einer Aussage, eines Ausdrucks, einer Formel oder eines Satzes. Da hier der sprachliche (gesprochene, geschriebene oder sonstwie in Zeichen oder Symbolen festgehaltene) Ausdruck nicht zur formalen Logik gerechnet wird, fällt hier der Bezug auf die Sprachebene weg. Was dargestellt wird ist also der gedankliche Untergrund der sogenannten Aussagenlogik. Man könnte auch von einer Lehre von der Form von wahren oder falschen Sachverhalten und deren Verknüpfungen sprechen. In Anknüpfung an den lateinischen und englischen Sprachgebrauch wird jedoch die Bezeichnung «Propositionslogik» beibehalten. Ebenso werden hier auch nicht die Akte untersucht, durch welche etwa Gedanken und Propositionen hervorgebracht werden. Es wird davon ausgegangen, daß sie gesetzt oder gegeben sind. Ziel ist die Untersuchung ihrer Beziehungen.

Beispiele von Propositionen sind:

Propositionen:	*Abkürzungen*:
Die Zahl 8 ist eine gerade Zahl.	$Gerade(8)$
Die Zahl 13 ist eine Primzahl.	$Prim(13)$
Die Zahl 5 ist größer als die Zahl 3.	$5 > 3$ oder $>(5,3)$

Die Zahl 12 ist ohne Rest durch 3 teilbar.	$3 \mid 12$
$12 = 7 + 5$.	$12 = +(7,5)$
Die Zahl 8 liegt zwischen den Zahlen 3 und 5.	*Zwischen*$(8;3,5)$

Eine elementare oder atomare, das heißt nicht aus anderen Propositionen zusammengesetzte *Proposition* ist eine Verknüpfung von bestimmten, gegebenen, das heißt gesetzten Gedanken derart, daß diese Verknüpfung entweder wahr oder falsch ist. Die Bestimmung des Wahrheitsgehaltes einer Proposition ist nur unter Berücksichtigung der beteiligten Gedankeninhalte möglich und fällt deshalb nicht in den Bereich der Untersuchungen der formalen Logik. Sie wird von dieser einfach vorausgesetzt. Die *formale* Bestimmung des Wahrheitsgehaltes einer aus anderen Proposition zusammengesetzten Proposition, insofern die Wahrheitsgehalte der letzteren bekannt sind, ist dagegen ein zentrales Gebiet der Propositionslogik, wie sich gleich zeigen wird.

«Wahr» oder «Falsch» sind die *Wahrheitswerte* (nach Frege die Bedeutung) von Propositionen. Unter dem Gesichtspunkt der formalen Logik wird die konkrete Bestimmtheit der Propositionen (ihr konkreter Inhalt) auf ihre bloße Verschiedenheit reduziert. Eine bloß nach ihrer Form und nicht nach ihrem Inhalt bestimmte Proposition heißt eine *Propositionsvariable* oder besser *unbestimmte Proposition*. Solche Propositionen werden später mit kleinen lateinischen Buchstaben bezeichnet werden. Mit Form einer Proposition ist hier weder die prädikatenlogische Struktur (siehe Abschnitt 3.3) noch die psychologische Konstitution gemeint (das heißt Gegenstand des Denkens zu sein), sondern die Eigenschaft des Propositionsinhalts, eine wahre oder falsche Gedankenverknüpfung zu sein.

Beispiele von unbestimmten Propositionen: *Gerade*$(\ldots)$, $+(\cdots,\ldots)$,

Zwischen$(\cdots;\ldots,\ddots)$.

Propositionsvariablen sind Verknüpfungen von unbestimmten Gedanken, die genau dann wahr oder falsch werden, wenn die unbestimmten Gedanken in bestimmte Gedanken übergeführt werden. Gedankenvariablen oder unbestimmte Gedanken werden jedoch explizit erst bei der Strukturanalyse von Propositionen in der Prädikatenlogik eingeführt (Abschnitt 3.3.1). Propositionsvariablen sind selbst keine Propositionen, da ihnen wegen der Unbestimmtheit der in ihnen verknüpften Gedanken kein eindeutig bestimmter Wahrheitswert zukommt.

Eine *Propositionsform* ist eine Verknüpfung einer oder mehrerer unbestimmter Propositionen, sodaß der Übergang zu bestimmten (das heißt wahren oder falschen) Propositionen zu einer Proposition führt. Das Verknüpfungsprinzip selbst heißt *Propositionsfunktor* oder *-operator* und die bestimmten Propositionen, die anstelle der unbestimmten Propositionen treten, *Argumente*. Propositionsfunktoren sind propositionsbildende oder propositionsbestimmende Funktoren.

Beispiel eines einstelligen Propositionsfunktors:	Es ist nicht der Fall, daß ....
Beispiele eines zweistelligen Propositionsfunktors:	$\cdots$ und $\cdots$.
Beispiel von Argumenten:	*Gerade*(7), *Zwischen*$(8;3,5)$.

Propositionsformen und Propositionsfunktoren sind selbst keine Propositionen, da ihnen kein eindeutig bestimmter Wahrheitswert zukommt, solange die unbestimmten Propositionen nicht in bestimmte Propositionen übergeführt werden. Ziel der Propositionslogik ist die Theorie der Formen von Schlußfolgerungen, die aus Propositionsformen gebildet werden können. Im Sinne des strengen Festhaltens am formalen Gesichtspunkt werden dabei nur solche Propositionsformen untersucht, deren Wahrheitswert von den Wahrheitswerten ihrer Argumente allein abhängt (*extensionaler Gesichtspunkt*). Diese heißen *Wahrheitsfunktionen*. Über die allgemeingültigen Wahrheitsfunktionen (siehe Abschnitt 3.2.2) kommt man dann zur Analyse korrekter Schlußformen.

Im folgenden werden einige wichtige Wahrheitsfunktionen diskutiert. Propositionsfunktoren, die Wahrheitsfunktionen bilden, heißen *Wahrheitsfunktoren*. Es genügt zur eindeutigen Bestimmung von Wahrheitsfunktionen jeweils die Wahrheitswerte der Wahrheitsfunktionen für alle möglichen Wahrheitswerte der Argument festzulegen. Wird im folgenden von Propositionsformen gesprochen, so sind immer Wahrheitsfunktionen gemeint.

Einstellige Wahrheitsfunktionen
Affirmation: Nimmt denselben Wahrheitswert wie das Argument an. – *Negation*: Nimmt den entgegengesetzten Wahrheitswert wie das Argument an. Der entsprechende Funktor heißt *Negator* und wird mit «$\neg$» bezeichnet. Beispiel einer wahren Negation: Die Zahl 21 ist keine Primzahl: $\neg Prim(21)$.

Die übrigen beiden der insgesamt $2^{(2^1)} = 4$ einstelligen Wahrheitsfunktionen, die *konstant wahre* (*verum*) und die *konstant falsche* (*falsum*) Wahrheitsfunktion werden mit W bzw. F bezeichnet. Andere Bezeichnungen dafür sind $\top$ bzw. $\bot$.

Zweistellige Wahrheitsfunktionen
Von den total $2^{(2^2)} = 16$ zweistelligen Wahrheitsfunktionen werden nur die sieben am häufigsten verwendeten erwähnt. Die übrigen neun zweistelligen Wahrheitsfunktionen lassen sich auf diese sieben oder einen Teil davon zurückführen (siehe dazu Ende Abschnitt 3.2.2). Man kann sogar zeigen, daß sich alle höherstelligen Wahrheitsfunktionen auf die zweistelligen zurückführen lassen (siehe dazu zum Beispiel Böhme [1981], Kapitel 1.10).

Konjunktion: Ist nur dann wahr, wenn beide Argumente wahr sind. Der *Konjugator* wird mit «$\wedge$» bezeichnet. Beispiel einer wahren Konjunktion: Die Zahl 7 und die Zahl 11 sind Primzahlen: $Prim(7) \wedge Prim(11)$. Die Konjunktion wird auch *logisches Produkt* genannt.

Disjunktion: Ist nur dann falsch, wenn beide Argumente falsch sind. Der *Disjunktor* wird mit «$\vee$» bezeichnet. Beispiel einer wahren Disjunktion: Die Zahl 7 oder die Zahl 21 sind Primzahlen: $Prim(7) \vee Prim(21)$. Man beachte, «oder» ist hier im einschließenden Sinn von oder/und gemeint und nicht im Sinne von entweder/oder. Die Disjunktion wird auch *logische Summe*, *Alternation* oder *Adjunktion* genannt.

Kontravalenz: Ist nur dann wahr, wenn ein Argument wahr und das andere falsch ist. Der *Kontravalentor* wird mit «$\rightarrowtail\!\!\!\leftarrowtail$» bezeichnet. Beispiel einer wahren Kontravalenz: $Gerade(8) \rightarrowtail\!\!\!\leftarrowtail Ungerade(8)$. Die Kontravalenz entspricht dem *kontradiktorischen Gegensatz*.

Exklusion: Ist nur dann falsch, wenn beide Argumente wahr sind. Der *Exklusor* wird hier mit «$\diamond$» bezeichnet; andere Autoren bezeichnen ihn mit einem Strich «/». Beispiel einer wahren Exklusion: $Ungerade(8) \diamond$ 8 durch 4 teilbar. Die Exklusion entspricht dem *konträren Gegensatz*.

Bijunktion: Ist nur dann wahr, wenn beide Argumente denselben Wahrheitswert haben. Der *Bijunktor* wird mit «$\leftrightarrow$» bezeichnet. Beispiel einer wahren Bijunktion: Die Zahl 7 ist genau dann eine Primzahl, wenn 8 eine gerade Zahl ist: $Prim(7) \leftrightarrow Gerade(8)$. Auch hier ist keine inhaltliche Beziehung der Argumente gemeint. Die Bijunktion wird auch irreführend *Äquivalenz* oder *Koimplikation* genannt. Sie entspricht der *notwendigen und hinreichenden Bedingung* für die Übertragung des Wahrheitswertes.

Subjunktion: Ist nur dann falsch, wenn das zweite Argument allein falsch ist. Der *Subjungator* wird mit «$\rightarrow$» oder «$\supset$» bezeichnet. Beispiel einer wahren Subjunktion: Wenn 21 eine Primzahl ist, dann ist 7 eine Primzahl: $Prim(21) \rightarrow Prim(7)$. Man beachte, daß die Subjunktion keinerlei inhaltliche Beziehung der Argumente ausdrückt, sondern nur ein bestimmtes Verhalten von deren Wahrheitwert zum Gesamtwahrheitswert. Die Subjunktion wird auch irreführend *Implikation* oder *materielle Implikation* sowie historisch korrekt *philonische Implikation* (nach Philo von Megara im 3. Jh. vor Christus) genannt. Sie entspricht der *hinreichenden Bedingung* für die Übertragung des Wahrheitswertes von links nach rechts. – Der am schwierigsten nachzuvollziehende Fall liegt vor, wenn gefordert wird, daß die Subjunktion wahr sein soll, wenn das erste Argument falsch und das zweite wahr ist. Wäre dann die Subjunktion falsch, so würde sie sich nicht von der Bijunktion unterscheiden. Dies bedeutet, daß es bei dem Zutreffen der Subjunktion nur darauf ankommt, unter welchen hinreichenden Bedingungen das rechte Argument wahr wird; insbesondere soll gelten, daß wenn das erste Argument wahr ist, auch das zweite Argument wahr sein muß. Dieser Gesichtspunkt ist vor allem für die Schlußlehre wichtig, die das eigentliche Ziel der Propositionslogik darstellt (siehe Abschnitt 3.2.4).

Umkehrung der Subjunktion: Ist nur dann falsch, wenn das erste Argument allein falsch ist. Die *Umkehrung der Subjunktion* wird mit «$\leftarrow$» oder «$\subset$» bezeichnet. Beispiel einer wahren Umkehrung der Subjunktion: (8 durch 2 teilbar) $\leftarrow$ (8 durch 4 teilbar). Man beachte, daß auch die Umkehrung der Subjunktion keinerlei inhaltliche Beziehung der Argumente ausdrückt. Die Umkehrung der Subjunktion entspricht der *notwendigen Bedingung* für die Übertragung des Wahrheitswertes von links nach rechts. Sie wird auch *Replikation* genannt.

Für die hier betrachtete Form der Propositionslogik sind die oben eingeführten Wahrheitsfunktoren $\neg$, $\wedge$, $\vee$, $\rightarrowtail\!\!\!\prec$, $\diamond$, $\leftrightarrow$, $\rightarrow$, $\leftarrow$ *Konstanten*, das heißt Funktionen mit ganz bestimmter Bedeutung (Wahrheitswerteverteilung). Es ist aber durchaus möglich, unbestimmte Wahrheitsfunktoren oder Funktorenvariablen einzuführen. Zusammenfassend ergibt sich für die konstanten Wahrheitsfunktionen die Wahrheitswerteverteilung gemäß folgender Tabelle.

p	q	$\neg p$	$p \wedge q$	$p \vee q$	$p \rightarrowtail\!\!\!\prec q$	$p \diamond q$	$p \leftrightarrow q$	$p \rightarrow q$	$p \leftarrow q$
alternative		$\sim p$	$p \cdot q$			p/q	$p \equiv q$	$p \supset q$	$p \subset q$
Bezeichnungen:		$\bar{p}$	$p\&q$				$p \sim q$		
W	W	F	W	W	F	F	W	W	W
W	F	F	F	W	W	W	F	F	W
F	W	W	F	W	W	W	F	W	F
F	F	W	F	F	F	W	W	W	W

Wahrheitsfunktionen sind durch den Funktor sowie die Verteilung der unbestimmten Propositionen strukturierte Propositionsformen, deren Wahrheitswert eindeutig festliegt, falls der Wahrheitswert der Argumente festgelegt wird. Wahrheitsfunktionen können deshalb selbst als propositionsförmige Argumente in andere Wahrheitsfunktionen eingesetzt werden, und diese neue Funktion kann ihrerseits Argument einer anderen Funktion sein etc. Man muß dabei jedoch genau beachten, wie die verschiedenen Funktoren und Argumente zusammengehören.

In der symbolischen Darstellung verwendet man dazu Klammern sowie gewisse Regeln über die stärkere oder schwächere Bindung der Funktoren. So bindet etwa der Negator «$\neg$» immer stärker als alle anderen Wahrheitsfunktoren.

Beispiele von Wahrheitsfunktionen: $\neg\neg p$, $\neg p \to \neg p$, $(p \to q) \to m$, $p \to (q \to m)$. Die letzten beiden Wahrheitsfunktionen sind dabei wesentlich verschieden. Die ersten beiden sind durch die Regeln der Bindung verkürzte Darstellungen von $(\neg(\neg p))$, $(\neg p) \to (\neg q)$.

3.2.2 Formale Logik der Propositionsbestimmung: Bewertung und Gültigkeit, propositionslogische Gesetze

Der Wahrheitswert einer Wahrheitsfunktion oder Propositionsform hängt nur von den Wahrheitswerten der Argumente ab. Eine beliebige Verteilung von Wahrheitswerten auf die Argumente einer oder mehrerer Propositionsformen wird eine *Bewertung* dieser Propositionsformen genannt. Dadurch kommt diesen nach Voraussetzung ein eindeutig bestimmter Wahrheitswert zu.

Eine *Bewertung* einer Propositionsform ist eine Abbildung (Funktion) der Argumente der Propositionsform auf die Menge der Wahrheitswerte $\{W, F\}$, wo jedem Argument der Propositionsform eindeutig ein bestimmter Wahrheitswert zukommt.

Propositionsformen heißen *allgemeingültig, universell erfüllbar, Tautologien* oder *propositionslogische Gesetze,* wenn sie für jede Bewertung ihrer Argumente wahr sind; sie heißen *ungültig, unerfüllbar* oder *Kontradiktionen,* wenn sie für keine Bewertung wahr sind. Die übrigen Propositionsformen heißen *teilgültig, partikulär erfüllbar,* oder *Kontingenzen. Erfüllbare* Propositionen sind solche, die für mindestens eine Bewertung ihrer Argumente wahr werden; dies trifft für die Tautologien und Kontingenzen zu.

Man nennt Tautologien und Kontradiktionen auch (bezüglich ihres Wahrheitswertes) *formallogisch entscheidbar,* da nichts über den Wahrheitswert der Argumente bekannt sein muß, der Wahrheitswert also aufgrund rein formallogischer Eigenschaften bestimmt ist. Kontingenzen sind nicht rein formallogisch entscheidbar, da auf anderen als auf formallogischen Wegen der Wahrheitswert der Argumente und dadurch der Gesamtwahrheitswert bestimmt werden muß.

Rechnet man zu den Objekten der Propositionslogik alle weiter oben bestimmten Wahrheitsfunktionen mit ihren Argumenten, so gehören die Propositionen über die Allgemeingültigkeit gewisser Wahrheitsfunktionen nicht zu diesen Objekten: Sie machen Bestimmungen *über* diese Objekte, *sind* selbst aber keine solchen, teilen mit diesen nur deren Formen. Es handelt sich um *Metaeigenschaften* oder *Metatheoreme.*

Die propositionslogischen Gesetze, die die Form einer Subjunktion oder Bijunktion haben, bilden die Grundlage für das propositionslogische Schließen. Daraus ergeben sich die sogenannten *Implikationen* und *Äquivalenzen.* Im folgenden werden für beliebige n-stellige Propositionsformen, das heißt Propositionsformen mit n Argumenten, griechische Buchstaben verwendet. Die Buchstaben W und F stehen dabei für irgendeine Tautologie beziehungsweise eine Kontradiktion.

Es folgen die beiden für das propositionslogische Schließen wichtigsten Formen von Tautologien.

Äquivalenzen. Hat eine Tautologie α die Form einer Bijunktion $\beta \leftrightarrow \gamma$ zweier Propositionsformen β und γ, so heißen β und γ *äquivalent*. Dafür schreibt man dann $\beta \Leftrightarrow \gamma$ oder auch $\models \beta \leftrightarrow \gamma$. Man beachte, daß alle Tautologien untereinander äquivalent sind, nicht aber alle äquivalenten Propositionsformen selbst Tautologien sind. Beispiele für Bijunktionen, die Äquivalenzen sind: $a \wedge \neg a \Leftrightarrow b \wedge \neg b$, $a \rightarrow b \Leftrightarrow \neg b \rightarrow \neg a$. Natürlich ist hier im letzten Fall weder $a \rightarrow b$ noch $\neg b \rightarrow \neg a$ eine Tautologie. Ist α eine Tautologie, so gilt α *äquivalent* W, oder symbolisch $\alpha \Leftrightarrow \mathrm{W}$. Dafür wird später dann auch $\models \alpha$ geschrieben. Beispiele: $p \vee \neg p \Leftrightarrow \mathrm{W}$, $\alpha \vee \alpha \Leftrightarrow \mathrm{W}$. – Die Äquivalenz «$\Leftrightarrow$» ist eine algebraische Äquivalenzrelation, das heißt, sie ist reflexiv, symmetrisch und transitiv.

Implikationen. Hat eine Tautologie α die Form einer Subjunktion $\beta \rightarrow \gamma$ zweier Propositionsformen β und γ, so sagt man β *impliziert* γ. Dafür schreibt man dann $\beta \Rightarrow \gamma$ oder auch $\models \beta \rightarrow \gamma$. Wie man leicht sieht, ist die Implikation eine algebraische lineare Ordnungsrelation, das heißt, sie ist reflexiv, identitiv und transitiv. Die Identitivität bedeutet, daß aus $\beta \Rightarrow \gamma$ und $\gamma \Rightarrow \beta$ folgt $\beta \Leftrightarrow \gamma$, womit eine Beziehung zwischen der Äquivalenz und der Implikation hergestellt ist, die auch in der umgekehrten Reihenfolge gilt, das heißt, aus $\beta \Leftrightarrow \gamma$ folgt $\beta \Rightarrow \gamma$ und $\gamma \Rightarrow \beta$.

Gilt für zwei Propositionsformen α, β die Beziehung $\alpha \Rightarrow \beta$, so ist β *notwendig* für den Sachverhalt α und α *hinreichend* für den Sachverhalt β. Sind α und β äquivalent, $\alpha \Leftrightarrow \beta$, so ist α für β sowie β für α *notwendig und hinreichend*. Das wird auch dadurch ausgedrückt, daß man sagt: α gilt genau dann, wenn β gilt, oder, α folgt aus β und umgekehrt.

Zur Gewinnung von Tautologien ist das folgende unmittelbar einsehbare (mathematische) Metatheorem über äquivalenzerhaltende Umformungen hilfreich:

Metatheorem 3.1 (Einsetzungsgesetz) *(a) Ersetzt man in einer Tautologie eine unbestimmte Proposition durch eine beliebige Propositionsform, so erhält man wieder eine Tautologie.*

(b) Ersetzt man in einer beliebigen Propositionsform einen propositionslogischen Teil durch eine dazu äquivalente Propositionsform, so ensteht eine zur gegebenen Propositionsform äquivalente Propositionsform.

Dieses Theorem gehört einer über der Propositionslogik angesiedelten begrifflichen Ebene an, da es Eigenschaften von Propositionen betrifft und kein rein propositionslogisches Gesetz darstellt; deshalb wird es auch als *Meta*theorem bezeichnet. Entsprechendes gilt etwa für die Begriffe der Bewertung, Erfüllbarkeit, Allgemeingültigkeit, Äquivalenz und Implikation sowie die im Folgenden eingeführten Begriffe der Folgerung und Deduktion.

Es folgen einige Beispiele für *propositionslogische Gesetze* (Tautologien). Mit Hilfe der Einsetzungsregel (Metatheorem 3.1) können bei Bedarf die Propositionsvariablen a, b und c durch beliebige dazu äquivalente Propositionsformen α, β und γ ersetzt werden.

Äquivalenzen

Äquivalenzen in einer Propositionsvariablen

a	$\Leftrightarrow$	a	Identitätsprinzip
$\neg\neg a$	$\Leftrightarrow$	a	Gesetz der doppelten Negation
$a \wedge \neg a$	$\Leftrightarrow$	F	Gesetz des Widerspruchs
$\neg(a \wedge \neg a)$	$\Leftrightarrow$	W	Nichtwiderspruchsprinzip
$a \diamond \neg a$	$\Leftrightarrow$	W	Nichtwiderspruchsprinzip
$a \succ\!\prec \neg a$	$\Leftrightarrow$	W	Gesetz des ausgeschlossenen Dritten, *tertium non datur*
$a \vee \neg a$	$\Leftrightarrow$	W	Gesetz des ausgeschlossenen Dritten, *tertium non datur*
$a \vee$ W	$\Leftrightarrow$	W	Disjunktion mit W erzeugt W
$a \wedge$ F	$\Leftrightarrow$	F	Konjunktion mit F erzeugt F

Disjunktionsgesetze

$a \vee b$	$\Leftrightarrow$	$\neg a \rightarrow b$	Umwandlung von $\vee$ in $\rightarrow$
$\neg(a \vee b)$	$\Leftrightarrow$	$\neg a \wedge \neg b$	De Morgan-Gesetz

Konjunktionsgesetze

$a \wedge b$	$\Leftrightarrow$	$\neg(a \rightarrow \neg b)$	Umwandlung von $\wedge$ in $\rightarrow$
$\neg(a \wedge b)$	$\Leftrightarrow$	$\neg a \vee \neg b$	De Morgan-Gesetz

Subjunktionsgesetze

$a \rightarrow b$	$\Leftrightarrow$	$\neg b \rightarrow \neg a$	Kontrapositionsgesetz
$a \rightarrow b$	$\Leftrightarrow$	$\neg a \vee b$	Umwandlung von $\rightarrow$ in $\vee$
$a \rightarrow (b \rightarrow c)$	$\Leftrightarrow$	$(a \wedge b) \rightarrow c$	

Implikationen

a	$\Rightarrow$	W	*verum sequitur ex quodlibet* (1. Paradoxon der Implikation)
a	$\Rightarrow$	$b \vee \neg b$	*verum sequitur ex quodlibet*
a	$\Rightarrow$	$b \rightarrow a$	*verum sequitur ex quodlibet*
F	$\Rightarrow$	a	*ex falso sequitur quodlibet* (2. Paradoxon der Implikation)
$b \wedge \neg b$	$\Rightarrow$	a	*ex falso sequitur quodlibet*
$\neg a$	$\Rightarrow$	$a \rightarrow b$	*ex falso sequitur quodlibet*
$a \wedge b$	$\Rightarrow$	a	Abschwächung der Konjunktion
a	$\Rightarrow$	$a \vee b$	Abschwächung Disjunktion

Hypothetische Syllogismen

$a \wedge (a \rightarrow b)$	$\Rightarrow$	b	Abtrennungsgesetz: 2. *modus ponendo ponens*, auch kurz *modus ponens* genannt
a	$\Rightarrow$	$(a \rightarrow b) \rightarrow b$	1. *modus ponendo ponens*
$\neg b \wedge (a \rightarrow b)$	$\Rightarrow$	$\neg a$	Widerlegungsgesetz: 2. *modus tollendo tollens*, auch kurz *modus tollens* genannt
$\neg b$	$\Rightarrow$	$(a \rightarrow b) \rightarrow \neg a$	1. *modus tollendo tollens*
$\neg a$	$\Rightarrow$	$(a \vee b) \rightarrow b$	1. *modus tollendo ponens*
$\neg a \wedge (a \vee b)$	$\Rightarrow$	b	2. *modus tollendo ponens*
a	$\Rightarrow$	$(a \diamond b) \rightarrow \neg b$	1. *modus ponendo tollens*
$a \wedge (a \diamond b)$	$\Rightarrow$	$\neg b$	2. *modus ponendo tollens*
$(a \rightarrow b) \wedge (b \rightarrow c)$	$\Rightarrow$	$a \rightarrow c$	Transitivität von $\rightarrow$
$(a \rightarrow b) \wedge (a \rightarrow \neg b)$	$\Rightarrow$	$\neg a$	*reductio ad absurdum*
$a \rightarrow \neg a$	$\Rightarrow$	$\neg a$	*reductio ad absurdum*
$\neg a \wedge a$	$\Rightarrow$	$\neg a$	*reductio ad absurdum*

Will man sich zum Beispiel bei der Diskussion der Propositionslogik auf die Wahrheitsfunktionen $\wedge$, $\vee$ und $\neg$ beschränken, so kann man $\rightarrow$ und $\leftrightarrow$ sowie die ohnehin seltener gebrauchten Funktionen $\leftarrow$, $\succ\!\prec$ und $\diamond$ gemäß den folgenden Äquivalenzen ersetzen:

$$\begin{aligned}
a \rightarrow b \quad &\Leftrightarrow \quad \neg a \vee b \\
a \leftrightarrow b \quad &\Leftrightarrow \quad (a \rightarrow b) \wedge (b \rightarrow a) \\
&\Leftrightarrow \quad (\neg a \vee b) \wedge (a \vee \neg b) \\
a \leftarrow b \quad &\Leftrightarrow \quad b \rightarrow a \\
a \succ\!\prec b \quad &\Leftrightarrow \quad (a \vee b) \wedge (\neg a \vee \neg b) \\
&\Leftrightarrow \quad (a \wedge \neg b) \vee (\neg a \wedge b) \\
a \diamond b \quad &\Leftrightarrow \quad \neg a \vee \neg b \\
&\Leftrightarrow \quad \neg(a \wedge b)
\end{aligned}$$

Weiter gilt das *propositionslogische Quadrat* in der Form

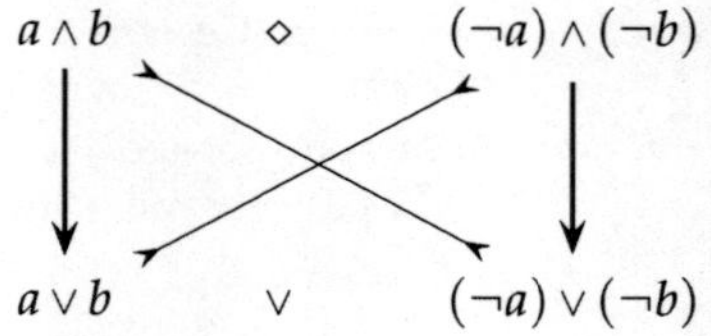

Daraus kann etwa die Äquivalenz

$$[(a \wedge b) \diamond ((\neg a) \wedge (\neg b))] \wedge [((\neg a) \wedge (\neg b)) \rightarrow ((\neg a) \vee (\neg b))] \quad \Leftrightarrow \quad a \wedge b \succ\!\prec ((\neg a) \vee (\neg b))$$

abgelesen werden.

Die propositionslogische Implikation *ex falso sequitur quodlibet* wird meist gedeutet als die Behauptung, daß aus einem Widerspruch alles folge. Dies gilt selbstverständlich nur im formalen Sinne, das heißt nur innerhalb eines streng formalen Rahmens, wo es nur auf die Übertragung oder Vererbung der Wahrheitswerte ankommt. Nur in einem solchen darf bei einem etwaigen Widerspruch auf «alles» geschlossen werden. Deshalb wird an formale Darstellungen von Gedankeninhalten die Bedingung der formalen Widerspruchsfreiheit gestellt, da diese Gedankeninhalte sonst nicht von formalem Interesse sind.

3.2.3 Propositionslogische Folgerung und der Modellbegriff

Ist α eine Propositionsform, so heißt jede Bewertung der unbestimmten Propositionen, das heißt der Argumente von α, die α wahr macht, ein *Modell* von α. Ein Modell einer Propositionsform α ist also eine Abbildung der Argumente von α auf die Menge der Wahrheitswerte $\{W, F\}$, so daß α wahr wird. Weiter oben wurde gesagt, daß α bei einer solchen Bewertung *erfüllbar* ist. Eine *Bewertung* ist ein *Modell einer Menge von Propositionsformen* $A = \{\alpha_1, \alpha_2, \alpha_3, \ldots\}$, wenn diese Bewertung Modell einer jeden Propositionsform α_i ist.

Nun kommt die entscheidende Definition: Eine Propositionsform α *folgt* aus einer Menge A von Propositionsformen, wenn jedes Modell von A auch Modell von α ist. Dafür schreibt man auch $A \models \alpha$. Ist etwa $A = \{\alpha_1, \alpha_2, \alpha_3, \ldots \alpha_n\}$, so erhält man das *Schluß-* oder *Folgerungsschema*

$$\alpha_1, \alpha_2, \alpha_3, \ldots, \alpha_n \models \alpha.$$

Die Propositionsformen α_i heißen *Prämissen, Voraussetzungen, Vordersätze* und α *Konklusion, Schlußsatz, Folgesatz*. Das ganze Schema heißt auch (propositionslogische) *Folgerung* oder kurz *Schluß*. Verwirrenderweise werden die letzteren beiden Bezeichnungen auch für die Konklusion allein verwendet.

Die Subjunktion $\alpha_1 \wedge \alpha_2 \wedge \alpha_3 \wedge \ldots \wedge \alpha_n \rightarrow \alpha$ sei allgemeingültig, dann folgt α aus $\{\alpha_1, \alpha_2, \alpha_3, \ldots, \alpha_n\}$. Denn die allgemeingültige Subjunktion gilt bei allen Bewertungen, insbesondere bei denen, die Modelle von $\{\alpha_1, \alpha_2, \alpha_3, \ldots, \alpha_n\}$ sind. Aufgrund der Definition von $\rightarrow$ müssen in diesen Fällen die Bewertungen auch Modelle von α sein. – Folgt umgekehrt α aus $\{\alpha_1, \alpha_2, \alpha_3, \ldots, \alpha_n\}$, so ist $\alpha_1 \wedge \alpha_2 \wedge \alpha_3 \wedge \ldots \wedge \alpha_n \rightarrow \alpha$ allgemeingültig. Denn aus der Voraussetzung folgt, daß alle Modelle von $\{\alpha_1, \alpha_2, \alpha_3, \ldots, \alpha_n\}$ auch Modelle von $\alpha_1 \wedge \alpha_2 \wedge \alpha_3 \wedge \ldots \wedge \alpha_n$ und Modelle von α sind. Dies schließt das Argument ab, denn für den Nachweis der Allgemeingültigkeit einer Subjunktion genügt es zu zeigen, daß das Hinterglied nicht falsch sein kann, wenn das Vorderglied wahr ist. Damit wurde bewiesen:

Metatheorem 3.2 *Eine Propositionsform α folgt aus einer Menge von Propositionsformen $\{\alpha_1, \alpha_2, \alpha_3, \ldots, \alpha_n\}$ genau dann, wenn $\alpha_1 \wedge \alpha_2 \wedge \alpha_3 \wedge \ldots \wedge \alpha_n \Rightarrow \alpha$, das heißt $\models \alpha_1 \wedge \alpha_2 \wedge \alpha_3 \wedge \ldots \wedge \alpha_n \rightarrow \alpha$.*

Eine Menge von Propositionformen $\{\alpha_1, \alpha_2, \alpha_3, \ldots, \alpha_n\}$ heißt *formal widerspruchsfrei* oder *formal konsistent*, wenn $\alpha_1 \wedge \alpha_2 \wedge \alpha_3 \wedge \ldots \wedge \alpha_n$ keine Kontradiktion ist.

3.2.4 Propositionslogisches Schließen

Das Metatheorem 3.2 gibt die allgemeine Form jeder *korrekten Schlußfolgerung* an. In der Propositionslogik interessieren natürlich insbesondere solche Folgerungs-Schemata, bei denen aus der Form der beteiligten Propositionsformen eindeutig hervorgeht, daß es sich um eine korrekte Folgerung handelt.

Die folgenden Schlußfolgerungen mit zwei Prämissen haben die Form einer propositionslogischen Folgerung der Gestalt:

$$\frac{\begin{array}{l} A_1(\alpha, \beta, \gamma) \\ A_2(\alpha, \beta, \gamma) \end{array}}{A(\alpha, \beta, \gamma)}$$

Die A_i's und A sind Propositionsformen, die von den unbestimmten Propositionen α, β und γ abhängen.

Abtrennungsschluß (modus ponens).
Diesem Schluß liegt das propositionslogische Gesetz $a \wedge (a \rightarrow b) \Rightarrow b$ zugrunde:

$$\frac{\begin{array}{l} \alpha \\ \alpha \rightarrow \beta \end{array}}{\beta}$$

Widerlegungsschluß (modus tollens).
Diesem Schluß liegt das propositionslogische Gesetz $\neg b \wedge (a \rightarrow b) \Rightarrow \neg a$

$$\frac{\begin{array}{l}\alpha \to \beta \\ \neg\beta\end{array}}{\neg\alpha}$$

beziehungweise das dazu äquivalente Gesetz $(\neg b \to \neg a) \wedge a \Rightarrow b$ zugrunde:

$$\frac{\begin{array}{l}\neg\beta \to \neg\alpha \\ \alpha\end{array}}{\beta}$$

Kontrapositionsschluß.
Diesem Schluß liegt das propositionslogische Gesetz $a \to b \Leftrightarrow \neg b \to \neg a$ zugrunde:

$$\frac{\alpha \to \beta}{\neg\beta \to \neg\alpha}$$

Abschwächung der Konjunktion.
Diesen Schlüssen liegt das propositionslogische Gesetz $a \wedge b \Rightarrow a$ zugrunde:

$$\frac{\alpha \wedge \beta}{\alpha}$$

$$\frac{\alpha \wedge \beta}{\beta}$$

Abschwächung der Disjunktion.
Diesen Schlüssen liegt das propositionslogische Gesetz $a \Rightarrow a \vee b$ zugrunde:

$$\frac{\alpha}{\alpha \vee \beta}$$

$$\frac{\beta}{\alpha \vee \beta}$$

Kettenschluß oder *klassischer Syllogismus der Propositionslogik.*
Dieser Regel liegt das propositionslogische Gesetz $(a \to b) \wedge (b \to c) \Rightarrow a \to c$ zugrunde.

$$\frac{\begin{array}{l}\alpha \to \beta \\ \beta \to \gamma\end{array}}{\alpha \to \gamma}$$

Eine Variante der *reductio ad absurdum.* Diesem Schluß liegt das propositionslogische Gesetz $(a \to b) \wedge (a \to \neg b) \Rightarrow \neg a$ zugrunde.

$$\frac{\begin{array}{l}\alpha \to \beta \\ \alpha \to \neg\beta\end{array}}{\neg\beta}$$

3.2.5 Propositionslogische Deduktion

Unter einer *propositionslogischen Deduktion*, einem *Beweis* oder einer *Ableitung* einer Propositionsform α aus einer Menge $A = \{\alpha_1, \alpha_2, \alpha_3, \ldots, \alpha_n\}$ von Propositionsformen wird eine schrittweise Transformation oder Umformung der Propositionsformen $\alpha_1, \alpha_2, \alpha_3, \ldots, \alpha_n$ nach gewissen

Ableitungs- oder Beweisregeln verstanden, sodaß am Schluß die Proposition α herauskommt. Man schreibt dafür $\alpha_1, \alpha_2, \alpha_3, \ldots, \alpha_n \vdash \alpha$.

Die Ableitungsregeln müssen garantieren, daß aus wahren Propositionen nur wahre Propositionen ableitbar sind (sogenannte *Korrektheit* der Regeln); das bedeutet, daß für die Aufstellung solcher Regeln allgemeingültige Subjunktionen, das heißt insbesondere Implikationen sowie Äquivalenzen in Frage kommen. Die am häufigsten gebrauchten Regeln sind die im vorangehenden Abschnitt angeführten Schlußformen. Mit dieser Aufzählung ist kein Anspruch auf Vollständigkeit verbunden. Wie man sofort sieht, liegen den jeweiligen Regeln bestimmte propositionslogische Gesetze zugrunde, bei denen vermöge Metatheorem 3.1 die Propositionsvariablen durch beliebige n-stellige Propositionformen ersetzt sind.

3.2.6 Adäquatheit der Propositionslogik

In diesem Abschnitt geht es um das Verhältnis der Folgerungsbeziehung (Schlußschema, Schlußformen) zur Beweisbarkeit, Ableitbarkeit oder Deduzierbarkeit. Wie sich zeigen wird, sind diese beiden Begriffe propositionslogisch äquivalent. Eine Menge A von Propositionsformen heißt

relativ widerspruchsfrei oder *relativ erfüllbar*, wenn es mindestens ein Modell von A gibt;

deduktiv widerspruchsfrei oder *deduktiv konsistent*, wenn es keine Propositionsform α gibt, sodaß sowohl α wie $\neg\alpha$ abgeleitet werden können, das heißt sowohl $A \vdash \alpha$ wie $A \vdash \neg\alpha$ gilt;

propositionslogisch abgeschlossen oder *propositionslogisch vollständig*, wenn jede aus A folgende Propositionsform α auch aus A abgeleitet werden kann, das heißt, wenn $A \models \alpha$ gilt, dann ist auch $A \vdash \alpha$;

deduktiv korrekt, wenn alle aus A ableitbaren Propositionsformen α auch aus A folgen, das heißt, wenn $A \vdash \alpha$ gilt, dann ist auch $A \models \alpha$;

propositionslogisch adäquat, wenn jede Propositionsform genau dann aus A folgt, wenn sie aus A abgeleitet werden kann.

Metatheorem 3.3 *Jede deduktiv widerspruchsfreie Menge von Propositionsformen ist relativ widerspruchsfrei, das heißt besitzt mindestens ein Modell.*

Dies bedeutet, daß es für jede deduktiv widerspruchsfreie Menge $A = \{\alpha_1, \alpha_2, \alpha_3, \ldots \alpha_n\}$ von Propositionsformen α_i eine Bewertung der unbestimmten Propositionen gibt, sodaß alle Propositionsformen α_i der Menge A wahr werden.

Beweis (indirekt): Es sei $A = \{\alpha_1, \alpha_2, \alpha_3, \ldots \alpha_n\}$ deduktiv widerpruchsfrei und es gebe *keine* Bewertung, sodaß alle α_i wahr werden. Dann gibt es zwei Möglichkeiten: (i) Da es unter allen möglichen Bewertungen keine gibt, welche A erfüllt, ist auch $\alpha_1 \wedge \alpha_2 \wedge \alpha_3 \wedge \ldots \wedge \alpha_n$ nicht erfüllbar, also muß dies eine Kontradiktion sein, das heißt es tritt ein Widerspruch der Form $\alpha_k \wedge \neg\alpha_k$ für irgendein $1 \leq k \leq n$ auf. Dann kann aber A nicht deduktiv widerspruchsfrei sein – im Widerspruch zur Voraussetzung. (ii) Es gibt keine Bewertungen, die A erfüllen oder nicht erfüllen. – Dies ist jedoch nicht möglich, denn bei den α_i handelt es sich um widerspruchsfreie, korrekt gebildete Propositionsformen. Die entsprechenden Argumente können auf jeden

Fall bewertet werden, etwa alle mit «wahr» oder alle mit «falsch». Wäre dies nicht möglich, so handelte es sich im Widerspruch zur Voraussetzung gar nicht um Propositionsformen. Also existieren auf jeden Fall Bewertungen aller α_i. Falls es nur solche Bewertungen gibt, welche A nicht erfüllen, so kann mit (i) weiter argumentiert werden. ■

Man beachte, daß sich dieser Beweis weder auf einen bestimmten Kanon von Deduktionsregeln noch auf eine explizite Konstruktionsvorschrift stützt. Dies ist ganz im Sinne der hier vertretenen Auffassung der Logik als Lehre von den Denk*möglichkeiten*. Es muß keine konkrete Bewertung angegeben werden: es genügt der Nachweis der prinzipiellen Denkbarkeit. Es folgt das eigentliche Haupttheorem der Propositionslogik, welches die Berechtigung einer solchen Menge von logischen Gesetzen etabliert.

Metatheorem 3.4 (Formallogische Adäquatheit der Propositionslogik) *Ist $A = \{\alpha_1, \alpha_2, \alpha_3, \ldots \alpha_n\}$ eine deduktiv widerspruchsfreie Menge von Propositionsformen und α eine Propositionsform, so gilt:*

(a) ***(Deduktive Korrektheit)*** *Wenn α aus A beweisbar ist, so folgt α aus A, das heißt wenn $A \vdash \alpha$ dann $A \models \alpha$.*

(b) ***(Propositionslogische Abgeschlossenheit)*** *Wenn α aus A folgt, so is α aus A beweisbar, das heißt wenn $A \models \alpha$ dann $A \vdash \alpha$.*

(c) ***(Propositionslogische Adäquatheit)*** *Die Propositionsform α ist genau dann beweisbar aus A, wenn sie aus A folgt, das heißt $A \models \alpha \Leftrightarrow A \vdash \alpha$.*

Beweis: (a) Dies ergibt sich unmittelbar aus den Ableitungs- und Beweisregeln, die aus Implikationen aufgebaut sind. (b) (indirekt) Annahme: Es folge α aus A und α sei nicht aus A beweisbar, das heißt $A \models \alpha$ und nicht $A \vdash \alpha$. Zunächst folgt aus der Nichtableitbarkeit von α auch nicht $\{\alpha_1, \alpha_2, \alpha_3, \ldots, \alpha_n, \neg\alpha\} \vdash \alpha$. Es gilt jedoch sicher $\{\alpha_1, \alpha_2, \alpha_3, \ldots, \alpha_n, \neg\alpha\} \vdash \neg\alpha$, also ist auch $\{\alpha_1, \alpha_2, \alpha_3, \ldots, \alpha_n, \neg\alpha\}$ deduktiv widerspruchsfrei. Weiter folgt aus $A \models \alpha$, daß es kein Modell von A gibt, das kein Modell von α ist, also keine Bewertung, die Modell von A *und* $\neg\alpha$ ist, also ist $\{\alpha_1, \alpha_2, \alpha_3, \ldots, \alpha_n, \neg\alpha\}$ nicht erfüllbar. Da weiter oben wurde gezeigt, daß $\{\alpha_1, \alpha_2, \alpha_3, \ldots, \alpha_n, \neg\alpha\}$ deduktiv widerspruchsfrei ist, steht dies im Widerspruch zu Metatheorem 3.3. Damit ist der Beweis fertig. Die Behauptung (c) folgt aus (a) und (b). ■

3.2.7 Algebra der Propositionen

In diesem Abschnitt wird eine kurze mathematische, insbesondere algebraische Betrachtung der Menge der Propositionen eingeschaltet. Es soll gezeigt werden, daß die Propositionen sowie die Wahrheitswerte der Propositionen zusammen mit den Verknüpfungen (Wahrheitsfunktionen) $\wedge$, $\vee$, $\neg$ eine Boolesche Algebra mit den Neutralelementen W und F bilden.

Zunächst gelten für die zweistelligen (Booleschen) Funktionen $\wedge : \boldsymbol{P} \times \boldsymbol{P} \longrightarrow \boldsymbol{P}$ und $\vee : \boldsymbol{P} \times \boldsymbol{P} \longrightarrow \boldsymbol{P}$ über der Menge $\boldsymbol{P}$ der Propositionen die Gesetze **B1** bis **B4** eines *distributiven Verbandes*, wobei die abstrakte Gleichheitsrelation $\equiv$ durch die Äquivalenz $\Leftrightarrow$ interpretiert werden muß:

B1 (*Kommutativität*) $a \wedge b \equiv b \wedge a$ $a \vee b \equiv b \vee a$

B2	(*Assoziativität*)	$a \wedge (b \wedge c) \equiv (a \wedge b) \wedge c$	$a \vee (b \vee c) \equiv (a \vee b) \vee c$
B3	(*Distributivität*)	$a \wedge (b \vee c) \equiv (a \wedge b) \vee (a \wedge c)$	$a \vee (b \wedge c) \equiv (a \vee b) \wedge (a \vee c)$
B4	(*Absorption*)	$a \vee (a \wedge b) \equiv a$	$a \wedge (a \vee b) \equiv a$

Weiter wird die einstellige Komplementärfunktion $\neg : \boldsymbol{P} \to \boldsymbol{P}$ eingeführt sowie zwei Konstanten W und F aus $\boldsymbol{P}$, die als Neutralelemente dienen, für welche gilt:

B5	(*Komplementgesetze*)	$a \vee \neg a \equiv \mathrm{W}$	$a \wedge \neg a \equiv \mathrm{F}$
B6	(*Neutralelemente*)	$a \vee \mathrm{F} \equiv a$	$a \wedge \mathrm{W} \equiv a.$

Eine Struktur, welche **B1** bis **B6** erfüllt, nennt man eine *Boolesche Algebra* oder einen *Booleschen Verband*. Damit bildet die Struktur $\langle$alle Propositionen; $\wedge, \vee, \neg, \mathrm{W}, \mathrm{F}\rangle$ eine *Boolesche Algebra* über der Menge $\boldsymbol{P}$ der Propositionen, das heißt einen distributiven komplementären Verband mit der Komplementärfunktion $\neg$ und den zwei Neutralelementen W und F.

Geht man von der Menge der Propositionen zur Menge der entsprechenden Wahrheitswerte über, das heißt ersetzt man die Propositionen $p \in \boldsymbol{P}$ vermöge der Funktion $w : \boldsymbol{P} \longrightarrow \{\mathrm{W}, \mathrm{F}\}$ durch ihre Wahrheitswerte $w(p) \in \{\mathrm{W}, \mathrm{F}\}$, so bildet die Struktur $\langle \{\mathrm{W}, \mathrm{F}\}; \wedge, \vee, \neg \rangle$ ebenfalls eine *Boolesche Algebra* mit dem Komplementäroperator $\neg$ und den Neutralelementen W und F. Diese Struktur hat nur die zwei Elemente W und F.

Mit anderen Worten: die genannten Strukturen sind Modelle der (abstrakten) Booleschen Algebra definiert als eine Struktur $\langle \boldsymbol{M}; \wedge, \vee, \neg, \mathrm{W}, \mathrm{F}\rangle$ über einer Grundmenge $\boldsymbol{M}$ mit einer Gleichheitsrelation $\equiv$, zwei zweistelligen Funktionen $\wedge$, $\vee$ und einer einstelligen Funktion $\neg$ sowie den Neutralelementen W, F aus $\boldsymbol{M}$, für welche die Axiome **B1** bis **B6** gelten. Der Nachweis ergibt sich direkt aus der Überprüfung der Allgemeingültigkeit der in den Axiomen **B1** bis **B6** festgehaltenen Gesetze.

Das *Dualitätsprinzip* der Booleschen Algebra beinhaltet die Einsicht, daß die Axiome **B1** bis **B6** in sich übergehen, wenn die Vertauschung von $\wedge$ mit $\vee$ und gleichzeitig von W mit F vorgenommen wird. Damit kann jedes Theorem über eine Propositionsform in ein Theorem über die duale Propositionsform transformiert werden. Der Beweis der letzteren ist dann dem Beweis der ersteren dual.

Sind insbesondere zwei Propositionsformen äquivalent, so sind dies auch die entsprechenden dualen Propositionsformen. Beispiel: $\neg(a \wedge b) \Leftrightarrow \neg a \vee \neg b$ und $\neg(a \vee b) \Leftrightarrow \neg a \wedge \neg b$ sind dual.

3.2.8 Mathematisierung der formalen Propositionslogik: Bemerkungen zur Axiomatik

Den eigentlichen Inhalt der formalen Propositionslogik stellen die propositionslogischen Gesetze dar. Für eine gegebene Propositionsform läßt sich durch Auswertung aller Bewertungen in endlich vielen Schritten feststellen, ob sie allgemeingültig ist oder nicht. Es stellt sich die Frage, ob es ein systematisches Verfahren gibt, propositionslogische Gesetze abzuleiten. Die Axiomatik der Propositionslogik hat zum Ziel, ein solches Verfahren aufzusuchen. Dazu ist zweierlei notwendig: Erstens die Auszeichnung gewisser propositionslogischer Gesetze als *Axiome* und zweitens die Aufstellung von formalen *Deduktionsregeln*, mit welchen aus den Axiomen weitere propositionslogische Gesetze abgeleitet werden können. Man beachte dabei, daß die Axiome unbeweisbare Grundannahmen und die Deduktionsregeln formale Umformungsregeln und keine Theoreme sind. Es gibt viele verschiedene Axiomensysteme mit entsprechenden Deduktionsregeln (siehe die am Ende dieses Kapitels angegebene Literatur).

In den meisten Axiomatisierungen werden als Deduktionsregeln die Substitutions- oder Einsetzungsregel gemäß Metatheorem 3.1(a) und die Ableitungsregel (oder modus ponens, siehe Abschnitt 3.2.4) verwendet. Die vermöge dieser Regeln umgeformten Propositionsformen heißen abgeleitete propositionslogische Gesetze.

Substitutionsregel: Ersetzt man in einem Axiom oder einem abgeleiteten propositionslogischen Gesetz eine unbestimmte Proposition an allen Stellen, an welchen sie vorkommt, durch ein Axiom oder ein abgeleitetes propositionslogisches Gesetz, so erhält man ein neues abgeleitetes propositionslogisches Gesetz.

Abtrennungsregel: Wenn α und $\alpha \to \beta$ Axiome oder abgeleitete propositionslogische Gesetze sind, so ist β ein propositionslogisches Gesetz.

Der *Beweis* oder die *Ableitung* eines propositionslogischen Gesetzes besteht in der Umformung von Axiomen oder bereits abgeleiteten propositionslogischen Gesetzen mit Hilfe dieser Regeln, deren Schlußglied die zu beweisende Propositionsform ist. Da mit Hilfe dieser beiden Deduktionsregeln aus propositionslogischen Gesetzen wieder ebensolche hervorgehen (deduktive Korrektheit), nennt man die Menge der propositionslogischen Gesetze bezüglich diesen Regeln *deduktiv abgeschlossen*. Man kann dann zeigen, daß es für die propositionslogischen Gesetze Axiomensysteme gibt, die deduktiv widerspruchsfrei und deduktiv vollständig sind. Mit anderen Worten: Es gibt Axiomensysteme, in denen genau die ableitbaren Propositionsformen allgemeingültig sind. Solche Axiomensysteme sind dann zugleich monomorph, das heißt alle ihre Modelle sind isomorph zueinander.

Die bei einer Axiomatisierung notwendige Beschränkung auf Begriffs*beziehungen*, das heißt die implizite Einführung der Grundbegriffe, hat neben dem Vorteil der klaren Festlegung der Voraussetzungen auch den Nachteil des Verlustes des konkreten Gegenstandsgebietes. Denn trotz der Monomorphie des Axiomensystems der formalen Propositionslogik sind die dieses System erfüllenden Gegenstände durch dieses System nicht eindeutig festgelegt, sondern eben nur bis auf Isomorphie. Eine konsequent axiomatische Vorgehensweise hat demzufolge nicht einen ausgezeichneten Gegenstandsbereich im Auge, sondern allein die in den Axiomen festgehaltenen abstrakten Relationen. Dies ist keine Besonderheit der Axiomatisierung der Propositionslogik, sondern gilt für Axiomatisierungen überhaupt.

3.2.9 Grenzen der formalen Propositionslogik

Die Grenzen der (klassischen) formalen Propositionslogik sind durch die Bedingungen ihres Aufbaus bestimmt. Es werden nur zwei Wahrheitswerte «wahr» und «falsch» verwendet sowie der Begriff der Wahrheitsfunktion extensional aufgefaßt. Letzteres bedeutet, daß der Wahrheitswert der Gesamtfunktion nur von den Wahrheitswerten der Argumente abhängt, und nicht von deren Inhalt. Wird eine dieser Voraussetzungen fallengelassen, so kommt man in den Bereich nichtklassischer formaler Propositionslogiken, worauf hier nicht näher eingegangen werden kann.

Eine weitere fundamentale Voraussetzung der Propositionslogik ist die Tatsache, daß unbestimmte Propositionsformen nicht weiter analysiert, das heißt zerlegt werden können: sie werden als unteilbare Ganzheiten behandelt. Mit Hilfe der formalen Propositionslogik lassen sich jedoch gerade deshalb auch ganz elementare Schlußfolgerungen nicht rechtfertigen. So stellt die dem folgenden Beispiel zugrundeliegende logisch gültige Schlußform

Alle Primzahlen außer 2 sind ungerade Zahlen
17 ist eine Primzahl

Also ist 17 eine ungerade Zahl.

kein Gesetz der formalen Propositionslogik dar. Denn sie hat die Form $(\alpha \wedge \beta) \rightarrow \gamma$ und diese Subjunktion ist propositionslogisch nicht allgemeingültig.

Die Gültigkeit dieser Schlußform hängt offenbar nicht nur von den beteiligten Wahrheitsfunktoren (das heißt Propositionsformen) und deren Argumenten (bestimmte Propositionen) ab, sondern von gemeinsamen Bestandteilen der Propositionsformen, welche ihrerseits weder Wahrheitsfunkoren noch bestimmte Propositionen sind und infolgedessen auch nicht durch Wahrheitsfunktoren verbunden sind. Um die Allgemeingültigkeit solcher und ähnlicher Schlußformen einzusehen, muss man sich mit der Frage befassen, wie Propositionformen in Bestandteile zerlegt werden können, welche selbst weder Propositionsformen noch Wahrheitsfunktoren sind. Dies ist die Aufgabe der formalen Prädikatenlogik, wo der Unterschied von Subjekt (Gegenstand) und Prädikat (Eigenschaft, Beziehung) eingeführt wird.

3.3 Grundbegriffe der formalen Prädikatenlogik

Die formale Prädikatenlogik baut auf der formalen Propositionslogik auf. Für sie gelten deshalb auch die für diese angeführten prinzipiellen Bedingungen. Insbesondere wird hier eine Prädikatenlogik der gedanklichen Sachverhalte entwickelt und nicht eine Analyse der sprachlich-symbolischen Repräsentierung von solchen.

3.3.1 Formale Logik der unbestimmten Prädikate

Die in Propositionen zum Ausdruck gebrachten Sachverhalte sind Behauptungen oder Urteile über Eigenschaften bestimmter Gegenstände. Die Analyse des Verhältnisses von Gegenständen zu Eigenschaften hinsichtlich einer weiteren Ausdifferenzierung der Schlußformen bildet den Hauptinhalt der formalen Prädikatenlogik.

In der formalen Prädikatenlogik heißen die *Gegenstände* auch *Subjekte* oder *Individuen* und die *Eigenschaften* von Gegenständen auch *einstellige Prädikate* und die *Beziehungen* zwischen mehreren Gegenständen auch *Relationen* oder *mehrstellige Prädikate*. Anstatt von der *Gegenstand-Eigenschaft-Struktur* einer Proposition spricht man auch von der *Subjekt-Prädikat-Struktur*. Hierbei ist nicht die sprachlich-grammatikalische Subjekt-Objekt-Struktur gemeint, sondern die formale Beziehung der entsprechenden Gedankenhinhalte. Bei den am Anfang des Abschnittes 3.2.1 eingeführten Beispielen sind die Gegenstände oder Subjekte immer Zahlen; die ersten beiden Propositionen beruhen auf einstelligen Prädikaten, die nächsten drei auf zweistelligen

Prädikaten und das letzte auf einem dreistelligen Prädikat. Ein weiteres zweistelliges Prädikat ist gegeben durch die Nachfolge-Relation $N(m,n)$, die gleichbedeutend ist mit der funktionalen Beziehung $\nu(m) = n$. Daraus erhält man etwa die wahre bzw. falsche Proposition $N(4,5)$ und $N(6,8)$. Die Kleiner-Relation $<$ ist ebenfalls ein zweistelliges Prädikat. Üblicherweise schreibt man in der Mathematik für zwei Zahlen m und n, wenn m kleiner ist als n, die Formel $m < n$. Behandelt man die Kleiner-Relation als zweistelliges Prädikat, so schreibt man dafür auch $<(m,n)$.

Entsprechend zur Tatsache, daß in der Propositionslogik als nicht analysierbare Gegebenheiten Propositionen vorausgesetzt werden, so werden in der Prädikatenlogik als nicht weiter analysierbare Gegebenheiten Gegenstände (Subjekte, Individuen) und Prädikate vorausgesetzt. Wodurch solche Gegenstände und Prädikate gegeben sind oder hervorgebracht werden können, muß hier nicht weiter untersucht werden. Dies gehört in das Gebiet der Denk- und Erkenntnislehre, die hier nicht entfaltet werden kann. Ebenso braucht die Tatsache, daß der Unterscheidung von Prädikat und Subjekt diejenige von Wesen und Erscheinung zugrundeliegt sowie dem Urteil des Zutreffens oder Nicht-Zutreffens eines Prädikates auf gewisse Subjekte oder Gegenstände das Prinzip des Erkennens, an dieser Stelle nicht weiter verfolgt zu werden. Es kommen in der formalen Prädikatenlogik von diesen tieferliegenden Strukturen nur diejenigen formalen Komponenten in Betracht, die unmittelbar zur Darstellung von Schlußformen von Bedeutung sind. Und auf diese konzentriert sich die Entwicklung der formalen Prädikatenlogik.

Die *formale* Prädikatenlogik untersucht nur die *formalen* Subjekt-Prädikat-Beziehungen, stützt sich also in keiner Weise auf die beteiligten Inhalte (konkrete oder bestimmte Subjekte bzw. Prädikate), sondern allein auf die davon unabhängigen Struktureigenschaften. Insbesondere leistet die formale Prädikatenlogik deshalb ebenfalls keinen Beitrag zur Ergründung des Zutreffens oder Nicht-Zutreffens einer bestimmten Subjekt-Prädikat-Beziehung. Dies kann nur durch inhaltslogische oder erkenntnismäßige Urteile sachgemäß bestimmt werden.

Für die formale Prädikatenlogik ist die Beziehung der Prädikate auf die sie erfüllenden Gegenstände vorgegeben. Dies bedeutet, daß im Rahmen dieser Logik nur solche Prädikate in Betracht kommen, für welche eindeutig bestimmt ist, welche Gegenstände unter sie fallen, bzw. auf welche Gegenstände das Prädikat zutrifft (siehe dazu auch Abschnitt 3.7.1).

In der formalen Prädikatenlogik geht es auch nicht um die Betrachtung von Gesamtheiten von Gegenständen, für die eine bestimmte Eigenschaft oder Relation zutrifft. Dies ist Aufgabe der Klassen- und Relationenlogik, die im Abschnitt 3.5 behandelt wird. In diesem Sinne wird in der Prädikatenlogik ein intensionaler Gesichtspunkt bezüglich der Prädikate eingenommen, das heißt schwerpunktsmäßig werden die Prädikate selbst behandelt, im Gegensatz zur Klassen- und Relationenlogik, wo es in erster Linie um die Gesamtheit der unter ein Prädikat fallenden Gegenstände geht, das heißt um die Extension (Umfang) der Prädikate, und nicht um diese selbst. Deshalb sagt man, daß der Klassen- oder Relationenlogik der extensionale Gesichtspunkt bezüglich der Prädikate zugrundeliegt. Natürlich geht es weder in der Prädikatenlogik *nur* um Prädikate noch in der Klassen- und Relationenlogik *nur* um Gesamtheiten von Gegenständen, es handelt sich in beiden Fällen um die Setzung bestimmter Schwerpunkte in der Betrachtung des Verhältnisses von Prädikaten und den unter sie fallenden Gegenständen.

In der Prädikatenlogik sind weder Subjekte noch Prädikate für sich Objekte der Betrachtung, sondern nur deren Verhältnis, also Subjekte hinsichtlich ihren Prädikaten und Prädikate hinsichtlich ihren Subjekten. Dies kommt in der folgenden Begriffsbestimmung deutlich zum Ausdruck.

Gegenstände sind konkrete Denkinhalte, das heißt Inhalte, die durch Denken unterschieden und in Beziehung gesetzt werden können. Für die formale Prädikatenlogik werden Gegenstände nur hinsichtlich ihrer Verschiedenheit überhaupt sowie ihrer Form berücksichtigt. Ihre Form ist bestimmt durch die Funktion, bei Einsetzung eines bestimmten Gegenstandes in ein konkretes Prädikat zu einer bestimmten Proposition zu führen. Solche bloß durch ihre Form bestimmten, aber unterschiedenen Gegenständen heißen *unbestimmte Gegenstände*, *unbestimmte Subjekte*, *unbestimmte Individuen* oder *Gegenstandsvariablen*, *Subjektvariablen*, *Individuenvariablen*. Prädikate mit unbestimmten Gegenständen als Subjekte bilden unbestimmte Propositionen oder Propositionsvariablen. Individuenvariablen werden mit kleinen lateinischen Buchstaben bezeichnet. – Beispiel: Aus dem unbestimmten zweistelligen Prädikat der Nachfolger-Relation $N(\ , \ )$ ergibt sich durch Einsetzung der unbestimmten Gegenstandsvariablen m und n die unbestimmte Proposition $N(m,n)$ und daraus durch Einsetzung der bestimmten oder konkreten Gegenstände 7 und 8 die bestimmte Proposition $N(7,8)$.

Ganz entsprechend sind *Prädikate* Gedankeninhalte, vermöge derer Gegenstände in Beziehung gesetzt werden können. Für die formale Prädikatenlogik kommt nur ihre Unterschiedenheit überhaupt sowie ihre Form in Betracht. Letztere ist bestimmt durch die Funktion jedes konkreten Prädikates, bei Einsetzung eines konkreten Gegenstandes in eine bestimmte Proposition oder bei Einsetzung unbestimmter Gegenstände in eine unbestimmte Proposition oder Propositionsvariable überzugehen. Solche bloß durch ihre Form bestimmten Prädikate heißen *unbestimmte Prädikate* oder *Prädikatenvariablen*. Sie werden durch groß lateinische Buchstaben bezeichnet. Für ein- bzw. mehrstellige Prädikate schreibt man im allgemeinen $A(\ )$, $B(\ , \ )$, $C(\ , \ , \ )$, ... Manchmal wird nicht zwischen diesen unbestimmten Prädikaten und den unbestimmten Propositionen $A(x)$, $B(x,y)$, $C(x,y,z)$, ... mit den unbestimmten Subjekten, das heißt den Subjektsvariablen $x, y, z, \dots$ unterschieden.

Die in Prädikate eingesetzten bestimmten Gegenstände heißen *Argumente* des Prädikats. Setzt man zum Beispiel beim zweistelligen Prädikat $N(\ , \ )$ die Argumente 10 und 12 ein, so erhält man die falsche Proposition $N(10,12)$.

Wie bereits erwähnt, werden Prädikate klassifiziert in ein- und mehrstellige Prädikate, je nach der Anzahl von Gegenständen, die durch sie in Beziehung gesetzt werden. Es taucht dabei die Frage auf, ob man nicht allein mit einstelligen Prädikaten auskommen kann. So läßt sich aus der Proposition $N(4,5)$ mit dem zweistelligen Prädikat $N(\ , \ )$ mit Hilfe der Eigenschaft, Nachfolger der Zahl 4 zu sein, eine Proposition mit dem einstelligen Prädikate «$N4$» bilden: $N4(5)$. Damit ist aber die *Relation* $N(\ , \ )$ nicht erfaßbar, denn will man etwa zeigen, daß $N(\ , \ )$ antisymmetrisch ist, das heißt daß die unbestimmten Propositionen $N(m,n)$ und $N(n,m)$ für $m \neq n$ nicht denselben Wahrheitswert haben, so müßte man dies, wenn man nur einstellige Prädikate verwendet, für jedes feste m (bzw. für jedes feste n) zeigen, da die aus $N(1,n), N(2,n), N(3,n), \dots$ hervorgehenden *einstelligen Prädikate* $N1(n), N2(n), N3(n), \dots$ alle voneinander verschieden sind. Weiter wäre eine so einfache Schlußfolgerung wie die Transitivität der Kleiner-Relation $<(\ , \ )$:

aus $<(m,n)$ und $<(n,k)$ folgt $<(m,k)$,

nicht darstellbar. Denn die ersten beiden unbestimmten Propositionen auf der Grundlage des zweistelligen Prädikats $< (\ , \ )$ sind, ausgedrückt vermöge der einstelligen Prädikate $< m(\ )$ und $< n(\ )$, als *verschiedene* unbestimmte Propositionen $< m(n)$ und $< n(k)$ aufzufassen, und damit ist die obige Beziehung nicht mehr als eine Beziehung der Kleiner-Relation ausdrückbar, sondern nur noch als eine Beziehung zwischen den *verschiedenen* unbestimmten Propositionen $< m(n)$ und $< n(k)$ für festes m und n.

Es versteht sich von selbst, daß die vermöge Prädikaten und Subjekten gebildeten bestimmten und unbestimmten Propositionen gemäß den Prinzipien der formalen Propositionslogik behandelt werden können. Zum Beispiel bedeutet dann $\neg N(5,7)$, daß 7 nicht Nachfolger von 5 ist und $N(5,6) \wedge N(6,7)$, daß 6 Nachfolger von 5 und 7 Nachfolger von 6 ist. Verknüpft man unbestimmte Propositionen gemäß den Propositionsoperatoren, so erhält man Propositionsformen (siehe Abschnitt 3.2.1). Zum Beispiel erhält man aus den Prädikaten $N(\ , \ )$ und $< (\ , \ )$ sowie dem Wahrheitsfunktor $\wedge$ die Propositionsform $N(m,n) \wedge < (m,n)$.

Natürlich wird in der formalen Prädikatenlogik der extensionale Gesichtspunkt bezüglich den Propositionsformen beibehalten, das heißt der Wahrheitswert einer Proposition hängt nur von den Wahrheitswerten der beteiligten Argumente ab.

3.3.2 Freie Variablen und Quantifizierung

Bisher wurde der Bereicht der Propositionslogik noch nicht wesentlich überschritte. Den Kern der formalen Prädikatenlogik bilden die Begriffe der Verallgemeinerung und Spezialisierung. Mit diesen Begriffen lassen sich aus unbestimmten Propositionen ohne Einsetzung konkreter Gegenstände oder konkreter Prädikate bestimmte oder konkrete Propositionen gewinnen. Es wird mit der Betrachtung von Propositionsformen begonnen, die nur bestimmte Prädikate, also keine Prädikatenvariablen enthalten.

Eine zusammengesetzte Proposition mit bestimmten Prädikaten ist genau dann unbestimmt, das heißt eine Propositionsform, wenn die in ihr vorkommenden Propositionen unbestimmt sind, also deren Prädikate mindestens eine Gegenstandsvariable enthalten. Die Anzahl der unbestimmten Gegenstände oder Gegenstandsvariablen heißt die Anzahl der *freien Gegenstandsvariablen* einer Propositionsform. Der Bereich derjenigen konkreten Gegenstände, welche eine Gegenstandsvariable ersetzen können, heißt der *Wertebereich der Gegenstandsvariablen*. Freie Gegenstandsvariablen können auf zweierlei Weisen *gebunden* werden: erstens durch Ersetzung durch bestimmte Gegenstände oder zweitens durch *Quantifizierung* über die Gegenstandsbereiche der Variablen; das bedeutet im letzteren Falle durch *Verallgemeinerung* oder durch *Spezialisierung* der Variablen.

Die *Verallgemeinerung*, *Universalisierung* oder *Generalisierung* der freien Gegenstandsvariablen einer Propositionsform bedeutet den Übergang zu derjenigen bestimmten Proposition, die sich in ihren nunmehr gebundenen Prädikaten auf jeweils alle Gegenstände des Wertebereiches der betroffenen Gegenstandsvariablen bezieht.

Zum Beispiel erhält man aus der Propositionsform

$$(m = 10) \vee (m < 10) \vee (m > 10)$$

durch Verallgemeinerung über den Bereich der natürlichen Zahlen die Proposition:

Für alle natürlichen Zahlen m gilt: $(m = 10) \vee (m < 10) \vee (m > 10)$,

oder symbolisch:

$$\forall m \in \mathbb{N}((m = 10) \vee (m < 10) \vee (m > 10)).$$

Eine solche durch Verallgemeinerung der freien Gegenstandsvariablen einer Propositionsform gebildete bestimmte Proposition ist genau dann wahr, wenn die Propositionsform mit den Prädikaten, über deren Gegenstandsvariablen verallgemeinert wird, für alle Gegenstände der entsprechenden Wertebereiche im Ganzen wahr wird; sie ist falsch genau dann, wenn es mindestens einen Gegenstand gibt, für welchen die Propositionsform im Ganzen falsch wird.

Man kann auch über mehrere Gegenstandsvariablen verallgemeinern. Steht der Gegenstandsbereich fest, etwa als Bereich der natürlichen Zahlen, so kann man ihn in der Darstellung weglassen:

$$\forall m \forall n((m = n) \vee (m < n) \vee (m > n)),$$

oder

$$\forall m, n((m = n) \vee (m < n) \vee (m > n)).$$

Die Reihenfolge der Variablen, über welche verallgemeinert wird, spielt dabei keine Rolle. Es werden auch andere symbolische Darstellungen für den Generalisierungsoperator $\forall m, n$ verwendet: $\Pi m, n$ oder (m, n) oder $\bigwedge m, n$.

Die *Spezialisierung, Existenzialisierung* oder *Partikularisierung* der freien Gegenstandsvariablen einer Propositionsform bedeutet den Übergang zu derjenigen bestimmten Proposition, die sich in ihren nunmehr gebundenen Prädikaten auf jeweils mindestens einen Gegenstand des Wertebereichs der betroffenen Gegenstandsvariablen bezieht.

Beispiel: Betrachte die Propositionsform $m > 10$. Daraus wird durch Spezialisierung:

Es gibt eine natürliche Zahl m mit $m > 10$,

oder symbolisch

$$\exists m \in \mathbb{N}(m > 10).$$

Auch hier kann über mehrere Gegenstandsvariable spezialisiert werden, wobei die Reihenfolge, über welche spezialisiert wird, keine Rolle spielt:

$$\exists m \in \mathbb{N}, \exists n \in \mathbb{N}(m > n),$$

oder

$$\exists m, n(m > n).$$

Eine solche durch Spezialisierung der freien Gegenstandsvariablen einer Propositionsform gebildete bestimmte Proposition ist genau dann wahr, wenn es mindestens einen Gegenstand für jede Gegenstandsvariable gibt, über welche spezialisiert wird, mit welchen die Propositionsform als Ganzes wahr wird; sie ist genau dann falsch, wenn die Propositionsform mit denjenigen Prädikaten, über deren freie Gegenstandsvariable spezialisiert wird, als Ganzes für keinen Gegenstand des Wertebereichs dieser Variablen wahr wird.

Es werden auch andere symbolische Darstellungen für den Partikularisierungsoperator $\exists m, n$ verwendet: $\Sigma m, n$ oder Em, n oder $\bigvee m, n$.

Zusammenfassend ergibt sich für die Beziehungen zwischen den Quantifizierungen von ein- oder mehrstelligen Prädikaten das folgende *prädikatenlogische Quadrat*:

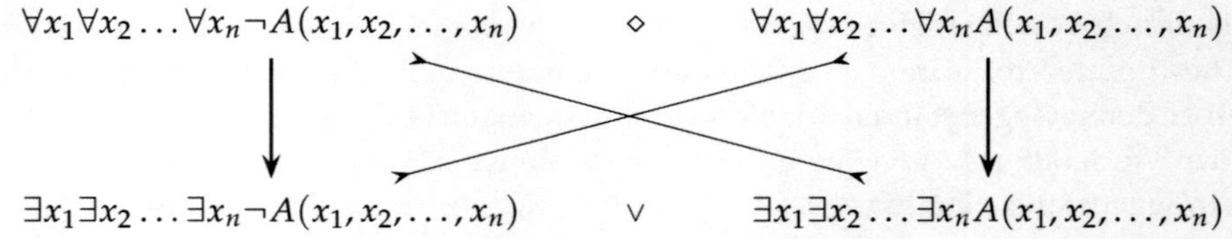

Wird bei einer Propositionsform mit k freien Gegenstandsvariablen über eine dieser Variablen quantifiziert, so bleibt sie eine Propositionsform, hat aber nur noch $k-1$ freie Gegenstandsvariablen. Bei Propositionsformen mit mehr als zwei freien Gegenstandsvariablen können auch Verallgemeinerungen und Spezialisierungen gemischt angewendet werden. Zum Beispiel läßt sich die Eigenschaft der natürlichen Zahlen, archimedisch zu sein, ausdrücken durch:

Für jede natürliche Zahl k gibt es eine natürliche Zahl n, sodaß $n \cdot 1 > k$.

Diese Proposition geht aus der Propositionsform $n \cdot 1 > k$ durch die Kombination einer Generalisierung mit einer Spezialisierung hervor:

$$\forall k \exists n (n \cdot 1 > k).$$

Man muß dabei jedoch beachten, daß es im Falle einer Kombination von Verallgemeinerungen und Spezialisierungen für die Bedeutung der Proposition auf die Reihenfolge dieser Quantifizierung ankommt. Ist $A(m, n)$ irgendeine zweistellige Propositionsform, so gilt für die verschiedenen Fälle:

Für beliebige m und n gilt $A(m, n)$:	$\forall m \forall n A(m, n)$.
Für beliebige m gibt es ein n, sodaß $A(m, n)$ gilt:	$\forall m \exists n A(m, n)$.
Es gibt ein m, sodaß für beliebige n $A(m, n)$ gilt:	$\exists m \forall n A(m, n)$.
Es gibt ein m und ein n, sodaß $A(m, n)$ gilt:	$\exists m \exists n A(m, n)$.

Eine Prädikatenlogik, in der nur über Gegenstandsvariablen quantifiziert wird, heißt engere Prädikatenlogik oder *Prädikatenlogik erster Stufe*. Wird auch über Prädikatenvariablen quantifiziert, so kommt man in den Bereich der *Prädikatenlogik zweiter Stufe*. Zum Beispiel braucht man in der Formulierung des Axioms der vollständigen Induktion **P3** (siehe Abschnitt 2.2) eine Generalisierung über alle einstelligen Eigenschaften $E(\ )$:

P3 Für jede einstellige Eigenschaft E gilt: Falls $E(1)$ und wenn für alle natürlichen Zahlen n aus $E(n)$ folgt $E(\nu(n))$, dann gilt $E(n)$ für alle natürlichen Zahlen n.

Vollständig symbolisiert lautet dieses Axiom

$$\forall E[E(1) \wedge (\forall n E(n) \rightarrow E(\nu(n))] \rightarrow \forall n E(n).$$

Eine Quantifizierung von Propositionsvariablen bringt dabei nichts wesentlich Neues, denn in einer Propositionsvariablen sind entweder die Gegenstände oder das Prädikat oder beides variabel. Dies bedeutet, daß jede Quantifizierung über Propositionsvariablen durch Quantifizierungen über Gegenstands- und Prädikatenvariablen zum Ausdruck gebracht werden kann.

Zur Prädikatenlogik zweiter Stufe gehören auch Prädikatenprädikate, das heißt Eigenschaften und Beziehungen von Prädikaten. Beispiele für einstellige Prädikatenprädikate sind die Eigenschaften der Symmetrie und Transitivität von zweistelligen Prädikaten. Quantifiziert man über unbestimmte Prädikatenprädikate, so kommt man in den Bereich der *Prädikatenlogik dritter Stufe*, wozu auch Prädikate von Prädikatenprädikaten gehören etc.

Im folgenden wird, wenn nichts anderes gesagt wird, nicht explizit auf diese Stufenunterscheidung Rücksicht genommen (siehe dazu Abschnitt 3.7). Dies bedeutet, daß die Prädikate verschiedener Stufen nicht explizit unterschieden werden. Unter Prädikatenvariablen sind demzufolge meist Prädikatenvariablen irgendeiner Stufe gemeint.

3.3.3 Formale Logik der Prädikatenbestimmung: Interpretation und Erfüllbarkeit, prädikatenlogische Gesetze

Ziel der Prädikatenbestimmung ist die genaue Angabe von Bedingungen, unter denen eine Propositionsform mit freien Gegenstands- und Prädikatenvariablen wahr ist, sowie insbesondere die Aufstellung von prädikatenlogischen Gesetzen, das heißt Propositionsformen, die unabhängig von der Bestimmung der Variabeln wahr sind. Eine bis zu ihren Prädikatenvariablen und Gegenstandsvariablen analysierte Propositionsform heißt eine *Prädikatenform*.

Vorbedingung der Bestimmung von Variablen ist das Vorhandensein eines oder mehrerer Bereiche konkreter Gegenstände für die Gegenstandsvariablen sowie Bereiche konkreter Prädikate für die Prädikatenvariablen. Ein solcher Bereich aus konkreten Gegenständen und konkreten Prädikaten über diesen Gegenständen wird *Struktur* genannt.

Eine *Belegung* einer Prädikatenform α durch eine Struktur $\mathcal{S}$ ist eine Abbildung (Funktion) der gebundenen und freien Variablen von α auf die Gegenstände bzw. Prädikate der Struktur $\mathcal{S}$. Eine *Intepretation* oder *Deutung* einer Prädikatenform α ist ein Paar, bestehend aus einer konkreten Struktur $\mathcal{S}$ und einer Belegung von α durch die Struktur $\mathcal{S}$. Dabei wird den gebundenen Variablen von α der entsprechende Gegenstandsbereich von $\mathcal{S}$ zugeordnet und die freien Gegenstandsvariablen von α werden durch konkrete Gegenstände aus $\mathcal{S}$ und freie Prädikatenvariablen von α durch konkrete Prädikate aus $\mathcal{S}$ ersetzt, womit die unbestimmten Propositionen der Prädikatenform α in bestimmte Propositionen übergehen und damit die Prädikatenform α zu einer zusammengesetzten Proposition mit wohlbestimmtem Wahrheitswert wird.

Betrachte als Beispiel folgende Prädikatenform mit den vier zweistelligen Prädikaten A, B, C, D:

$$\forall x \forall y A(B(x,y), C(x,y)) \wedge D(z,w).$$

Als Interpretation wird gewählt:

$$B(x,y) :\equiv x+y, C(x,y) :\equiv y+x, A(B,C) :\equiv B=C, \text{das heißt } A(B,C) :\equiv x+y=y+x;$$

$$D(z,w) :\equiv z < w, z :\equiv 3, w :\equiv 10.$$

Daraus ergibt sich über dem Objektbereich der natürlichen Zahlen die wahre Proposition:

$$\forall x \forall y (x+y=y+x) \wedge (3 < 10).$$

Prädikatenformen heißen *allgemeingültig, universell erfüllbar, Tautologien* oder *prädikatenlogische Gesetze*, wenn sie für jede Interpretation ihrer Variablen wahr sind; sie heißen *ungültig, unerfüllbar* oder *Kontradiktionen*, wenn sie für keine Interpretation wahr sind. Die übrigen Prädikatenformen heißen *teilgültig, partikulär erfüllbar*, oder *Kontingenzen*. *Erfüllbare* Prädikatenformen sind solche, die für mindestens eine Interpretation ihrer Variablen wahr werden; dies trifft insbesondere für die Tautologien und Kontingenzen zu.

Man nennt Tautologien und Kontradiktionen auch (bezüglich ihres Wahrheitswertes) *formallogisch entscheidbar*, da nichts über den Wahrheitswert bezüglich spezieller Gegenstands- oder Variablenbereiche bekannt sein muß, der Wahrheitswert also aufgrund rein formallogischer Eigenschaften bestimmt ist. Kontingenzen sind nicht rein formallogisch entscheidbar, da auf anderen als auf formallogischen Wegen der Wahrheitswert verschiedener Interpretationen bestimmt werden muß. Prädikatenlogische Gesetze sind keine Prädikatenformen, sondern Propositionen, in denen alle Variablen gebunden sind. Andernfalls wäre der Wahrheitswert unbestimmt.

Die Typen prädikatenlogischer Gesetze lassen sich gemäß denselben Prinzipien aufstellen wie im Falle der Propositionslogik. Hat eine allgemeingültige Prädikatenform α die Form einer Bijunktion $\beta \leftrightarrow \gamma$ zweier Prädikatenformen β und γ, so bilden β und γ eine *prädikatenlogische Äquivalenz* $\beta \Leftrightarrow \gamma$. Dafür wird auch $\models \beta \leftrightarrow \gamma$ geschrieben. Hat eine allgemeingültige Prädikatenform α die Form einer Subjunktion $\beta \rightarrow \gamma$ zweier Prädikatenformen β und γ, so stehen β und γ im Verhältnis einer *prädikatenlogischen Implikation* $\beta \Rightarrow \gamma$. Dafür wird auch $\models \beta \rightarrow \gamma$ geschrieben.

Die konkrete Feststellung der Allgemeingültigkeit beliebiger Prädikatenformen ist nicht mehr ganz so einfach wie im Falle der Propositionsformen. Denn hier muß über alle möglichen Interpretationen hinweg untersucht werden, ob die vorliegende Prädikatenform wahr ist oder nicht. Im Falle der Propositionsformen ist der Durchgang durch alle Bewertungen eine im wesentlichen kombinatorische Angelegenheit, die nach endlich vielen Schritten immer zu einem eindeutigen Resultat bezüglich des Wahrheitswertes kommt. Eine solche Entscheidbarkeit nach endlich vielen Schritten kann im allgemeinen bei Prädikatenformen nicht mehr erwartet werden, da man es hier unter Umständen mit Gegenstands- und Prädikatenbereichen zu tun hat, die unendlich viele Elemente enthalten.

Zum Auffinden von prädikatenlogischen Gesetzen gibt es unter anderem drei Möglichkeiten: die äquivalenten Umformungen, die Methode der analogen Gesetze sowie die Deduktion von prädikatenlogischen Gesetzen aus anderen Gesetzen.

Im Falle der *äquivalenten Umformungen* wird auf schon bekannte propositions- oder prädikatenlogische Gesetze zurückgegriffen und diese mit Hilfe von prädikatenlogischen Gesetzen in Form von Äquivalenzen umgeformt. Dabei darf sowohl die Substitution wie die Abtrennungsregel aus der Propositionslogik (Abschnitt 3.2.8) verwendet werden.

Es folgen einige prädikatenlogischen Gesetze, die unmittelbar aus der Bestimmung der Verallgemeinerung und Spezialisierung folgen. Bei Quantifizierungen über eine Gegenstandsvariable x mit der Eigenschaft A gilt:

$$\forall x A(x) \rightarrow A(a);$$
$$A(a) \rightarrow \exists x A(x).$$

Bei Quantifizierung über eine Prädikatenvariable Y mit der Gegenstandsvariable x gilt:

$$\forall Y Y(x) \rightarrow A(x);$$

$$A(x) \rightarrow \exists Y Y(x).$$

Die Negation der Verallgemeinerung über eine Gegenstandsvariable x mit der Eigenschaft A ist äquivalent zur Existenz eines Gegenstandes, der A nicht erfüllt:

(*) $\neg(\forall x A(x)) \Leftrightarrow \exists x \neg A(x).$

Entsprechend ist die Negation der Existenz eines Gegenstandes mit der Eigenschaft A äquivalent zur Verallgemeinerung der Eigenschaft $\neg A$ über alle Gegenstände:

(**) $\neg(\exists x A(x)) \Leftrightarrow \forall x \neg A(x).$

Entsprechend gilt für Quantifizierungen über Eigenschaften Y:

$$\neg(\forall Y Y(x)) \Leftrightarrow \exists Y \neg Y(x).$$

$$\neg(\exists Y Y(x)) \Leftrightarrow \forall Y \neg Y(x).$$

Durch äquivalente Umformungen kann nun das prädikatenlogische Gesetz (**) aus (*) abgeleitet werden. Ersetzt man zunächst die beliebige Eigenschaft A durch $\neg A$, so erhält man

$$\neg(\forall x \neg A(x)) \Leftrightarrow \exists x A(x).$$

Wendet man auf die linke und rechte Seite dieses Ausdrucks den Propositionsfunktor $\neg$ an, so erhält man (**). Entsprechend erhält man die Gesetze

$$\forall x A(x) \Leftrightarrow \neg(\exists x \neg A(x));$$

$$\exists x A(x) \Leftrightarrow \neg(\forall x \neg A(x)).$$

Die Methode der *Deduktion prädikatenlogischer Gesetze* wird in den Abschnitten 3.3.5 und 3.3.6 behandelt.

Die *Methode der analogen Gesetze* geht von Gesetzen der Propositionslogik aus. Diese sind wahr unabhängig von einer Bewertung der beteiligten Propositionen. Ersetzt man nun die Propositionsvariablen in einem propositionslogischen Gesetz durch Prädikatenformen mit Gegenstands- und Prädikatenvariablen, so muß das propositionslogische Gesetz für alle Interpretationen dieser Variablen wahr sein, da sein Wahrheitswert nicht von den Wahrheitswerten der Komponenten abhängig ist. Quantifiziert man also über alle Variablen des so umgeformten propositionslogischen Gesetzes, so erhält man ein prädikatenlogisches Gesetz.

Einige Beispiele:

Aus	$\neg(a \wedge \neg a) \Leftrightarrow W$	ergibt sich:	$\forall x \neg(A(x) \wedge \neg A(x)).$
Aus	$a \vee \neg a \Leftrightarrow W$	ergibt sich:	$\forall x(A(x) \vee \neg A(x)).$
Aus	$\neg(a \vee b) \Leftrightarrow \neg a \wedge \neg b$	ergibt sich:	$\forall x \neg(A(x) \vee B(x)) \Leftrightarrow \forall x(\neg A(x) \wedge \neg B(x)).$
Aus	$a \wedge b \Rightarrow a$	ergibt sich:	$\forall x(A(x) \wedge B(x)) \Rightarrow \forall x A(x).$

Zum Schluß werden noch zwei Implikationen vorgestellt, die als Grundlage der Regeln des prädikatenlogischen Deduzierens dienen werden. Was nun insbesondere noch fehlt, sind prädikatenlogische Gesetze, die den Übergang von nicht explizit quantifizierten Prädikatenformen zu einer Quantifizierung derselben erlauben. Zunächst ist klar, daß

$$A(x) \to \forall x A(x)$$

nicht allgemeingültig ist, denn für die Interpretation mit $A(x) :\equiv \mathit{Gerade}(x)$ und dem Gegenstandsbereich der natürlichen Zahlen gilt diese Subjunktion nicht.

Sind α und β irgendwelche Prädikatenformen, so gilt jedoch das Gesetz der *Generalisierung des Vordergliedes*:

$$\alpha \to \beta \Rightarrow \forall x \alpha(x) \to \beta .$$

Um die Allgemeingültigkeit dieser Implikation zu zeigen, genügt es zu beweisen, daß immer wenn das Hinterglied $\forall x \alpha(x) \to \beta$ bei irgendeiner Interpretation falsch ist, auch das Vorderglied $\alpha \to \beta$ falsch sein muß (siehe die Definition der Subjunktion im Abschnitt 3.2.2). Nun ist das Hinterglied nur dann falsch, wenn $\neg\beta$ und gleichzeitig $\forall x \alpha(x)$ wahr sind. Dies bedeutet, daß wenn $\neg\beta$ und α wahr sind, das Vorderglied falsch sein muß.

Enstprechend beweist man das Gesetz über die *Partikularisierung des Hintergliedes*:

$$\alpha \to \beta \Rightarrow \alpha \to \exists x \beta(x) .$$

Das Hinterglied dieser Implikation ist nämlich nur dann falsch, wenn $\forall x \neg\beta(x)$ und α gleichzeitig wahr sind, was mit der Wahrheit des Vordergliedes nicht zu vereinbaren ist.

3.3.4 Prädikatenlogische Folgerung und der Modellbegriff

Der Modellbegriff und die prädikatenlogische Folgerung werden analog zu den entsprechenden Begriffen der Propositionslogik definiert. Man muss im wesentlichen den Begriff der Propositionsform durch den Begriff der Prädikatenform ersetzen und erhält so im wesentlichen aus den Begriffen der Propositionslogik die entsprechenden Begriffe der Prädikatenlogik.

Ist α eine Prädikatenform, so heißt jede Interpretation der unbestimmten Gegenstände und Prädikate, das heißt der Gegenstands- und der Prädikatenvariablen, die α wahr macht, ein *Modell* von α. Ein Modell einer Prädikatenform α ist also eine Belegung der Gegenstands- und Prädikatenvariablen durch eine gegebene konkrete Struktur S, so daß α wahr wird. Man sagt, daß α bei einer solchen Interpretation *erfüllbar* ist.

Eine Interpretation ist ein *Modell einer Menge von Prädikatenformen* $A = \{\alpha_1, \alpha_2, \alpha_3, \ldots\}$, wenn diese Interpretation Modell einer jeden Prädikatenform α_i ist.

Eine Prädikatenform α *folgt* aus einer Menge A von Prädikatenformen, wenn jedes Modell von A auch Modell von α ist. Dafür schreibt man auch $A \models \alpha$. Ist etwa $A = \{\alpha_1, \alpha_2, \alpha_3, \ldots \alpha_n\}$, so erhält man das *Schluß-* oder *Folgerungsschema*

$$\alpha_1, \alpha_2, \alpha_3, \ldots, \alpha_n \models \alpha .$$

Die Prädikatenformen α_i heißen *Prämissen, Voraussetzungen, Vordersätze* und α *Konklusion, Schlußsatz, Folgesatz*. Das ganze Schema heißt prädikatenlogische *Folgerung* oder kurz *Schluß*.

3.3.5 Prädikatenlogische Schlüsse

Prädikatenlogische Schlüsse oder *Schlußformen* sind Folgerungen, deren Korrektheit eine unmittelbare Konsequenz der Formen der beteiligten Prädikatenformen ist und nicht von der Erfüllbarkeit durch gewisse Gegenstandsbereiche abhängt.

Es wird mit den sogenannten *unmittelbaren Schlüssen* oder *Schlußformen* begonnen. Dies sind aus Implikationen hervorgehende prädikatenlogische Folgerungen mit nur einer Prämisse. Die am Ende des Abschnitts 3.3.3 abgeleiteten Implikationen geben Anlaß zum unmittelbaren Schluß der *Generalisierung des Vordergliedes*

$$\frac{\alpha \to \beta}{\forall x\alpha(x) \to \beta}$$

und der *Partikularisierung des Hintergliedes*

$$\frac{\alpha \to \beta}{\alpha \to \exists x\beta(x).}$$

Als neue unmittelbare Schlussformen kommen hinzu:

Bedingte Generalisierung des Hintergliedes: Wenn $\alpha \to \beta$ allgemeingültig ist, das heißt $\alpha \Rightarrow \beta$, so ist auch $\alpha \to \forall x\beta(x)$ allgemeingültig, das heißt $\alpha \Rightarrow \forall x\beta(x)$, falls die Gegenstandsvariable x in α nicht frei vorkommt. Dies ergibt die Schlußform

$$\frac{\alpha \to \beta}{\alpha \to \forall x\beta(x)}$$

mit der Nebenbedingung, daß x nicht frei sein darf in α.

Nachweis der Korrektheit: Es ist zu zeigen, daß wenn die Allgemeingültigkeit von $\alpha \to \forall x\beta(x)$ verletzt ist, dies auch für $\alpha \to \beta$ der Fall ist. Die Subjunktion $\alpha \to \forall x\beta(x)$ ist nur dann nicht allgemeingültig, wenn für irgendeine Interpretation $\forall x\beta(x)$ nicht erfüllbar ist und gleichzeitig α gilt. Ersteres bedeutet jedoch $\exists x\neg\beta(x)$, was bei der unabhängig von x bestehenden Gültigkeit von α mit der Allgemeingültigkeit von $\alpha \to \beta$ nicht zu vereinbaren ist.

Daß die Nebenbedingung notwendig ist, zeigt folgendes Beispiel. Die Implikation

$$(x \equiv f(y)) \wedge (x \equiv y) \Rightarrow x \equiv f(x)$$

mit der einstelligen Funktion $f(x)$ (das heißt einem zweistelligen Prädikat) ist tatsächlich allgemeingültig (man prüfe nach: wenn das Hinterglied falsch ist, muß dies auch für das Vorderglied gelten). Wird sie mit mit dem Gegenstandsbereich der natürlichen Zahlen interpretiert und

$$f(y) :\equiv y^2 - 2, y :\equiv 2$$

gesetzt, so ergibt sich die wahre Subjunktion

$$(x = 2^2 - 2) \wedge (x = 2) \to x = x^2 - 2.$$

Der Übergang zur Generalisierung des Hintergliedes

$$(x = 2^2 - 2) \wedge (x = 2) \to \forall x(x = x^2 - 2) \qquad \text{ist falsch.}$$

Bedingte Partikularisierung des Vordergliedes: Wenn $\alpha \Rightarrow \beta$, so ist auch $\exists x\alpha(x) \Rightarrow \beta$, falls die Gegenstandsvariable x in β nicht frei vorkommt. Dies ergibt die unmittelbare Schlußform

$$\frac{\alpha \to \beta}{\exists x\alpha(x) \to \beta}$$

mit der Nebenbedingung, daß x nicht frei sein darf in β. Der Nachweis der Korrektheit geht analog zum obigen Nachweis im Falle der bedingten Generalisierung. Die Subjunktion $\exists x\alpha(x) \to \beta$ ist nur dann nicht allgemeingültig, wenn für irgendeine Interpretation $\neg\beta$ und gleichzeitig $\exists x\alpha(x)$ gilt. Damit kann jedoch auch $\alpha \to \beta$ nicht allgemeingültig sein.

Auch hier ist die Nebenbedingung wesentlich. Dies wird mit einem Beispiel gezeigt, dem dasselbe prädikatenlogische Gesetz zugrundeliegt wie bei obigem Gegenbeispiel. Es wird eine Interpretation mit den natürlichen Zahlen als Gegenstandsbereich gewählt und

$$f(y) :\equiv \nu(y), y :\equiv 1$$

gesetzt. Daraus ergibt sich die wahre Subjunktion

$$(x = \nu(1)) \wedge (x = 1) \to x = \nu(x).$$

Der Übergang zur Partikularisierung des Vordergliedes

$$\exists x((x = \nu(1)) \wedge (x = 1)) \to x = \nu(x)$$

ist falsch, da für die Nachfolgerfunktion $\nu(1) \neq 1$ gilt.

Es folgen hier ohne Beweis einige weitere *prädikatenlogische Gesetze*, die mit Hilfe der genannten Schlüsse aus den weiter oben angeführten prädikatenlogischen Gesetzen (Abschnitt 3.3.3) sowie mit Hilfe der Methode der analogen Gesetze aus den Gesetzen der Propositionslogik abgeleitet werden können.

Äquivalenzen

$$\begin{array}{lcl}
\forall x(A(x) \wedge B(x)) & \Leftrightarrow & \forall xA(x) \wedge \forall xB(x) \\
\exists x(A(x) \vee B(x)) & \Leftrightarrow & \exists xA(x) \vee \exists xB(x) \\
\exists x(A(x) \to B(x)) & \Leftrightarrow & \forall xA(x) \to \exists xB(x) \\
\forall x\exists y(A(x) \wedge B(x)) & \Leftrightarrow & \forall xA(x) \wedge \exists yB(y) \\
\exists x\forall y(A(x) \to B(x)) & \Leftrightarrow & \forall xA(x) \to \forall yB(y) \\
\exists y\forall x(A(x) \to B(x)) & \Leftrightarrow & \exists xA(x) \to \exists yB(y)
\end{array}$$

Implikationen

$$\begin{array}{lcl}
\forall x(A(x) \wedge B(x)) & \Rightarrow & \exists x(A(x) \wedge B(x)) \\
\forall x(A(x) \vee B(x)) & \Rightarrow & \exists x(A(x) \vee B(x)) \\
\exists x(A(x) \wedge B(x)) & \Rightarrow & \exists xA(x) \wedge \exists xB(x) \\
\forall x(A(x) \to B(x)) & \Rightarrow & \forall xA(x) \to \forall xB(x)
\end{array}$$

Syllogismen als Implikationen

$$\begin{array}{lcl}
\forall x[(A(x) \to B(x)) \wedge (B(x) \to C(x))] & \Rightarrow & \forall x(A(x) \to C(x)) \text{ [Kettenschluß]} \\
\forall x[(A(x) \to B(x)) \wedge A(x)] & \Rightarrow & \forall xB(x) \text{ [ponendo ponens]} \\
\forall x(A(x) \to B(x)) \wedge \exists xA(x) & \Rightarrow & \exists xB(x) \text{ [Spezialfall des ponendo ponens]}
\end{array}$$

Für Schlußformen aus mehreren Prädikatenformen gilt natürlich ebenfalls Metatheorem 3.2 aus Abschnitt 3.2.3: Eine Prädikatenform α folgt aus einer Menge von Prädikatenformen $\{\alpha_1, \alpha_2, \alpha_3, \ldots, \alpha_n\}$ genau dann, wenn $\alpha_1 \wedge \alpha_2 \wedge \alpha_3 \wedge \ldots \wedge \alpha_n \Rightarrow \alpha$, das heißt $\models \alpha_1 \wedge \alpha_2 \wedge \alpha_3 \wedge \ldots \wedge \alpha_n \rightarrow \alpha$. Damit ist die allgemeine Form *korrekter Schlußfolgerungen* mit mehr als einer Prämisse festgelegt.

In der Prädikatenlogik interessieren dann insbesondere solche Schluß-Schemata, bei welchen allein aus der Form der beteiligten Prädikatenformen die Korrektheit der Schlußformen hervorgeht. Neben dem *Abtrennungsschluß* (modus ponens) aus der Propositionslogik

$$\begin{array}{l} \alpha \\ \alpha \rightarrow \beta \\ \hline \beta \end{array}$$

kommen demzufolge als Grundlage für spezifische Schlußformen der Prädikatenlogik insbesondere prädikatenlogische Implikationen (oder Äquivalenzen) in Frage, die auf der «linken» Seite eine Konjunktion enthalten. Beispiele aus der Logik einstelliger Prädikate finden sich im Abschnitt 3.3.8.

3.3.6 Prädikatenlogische Deduktion

Unter einer *prädikatenlogischen Deduktion*, einem *Beweis* oder einer *Ableitung* einer Prädikatenform α aus einer Menge $A = \{\alpha_1, \alpha_2, \alpha_3, \ldots, \alpha_n\}$ von Prädikatenformen versteht man eine schrittweise Transformation oder Umformung der Prädikatenformen $\alpha_1, \alpha_2, \alpha_3, \ldots, \alpha_n$ nach gewissen Ableitungs- oder Beweisregeln, sodaß am Schluß die Proposition α herauskommt. Dafür wird geschrieben:

$$\alpha_1, \alpha_2, \alpha_3, \ldots, \alpha_n \vdash \alpha .$$

Die Ableitungsregeln müssen garantieren, daß aus wahren Propositionen nur wahre Propositionen ableitbar sind (sogenannte *Korrektheit* der Regeln); das bedeutet, daß für die Aufstellung solcher Regeln insbesondere allgemeingültige Subjunktionen, das heißt Implikationen sowie Äquivalenzen in Frage kommen. Die am häufigsten gebrauchten Regeln sind die im vorangehenden Abschnitt 3.3.5 angeführten unmittelbaren Schlußformen sowie die Schlußformen der Propositionslogik (Abschnitt 3.2.4).

3.3.7 Prädikatenlogische Adäquatheit

Für den Nachweis der formallogischen Adäquatheit der Prädikatenlogik kann man im Prinzip gleich vorgehen wie im Falle der Propositionslogik (Abschnitt 3.2.6), indem man anstatt von Bewertungen von Propositionsformen von Interpretationen von Prädikatenformen ausgeht. An dieser Stelle wird darauf nicht eingegangen; erst im Abschnitt 3.5 wird es unter etwas verallgemeinerten Bedingungen wieder aufgegriffen.

3.3.8 Klassische Syllogistik

Die anhand alltäglicher und naturwissenschaftlicher Begriffsbildungen abgeleitete aristotelische formale Logik ist im wesentlichen eine Logik der einstelligen Prädikate und betrachtet Schlußformen mit höchstens zwei Prämissen. Konjunktionen und Disjunktionen von Begriffen kommen nicht vor. Dies Beschränkung ist im wesentlichen darauf zurückzuführen, daß Aristoteles, wie auch viele seiner Nachfolger, kaum mathematische Begriffe und Schlußprozesse (Beweise) genauer hinsichtlich ihres formal-logischen Charakters untersucht haben.

Die klassische oder aristotelische Syllogistik, auch aristotelische Schlußlehre genannt, ist ein Teilsystem der monadischen, das heißt einstelligen Prädikatenlogik. In der Syllogistik werden nur Propositionsformen, genauer Prädikatenformen, der vier folgenden Formen untersucht:

Form:	*Bedeutung:*	*Abkürzung:*
allgemein bejahende Proposition	alle S sind P	SaP
partikulär bejahende Proposition	einige S sind P mindestens ein S ist P	SiP
allgemein verneinende Proposition	kein S ist P	SeP
partikulär verneinende Proposition	einige S sind nicht P mindestens ein S ist nicht P	SoP

Die Abkürzungen wurden in der scholastische Philosophie verwendet und gehen vermutlich auf Petrus Hispanus (1210-1277) zurück: Die Buchstaben *a* und *i* leiten sich aus *affirmo* (ich bejahe) ab, und *e* und *o* aus *nego* (ich verneine).

Die Subjekts- und Prädikatsbegriffe, S und P, sind dabei als einstellige Prädikatenvariablen zu betrachten. In prädikatenlogischer Form lassen sich diese vier Prädikatenformen wie folgt darstellen:

$$\forall x(S(x) \to P(x))$$

$$\exists x(S(x) \wedge P(x))$$

$$\forall x(S(x) \to \neg P(x))$$

$$\exists x(S(x) \wedge \neg P(x))$$

Warum wird im Falle SiP die prädikatenlogische Form nicht gleich $\exists x(S(x) \to P(x))$? Letztere Beziehung ist erfüllt, auch wenn $S(x)$ und $P(x)$ beide falsch sind, oder wenn $S(x)$ falsch und $P(x)$ wahr ist. Damit kann jedoch nicht garantiert werden, daß es mindestens ein x gibt, sodaß $S(x)$ *und* $P(x)$ wahr sind.

Im Gegensatz zur Prädikatenlogik betrachtet man in der Syllogistik nur Prädikate, deren Umfänge weder leer sind noch mit der Allmenge zusammenfallen. Dies führt zum *Existenz-Postulat*:

Für alle Prädikate X gilt: $\exists x X(x) \wedge \exists x \neg X(x)$.

Mit den vier Prädikatenformen der Syllogistik lassen sich folgende Äquivalenzen bilden,

$$(SaP \diamond SeP) \wedge (SeP \to SoP) \Leftrightarrow (SaP \rightarrowtail\!\!\!\!\leftarrow SoP)$$

$$(SaP \diamond SeP) \wedge (SaP \to SiP) \Leftrightarrow (SeP \rightarrowtail\!\!\!\!\leftarrow SiP)$$

die zusammenfassend im *logischen Quadrat der Syllogistik* dargestellt werden können:

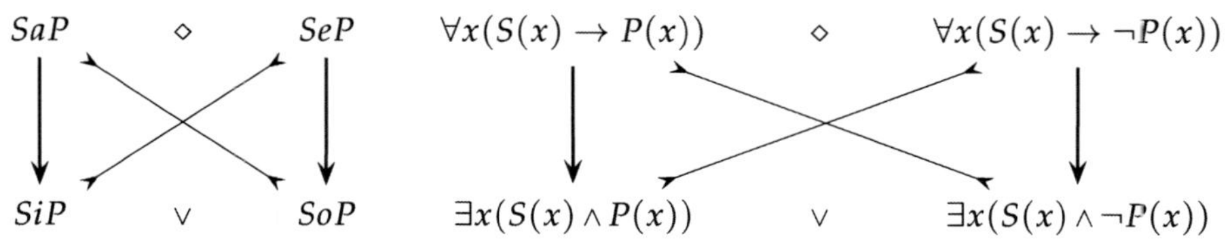

Bei den sogenannten *unmittelbaren Schlüssen* wird untersucht, was für Prädikatenformen aus den vier gegebenen Prädikatenformen durch Vertauschung der Prädikate sowie Veränderungen der Qualität (Negation) oder der Quantität (Quantifizierung) gewonnen werden können. So gilt zum Beispiel:

$$SaP \Rightarrow PiS$$

$$SeP \Leftrightarrow PeS$$

$$SaP \Rightarrow (\neg S)i(\neg P)$$

$$SeP \Rightarrow Sa(\neg P).$$

Im Rahmen der Syllogistik werden nur solche zusammengesetzten Schlußformen untersucht, denen die genannten vier Prädikatenformen zugrundeliegen und bei denen nur zwei Prämissen und eine Konklusion vorkommt, sowie ein gemeinsamer Mittelbegriff auftritt. Jede allgemeingültige Subjunktion der Form

I $(MxP \wedge SyM) \Rightarrow SzP$

bildet dann eine *korrekte Schlußform*, das heißt einen *korrekten Syllogismus*. Traditionellerweise wurde das im vorliegenden Fall in der Form

$$\begin{array}{l} MxP \\ \underline{SyM} \\ SzP \end{array}$$

geschrieben. Sieht man zunächst von der Verteilung der Werte $\{a, i, e, o\}$ auf die Variablen x, y und z ab, so kann der Mittelbegriff M neben der bereits genannten Art **(I)** in drei weiteren Arten **(II)**, **(III)**, **(IV)** in den Prämissen vorkommen:

II $(PxM \wedge SyM) \Rightarrow SzP$

$$\begin{array}{l} PxM \\ \underline{SyM} \\ SzP \end{array}$$

III $(MxP \wedge MyS) \Rightarrow SzP$

$$\begin{array}{l} MxP \\ \underline{MyS} \\ SzP \end{array}$$

IV $(PxM \wedge MyS) \Rightarrow SzP$.

$$\begin{array}{l} PxM \\ \underline{MyS} \\ SzP. \end{array}$$

Eine Vertauschung der Prämissen ändert nichts an der logischen Struktur, da der Wahrheitsfunktor $\wedge$ kommutativ ist. Jeder Vertauschung der Prädikate S und P entspricht genau eine Vertauschung der Prämissen, ist also nicht weiter zu berücksichtigen. Die vier genannten Fälle heißen die vier *Schlußfiguren*. Die Syllogistik hat nun nachzuweisen, für welche Werte von x, y und z die entsprechenden Figuren (das heißt die prädikatenlogischen Subjunktionen) allgemeingültig (also Implikationen) sind. Da es für jede Figur $43 = 64$ Möglichkeiten gibt, sind insgesamt $4 \cdot 64 = 256$ *Schlußformen* oder *Modi* zu untersuchen. Es stellt sich heraus, daß genau 24 Fälle zu gültigen Schlußformen führen.

In folgender Tabelle werden die Verteilung der Werte a, e, i, o auf die Schlußfiguren angegeben, die genau den gültigen Schlußformen entsprechen, und zwar gerade in den auf die scholastische Philosophie zurückgehenden mnemotechnischen dreisilbigen Kunstausdrücken, in denen die entsprechenden Buchstaben a und i (aus affirmo, ich bejahe) sowie e und o (aus nego, ich verneine) in der richtigen Reihenfolge vorkommen.

I	**II**	**III**	**IV**
$x\,y\,z$	$x\,y\,z$	$x\,y\,z$	$x\,y\,z$
barbara	*cesare*	*datisi*	*calemes*
celarent	*camestres*	*disamis*	*dimatis*
darii	*festino*	*ferison*	*fresison*
ferio	*baroco*	*bocardo*	*fesapo*
barbari	*cesaro*	*darapti*	*bamalip*
celoront	*camestros*	*felapton*	*calemos*

Zum Beispiel entspricht *celarent* die Schlußform der **I.** Figur

$$\begin{array}{l} MeP \\ \underline{SaM} \\ SeP \end{array}$$

und *dimatis* die Schlußform der **IV**. Figur

$$\begin{array}{l} PiM \\ \underline{MaS} \\ SiP \end{array}$$

Beispiele für Schlüsse gemäß diesen Formen:

Keine ebene Figur ist eine Kugel
Alle Dreiecke sind ebene Figuren
―――――――――――――――
Kein Dreieck ist eine Kugel

Einige Polygone sind Dreiecke
Alle Dreiecke sind ebene Figuren
―――――――――――――――
Einige ebene Figuren sind Polygone

Eine mögliche Erweiterung der klassischen Syllogistik läßt sich durch die Einführung der inversen Prädikatenformen sowie durch die strikt partikuläre Prädikatenform erreichen. Die *Inversion* einer der zugelassenen vier Prädikatenformen der Syllogistik entsteht durch Negation des Subjekts *und* des Prädikates. Zum Beispiel ist $(\neg S)i(\neg P)$ invers zu SiP etc. Die *strikt partikuläre Prädikatenform* hat die Gestalt

$$SaP := SiP \wedge SoP.$$

Verzichtet man unter Beibehaltung der Beschränkung auf die vier ursprünglichen Prädikatenformen auf die Forderung, daß der Umfang der einstelligen Prädikate weder leer noch die Allklasse umfaßt, so erhält man ein erweitertes System, die sogenannte *mathematische Syllogistik*, in dem jedoch nur noch 15 Schlußformen allgemeingültig sind. Es war Frege, der zum ersten Mal klar erkannte, daß es für die Zwecke der Mathematik sinnvoll ist, die Nullklasse und die Allklasse einzuführen. Die Formen

I: barbari, celaront

II: cesaro, camestros

III: darapti, felapton

IV: fesapo, bamalip, calemos

sind dann nicht mehr allgemeingültig.

Zusammenfassend ergibt sich das untenstehende Beziehungsgefüge von logischen Systemen, wo jedes Folgende sich durch Zusatzforderungen (Spezialisierungen) ergibt:

Höhere Prädikatenlogik [ein- und mehrstellige Prädikate verschiedener Stufen]

↓

Elementare (einstufige) Prädikatenlogik [ein- und mehrstellige Prädikate erster Stufe, keine Quantifizierung über Prädikate]

↓

Monadische Prädikatenlogik [einstellige Prädikate]

↓

Mathematische vervollständigte Syllogistik [einstellige Prädikate, nur Schlüsse mit zwei Prämissen und Mittelbegriff]

↓

Vervollständigte Syllogistik [einstellige Prädikate mit nicht leeren oder alles umfassenden Umfängen, nur Schlüsse mit zwei Prämissen und Mittelbegriff]

↓

Klassische aristotelische Syllogistik [vier Prädikatenformen, einstellige Prädikate mit nicht leeren oder alles umfassenden Umfängen, nur Schlüsse mit zwei Prämissen und Mittelbegriff]

3.3.9 Mathematisierung der formalen Prädikatenlogik: Bemerkungen zur Axiomatik

Wie im Falle der Propositionslogik hat die Mathematisierung der Prädikatenlogik den Zweck, eine Menge von prädikatenlogischen Gesetzen und Deduktionsregeln zu finden, vermöge welcher alle übrigen prädikatenlogischen Gesetze ableitbar sind. Unter Voraussetzung der symbolischen Logik sind für die Prädikatenlogik erster Stufe (keine Quantifizierung über Prädikate) verschiedene Axiomensysteme mit den entsprechenden Deduktionsregeln aufgestellt worden. Dazu gehören insbesondere die oben erwähnten Generalisierungs- und Partikularisierungsregeln, sowie die Abtrennungsregel und die geeignet modifizierte Substitutionsregel.

Über die rein formallogische (nicht durch irgendeine Symbolisierung eingeschränkte) Axiomatisierung der Prädikatenlogik erster Stufe sind bisher keine Ergebnisse bekannt. Es ist zum Beispiel nicht untersucht worden, wie weit sich Axiomatisierungen auf der Grundlage der symbolischen Logik auf die nicht-symbolisierte formale Prädikatenlogik übertragen lassen. Dies betrifft auch die Axiomatisierbarkeit der Prädikatenlogik unbestimmter Stufe, wie sie hier entwickelt worden ist.

Zur prinzipiellen Bedeutung und zur Konsequenz solcher Axiomatisierungen kann dasselbe gesagt werden wie im Falle der Propositionslogik (Abschnitt 3.2.8). Ergebnisse über Axiomatisierungen der symbolisierten Prädikatenlogik erster und zweiter Stufe werden in den Abschnitten 4.13, 4.14 und 4.16 referiert.

3.3.10 Grenzen der formalen Prädikatenlogik

In der klassischen Prädikatenlogik, wie sie hier dargestellt wird, wird sowohl die Zweiwertigkeit der Wahrheitszuordnung wie die Extensionalität der Wahrheitsfunktionen aus der Propositionslogik beibehalten. Wird eine dieser beiden Prinzipien aufgegeben, so kommt man in den Bereich der *nichtklassischen* formalen Prädikatenlogik. Die Erweiterung des Bereichs der Wahrheitswerte über die Standardwerte «wahr» und «falsch» hinaus – zum Beispiel durch «unbestimmt», «wahrscheinlich», etc. – führt zu formallogischen Systemen, die der formalen Prädikatenlogik untergeordnet sind. Denn ob eine Proposition zum Beispiel unbestimmt ist, wird in einer Proposition gefasst, die nur wieder wahr oder falsch sein kann.

Die Aufgabe des Extensionalitätsprinzips, das heißt der Miteinbezug inhaltlicher Abhängigkeiten in die Wahrheitsfunktionen gehört streng genommen nicht mehr zur rein formalen Logik, sondern führt in die formale Betrachtung gewisser Teilgebiete der Inhaltslogik.

Dem Aufbau einer formalen Prädikatenlogik ohne Beschränkung auf die erste Stufe, das heißt zum Beispiel mit einer Quantifizierung über Prädikatenvariablen, oder ohne scharfe Trennung der Gegenstandsprädikate von den Prädikaten von Gegenstandsprädikaten, und die Trennung der letzteren von den Prädikaten über solche etc. mit Hilfe einer symbolischen Sprache wird immer wieder entgegengehalten, daß dies unausweichlich zu Antinomien, das heißt zu Schlußfolgerungen mit widersprüchlichen Resultaten Anlaß gebe. Letztere können, so die Behauptung, nur im Rahmen einer symbolischen Darstellung der Prädikatenlogik mit Sicherheit vermieden werden. – Eine Symbolisierung ist genau dann erstrebenswert, wenn man die Prädikatenlogik nach rein mathematisch-mechanischen Regeln handhaben will und die rein gedanklichen Unterscheidungen (die diesen Regeln zugrundeliegen), ohne weitere Reflexionen voraussetzen will (siehe dazu Abschnitt 4.1). Wie in Abschnitt 3.7 genauer nachgewiesen wird, verwickelt sich das aufmerksame *Denken* (nicht: das gedankenlose Manipulieren von Zeichen) prinzipiell in keinerlei Widersprüche, wenn es sich der verschiedenen Bereiche klar und deutlich bewußt wird, in denen es sich bewegt und in der Lage ist, die notwendigen Unterscheidungen in sachgemäßer Weise zu vollziehen.

Da die Grenzbestimmung der Prädikatenlogik kein prädikatenlogisches Problem ist, kann die genaue Stellung der Prädikatenlogik im Bereich des Denkens nur durch ein das bloß prädikatenlogische Argumentieren übersteigendes Denken erfaßt werden. Dies ist Aufgabe der Einbettung der formalen Logik in die allgemeine Denk- und Erkenntnislehre (siehe dazu Abschnitt 3.10).

3.4 Axiomensysteme im Rahmen der formalen Prädikatenlogik

In diesem und dem nächsten Abschnitt werden Mengen von Prädikatenformen betrachtet, bei denen keine Beschränkung auf allgemeingültige prädikatenlogische Gesetze (die nur gebundene Variablen enthalten können) stattfindet, sondern es werden beliebige Prädikatenformen mit nicht weiter festgelegten Prädikats- und Gegenstandsvariablen betrachtet.

Prädikatenformen, die nicht ableitbar sind oder als Basis von formalen Ableitungen dienen, heißen *Axiome*. Falls sie formal aus Axiomen ableitbar sind, heißen sie *Theoreme*.

Beispiele zu den hier entwickelten allgemeinen Prinzipien finden sich im Kapitel 2. Einige davon werden im Abschnitt 3.9 besprochen.

3.4.1 Strukturen, Interpretationen und Modelle

Sei $\boldsymbol{A} = \{\boldsymbol{A1}, \boldsymbol{A2}, \boldsymbol{A3}, \ldots, \boldsymbol{Ak}\}$ ein Axiomensystem mit den Axiomen $\boldsymbol{A1}$, $\boldsymbol{A2}$, $\boldsymbol{A3}$, ..., $\boldsymbol{Ak}$, das heißt eine Menge von endlich vielen Propositionsformen, das heißt genauer Prädikatenformen, die jeweils nur *gebundene* Variablen enthalten. Die in den Axiomen aus $\boldsymbol{A}$ vorkommenden bestimmten Gegenstände und Prädikate, das heißt die Gegenstands- und Prädikatenkonstanten sowie die Gegenstands- und Prädikatenvariablen heißen $\boldsymbol{A}$-Gegenstände, $\boldsymbol{A}$-Prädikate, $\boldsymbol{A}$-Gegenstandsvariablen bzw. $\boldsymbol{A}$-Prädikatenvariablen. Eine $\boldsymbol{A}$*-Prädikatenform* ist eine aus Propositionsvariablen zusammengesetzte Prädikatenform (siehe Abschnitt 3.2.1), in deren Komponenten nur gebundene $\boldsymbol{A}$-Gegenstands- und $\boldsymbol{A}$-Prädikatenvariablen sowie $\boldsymbol{A}$-Prädikate und $\boldsymbol{A}$-Gegenstände (Konstanten) vorkommen. Die Axiome $\boldsymbol{A1}$, $\boldsymbol{A2}$, $\boldsymbol{A3}$, ..., $\boldsymbol{Ak}$ sind alle $\boldsymbol{A}$-Prädikatenformen.

Eine *Struktur* ist ein Gebilde bestehend aus einem Bereich konkreter Gegenstände (etwa Zahlen) sowie aus einem Bereich konkreter ein- und mehrstelliger Prädikate über diesen Gegenständen und deren Prädikaten. Darüber hinaus können in einer Struktur gewisse Gegenstände und gewisse Prädikate als *Konstanten* ausgezeichnet sein (wie etwa die 1 bei den natürlichen Zahlen).

Eine *Belegung* eines Axiomensystems $\boldsymbol{A}$ durch eine Struktur $\mathcal{S}$ ist eine Abbildung der $\boldsymbol{A}$-Konstanten und der gebundenen $\boldsymbol{A}$-Gegenstands- und $\boldsymbol{A}$-Prädikaten-Variablen auf die Konstanten bzw. die Gegenstands- und Prädikatenbereiche der Struktur $\mathcal{S}$. Eine *Interpretation* eines Axiomensystems $\boldsymbol{A}$ ist eine Struktur $\mathcal{S}$ zusammen mit einer Belegung von $\boldsymbol{A}$ durch $\mathcal{S}$.

Dies bedeutet also, daß bei einer Interpretation eines Axiomensystem $\boldsymbol{A}$ durch eine Struktur $\mathcal{S}$, die genau so viele ein- und mehrstellige Prädikate aufweist wie in den entsprechenden $\boldsymbol{A}$-Prädikatenformen (Axiomen) vorkommen, alle $\boldsymbol{A}$-Prädikatenformen in konkrete Gedankenverknüpfungen über dem entsprechenden Gegenstandsbereich von $\mathcal{S}$ übergeführt werden und damit zu wahren oder falschen $\boldsymbol{A}$-Propositionen werden.

Werden durch die Interpretation eines Axiomensystems $\boldsymbol{A}$ durch eine Struktur $\mathcal{S}$ alle Axiome wahr, so heißt diese Struktur ein *Modell* von $\boldsymbol{A}$.

Eine $\boldsymbol{A}$-Prädikatenform heißt *erfüllbar in* $\boldsymbol{A}$, wenn es ein Modell des Axiomensystems $\boldsymbol{A}$ gibt, in welchem sie wahr ist.

Eine $\boldsymbol{A}$-Prädikatenform P heißt *gültig in* $\boldsymbol{A}$, *allgemeingültig in* $\boldsymbol{A}$ oder eine *Folgerung aus* $\boldsymbol{A}$, wenn sie in *jedem* Modell von $\boldsymbol{A}$ erfüllbar ist. Man schreibt dafür $\boldsymbol{A} \models P$.

Als *Beispiel* werde das Axiomensystem $\boldsymbol{G} = \{\boldsymbol{G1}, \boldsymbol{G2}, \boldsymbol{G3}\}$ für Gruppenstrukturen $\langle G, \delta, e\rangle$ (siehe Abschnitt 2.8) betrachtet. Die folgende $\boldsymbol{G}$-Prädikatenform ist gültig in $\boldsymbol{G}$: Es gibt genau ein inverses Element zu jedem Element $g \in G$ und genau ein Neutralelement e. Durch jede Struktur $\langle G', \delta', e'\rangle$ mit einer ausgezeichneten zweistelligen Funktion $\delta' : G' \times G' \to G'$ und einem ausgezeichneten Element e', dem Neutralelement, kann das Axiomensytems $\boldsymbol{G}$ *interpretiert* werden. Falls $\langle G', \delta', e'\rangle$ die Gruppenaxiome $\boldsymbol{G1}$, $\boldsymbol{G2}$, $\boldsymbol{G3}$ erfüllt, ist $\langle G', \delta', e'\rangle$ ein *Modell* von $\boldsymbol{G}$.

Beispiel für eine Struktur, die kein Modell von $\boldsymbol{G}$ ist: $\langle \mathbb{N}, +, 1\rangle$. Die natürlichen Zahlen $\mathbb{N}$ mit der Additionsoperation bilden kein Modell von $\boldsymbol{G}$, da es hier kein Inverses zu einem beliebigen $n \in \mathbb{N}$ gibt, denn die Gleichung $n + k = 1$ ist nicht lösbar für $k \in \mathbb{N}$. – Ist eine $\boldsymbol{G}$-Prädikatenform bei jeder Interpretation von $\boldsymbol{G}$ erfüllt, so ist sie *allgemeingültig* in $\boldsymbol{G}$. Beispiel: Es gibt ein $g \in G$ sodaß $g = g$.

3.4.2 Definitionen

Die im Rahmen eines Axiomensystems $\boldsymbol{A}$ erfolgende Einführung von Begriffen, die nicht in den $\boldsymbol{A}$-Prädikaten vorkommen, geschieht durch *Definitionen*. (Für Beispiele wird auf Kapitel 2 und insbesondere auf Abschnitt 3.9.2 verwiesen.) Solche Begriffe werden durch Verknüpfungen von $\boldsymbol{A}$-Prädikaten gewonnen, bilden also $\boldsymbol{A}$-Prädikatenformen. Ist $Q(x_1, x_2, \ldots, x_n)$ eine durch Verknüpfung zustandegekommene $\boldsymbol{A}$-Prädikatenform, so wird die konkrete Einheit P dieses Gedankengebildes Q formallogisch bestimmt durch die Forderung:

$$\forall x_1 \forall x_2 \ldots \forall x_n \; (P(x_1, x_2, \ldots, x_n) \;\; :\leftrightarrow \;\; Q(x_1, x_2, \ldots, x_n)).$$

Die Unterschiedenheit der Gedankeninhalte von P und Q wird hier über die Erfüllbarkeit für die gleichen Elemente «überbrückt». Dies bedeutet, daß P und Q die gleiche Extension haben.

Der dieser Konstruktion zugrundeliegende Gedankenzusammenhang beinhaltet einen sowohl P wie Q übergeordneten Gedankeninhalt, von welchem P und Q (sowie vielleicht weitere

Prädikatenformen, die die gleiche Extension wie P und Q haben) Aspekte oder Spezialfälle darstellen. Dieser übergeordnete Gedankenzusammenhang fällt jedoch außerhalb des Bereichs der formalen Logik, da er Verhältnisse von konkreten Gedankeninhalten betrifft, die wesentlich über deren Erscheinungsebene hinausreichen.

Eine entscheidende Forderung an eine deutliche und klare Definition besteht darin, daß aus ihr keine Tatsachenbehauptungen (Theoreme) folgen oder von ihr abgeleitet werden können, die nicht auch ohne sie gefolgert oder abgeleitet werden können (sogenannte *Nichtkreativität* der Definition). Dadurch wird sichergestellt, daß durch Definitionen keine Behauptungen erschlichen werden können. Diese Forderung führt dazu, nur sogenannte *Explizitdefinitionen* als Definitionen im eigentlichen Sinne zuzulassen. Dies sind solche Definitionen, bei welchen in der Prädikatenform Q nur Axiome sowie bereits definierte $\boldsymbol{A}$-Prädikatenformen vorkommen und im Definiendum P nichts anderes (außer Gegenständen und Gegenstandsvariablen) auftaucht.

Kommen in der Prädikatenform P auch andere Prädikatenformen (Axiome oder bereits definierte $\boldsymbol{A}$-Prädikatenformen) vor, so handelt es sich um eine *Kontextdefinition*. Bei einer solchen ist nun keineswegs von vornherein klar, daß die im direkten Zusammenhang mit bekannten Prädikatenformen definierte neue Prädikatenform auch wohlbestimmt ist (das heißt, daß sie widerspruchsfrei denkmöglich ist, eben «existiert», und daß eindeutig bestimmbar ist, welche Gegenstände unter sie fallen und welche nicht). Dies bedarf eines zusätzlichen Beweises, der in jedem Falle geleistet werden muß (Nachweis der *Korrektheit* oder *Wohldefiniertheit* einer Definition; «Existenz» bzw. Widerspruchsfreiheit und Eindeutigkeit der zu definierenden Prädikatenform). Daß dies tatsächlich notwendig ist, wird durch ein auf G. Peano zurückgehendes Beispiel illustriert, das im Abschnitt 3.9.2 diskutiert werden wird.

Bei *bedingten Definitionen*, das heißt bei Definitionen von Prädikatenformen, wo der an sich erlaubte Gegenstandsbereich durch zusätzliche Bedingungen eingeschränkt wird (wie in der Definition des Bruches x/y für $y \neq 0$) muß streng darauf geachtet werden, daß diese Bedingung nie aus dem Auge verloren wird. Eine weitere Form der bedingten Definitionen sind die sogenannten *stückweisen Definitionen*, wo die Geltung einer Prädikatenform (zum Beispiel $<$) schrittweise auf immer umfassendere Gegenstandsbereiche (von den natürlichen Zahlen auf die ganzen, rationalen und reellen Zahlen) ausgedehnt wird. Hier muß streng genommen jedesmal bewiesen werden, daß die für den umfassenderen Bereich definierte neue Prädikatenform in ihrer Beschränkung auf den eingeschränkten Gegenstandsbereich mit der alten Definition zusammenstimmt.

Als eine dritte Form der Definition von Prädikatenformen wird oft die sogenannte *implizite Definition* genannt. Diese betrifft die Bestimmung von Prädikatenformen vermöge eines Axiomensystems. Hier liegt jedoch weder eine Explizitdefinition noch eine Kontextdefinition vor, da *keine* der Prädikatenformen explizit definiert ist. In diesem Sinne handelt es sich bei den durch ein Axiomensystemen $\boldsymbol{A}$ festgelegten Prädikatenformen nicht um Definitionen von $\boldsymbol{A}$-Prädikatenformen, sondern um die Festlegung oder Bestimmung von Beziehungen der $\boldsymbol{A}$-Prädikatenformen und unbestimmten $\boldsymbol{A}$-Gegenstände untereinander, wodurch gewisse Strukturen als Modelle ausgezeichnet werden können.

3.4.3 Theoreme und Beweise

Eine $\boldsymbol{A}$-Prädikatenform P ist eine *formallogische Ableitung*, eine *formallogische Deduktion* oder *formal beweisbar* aus $\boldsymbol{A}$, kurz ein $\boldsymbol{A}$-*Theorem*, wenn sie aus den Axiomen oder aus schon abgeleiteten $\boldsymbol{A}$-Prädikatenformen im Sinne der Deduktionsregeln (Abschnitt 3.3.5) ableitbar ist. Man schreibt dafür $\boldsymbol{A} \vdash P$.

$\boldsymbol{A}$-Theoreme sind hypothetisch wahr in dem Sinne, daß ihre Wahrheit von der vorausgestzten Wahrheit der Axiome abhängt, das heißt insbesondere mathematische Theoreme haben die allgemeine Form einer hypothetischen Behauptung: Wenn die Axiome $\boldsymbol{A}$ gelten, dann gilt die $\boldsymbol{A}$-Prädikatenform P. Beweise von Theoremen haben die Funktion, unter Berücksichtigung der Schlußregeln der formalen Logik zu zeigen, wie durch logische Verknüpfung von bereits bewiesenen Theoremen oder von den im Rahmen des entsprechenden Begriffszusammenhangs unbeweisbaren Axiomen P in $\boldsymbol{A}$ abgeleitet werden kann. Dies bedeutet, daß unter den gegebenen Voraussetzungen die Existenz und allenfalls Eindeutigkeit von P demonstriert werden muß. Dabei kann es für ein und dasselbe Theorem verschiedenartige Beweise geben. Im weiteren ist der Gang eines Beweises selten direkt aus dem Inhalt des Theorems zu entnehmen; oft wird der Grund für die Wahl eines bestimmten Ausgangspunktes sowie die Struktur eines gegebenen Beweisganges erst deutlich am Ende der Beweisführung. Diese scheinbare Willkür in der mathematischen Beweisgestaltung ist ein Charakteristikum der Mathematik.

Wenn eine $\boldsymbol{A}$-Prädikatenform P *innerhalb eines Modells* von $\boldsymbol{A}$ ableitbar ist, so ist sie formal beweisbar aus $\boldsymbol{A}$. Falls P erfüllbar ist in einem Modell von $\boldsymbol{A}$ (und damit $\neg P$ nicht erfüllbar), so kann daraus nicht geschlossen werden, daß es auch eine Ableitung von P aus den Axiomen gibt, das heißt eine Schlußkette, die mit den Axiomen beginnt, und mit P endet, das heißt einen formalen Beweis gibt. Dies gilt nur, wenn P nicht nur erfüllbar, sondern gültig ist: *Eine $\boldsymbol{A}$-Prädikatenform P ist genau dann gültig in $\boldsymbol{A}$, wenn P aus $\boldsymbol{A}$ formal beweisbar ist* (Metatheorem 3.8).

Beweise mathematischer Theoreme lassen sich in drei Arten einteilen: in indirekte Beweise, direkte Beweise und konstruktive Beweise.

Bei *indirekten Beweisen* oder *Widerspruchbeweisen* wird eine $\boldsymbol{A}$-Prädikatenform P dadurch bewiesen, daß aus der Annahme des kontradiktorischen Gegenteils $\neg P$ irgendeine falsche $\boldsymbol{A}$-Prädikatenform Q abgeleitet wird, das heißt eine $\boldsymbol{A}$-Prädikatenform Q, die mit den Axiomen oder mit anderen bereits abgeleiteten $\boldsymbol{A}$-Prädikatenformen in Widerspruch steht. Daraus wird dann mit $\neg(\neg P) \Leftrightarrow P$ auf P geschlossen.

Es gibt verschiedene Arten von indirekten Beweisen:
(1) Aus der Annahme der Wahrheit einer Prädikatenform P bzw. $\neg P$ werden zusammen mit schon abgeleiteten (im Grenzfall einer einzigen) Prädikatenformen $Q_1 \wedge Q_2 \wedge \ldots \wedge Q_n$ zwei einander widersprechende Prädikatenformen R und $\neg R$ abgeleitet. Daraus wird dann auf die Falschheit von P bzw. $\neg P$ geschlossen.

$$\begin{array}{l} Q_1 \wedge Q_2 \wedge \ldots \wedge Q_n \\ P \wedge (Q_1 \wedge Q_2 \wedge \ldots \wedge Q_n) \rightarrow R \\ P \wedge (Q_1 \wedge Q_2 \wedge \ldots \wedge Q_n) \rightarrow \neg R \\ \hline \neg P \end{array}$$

$$\frac{\begin{array}{l} Q_1 \wedge Q_2 \wedge \ldots \wedge Q_n \\ \neg P \wedge (Q_1 \wedge Q_2 \wedge \ldots \wedge Q_n) \rightarrow R \\ \neg P \wedge (Q_1 \wedge Q_2 \wedge \ldots \wedge Q_n) \rightarrow \neg R \end{array}}{P}$$

(2) Aus der gegebenen Prädikatenform P bzw. $\neg P$ werden ohne Zuhilfenahme weiterer Prädikatenformen zwei einander widersprechende Prädikatenformen R und $\neg R$ abgeleitet:

$$\frac{\begin{array}{l} P \rightarrow R \\ P \rightarrow \neg R \end{array}}{\neg P}$$

$$\frac{\begin{array}{l} \neg P \rightarrow R \\ \neg P \rightarrow \neg R \end{array}}{P}$$

(3) Aus der gegebenen Prädikatenform P bzw. $\neg P$ werden unter Zuhilfenahme weiterer Prädikatenformen $Q_1 \wedge Q_2 \wedge \ldots \wedge Q_n$ die Prädikatenformen P bzw. $\neg P$ abgeleitet:

$$\frac{\begin{array}{l} Q_1 \wedge Q_2 \wedge \ldots \wedge Q_n \\ P \wedge (Q_1 \wedge Q_2 \wedge \ldots \wedge Q_n) \rightarrow \neg P \end{array}}{\neg P}$$

$$\frac{\begin{array}{l} Q_1 \wedge Q_2 \wedge \ldots \wedge Q_n \\ \neg P \wedge (Q_1 \wedge Q_2 \wedge \ldots \wedge Q_n) \rightarrow P \end{array}}{P}$$

Als allgemeine Strukturen eines indirekten Beweises lassen sich folgende Skelette festhalten:

$$\frac{\begin{array}{l} P \\ \vdots \\ F \end{array}}{\neg P}$$

$$\frac{\begin{array}{l} \neg P \\ \vdots \\ F \end{array}}{P}$$

In *direkten Beweisen* wird keine der oben unter den indirekten Beweisen angeführten Schlußregeln verwendet.

Sogenannte *Existenzbeweise* für einen Gegenstand aus dem Wertebereich der Variablen x enden mit einer Prädikatenform der Gestalt

$$\exists x P(x)$$

und die *Eindeutigkeitsbeweise* mit einer Prädikatenform der Gestalt

$$\exists x (P(x) \wedge (\forall y P(y) \rightarrow y \equiv x)\,.$$

Sowohl Existenz- wie Eindeutigkeitsbeweise können direkt oder indirekt sein.

Die *konstruktiven Beweise* sind Spezialfälle der direkten Existenz- und Eindeutigkeitsbeweise, bei welchen schrittweise (algorithmisch) aus den Voraussetzungen eine Prädikatenform der Gestalt $P(a)$ abgeleitet wird, wobei a ein bestimmtes Element aus dem Gegenstandsbereich ist.

3.5 Widerspruchsfreiheit und Vollständigkeit von Axiomensystemen im Rahmen der formalen Prädikatenlogik

3.5.1 Relative (modellabhängige) Widerspruchsfreiheit und Vollständigkeit von Axiomensystemen

Ein Axiomensystem $\boldsymbol{A} = \{\boldsymbol{A1}, \boldsymbol{A2}, \boldsymbol{A3}, \ldots, \boldsymbol{Ak}\}$ heißt *relativ widerspruchsfrei* oder *relativ erfüllbar*, wenn es mindestens ein Modell von $\boldsymbol{A}$ gibt. Dabei wird selbstverständlich die innere Konsistenz derjenigen Struktur(en), die Modelle von $\boldsymbol{A}$ sind, vorausgesetzt. Strukturen sind dabei Systeme von einem oder mehreren konkreten Gegenstandsbereichen und Prädikatenbereichen (siehe Abschnitt 3.4.1). Dies bedeutet, daß man davon ausgehen muß, es kann in einem Modell von $\boldsymbol{A}$ eine $\boldsymbol{A}$-Prädikatenform P nicht zugleich erfüllbar und nicht erfüllbar sein, das heißt nicht zugleich P und $\neg P$ erfüllbar sein. Der Nachweis dieser vorausgesetzten Tatsache kann mit modelltheoretischen (das heißt das Verhältnis der Axiomensysteme zu ihren Modellen betreffend) oder formallogischen Mitteln nicht geleistet werden. Er beruht letztlich auf der konkreten Einsicht in die innere Notwendigkeit und Begründetheit logischer Inhalte.

Ein relativ widerspruchsfreies Axiomensystem $\boldsymbol{A}$ heißt *relativ vollständig* oder *modell-vollständig*, wenn es keine von $\boldsymbol{A}$ unabhängige $\boldsymbol{A}$-Prädikatenform gibt, das heißt wenn für jede $\boldsymbol{A}$-Prädikatenform P gilt: entweder P ist gültig oder $\neg P$ ist gültig in $\boldsymbol{A}$.

Die *relative* Qualität der hier entwickelten Begriffe der Widerspruchsfreiheit und Vollständigkeit weist auf den wesentlichen Bezug derselben auf die Gültigkeit oder Erfüllbarkeit von $\boldsymbol{A}$-Prädikatenformen in Modellen eines Axiomensystems $\boldsymbol{A}$ hin. Man vergleiche das folgende Metatheorem 3.5 mit dem entsprechenden Metatheorem 4.1 im Rahmen der symbolischen Logik. Dort gilt nur eine Richtung der hier nachgewiesenen Äquivalenz. Man beachte, daß dort bei der Konstruktion von Axiomensystemen und Modellen explizit auf einen vorgegebenen symbolischen Kalkül zurückgegriffen wird, was bei den folgenden Untersuchungen *nicht* der Fall ist. Mit anderen Worten: die möglichen Prädikate (Geankeninhalte) sind nicht durch deren symbolische Formulierbarkeit oder Darstellbarkeit eingeschränkt, sondern nur durch ihren Bezug auf das Axiomensystem $\boldsymbol{A}$.

Metatheorem 3.5 *Zwei Modelle eines Axiomensystems $\boldsymbol{A}$ sind genau dann isomorph, wenn dieselben $\boldsymbol{A}$-Prädikatenformen erfüllbar sind.*

Beweis (indirekt): (i) Sei $\boldsymbol{A}$ ein Axiomensystem mit den Modellen $\mathcal{M}$ und $\mathcal{N}$ sowie $\pi\colon M \to N$ ein Isomorphismus der Gegenstandsbereiche M und N von $\mathcal{M}$ beziehungsweise $\mathcal{N}$. Nun wird gezeigt: Wenn nicht dieselben $\boldsymbol{A}$-Prädikatenformen in $\mathcal{M}$ und $\mathcal{N}$ erfüllbar sind, dann können $\mathcal{M}$ und $\mathcal{N}$ nicht isomorph sein. Sei P eine $\boldsymbol{A}$-Prädikatenform, die in $\mathcal{M}$ erfüllbar und in $\mathcal{N}$ nicht erfüllbar ist, das heißt in $\mathcal{N}$ ist $\neg P$ erfüllbar. Dies bedeutet, daß für die Interpretation von P durch $\mathcal{N}$ das Prädikat P falsch bzw. das Prädikat $\neg P$ wahr wird. Bezeichnet man das durch die Interpretation von P durch das Modell $\mathcal{M}$ entstehende wahre $\boldsymbol{A}$-Prädikat mit $P_{\mathcal{M}}(M)$, so wird durch jede Abbildung $\pi\colon M \to N$, welche $P_{\mathcal{M}}(M)$ in $P_{\mathcal{N}}(\pi(M))$ überführt, das $\boldsymbol{A}$-Prädikat $\neg P$ wahr. Daraus folgt: es gibt keine solche Abbildung, das heißt keine Isomorphie zwischen $\mathcal{M}$ und $\mathcal{N}$. (ii) Es seien zwei Modelle $\mathcal{M}$ und $\mathcal{N}$ des Axiomensystems $\boldsymbol{A}$ gegeben. Für den zweiten Teil des Beweises werden nicht nur $\boldsymbol{A}$-Prädikatenformen und $\boldsymbol{A}$-Gegenstände einbezogen, sondern alle Prädikate und Gegenstände, die das Axiomensystem $\boldsymbol{A}$ erfüllen. Es ist zu zeigen: Wenn jede Prädikatenform, die in $\mathcal{M}$ erfüllbar ist, es auch in $\mathcal{N}$ ist und umgekehrt, dann sind $\mathcal{M}$ und $\mathcal{N}$ isomorph. Es wird gezeigt: Falls $\mathcal{M}$ und $\mathcal{N}$ nicht isomorph sind, so existiert eine Prädikatenform P, die in $\mathcal{M}$ erfüllbar ist, aber nicht in $\mathcal{N}$. Seien also $\mathcal{M}$ und $\mathcal{N}$ nicht isomorph. Dann gibt es keinen bijektiven Homomorphismus, das heißt keine bijektive, wahrheitswert- und prädikatenerhaltende Abbildung $\mathcal{M} \to \mathcal{N}$. Es werden drei Fälle unterschieden: (a) Es gibt nur eine Bijektion $\pi_1\colon M \to N$, die kein Homomorphismus ist. Falls π_1 ein Homomorphismus wäre, so wäre jedes Prädikat $P_{\mathcal{M}}(M)$ genau dann wahr, wenn $P_{\mathcal{N}}(\pi(M))$ wahr ist. Also muß eine Prädikatenform existieren, die zum Beipiel in $\mathcal{M}$ erfüllbar und in $\mathcal{N}$ nicht erfüllbar ist. (b) Es gibt nur einen Homomorphismus $\pi_2\colon M \to N$, der keine Bijektion ist. Zunächst ist klar, daß π_2 injektiv sein muß, denn sonst wäre die Homomorphie bezüglich der Gleichheitsrelation $=$ verletzt: aus $u \neq v$ folgt $\pi_2(u) \neq \pi_2(v)$. Es kann also nur π_2 nicht surjektiv sein, folglich ist $\pi_2(M) \subset N$ mit $\pi_2(M) \neq N$. Daraus folgt, daß es Prädikatenformen gibt, die *nur* auf die Elemente von $N - \pi_2(M)$ zutreffen, also sicher nicht in ganz N erfüllbar sind. Denn alle Gegenstände aus N, welche genau dieselben Eigenschaften haben wie die Gegenstände aus M, gehören zu $\pi_2(M)$. Dies bedeutet: wenn es keine solchen Prädikatenformen gäbe, so müßte π_2 surjektiv sein. (c) Falls nur eine Abbildung $\pi_3\colon M \to N$ existiert, die weder bijektiv noch ein Homomorphismus ist, so kann man nach (a) oder (b) weiter argumentieren. ∎

Kritisch in diesem Beweis ist der Teil (ii)(b), nämlich die Existenz einer Prädikatenform, die nur auf die Elemente von $N - \pi_2(M)$ zutrifft. Das funktioniert in einem vorgegebenen symbolischen Kalkül nicht. Wie sich zeigen wird (Abschnitt 4.9), gelten zum Beispiel im Standardmodell der natürlichen Zahlen genau diesselben symbolisch darstellbaren Sätze wie in einem dazu nicht-isomorphen Nichtstandardmodell. Obige Prädikatenform soll (in diesem Beispiel) jedoch nur für Nichtstandardzahlen gelten, folglich ist sie im vorgegebenen Kalkül nicht formulierbar. Das bedeutet nicht, daß sie nicht in irgendeiner Sprache darstellbar wäre, sondern nur, daß es keine konsistente Bestimmung derselben gibt, wenn in dieselbe von vornherein eine explizite Referenz auf eine vorgegebene Sprache (symbolischer Kalkül) eingebaut werden muss.

Ein Axiomensystem heißt *monomorph* oder *kategorisch*, wenn alle Modelle des Axiomensystems zueinander isomorph sind.

Metatheorem 3.6 *Ein Axiomensystem ist genau dann monomorph, wenn es relativ vollständig ist.*

Beweis (indirekt): (i) Sei $\boldsymbol{A}$ ein monomorphes Axiomensystem. Wäre $\boldsymbol{A}$ nicht relativ vollständig, so gäbe es eine $\boldsymbol{A}$-Prädikatenform P, sodaß weder P noch $\neg P$ gültig ist in $\boldsymbol{A}$. Also gibt es ein Modell von $\boldsymbol{A}$, in welchem P nicht erfüllbar ist, und ein anderes Modell von $\boldsymbol{A}$, in welchem $\neg P$ nicht erfüllbar ist, also P erfüllbar ist. Wegen Metatheorem 3.5 können dann die beiden Modelle nicht isomorph sein, im Widerspruch zur vorausgesetzten Monomorphie. – (ii) Sei umgekehrt

$\boldsymbol{A}$ relativ vollständig und ein nicht monomorphes Axiomensystem. Dann gibt es nicht isomorphe Modelle $\mathcal{M}$ und $\mathcal{N}$ von $\boldsymbol{A}$, sodaß in $\mathcal{M}$ eine $\boldsymbol{A}$-Prädikatenform P erfüllbar ist, die in $\mathcal{N}$ nicht erfüllbar ist (Metatheorem 3.5). Da $\boldsymbol{A}$ relativ vollständig ist, so ist P entweder gültig oder nicht gültig, das heißt entweder in allen Modellen von $\boldsymbol{A}$ erfüllbar oder in allen Modellen ist $\neg P$ erfüllbar. Beides steht im Widerspruch zur Annahme der Existenz nicht isomorpher Modelle. ■

3.5.2 Deduktive Widerspruchsfreiheit und Vollständigkeit von Axiomensystemen

Ein Axiomensystem $\boldsymbol{A}$ heißt *deduktiv widerspruchsfrei*, wenn es keine $\boldsymbol{A}$-Prädikatenform P gibt, für welche sowohl P wie $\neg P$ beweisbar ist.

Ein deduktiv widerspruchsfreies Axiomensystem $\boldsymbol{A}$ heißt *deduktiv vollständig*, wenn es keine von $\boldsymbol{A}$ unabhängige $\boldsymbol{A}$-Prädikatenformen P gibt, das heißt für jede $\boldsymbol{A}$-Prädikatenform P gilt: entweder ist P beweisbar oder es ist $\neg P$ beweisbar aus $\boldsymbol{A}$.

Im Sinne der inneren Harmonie der Mathematik würde man erwarten, daß die modellbezogene Bestimmung der Begriffe der Widerspruchsfreiheit und Vollständigkeit, das heißt die *relative* Widerspruchsfreiheit und *relative* Vollständigkeit, mit derjenigen, die innerhalb des Begriffssystems der formalen Deduktionslogik abgeleitet wurden, das heißt die *deduktive* Widerspruchsfreiheit beziehungsweise *deduktive* Vollständigkeit, äquivalent sind. Dies ist auch tatsächlich der Fall. Man beachte jedoch, daß im Rahmen symbolischer Kalküle ganz andere Verhältnisse eintreten (siehe die Abschnitte 4.6 und 4.7). Man beachte ferner, daß der folgende Beweis von Metatheorem 3.7 zwar die «Korrektheit» der Deduktionsregeln, jedoch keine explizit gegebene Menge von Deduktionsregeln voraussetzt und auch keine Konstruktionsvorschriften für ein Modell eines deduktiv widerspruchfreien Axiomensystems gibt. Vielmehr wird im Sinne der Logik als Lehre von den Denkmöglichkeiten die prinzipielle (formallogische) Denkbarkeit abgeleitet.

Ein Axiomensystem $\boldsymbol{A}$ heißt *deduktiv korrekt*, wenn alle aus $\boldsymbol{A}$ ableitbaren Prädikatenformen auch aus $\boldsymbol{A}$ folgen, das heißt, wenn die ableitbaren Prädikatenformen gültig sind. Dies bedeutet, daß für alle $\boldsymbol{A}$-Prädikatenformen P gilt: wenn $\boldsymbol{A} \vdash P$, dann ist auch $\boldsymbol{A} \models P$.

Metatheorem 3.7 *Ein deduktiv korrektes Axiomensystem* $\boldsymbol{A}$ *ist genau dann relativ widerspruchsfrei (das heißt relativ erfüllbar) wenn es deduktiv widerspruchsfrei ist.*

Beweis (indirekt): (i) Angenommen, $\boldsymbol{A}$ ist relativ widerspruchsfrei, das heißt relativ erfüllbar. Falls $\boldsymbol{A}$ nicht deduktiv widerspruchsfrei ist, so gibt es eine $\boldsymbol{A}$-Prädikatenform P, sodaß P formal beweisbar ist aus $\boldsymbol{A}$ und $\neg P$ formal beweisbar ist aus $\boldsymbol{A}$. Dann muß in jedem Modell von $\boldsymbol{A}$ sowohl P erfüllbar wie $\neg P$ erfüllbar sein, was unmöglich ist; also gibt es im Widerspruch zur Annahme kein Modell von $\boldsymbol{A}$. (ii) Angenommen, $\boldsymbol{A}$ ist deduktiv widerspruchsfrei. Falls $\boldsymbol{A}$ nicht relativ widerspruchsfrei ist, so gibt es kein Modell von $\boldsymbol{A}$, das heißt keine Interpretation, die alle Axiome $\boldsymbol{A1}, \boldsymbol{A2}, \boldsymbol{A3}, \ldots, \boldsymbol{Ak}$ erfüllt, also ist $\boldsymbol{A1} \wedge \boldsymbol{A2} \wedge \boldsymbol{A3} \wedge \ldots \wedge \boldsymbol{Ak}$ nicht erfüllbar. Falls für irgendein i mit $1 \leq i \leq k$ ein Widerspruch der Form $\boldsymbol{Ai} \wedge \neg \boldsymbol{Ai}$ vorliegt, so gibt es eine $\boldsymbol{A}$-Prädikatenform $P = \boldsymbol{Ai}$ sodaß sowohl P wie $\neg P$ beweisbar ist, im Widerspruch zur Annahme. – Dieser einfache Fall wird jedoch im allgemeinen nicht vorliegen. Hier kann man etwa folgendermaßen argumentieren: Angenommen, es gibt kein Modell von $\boldsymbol{A}$, dann gibt es für jede Interpretation von $\boldsymbol{A}$ durch eine Struktur Σ eine $\boldsymbol{A}$-Propositionsform P, so daß $\Sigma \models P$

und $\Sigma \models \neg P$. Hier bedeutet $\Sigma \models P$, daß P bei der Interpretation von $\boldsymbol{A}$ durch Σ erfüllbar ist, das heißt aus $\boldsymbol{A}$ folgt. Es sind nun drei Fälle möglich: (1) Es gilt für ein P: $\boldsymbol{A} \vdash P$ und $\boldsymbol{A} \vdash \neg P$. Dann ist $\boldsymbol{A}$ deduktiv widerspruchsvoll und der Beweis von (ii) ist fertig. (2) Es gilt für jedes solche P: $\boldsymbol{A} \vdash P$ und nicht $\boldsymbol{A} \vdash \neg P$ oder nicht $\boldsymbol{A} \vdash P$ und $\boldsymbol{A} \vdash \neg P$, das heißt P ist beweisbar und $\neg P$ ist widerlegbar bzw. umgekehrt. In diesem Falle kann sicher nicht zugleich $\Sigma \models P$ und $\Sigma \models \neg P$ gelten, denn dies steht im Widerspruch zur Voraussetzung (2). (3) Für *alle* Strukturen Σ und *alle* $\boldsymbol{A}$-Propositionsformen P mit $\Sigma \models P$ und $\Sigma \models \neg P$ ist $\boldsymbol{A} \vdash P$ und/oder $\boldsymbol{A} \vdash \neg P$ nicht ableitbar, das heißt *keine* der widersprüchlichen Folgerungen $\Sigma \models P$ und $\Sigma \models \neg P$ gelten für *alle* Strukturen Σ, welche $\boldsymbol{A}$ interpretieren. Daraus folgt: Es gibt keine $\boldsymbol{A}$-Prädikatenform P mit $\boldsymbol{A} \vdash P$ und $\boldsymbol{A} \vdash \neg P$. Damit ergibt sich mit Annahme (3): Wenn es kein Modell von $\boldsymbol{A}$ gibt, so ist $\boldsymbol{A}$ deduktiv widerspruchsfrei. Dies ist, unter Aufrechterhaltung von (3), logisch äquivalent mit: Wenn $\boldsymbol{A}$ nicht deduktiv widerspruchsfrei ist, so gibt es ein Modell. Nun wurde unter (i) bewiesen, daß, wenn es ein Modell gibt, dann ist $\boldsymbol{A}$ deduktiv widerspruchsfrei. Widerspruch. Folglich kann Fall (3) nicht eintreten und es bleibt nur Fall (1) übrig, da (2) ebenfalls nicht möglich ist. Damit ist der Beweis von (ii) fertig. – Der Fall, daß es gar keine Interpretationen durch Strukturen gibt, die $\boldsymbol{A}$ erfüllen oder nicht erfüllen, kann nicht eintreten, da es sich bei den $\boldsymbol{Ai}$ jeweils um widerspruchsfreie, korrekt gebildete Prädikatenformen handelt. ■

Ein Axiomensystem $\boldsymbol{A}$ heißt *prädikatenlogisch abgeschlossen* oder *prädikatenlogisch vollständig*, wenn jede aus $\boldsymbol{A}$ folgende Prädikatenform auch aus $\boldsymbol{A}$ formal abgeleitet werden kann, das heißt, wenn die gültigen Prädikatenformen auch formal ableitbar sind. Dies bedeutet, daß für alle $\boldsymbol{A}$-Prädikatenformen P gilt: wenn $\boldsymbol{A} \models P$, dann ist auch $\boldsymbol{A} \vdash P$.

Metatheorem 3.8 (Prädikatenlogische Adäquatheit) *Jedes deduktiv widerspruchsfreie Axiomensystem $\boldsymbol{A}$ ist **deduktiv korrekt** und **prädikatenlogisch abgeschlossen**, das heißt eine Prädikatenform α ist genau dann aus $\boldsymbol{A}$ ableitbar, wenn sie in $\boldsymbol{A}$ gültig ist: $\boldsymbol{A} \vdash P \quad \Leftrightarrow \quad \boldsymbol{A} \models P$.*

Beweis: Die deduktive Korrekheit eines Axiomensystems $\boldsymbol{A}$ folgt unmittelbar aus dem Aufbau der Deduktionsregeln aus prädikatenlogischen Implikationen oder Äquivalenzen: diese transformieren gültige Prädikatenformen in gültige Prädikatenformen. – Die prädikatenlogische Abgeschlossenheit ergibt sich analog wie in Metatheorem 3.4, also ebenfalls indirekt. Annahme: Es folge α aus $\boldsymbol{A}$ und α sei nicht aus $\boldsymbol{A}$ beweisbar, das heißt $\boldsymbol{A} \models P$ und nicht $\boldsymbol{A} \vdash P$. Zunächst folgt aus der Nichtableitbarkeit von P auch

$$\text{nicht } \{\boldsymbol{A1}, \boldsymbol{A2}, \boldsymbol{A3}, \ldots, \boldsymbol{Ak}, \neg P\} \vdash P.$$

Es gilt jedoch sicher

$$\{\boldsymbol{A1}, \boldsymbol{A2}, \boldsymbol{A3}, \ldots, \boldsymbol{Ak}, \neg P\} \vdash \neg P,$$

also ist auch $\{\boldsymbol{A1}, \boldsymbol{A2}, \boldsymbol{A3}, \ldots, \boldsymbol{Ak}, \neg P\}$ deduktiv widerspruchsfrei und deduktiv korrekt. Weiter folgt aus $\boldsymbol{A} \models P$, daß es kein Modell von $\boldsymbol{A}$ gibt, das kein Modell von P ist, also keine Interpretation, die Modell von $\boldsymbol{A}$ *und* $\neg P$ ist, also ist $\{\boldsymbol{A1}, \boldsymbol{A2}, \boldsymbol{A3}, \ldots, \boldsymbol{Ak}, \neg P\}$ nicht erfüllbar. Da weiter oben gezeigt wurde, daß $\{\boldsymbol{A1}, \boldsymbol{A2}, \boldsymbol{A3}, \ldots, \boldsymbol{Ak}, \neg P\}$ deduktiv widerspruchsfrei und deduktiv korrekt ist, steht dies im Widerspruch zu Metatheorem 3.7. ■

Damit ergeben sich folgende Äquivalenzen für eine $\boldsymbol{A}$-Prädikatenform P bezüglich eines Axiomensystems $\boldsymbol{A}$:

P beweisbar	$\Leftrightarrow$	P wahr	$\Leftrightarrow$	P nicht widerlegbar	$\Leftrightarrow$	$\neg P$ nicht beweisbar
P nicht beweisbar	$\Leftrightarrow$	P falsch	$\Leftrightarrow$	P widerlegbar	$\Leftrightarrow$	$\neg P$ beweisbar

Dies bedeutet, daß zum Beispiel die Begriffe «nicht beweisbar» und «wahr» bzw. «nicht widerlegbar» und «falsch» nicht miteinander verträglich sind, das heißt sich ausschließen.

Metatheorem 3.9 *Ein Axiomensystem* $\boldsymbol{A}$ *ist genau dann relativ vollständig, wenn es deduktiv vollständig ist.*

Beweis (indirekt): (i) Angenommen, $\boldsymbol{A}$ ist relativ vollständig. Falls $\boldsymbol{A}$ deduktiv unvollständig ist, so gibt es eine $\boldsymbol{A}$-Prädikatenform P, sodaß weder P noch $\neg P$ formal beweisbar sind aus $\boldsymbol{A}$. Dann gibt es ein Modell von $\boldsymbol{A}$, in welchem weder P noch $\neg P$ beweisbar, und folglich P und $\neg P$ beide nicht erfüllbar sind – im Widerspruch zur Annahme. (ii) Angenommen, $\boldsymbol{A}$ ist deduktiv vollständig. Falls $\boldsymbol{A}$ relativ unvollständig ist, so gibt es eine $\boldsymbol{A}$-Prädikatenform P und ein Modell von $\boldsymbol{A}$, in welchem weder P noch $\neg P$ erfüllbar ist. Damit ist weder P noch $\neg P$ beweisbar – im Widerspruch zur Annahme. ■

3.5.3 Existenz und Widerspruchsfreiheit

Es könnte so scheinen, wie wenn durch Metatheorem 3.7 die Existenz von etwas bewiesen würde. Dies ist aber nicht der Fall. Die formale Logik hat es nirgends mit dem konkreten, inhaltlichen Vollzug irgendeines Urteils (das heißt der Herstellung einer Proposition) zu tun, insbesondere nicht mit einem Existenzurteil. Sie muß voraussetzen, ob solche Urteile zutreffen oder nicht, sie klärt nur deren formalen Zusammenhang untereinander auf. So wird in Metatheorem 3.7 gezeigt, daß die deduktive Widerspruchsfreiheit eines Axiomensystems $\boldsymbol{A}$ nicht damit zu vereinbaren ist, daß es für $\boldsymbol{A}$ kein Modell gibt. Dazu muß für $\boldsymbol{A}$ nicht ein konkretes Modell konstruiert werden. Denn die Konstruktion eines solchen Modells bringt nur die Frage mit sich, ob es tatsächlich das prinzipiell gegebene Axiomensystem $\boldsymbol{A}$ erfüllt oder nicht – und dies ist kein rein formallogisches Problem.

Man kann den vorliegenden Sachverhalt auch so ausdrücken, daß man sagt: In der formalen Prädikatenlogik erscheint das Existenzproblem als Problem der Widerspruchsfreiheit. In diesem Sinne ist die widerspruchsfreie Denkbarkeit einer Menge von Propositionen hinreichend für den *Bezug* auf einen Bereich von Gegenständen, welche die in den Propositionen enthaltenen Prädikatenformen erfüllen. Kurz: Existenz und Widerspruchsfreiheit sind *im Rahmen der formalen Logik* äquivalent.

Man verwechsle dies nicht mit der Behauptung, daß die Widerspruchsfreiheit hinreichend sei für ein Existenz*urteil* über solche Gegenstände. Sie ist es nicht – sondern sie ist nur notwendig. Ein Existenzurteil hat als Vorbedingung eine Erfahrung der als existent zu beurteilenden Gegenstände. Damit befindet man sich jedoch nicht mehr im Bereich der formalen Prädikatenlogik.

Was für die formale Prädikatenlogik Vorbedingung ist, nämlich die Möglichkeit von widerspruchsfreien Mengen von Propositionen (Gedankeninhalten) zu den Bereichen der diesen Propositionssystemen genügenden Gegenständen überzugehen, muß in der allgemeinen Denklehre in seiner tatsächlichen Denkmöglichkeit nachgewiesen werden.

Man beachte, daß das hier diskutierte Problem nichts zu tun hat mit dem Nachweis der Existenz eines konkreten Gegenstandes mit bestimmten Eigenschaften relativ zu einem gegebenen

Axiomensystem $\boldsymbol{A}$ und dessen Modellen, das heißt formallogisch gesprochen mit der Partikularisierung der freien Variablen einer $\boldsymbol{A}$-Prädikatenform P, das heißt der Anwendung des «Existenzquantors» $\exists$ auf eine oder mehrere freie Variablen von P. Denn diese Anwendung setzt den gesamten Gegenstandsbereich voraus, und es geht nur um die Frage, ob es unter diesen Gegenständen solche gibt, welche das geforderte Prädikat P erfüllen. Der konkrete Entscheid darüber ist ein Problem der Beweisbarkeit bzw. Folgerbarkeit von $\exists x P(x)$ aus dem Axiomensystem $\boldsymbol{A}$.

3.6 Grundbegriffe der formalen Klassenlogik und Relationenlogik

Während in der formalen Prädikatenlogik das formale Verhalten des Inhaltes von Begriffen in Form von ein- und mehrstelligen Prädikaten untersucht wird, geht es in der formalen Klassen- und Relationenlogik um das formale Verhalten des Umfangs von solchen Prädikaten.

3.6.1 Extensionale und intensionale Auffassung von Prädikaten

Die *intensionale* Auffassung eines Begriffes bestimmt denselben durch seinen Inhalt und die *extensionale* durch seinen Umfang, das heißt die Gesamtheit der Gegenstände, auf welche der Inhalt des Begriffs zutrifft (siehe dazu und zum folgenden die ausführlichere Darstellung in Ziegler [1995], Kapitel VI).

Betreibt man formale Prädikatenlogik im Sinne der formalen Logik von Begriffsinhalten in Form von ein- und mehrstelligen Prädikaten, dann besteht kein Anlaß, diese Prädikate ausschließlich extensional aufzufassen.

Für die formale Logik kommen nur solche Prädikate in Betracht, für welche eindeutig bestimmt ist, welche Gegenstände unter sie fallen (siehe Abschnitt 3.3.1 sowie auch Abschnitt 3.7.1).

Die *Klassenlogik* als formale Logik der Umfänge *einstelliger* Prädikate, das heißt eben der *Klassen*, ist der Prädikatenlogik der entsprechenden Prädikate untergeordnet in dem Sinne, daß jedem Prädikat höchstens eine Klasse zugeordnet wird, jeder Klasse aber mindestens ein Prädikat. Entsprechend ist die *Relationenlogik* als formale Logik der Umfänge *mehrstelliger* Prädikate, das heißt eben der *Relationen*, der Prädikatenlogik der entsprechenden Prädikate untergeordnet in dem Sinne, daß jedem Prädikat höchstens eine Relation zugeordnet wird, jeder Relation aber mindestens ein Prädikat. Dies ergibt sich aus der Tatsache, daß zu einer Klasse von Gegenständen (zum Beispiel gewissen Punkten in einer Ebene) verschiedene äquivalente diese eindeutig festlegende Bestimmungen (zum Beispiel verschiedene Kreisdefinitionen) gehören können. Mit anderen Worten, nur der Übergang von der Prädikatenlogik zur Klassen- und Relationenlogik ist eindeutig: einer bestimmten Prädikatenlogik mit bestimmten Prädikaten ist genau eine Klassen- und Relationenlogik zugeordnet – aber nicht umgekehrt. Man beachte, daß hier in der Klassenlogik der Ausdruck «Relation» in einer anderen Bedeutung auftaucht als innerhalb der Prädikatenlogik, wo er «mehrstelliges Prädikat» bedeutet. Innerhalb dieses Abschnitts wird aber an der oben gegebenen Bedeutung festgehalten.

Will man eine umkehrbar eindeutige Beziehung zwischen Prädikaten und Klassen bzw. Relationen, so muß auch bezüglich der Prädikate zu einer streng extensionalen Auffassung übergegangen werden. Dies bedeutet, daß man dann auch vom Umfang im eigentlichen Sinne Abschied nehmen muß (siehe dazu näheres in Ziegler [1995], Kapitel VI). Dies ist die am weitesten verbreitete Auffassung der Klassen- und Relationenlogik und zumindest in der Literatur der mathematischen Logik und Klassen- oder Mengenlehre Standard. Die folgenden Untersuchungen werden nicht generell auf diesen Standard festgelegt, sondern es wird von Fall zu Fall davon Gebrauch gemacht.

3.6.2 Klassenbildung

Klassen sind Umfänge von einstelligen Prädikaten bezüglich eines Bereiches $\boldsymbol{G}$ von Gegenständen, das heißt die Klasse eines einstelligen Prädikates ist die eindeutig bestimmte Totalität aller Gegenstände eines Gegenstandsbereiches $\boldsymbol{G}$, die dem Prädikat genügen, es erfüllen, unter es fallen etc. Damit sind Klassen auf der Grundlage von Prädikaten anhand eines gegebenen Gegenstandbereiches $\boldsymbol{G}$ bestimmt. Die durch ein einstelliges Prädikat $A(\ )$ bestimmte *Klasse* $\boldsymbol{M}$ ist die eindeutig bestimmte Gesamtheit von Gegenständen m aus $\boldsymbol{G}$, welche unter das Prädikat $A(\ )$ fallen, das heißt für welche $A(m)$ wahr ist. Diese Gegenstände heißen die *Elemente* von $\boldsymbol{M}$, und man schreibt $m \in \boldsymbol{M}$.

Ist $A(\ )$ ein einstelliges Prädikat über $\boldsymbol{G}$, so schreibt man für die durch A eindeutig bestimmte Klasse $\boldsymbol{A}$ auch $[x \in \boldsymbol{G} \mid A(x)]$. Damit kann man die obige Bestimmung der Element-Beziehung ausdrücken durch: $y \in [x \in \boldsymbol{G} \mid A(x)]$ gilt genau dann, wenn $A(y)$, das heißt symbolisch:

$$A(y) \leftrightarrow y \in [x \in \boldsymbol{G} \mid A(x)].$$

Man nennt dies das *Komprehensionsprinzip* oder auch das *Abstraktionsprinzip*, da manchmal der Übergang von einem einstelligen Prädikat zur entsprechenden Klasse (irreführend) als Abstraktion bezeichnet wird.

Eine Klasse ist nur dadurch bestimmt, welche Elemente ihr angehören, sodaß Klassen mit denselben Elementen vom Gesichtspunkt der Klassenlogik aus als ununterscheidbar oder identisch angesehen werden. Dies ist der Inhalt des *Extensionalitätsprinzips* oder des Klassenidentitätsprinzips:

$$\forall x(x \in \boldsymbol{A} \leftrightarrow x \in \boldsymbol{B}) \rightarrow \boldsymbol{A} \equiv \boldsymbol{B}.$$

Falls man Begriffe auch extensional auffaßt, das heißt sie als (vom Gesichtspunkt der extensionalen Klassenlogik) ununterscheidbar auffaßt, wenn sie auf dieselben Gegenstände zutreffen, so garantiert das Extensionalitätsprinzip eine umkehrbar eindeutige Zuordnung der einstelligen Prädikate mit den Klassen. Dann gehört zu jedem einstelligen Prädikat genau eine Klasse und zu jeder Klasse gehört genau ein einstelliges Prädikat, das genau auf diejenigen Gegenstände zutrifft, die Elemente der Klasse sind.

Gemäß dem Extensionalitätsprinzips sind die *Nullklasse* oder *leere Klasse* als Klasse der Prädikats $x \neq x$ sowie die *Allklasse* als Klasse des Prädikates $x = x$ eindeutig bestimmt:

Nullklasse: $\varnothing :\equiv [x \in \boldsymbol{G} \mid x \neq x] \equiv [x \mid \neg(x = x)],$

Allklasse: $\boldsymbol{G} :\equiv [x \in \boldsymbol{G} \mid x = x].$

Man kann zudem zu jedem Objekt x einen Begriff angeben, der genau auf x zutrifft, nämlich den Begriff «identisch sein mit x», also das Prädikat $A(y) \equiv y = x$. Den Umfang dieses Begriffes nennt man die *Einermenge* von x und schreibt dafür

$$[x] :\equiv [y \in \boldsymbol{G} \mid y = x].$$

Auf dieser Grundlage läßt sich nun die übliche Klassenalgebra entwickeln mit Durchschnitt, Vereinigung, Komplement etc. und daraus die entsprechenden Gesetze ableiten.

3.6.3 Relationen und Funktionen

Relationen stehen im selben Verhältnis zu mehrstelligen Prädikaten wie Klassen zu einstelligen Prädikaten. Wie weiter oben bereits erwähnt, wird der Ausdruck «Relation» auch für die mehrstelligen Prädikate selbst gebraucht. In diesem Abschnitt über die Klassenlogik soll er aber nur in seiner Bedeutung als Umfang von mehrstelligen Prädikaten verwendet werden. Das grundlegende Bildungsprinzip für Relationen bezüglich Elementen $x_1, x_2, \ldots, x_N$ aus einem Gegenstandsbereich $\boldsymbol{G}$ lautet:

$$(y_1, y_2, \ldots, y_N) \in [(x_1, x_2, \ldots, x_N) \mid A(x_1, x_2, \ldots, x_N)] \quad \leftrightarrow \quad A(y_1, y_2, \ldots, y_N)$$

und entsprechend das verallgemeinerte Extensionalitätsprinzip

$$\forall x_1, x_2, \ldots, x_N((x_1, x_2, \ldots, x_N) \in \boldsymbol{A} \quad \leftrightarrow \quad (x_1, x_2, \ldots, x_N) \in \boldsymbol{B}) \rightarrow \boldsymbol{A} \equiv \boldsymbol{B}.$$

Als erster Schritt der Emanzipierung der Klassenlogik von der Prädikatenlogik können durch die Einführung geordneter Paare und geordneter n-Tupel die Relationen auf Klassen zurückgeführt werden. Weiter lassen sich dann Funktionen als spezielle Relationen auffassen und damit auch auf Klassen zurückführen (siehe dazu etwa Friedrichsdorf/Prestel [1985]). Diese «Reduktion» der Relationenlogik auf die Klassenlogik durch Repräsentierung von Relationen im Bereich der Klassen hat den Verlust der der Klassen- und Relationenlogik zugehörigen Unterscheidung zwischen ein- und mehrstelligen Prädikaten zur Folge. Dies in aller Konsequenz durchzuführen ist Aufgabe der Mengenlehre, die jedoch noch einen Schritt weitergeht (siehe Abschnitt 3.6.7).

3.6.4 Gesetze der Klassen- und Relationenlogik

Zusammenfassend werden folgende Beziehungen zwischen Prädikatenlogik und Klassen- und Relationenlogik festgehalten. Ein- und mehrstelligen Prädikate entsprechen Klassen und Relationen:

$$\begin{array}{lll} A(\cdot) & \leftrightarrow & \cdot \in [x \mid A(x)], \\ R(,,\ldots,) & \leftrightarrow & [(x_1, x_2, \ldots, x_N) \mid R(x_1, x_2, \ldots, x_N)], \end{array}$$

und elementaren wahren und falschen Propositionen das Zutreffen oder Nichtzutreffen der Elementbeziehung:

$$\begin{array}{lll} A(y) & \leftrightarrow & y \in [x \mid A(x)], \\ R(y_1, y_2, \ldots, y_N) & \leftrightarrow & (y_1, y_2, \ldots, y_N) \in [(x_1, x_2, \ldots, x_N) \mid R(x_1, x_2, \ldots, x_N)]. \end{array}$$

Sind die beteiligten Gegenstands- und/oder Prädikatenvariablen nicht auf einen konkreten Wert festgelegt, also nicht alle Variablen gebunden, so heißt die einer Prädikatenform entsprechende Verknüpfung von Klassen und Relationen *Klassen-Relationenform*. Den Prädikatenvariablen entsprechen dann die Klassen- und Relationenvariablen. So entsprechen sich etwa folgende Prädikatenformen und Klassenformen:

$$\begin{array}{lcl} Prim(y) & \leftrightarrow & y \in [x \mid Prim(x)], \\ Prim(y) \vee A(y) & \leftrightarrow & y \in [x \mid Prim(x) \vee A(x)] \equiv [x \mid Prim(x)] \cup [x \mid A(x)]. \end{array}$$

Für die Quantifizierung gelten sinngemäß für ein- und mehrstellige Prädikate die folgenden Entsprechungen:

$$\begin{array}{lcl} \forall x A(x) & \leftrightarrow & [x \mid A(x)] = \boldsymbol{G}, \\ \exists x A(x) & \leftrightarrow & [x \mid A(x)] \neq \emptyset. \end{array}$$

Eine Klassen-Relationenform heißt *allgemeingültig*, wenn sie für jeden nicht leeren Gegenstandsbereich wahr ist, das heißt wenn für jeden derartigen Bereich die Ersetzung der Klassen- und Relationenvariablen durch beliebige Klassen und Relationen mit Elementen aus diesem Bereich in eine wahre Gedankenverknüpfung übergeht. Entsprechend wird die *Erfüllbarkeit* definiert durch die Existenz mindestens eines Gegenstandsbereiches, in welchem die Klassen-Relationenform wahr ist.

Da der Klassen- und Relationenlogik die Prädikatenlogik zugrundeliegt, so kann auch das gesamte begriffliche Instrument von dort übernommen werden. Neben den direkt bewiesenen Gesetzen kann man auch durch die Methode der analogen Gesetze Gesetze der Klassen- und Relationenlogik gewinnen. Man ersetze die Prädikate $A(x)$, $B(x,y)$, ... in einem Gesetz der Prädikatenlogik durch $x \in \boldsymbol{A}$, $(x,y) \in \boldsymbol{B}$, ... und erhält damit ein Gesetz der Klassen- und Relationenlogik.

3.6.5 Isomorphie der Klassenalgebra mit der Algebra der Propositionen und mit der monadischen Prädikatenalgebra

Es wird im folgenden eine kurze algebraische Betrachtung der Klassen und monadischen Prädikate eingeschaltet. Man geht aus von einem Bereich $\boldsymbol{G}$ von Gegenständen (Allklasse) und betrachtet einerseits die zu denselben gehörenden einstelligen oder monadischen Prädikate A, B, ... sowie die Teilklassen der Allklasse $\boldsymbol{G}$. Eine Klasse $\boldsymbol{T}$ heißt *Teilklasse* von $\boldsymbol{G}$, wenn für jedes $t \in \boldsymbol{T}$ folgt $t \in \boldsymbol{G}$. Nimmt man bezüglich der monadischen Prädikate den extensionalen Gesichtspunkt ein, so können diese in eine eineindeutige Beziehung mit den Teilklassen von $\boldsymbol{G}$ gebracht werden: $x \in \boldsymbol{G}$ gehört genau dann zur Teilklasse $\boldsymbol{A}$ von $\boldsymbol{G}$, wenn ein monadisches Prädikat A auf x zutrifft, kurz

$$x \in \boldsymbol{A} \leftrightarrow A(x).$$

Der Konjunktion zweier Prädikate entspricht der Durchschnitt und der Disjunktion die Vereinigung der entsprechenden Klassen:

$$\begin{array}{lcl} x \in \boldsymbol{A} \cap \boldsymbol{B} & \leftrightarrow & A(x) \wedge B(x), \\ x \in \boldsymbol{A} \cup \boldsymbol{B} & \leftrightarrow & A(x) \vee B(x). \end{array}$$

Es zeigt sich, daß sowohl $\wedge$ und $\vee$ wie auch $\cap$ und $\cup$ dieselben Gesetze erfüllen, nämlich die eines distributiven Verbandes. Nimmt man die Negation als Entsprechung der Komplementbildung (relativ zur Allklasse $\boldsymbol{G}$)

$$x \in \boldsymbol{G} - \boldsymbol{A} \leftrightarrow \neg A(x)$$

und die Neutralelemente Nullklasse $\emptyset$ und Allklasse $\boldsymbol{G}$ aus $\boldsymbol{G}$ bzw. die konstanten einstelligen Prädikate $F :\equiv x \neq x$ und $W :\equiv x = x$ über $\boldsymbol{G}$ hinzu, so gelten entsprechend die Komplementgesetze

$$\begin{array}{lcl} \boldsymbol{A} \cup (\boldsymbol{G} - \boldsymbol{A}) \equiv \boldsymbol{G} & \leftrightarrow & A(x) \vee \neg A(x) \Leftrightarrow W, \\ \boldsymbol{A} \cap (\boldsymbol{G} - \boldsymbol{A}) \equiv \emptyset & \leftrightarrow & A(x) \wedge \neg A(x) \Leftrightarrow F, \end{array}$$

und die Gesetze über die Neutralelemente

$$\begin{array}{lcl} \boldsymbol{A} \cup \emptyset \equiv \boldsymbol{A} & \leftrightarrow & A(x) \vee F \Leftrightarrow A(x), \\ \boldsymbol{A} \cap \boldsymbol{G} \equiv \boldsymbol{A} & \leftrightarrow & A(x) \wedge W \Leftrightarrow A(x). \end{array}$$

Damit ist klar, daß sowohl die Struktur der Teilklassen von $\boldsymbol{G}$

$$\langle \text{alle Teilklassen von } \boldsymbol{G}; \cup, \cap, \boldsymbol{G}-, \boldsymbol{G}, \emptyset \rangle$$

wie auch die Struktur der Menge der einstelligen oder monadischen Prädikate über $\boldsymbol{G}$

$$\langle \text{alle einstelligen Prädikate über } \boldsymbol{G};\ \vee, \wedge, \neg, W, F \rangle$$

jeweils eine Boolesche Algebra oder einen Booleschen Verband (siehe Abschnitt 3.2.7) mit unendlich vielen Elementen bilden. Da die Elemente der beiden Verbände sich gemäß der obigen Konstruktion eineindeutig entsprechen, so sind die beiden Booleschen Verbände isomorph.

Im weiteren bildet gemäß Abschnitt 3.2.7 die Struktur $\langle$alle Propositionen; $\vee, \wedge, \neg, W, F\rangle$ einen Booleschen Verband. Da man sich beim Aufbau von zusammengesetzten Propositionsformen auf die Wahrheitsfunktionen $\vee$, $\wedge$ und $\neg$ beschränken kann (da sich alle übrigen zwei- und höherstelligen Wahrheitsfunktionen dadurch ausdrücken lassen – siehe Abschnitt 3.2.1), so umfaßt der genannte Boolesche Verband alle möglichen wahrheitsfunktionalen Zusammensetzungen über der Menge der elementaren (das heißt nicht weiter in Propositionen analysierbaren) Propositionen. Daraus folgt: Ist die Mächtigkeit der Teilklassen einer Klasse $\boldsymbol{G}$ gleich der Mächtigkeit eines bestimmten Bereiches $\boldsymbol{P}$ von elementaren Propositionen, so sind die entsprechenden Booleschen Verbände isomorph.

3.6.6 Äquivalenz der Klassenlogik mit der monadischen Prädikatenlogik

Es ist nicht nur die Struktur der einstelligen Prädikate über einem Gegenstandsbereich algebraisch isomorph zur Struktur der Klassen über demselben Bereich, sondern es ist auch die entsprechende monadische Prädikatenlogik logisch äquivalent zur entsprechenden Klassenlogik. Dies bedeutet, daß jeder prädikatenlogischen Proposition der monadischen Prädikatenlogik, das heißt jede Prädikatenform aus einstelligen Prädikaten mit gebundenen Gegenstandsvariablen, genau dann wahr ist, wenn die entsprechende klassenlogische Proposition wahr ist.

Dies ergibt sich unmittelbar aus den auf einstellige Prädikate und den ihnen entsprechenden Klassen beschränkten Beziehungen aus Abschnitt 3.6.4, sowie der genannten Isomorphie, durch welche jeder Prädikatenform aus einstelligen Prädikaten genau eine Klassenform entspricht.

3.6.7 Mengenlehre als Mathematisierung der Klassenlogik

Zunächst ergeben sich vermöge der Klassen- und Relationenbildung aus Prädikaten Klassen und Relationen von Gegenständen, die von den Gegenständen selbst zu unterscheiden sind. Im Sinne der uneingeschränkten Untersuchung von Prädikaten, kommen dann jedoch auch Prädikate von Klassen und Relationen in Betracht und damit treten Klassen und Relationen als Gegenstände und damit als Elemente von Klassen und Relationen auf.

Das Ziel der *Mengenlehre*, das heißt der Mathematisierung der Klassen- und Relationenlogik ist die Emanzipierung von der Prädikatenlogik, was bedeutet, daß die Klassen- und Relationenlogik als eigenständige Denkdisziplin und nicht als Anhängsel der Prädikatenlogik aufgebaut werden soll. Die Durchführung dieses Programms geschieht in zwei Schritten: (1) Rückführung von Relationen und Funktionen auf Beziehungen zwischen Klassen (siehe Abschnitt 3.6.3); (2) Repräsentierung von höherstufigen ein- und mehrstelligen Prädikaten (Prädikate von Prädikaten etc.) durch Klassen. Dies geschieht dadurch, daß Klassen selbst als Gegenstände aufgefaßt werden und damit wird etwa aus einem Prädikatenprädikat eine Beziehung zwischen Klassen als Gegenständen und einer Klasse solcher Gegenstände. Damit kann der gesamte Bereich der extensional aufgefaßten ein- und mehrstelligen Prädikate erster und höherer Stufe durch Klassen repräsentiert werden.

In der *mathematischen Mengenlehre* werden schließlich Mengen (oder Klassen) nicht mehr über die Umfänge von Prädikaten definiert, sondern sind die einzigen Gegenstände oder Grundelemente. Als axiomatisch festzulegende Grundbeziehungen, aus denen alles weitere bestimmbar ist, werden die (zweistelligen) Prädikate des Elementseins $\in$ und der Mengengleichheit $\equiv$ eingeführt (siehe dazu Abschnitt 3.8).

Die fortschreitende Extensionalisierung der formalen Prädikatenlogik kann in folgende Schritte gegliedert werden. Dabei sind Prädikate von Gegenständen *Prädikate erster Stufe*, Prädikate von Prädikaten erster Stufe *Prädikate zweiter Stufe* etc. Die Klassen und Relationen haben eine entsprechende Stufung.

Formale Prädikatenlogik

↓ Übergang von Prädikaten zu Klassen und Relationen

Klassen- und Relationenlogik
aufgrund intensional aufgefaßter Prädikate verschiedener Stufen

↓ Übergang vom intensionalen zum extensionalen Gesichtspunkt

Klassen- und Relationenlogik
aufgrund extensional aufgefaßter Prädikate verschiedener Stufen

↓ Reduktion von Relationen auf Klassen gleicher Stufe

Klassenlogik
mit Klassen verschiedener Stufen

↓ Reduktion höherstufiger Prädikate auf Klassen

Mengenlehre

Auf die Schwierigkeiten, die bei der Mathematisierung der Klassen- und Relationenlogik aufgetreten sind sowie auf die vorgeschlagenen Lösungsstrategien wird im Abschnitt 3.7.1 eingegangen. Schränkt man sich auf die monadische Prädikatenlogik und die zu ihr isomorphe Klassenlogik ein, so erhält man die folgenden klassenlogischen Systeme, wo jedes Folgende eine Spezialisierung des Vorangehenden ist (siehe Abschnitt 3.3.8):

Klassenlogik
[isomorph zur monadischen Prädikatenlogik]

↓

Vervollständigte mathematische syllogistische Klassenlogik
[isomorph zur mathematischen vervollständigten Syllogistik]

↓

Vervollständigte definite syllogistische Klassenlogik
[isomorph zur vervollständigten Syllogistik]

↓

Definite syllogistische Klassenlogik
[isomorph zur klassischen aristotelischen Syllogistik]

3.6.8 Grenzen der formalen Klassen- und Relationenlogik

Die Grenzen der formalen Prädikatenlogik (Abschnitt 3.3.10) übertragen sich auch auf die Klassen- und Relationenlogik. Zusätzlich hat man es bei letzterer bei extensionaler Auffassung noch mit dem Verlust der inhaltlichen Differenzierung verschiedener Prädikate mit demselben Umfangselementen zu tun.

Der Übergang zur Mengenlehre (Abschnitt 3.8) schließlich bringt die weitgehendste Isolierung der Betrachtung des Verhältnisses von Gegenständen des Denkens vom an Begriffsinhalten orientierten Denken.

3.7 Zum Problem der Antinomien im Umkreis der formalen Logik

Einem sich auf das rein Gedankliche berufenden Aufbau der formalen Logik, wie er hier entwickelt wird, kann entgegengehalten werden, daß sich das rein formale *Denken*, sich selbst überlassen, in unauflösbare Widersprüche verstricke, wenn es nicht in geeigneter Weise geregelt und beschränkt wird. Die dazu vorgeschlagenen Maßnahmen bestehen vor allem in der symbolischen Darstellung (oder Kalkülisierung) der logischen Begriffe und Beziehungen sowie in gewissen einschränkenden Regeln (siehe dazu weiter unten). Die damit einhergehende *sprachliche Bindung des Denkens* des Denkens soll hier in knapper Weise daraufhin untersucht werden, ob solche Maßnahmen notwendig oder gar hinreichend zur Vermeidung und/oder Aufklärung der bekannten Antinomien sind. Es wird sich dann zeigen müssen, ob nicht ein *kritisches Denken*, im Sinne eines seiner eigenen Gesetze bewußten Denkens, mit diesen Problemen nicht ohne einschränkende Maßnahmen (wie seiner symbolischen Repräsentation), welche von *außerhalb seines Bereiches herstammen*, fertig wird.

Es soll hier die Sache nicht dabei belassen werden, daß man darauf hinweist, daß jede Regelung, Beschneidung, Ordnung etc. des Denkens selbst wieder nur ein Produkt, ein Resultat des Denkens selbst ist, und damit das zur Vorbedingung hat, was erst geeignet präpariert werden sollte. Diese prinzipielle Bemerkung trifft zwar den wesentlichen Punkt; die entsprechenden Denkmaßnahmen zur «Korrektur» des Denkens sollen im folgenden aber etwas genauer untersucht werden.

Es wird mit den sogenannten *logischen Antinomien* begonnen und ihre einfachste und bekannteste Version, die Russellsche Antinomie, diskutiert. Sie werden hier *Antinomien der Klassenbildung* genannt, um den Bereich deutlich zu kennzeichnen, woraus sie zu entspringen scheinen. Die andere Gruppe wird üblicherweise mit *semantischen Antinomien* bezeichnet, da sie sich in der traditionellen Auffassung auf das Problem der Bedeutung von Ausdrücken (Aussagen, Formeln) bezieht. Sie werden hier *Antinomien der Modellbildung* genannt, um wieder direkt auf deren Ursprung hinzuweisen, wie später klar werden wird (Abschnitt 3.7.2). Es wird auch hier eine besonders charakteristische Form, die Antinomie des Lügners diskutiert, auch Wahrheitsantinomie genannt. Wie sich weiter unten zeigen wird, lassen sich diese beiden Antinomien auf das Problem der Selbstbeziehbarkeit zurückführen, sodaß man zusammenfassend auch von den *Antinomien des Selbstbezugs* oder der *Selbstreferenz* sprechen könnte.

3.7.1 Antinomien der Klassenbildung

Auf der Grundlage der Prädikatenlogik werden Klassen als extensional aufgefaßte Umfänge einstelliger Prädikate definiert (Abschnitt 3.6.2). Dadurch sind Klassen durch einstellige Begriffe definiert: Die durch ein einstelliges Prädikat A bestimmte *Klasse* $\boldsymbol{K}$ ist die eindeutig bestimmte Gesamtheit der Gegenstände, welche unter den Begriff A fallen. Diese Gegenstände heißen *Elemente* der Klasse $\boldsymbol{K}$.

Ist A ein einstelliger Begriff, so schreibt man für den Umfang, das heißt für die durch A definierte Klasse, auch den Ausdruck $[x \mid A(x)]$. Ist k ein Element der Klasse $\boldsymbol{K}$, so schreibt man $k \in \boldsymbol{K}$, bzw. $k \in [x \mid A(x)]$.

Grundlegend für alles weitere ist die wegen der eindeutigen Bestimmtheit der Beziehung eines Prädikats auf die unter es fallenden Gegenstände garantierte Gültigkeit des *Komprehensionsprinzips* oder *Klassenbildungsprinzips*: Zu jedem Prädikat A gibt es genau eine Klasse $\boldsymbol{K}$, die aus allen denjenigen Elementen besteht, die unter A fallen, oder symbolisch:

$$A(a) \leftrightarrow a \in [x \mid A(x)],$$

Betrachte nun die Russellsche Eigenschaft R, definiert durch:

R trifft auf eine Klasse $\boldsymbol{X}$ genau dann zu, wenn $\boldsymbol{X}$ eine Klasse ist mit $\boldsymbol{X} \notin \boldsymbol{X}$.

Mit Hilfe des Komprehensionsprinzips ergibt sich

$$R(a) \leftrightarrow a \in [\boldsymbol{X} \mid \boldsymbol{X} \text{ ist Klasse und } \boldsymbol{X} \notin \boldsymbol{X}].$$

Die dadurch bestimmte *Russellsche Klasse* $[\boldsymbol{X} \mid \boldsymbol{X}$ ist Klasse und $\boldsymbol{X} \notin \boldsymbol{X}]$ wird bezeichnet mit $\boldsymbol{M}_R$. Daraus kann man nun schließen: Ist einerseits $\boldsymbol{M}_R$ eine Klasse mit $\boldsymbol{M}_R \in \boldsymbol{M}_R$, so gilt $R(\boldsymbol{M}_R)$, also sicher $\boldsymbol{M}_R \notin \boldsymbol{M}_R$. Ist andererseits $\boldsymbol{M}_R \notin \boldsymbol{M}_R$, so erfüllt $\boldsymbol{M}_R$ nicht das Prädikat R und folglich ist $\boldsymbol{M}_R \in \boldsymbol{M}_R$ oder $\boldsymbol{M}_R$ ist keine Klasse. Da $\boldsymbol{M}_R$ aufgrund des Komprehensionsprinzips aber Klasse ist, gilt $\boldsymbol{M}_R \in \boldsymbol{M}_R$. Insgesamt ergibt sich also:

$$\boldsymbol{M}_R \in \boldsymbol{M}_R \text{ genau dann, wenn } \boldsymbol{M}_R \notin \boldsymbol{M}_R .$$

Die Ableitung anderer Antinomien, wie etwa diejenige der Allklasse $[\boldsymbol{X} \mid \boldsymbol{X}$ ist Klasse$]$ und der Klasse aller Ordinalzahlen $[\boldsymbol{X} \mid \boldsymbol{X}$ ist Klasse und Ordinalzahl$]$ braucht mehr mathematischen Aufwand, bringt aber keine neuen Aspekte hinzu. In der elementaren Russellschen Version der Antinomien der Klassenbildung hat man ohne zusätzlichen Ballast alle wesentlichen Elemente beisammen.

Die Maßnahmen, die zur Vermeidung oder Aufklärung der Antinomien der Klassenbildung vorgeschlagen und zum Teil durchgeführt worden sind, lassen sich in vier Kategoren einteilen:

(a) *Revision der Prädikatenlogik.*

Intuitionismus oder finiter Konstruktivismus (Brouwer, Heyting): Hier handelt es sich um einschneidende Beschränkungen auf finite Konstruktionsprozesse, unter Verzicht auf das Prinzip des ausgeschlossenen Dritten (*tertium non datur*); insbesondere werden indirekte Beweise im Zusammenhang mit unendlichen Klassenbildungen verboten. Damit kann die Antinomie der Russellschen Klasse, die sicher unendlich viele Elemente enthält, nicht mehr abgeleitet werden.

(b) *Stufenunterscheidung in der Klassenbildung.*

Typentheorie auf der Grundlage eines symbolischen Kalküls (Russell und Whitehead): Ausgehend von nicht weiter reduzierbaren Urelementen (Klassen nullter Stufe) oder bloß von der leeren Menge, werden Klassen von Urelementen (Klassen erster Stufe) gebildet, Klassen von Klassen von Urelementen (Klassen zweiter Stufe) etc. Elemente einer Klasse n-ter Stufe dürfen dabei nur Klassen streng niederer Stufe, das heißt Klassen k-ter Stufe mit $k < n$ sein. Mit dem dadurch eingeschränkten Komprehensionsprinzip auf Klassen einer festen Stufe kann aus der Russellschen Klasse keine Antinomie mehr abgeleitet werden, da die resultierende Klasse eine höhere Stufe als alle ihre Elemente hat.

New Foundations (Quine): Die Anwendung des Komprehensionsprinzips (und nur dieses) wird auf «geschichtete» (stratified) Prädikate oder Formeln eines symbolischen Prädikatenkalküls beschränkt.

(c) *Revision des Klassenbildungsprinzips.*

Typenfreie symbolische Axiomatik der Klassenlehre (Zermelo, Fraenkel, Skolem): Weitgehende Einschränkung und Abschwächung des Komprehensionsaxioms zum Aussonderungsaxiom für gegebene Klassen auf der Grundlage einer Axiomatik der Klassenlehre im Rahmen einer geeignet symbolisierten Prädikatenlogik erster Stufe.

Klassen-Mengen-Lehren (von Neumann, Bernays, Gödel): Objekte der Theorie sind hier Klassen und Objekte, die auch Elemente von Klassen sein können: Mengen. Das Komprehensionsaxiom wird im Rahmen einer geeignet symbolisierten Prädikatenlogik erster Stufe aufgestellt.

Die durch diese beiden Formen von Revisionen des Komprehensionsprinzips veranlagte inhaltliche Veränderung des Klassenbegriffe macht es notwendig, Axiome, die die *Existenz* gewisser Klassen fordern, aufzustellen (zum Beispiel das Vereinigungsmengenaxiom, das Unendlichkeitsaxiom und das Auswahlaxiom).

(d) *Mengenlehre als rein mathematische Disziplin.*

Rein formale Axiomatik reiner Mengen ohne Existenzaxiome (Finsler): Axiomatische Festlegung der Mengeneigenschaften ohne Existenzaxiome auf der Grundlage einer *nicht* symbolisierten formalen Logik.

Es werden nun der Reihe nach die angeführten Maßnahmen zu Vermeidung der Antinomien der Klassenbildung diskutiert.

Eine Revision der Prädikatenlogik im Sinne von (a) läßt sich allein aus Überlegungen zur Natur der Grenzen und Möglichkeiten der formalen Logik nicht rechtfertigen. Wie sich zeigen wird, liegt bei den Antinomien der Klassenbildung kein der formalen Klassenlogik inhärenter Defekt vor, sondern eine nicht klar zum Bewußtsein gekommene *Grenzüberschreitung* der Denkweisen der *formalen* Klassenlogik. Darüberhinaus führen die vorgeschlagenen Revisionen bloß zur Erfassung eines zwar überschaubaren und mechanisch handhabbaren, jedoch sehr kleinen (strikt finitär konstruktiven) Teilbereichs der Klassenlogik oder Mengenlehre. Indirekte, nicht konstruktive Beweise in der Mathematik sowie Argumentationen mit unendlichen Mengen sind keinesfalls problematisch als solche – sie gehören zum Wesen der mathematischen Methodik. Wird die Forderung nach einer Revision der Prädikatenlogik zugleich mit der Forderung nach einer *Symbolisierung* der Logik in einem Prädikatenkalkül erhoben, so treffen auf diese Sachlage im wesentlichen dieselben Argumente zu, die weiter unten bei der Diskussion von (b) und (c) anführen werden.

Eine universelle Stufenunterscheidung im Sinne von (b) ist für die Klassenlehre zu radikal, es genügte *ein* wesentlicher Stufenunterschied, nämlich der zwischen Klassen und Mengen, wobei nur diejenigen Klassen Mengen sind, die auch Elemente von Klassen sein können (siehe (c)). Da durch eine Stufenunterscheidung die Antinomien der Klassenbildung tatsächlich nicht mehr auftreten, gibt es keinen sachlichen Grund für eine darüber hinausgehende Symbolisierung der Klassenlogik mit Stufen. Im Gegenteil – eine Symbolisierung dieser Stufungen führt zu Prädikatenlogiken höherer Stufen, womit man sich das Problem der prinzipiellen Modell-Unvollständigkeit oder prädikatenlogischen Unabgeschlossenheit (Abschnitt 4.16) sowie des infiniten Regresses immer höherer Modell-Stufen zur Vermeidung der Antinomien der Modellbildung einhandelt (siehe Abschnitt 3.7.2).

Die Revision der Klassenbildung durch Einschränkungen des Komprehensionsprinzips im Sinne von (c) auf der Grundlage der symbolisierten Prädikatenlogik erster Stufe führt zu unvollständigen Beschreibungen höchstens abzählbarer Mengenuniversen (Abschnitt 4.15) und damit zu nichtintendierten Modellen der symbolisierten Axiome (insbesondere lassen sich auf diese Weise die überabzählbaren reellen Zahlen nicht adäquat erfassen). Wird zu symbolisierten Prädikatenlogiken zweiter und höherer Stufen übergegangen, so handelt man sich die prinzipielle Modell-Unvollständikgeit (oder prädikatenlogische Unabgeschlossenheit) ein (Abschnitt 4.16), sowie zusätzlich das Problem des infiniten Regresses immer höherer Modellstufen zur Vermeidung der Antinomien der Modellbildung (siehe Abschnitt 3.7.2). Im weiteren zeigt sich, daß kein Widerspruchfreiheitsbeweis mit denselben symbolisch-logischen Mitteln möglich ist, die zur Darstellung des entsprechenden Axiomensystems nötig sind (Abschnitt 4.14). Daraus folgt ebenfalls, daß die Erfüllbarkeit dieses Axiomensystems mit diesen Mitteln nicht effektiv nachweisbar ist. Ein Ausweichen auf stärkere Beweismittel führt zu *relativen Widerspruchsfreiheitsbeweisen*, wo die Widerspruchsfreiheit einer Menge von Propositionen unter Voraussetzung der Widerspruchsfreiheit einer umfassenderen Menge nachgewiesen wird. Die Widerspruchsfreiheit der letzteren Menge kann wiederum nicht mit denselben Mitteln abgeleitet werden, sondern bedarf einer umfasssenderen Menge etc. – Die Einführung von Existenzaxiomen in der symbolisch-axiomatischen Mengenlehre bedeutet einen wesentlichen Bruch mit der Auffassung der Axiome als eine im mathematischen Sinne notwendige und hinreichende Bestimmung des Beziehungsgefüges von Grundelementen eines vorgegebenen Bereiches von Gegenständen. Die Existenz dieses Gegenstandsbereiches ist die *Vorbedingung* zur Aufstellung der Axiome – und nicht umgekehrt, das heißt die Axiome können in keiner Weise eine Existenz konkreter Gegenstände des Denkens *begründen*, wenn diese nicht schon vorher feststeht. Führt man trotzdem Existenzaxiome ein, so entsteht der irreführende Eindruck, daß durch die Axiome etwas konstruiert oder eingeführt wird, was ohne sie nicht da wäre. Dahinter steht die Auffassung, der Mensch sei der Schöpfer oder Bildner seiner Begriffe, insbesondere der mathematischen Begriffe. Dies ist aber nicht der Fall, denn ein ernstzunehmender Beweis einer tatsächlichen Neuschöpfung (nicht «bloßen» Erfindung) von Begriffen ist bisher nicht geleistet worden - und wird auch nicht gelingen, da dies prinzipiell unmöglich ist (siehe dazu Ziegler [1995], Kapitel IV.3).

Die einzige mir bekannte rein formale Axiomatik reiner Mengen ohne Existenzaxiome stammt von Paul Finsler. Diese Axiomatik ist zugleich so gefaßt, daß sie in einem strengen Sinne *nicht* symbolisierbar ist, und damit in keines derjenigen Problem gerät, die mit einer solchen Symbolisierung zusammenhängen (siehe oben). Durch eine präzise Fassung der Mengen-Element-Relation wird auch erreicht, daß die Russellsche Klasse keine Menge sein kann. Dagegen existiert die Allmenge sowie die Menge aller Ordinalzahlen, die einen Nachfolger haben (siehe Abschnitt 3.8).

Aus dieser Analyse ergibt sich, daß die Maßnahmen (a), (b) und (c) zur Vermeidung der Antinomien der Klassenbildung, insbesondere was die Forderung nach einer Symbolisierung betrifft, weder notwendig sind noch zu Begriffssystemen führen, die zur Erfassung der gesamten Klassenlogik oder Mengenlehre hinreichend sind.

Es soll damit nicht gesagt werden, daß den unter (a), (b) und (c) angeführten Maßnahmen überhaupt keine Bedeutung zukommt. Es geht nur um die Frage, ob sie als globale Lösungsansätze sachgemäß sind – und nicht, ob sie partiell, unter ganz bestimmten eingeschränkten Gesichtspunkten, berechtigt sind. Will man untersuchen, was mechanisch-manipulierbar vermittels Darstellung in abzählbaren Symbolmengen möglich ist, so haben die in (a), (b) und (c) angeführten Lösungsansätze zu weitreichenden Einsichten geführt (siehe Kapitel 4). Es muß natürlich betont werden, daß die Forderung nach einer Symbolisierung der Logik ein wichtiger Anlaß zur Klärung und Systematisierung wichtiger Teile der Propositions- wie der Prädikatenlogik gewesen ist, insbesondere was die scharfe Fassung der gültigen Deduktionsprinzipien, die Unterscheidung von Folgerung und Beweis sowie die Vervollständigung der Schlußlehre betrifft. Zur Klärung des Wesens der Mathematik in ihrem prinzipiellen Verhältnis zur formalen Logik haben diese Untersuchungen allerdings wenig beigetragen. Und *hier* handelt es sich in erster Linie um die Untersuchung *dieses* Verhältnisses.

Aus alledem ergibt sich, daß die Antinomien der Klassenbildung weder eine Revision der formalen Logik noch insbesondere eine Symbolisierung der formalen Logik notwendig machen. Sie verlangen nur, daß man die Grenzen der formalen Logik scharf ins Auge faßt, um sie nicht unbesehen zu überschreiten und sich dadurch in Widersprüche zu verstricken. Diesem zuletzt genannten Aspekt gilt nun die Aufmerksamkeit.

Die formale Klassenlogik geht davon aus, das heißt stellt die Bedingung, daß jedem einstelligen Prädikat genau eine Klasse von Elementen zukommt derart, daß alle diese Elemente das Prädikat erfüllen (formale Element-Klasse-Beziehung). Andere Prädikate gehören nicht zum Gegenstandsbereich der Klassenlogik. Welche konkrete Klasse von Elementen zu einem gegebenen Prädikat gehören, ist kein Problem der formalen Klassenlogik, sondern eine Angelegenheit von inhaltlichen Überlegungen im Rahmen des entsprechenden Gegenstandsbereiches (materiale Element-Klasse-Beziehung). Solche Überlegungen gehören der Erkenntnissphäre an, das heißt, demjenigen Bereich, wo Begriffe mit konkreten Gegenständen verknüpft werden. Umgekehrt kann im Rahmen der formalen Klassenlogik allein auch nicht entschieden werden, welche Prädikate und Klasse(n) zu gewissen gegebenen Elementen gehören. Ein Prädikat, das inhaltlich und nicht nur formal auf seine Klasse hinweist, gehört streng genommen nicht zur *rein* formalen Klassenlogik. Dies ist aber insbesondere bei solchen einstelligen Prädikaten der Fall, die Eigenschaften von Klassen zum Ausdruck bringen, wie etwa «Klasse mit mehr als zwei Elementen», «alle $\boldsymbol{X}$ mit $\boldsymbol{X}$ Klasse», «alle Klassen $\boldsymbol{X}$ mit $\boldsymbol{X} \in \boldsymbol{X}$». Allgemein gilt für diese Fälle, daß eine Klasse gebildet wird aus einem Prädikat, das eine Konjunktion des Prädikats «$\boldsymbol{X}$ ist Klasse», kurz «$K(\boldsymbol{X})$», und einem beliebigen einstelligen Klassen-Prädikat «$P(\boldsymbol{X})$» ist, also das Prädikat «$K(\boldsymbol{X})$ und $P(\boldsymbol{X})$». Dies führt durch Komprehension zur Klasse

$$\text{Klasse aller } \boldsymbol{X} \text{ mit } K(\boldsymbol{X}) \text{ und } P(\boldsymbol{X})$$

oder

$$[\boldsymbol{X} \mid K(\boldsymbol{X}) \text{ und } P(\boldsymbol{X})].$$

Damit wird das Prädikat «$K(\boldsymbol{X})$ und $P(\boldsymbol{X})$» selbst auf ein *konkretes* mögliches Element seiner Klasse bezogen, nämlich auf die durch das Komprehensionsprinzip bestimmte eigene Klasse. Ob nun diese letztere Klasse tatsächlich ein Element der Klasse des Prädikates ist oder nicht, steht hier nicht zur Diskussion, denn die Analyse der konkreten Elementzugehörigkeit ist keine Angelegenheit der *formalen* Klassenlogik allein. Dies ist schon aus prinzipiellen Gründen klar, kann aber auch direkt nachgewiesen werden (Ziegler [1995], Kapitel VI.4). Die Antinomien der Klassenbildung treten nur bei Klassen auf, die sich selbst als Elemente enthalten oder nicht enthalten können. Diese notwendige aber nicht hinreichende Bedingung der Antinomien der Klassenbildung führt jedoch zu keinen spezifischen Problemen der rein formalen Klassenlogik, sondern zu einer Grenzüberschreitung des denkenden Subjekts von der formalen Klassenlogik in die Erkenntnisspäre innerhalb eines bestimmten Wirklichkeitsgebietes (Gegenstandsbereich), da es um einen konkreten Bezug eines Prädikats auf ein Element seiner Klasse geht. Insbesondere trifft dies für die genannten Antinomien zu. Dies ist wiederum aus prinzipiellen Gründen klar, kann aber ebenfalls direkt anhand der Antinomien selbst nachgewiesen werden (siehe dazu ebenda, Kapitel VI.6).

Ein generelles Verbot der Bildung von Klassen die sich selbst enthalten oder von Prädikaten, die sich auf Klassen beziehen, ist jedoch, *mathematisch* gesehen, nicht sinnvoll. Solche Prädikate beziehungsweise Klassen gehören zwar streng genommen, wie eben gezeigt, nicht zur formalen Klassenlogik, können jedoch bei klarer Aufmerksamkeit auf die Grenzen der formalen Klassenlogik und ihre Überschreitung durch die Möglichkeiten des inhaltlichen Denkens und

Erkennens sachgemäß analysiert werden (siehe ebenda, Kapitel V und VI und hier Abschnitt 3.8).

3.7.2 Antinomien der Modellbildung

In der Prädikatenlogik geht man davon aus, daß alle Prädikatenformen mit nur gebundenen Variablen Propositionen sind, die entweder wahr oder falsch sein können. Es soll hier insbesondere das einstellige Prädikat «x ist wahr», kurz «$W(x)$», betrachtet werden, das als Argumente wieder Propositionen hat. Es gilt also für eine beliebige Proposition a entweder $W(a)$ oder $\neg W(a)$. So ist zum Beispiel

$$W(\forall x \forall y(x+y=y+x))$$

für bestimmte Strukturen wahr, während

$$W(\forall x(x \neq x))$$

immer falsch, das heißt eine Kontradiktion ist. Die Entscheidung über den jeweiligen Wahrheitsgehalt entstammt inhaltlichen Überlegungen (mit Ausnahme der Tautologien und Kontradiktionen), das heißt Überlegungen innerhalb einer konkreten Struktur, die im Falle des Zutreffens der mit ihren Elementen belegten Propositionsform ein Modell dieser Propositionsform ist.

Wird das Prädikat $W(x)$ auf sich selbst angewendet

$$x\colon W(x),$$

so wird zu dieser Propositionsform automatisch eine Interpretation mitgeliefert, die hier ein Modell ist, das heißt, zu einer wahren Proposition führt. Bildet man dagegen die Proposition

$$x\colon \neg W(x),$$

so ergibt sich aus der ebenfalls gleich mitgelieferten Interpretation, daß gilt: $\neg W(x)$ genau dann, wenn $W(x)$. Denn falls tatsächlich $W(x)$, so folgt $\neg W(x)$ und falls tatsächlich $\neg W(x)$, so folgt $W(x)$.

Die natürliche Einsicht, daß jede Proposition eine Interpretation hat, welche sie entweder wahr oder falsch macht, scheint hierdurch ins Wanken zu kommen. Bevor eine genauere Analyse durchgeführt wird, sollen wieder erst verschiedene Vermeidungsstrategien dargestellt werden, die im Laufe der Beschäftigung mit dieser Antinomie aufgetreten sind. Diese Maßnahmen zur Vermeidung der Antinomien der Modellbildung können im wesentlichen in drei Kategorien gegliedert werden:

(A) *Revision der formalen Prädikatenlogik.*

Beschränkung der Logik durch Verzicht auf die universelle Geltung des Prinzips vom ausgeschlossenen Dritten (tertium non datur), oder Übergang von einer Logik mit zwei Wahrheitswerten zu mehreren «Wahrheitswerten» (nicht klassische, mehrwertige Logik). In beiden Fällen läßt sich aus den oben angeführten Behauptungen keine Antinomie mehr ableiten.

(B) *Verbot von Selbstbezug.*

Dieser auf Russell zurückgehende Ansatz schließt in der symbolisierten Prädikatenlogik die Anwendung von Prädikaten auf sich selbst aus, insbesondere ist dann die oben angeführte Proposition

$$x\colon \neg W(x)$$

nicht zulässig.

(C) *Unterscheidung von Objekt- und Metaebene.*

Tarski hat im Zusammenhang mit der Konstruktion symbolischer Logiken vorgeschlagen, scharf zwischen Objekt- und Metaebene zu unterscheiden. Behauptungen, die der Metaebene angehören, können dann nicht zugleich der Objektebene angehören. Die Objektebene beinhaltet alle Bestimmungen der Gegenstände, das heißt hier Prädikate und Propositionen etc. und die Metaebene Bestimmungen *über* oder Bedeutungen *von* Prädikaten und Propositionen wie Wahrheit, Folgerung, Beweisbarkeit, Widerspruchsfreiheit etc. Die Proposition

$$x\colon \neg W(x)$$

gehört dann der Metaebene und nicht mehr der Objektebene an, da *über* eine Proposition eine Behauptung aufgestellt wird. Man müßte also etwa schreiben

$$x\colon \neg W(«x»),$$

und damit ist keine Antinomie mehr ableitbar, da x und «x» verschiedenen Ebenen angehören und nicht identifiziert werden können.

Es werden der Reihe nach die vorgeschlagenen Lösungen zur Vermeidung der Antinomien der Modellbildung diskutiert. Diese Analyse bedient sich vor allem zweier Gesichtspunkte: ist die angeführte Maßnahme notwendig zur Aufklärung der Antinomie? Macht die endgültige Klärung eine Symbolisierung notwendig und was sind die Konsequenzen einer Symbolisierung?

Eine Revision der formalen Prädikatenlogik im Sinne von (A) ist nicht nowendig, da es sich bei den Antinomien der Modellbildung, wie sich später zeigen wird, gar nicht um Probleme der rein formalen Prädikatenlogik handelt. Zudem ist ansonsten kein Grund zu sehen, warum die genannten klassischen Prinzipien nicht gültig sein können. Eine Symbolisierung der Prädikatenlogik hilft hier auch nicht weiter, da sich die Antinomien der Modellbildung auch in den verschiedensten symbolischen Logiksystemen rekonstruieren lassen (siehe dazu Brendel [1993], Essler/Brendel/Martinez [1987], Kapitel XII) sowie zusätzliche Probleme auftreten (siehe unten).

Ein bloßes *Verbot* des Selbstbezuges (B) ist zwar hinreichend zur Vermeidung der Antinomien der Modellbildung, trägt aber zu ihrer Aufklärung wenig bei. Inbesondere ist kein Grund auszumachen, weshalb diese Maßnahmen in den Rahmen eines symbolisch-logischen Kalküls eingebettet werden muß. Für sich genommen (das heißt abgesehen von der Forderung nach Symbolisierung) beinhaltet der Selbstbezug tatsächlich eine Grenze, die der strikt formalen Logik – jedoch nicht dem Denken überhaupt – gesteckt werden muß (siehe dazu Abschnitt 3.10).

Die Unterscheidung von Objekt- und Metaebene wurde von Tarski im Zusammenhang einer symbolischen Prädikatenlogik vorgeschlagen, insbesondere zur genauen Erfassung einer symbolischen Darstellung des Wahrheitsbegriffes. In dieser Form wird das Problem der Antinomien der Modellbildung jedoch immer nur für diejenige symbolisierte logische Ebene «gelöst», das heißt eliminiert, die als Objektebene interpretiert wird. Wird auch die dazugehörige Metaebene, welche die Darstellungen der Begriffe der Wahrheit und der Folgerung für die Propositionen der Objektebene etc. beinhaltet, symbolisiert – was im Sinne der Auffassung, daß nur Symbolisierung zu «logischer Präzision» führt, notwendig ist – so ergibt sich für diese das Antinomienproblem von Neuem, wenn auch hier nicht wieder die (präsymbolische) Meta-Metaebene von der symbolisierten Metaebene unterschieden wird und so weiter ad infinitum. Da es keine letzte oder oberste präsymbolische aber symbolisierbare «Hyper-Metaebene» geben kann, sowie die Einsicht in diese nie endende sprachlogische Stufenhierarchie selbst in keiner dieser hierarchischen Stufen repräsentiert werden kann – also letztlich außer-(symbolisch)-logisch ist, ergibt sich, daß der Vorschlag von Tarski in dieser Form weder notwendig noch hinreichend zur sachgemäßen Handhabung der Antinomien der Modellbildung ist (siehe dazu ausführlicher Ziegler [1995], Kapitel III sowie insbesondere Brendel [1993], Kapitel 7 und 12, wo die Unzulänglichkeit aller bisherigen Versuche diskutiert wird, mit symbolisch-logischen Mitteln dem Problem der unbegrenzten Tarskischen Stufenhierarchien zu entkommen).

Die formale Untersuchung der Erfüllbarkeit (formale Erfüllbarkeit oder formale Wahrheit), das heißt die Analyse der Beziehung zwischen Propositionsformen und deren Modellen, setzt eine klare Unterscheidung zwischen dem Bereich der Propositionsformen und dem Bereich der Gegenstände, woraus die Modelle konstituiert sind, voraus. Die formale Prädikatenlogik geht davon aus, das heißt stellt die Bedingung, daß jeder Proposition genau ein Wahrheitswert «wahr» oder «falsch» zukommt. Andere Propositionen gehören nicht zum Gegenstandsbereich der Prädikatenlogik. Eine Entscheidung über den Wahrheitswert irgendeiner Proposition (außer den Tautologien und Kontradiktionen) steht der formalen Prädikatenlogik nicht zu, da hierzu inhaltliche Überlegungen notwendig sind, die der Erkenntnissphäre angehören (materiale Erfüllbarkeit oder materiale Wahrheit). Eine Proposition, die inhaltlich und nicht nur formal auf eine ihr zugehörige Interpretation oder Erfüllung hinweist, gehört streng genommen nicht mehr zur *rein* oder *strikt* formalen Prädikatenlogik. Dies ist insbesondere bei allen selbstbeziehbaren Propositionsformen der Fall, das heißt bei allen Prädikaten, die Eigenschaften von Propositionen zum Ausdruck bringen, wie: $Wahr(p)$, $Beweisbar(p)$, $Proposition(p)$. Stellt man die Selbstbeziehung konkret her, so erhält man Propositionen von der Form «$x\colon P(x)$», insbesondere

$$x\colon Wahr(x),$$

$$x\colon Beweisbar(x),$$

$$x\colon Proposition(x),$$

die selbst auf eine konkrete Interpretation (das heißt auf ein mögliches Modell) hinweisen und folglich nicht allein der formalen Logik angehören können. Ob nun diese Interpretation tatsächlich ein Modell ist oder nicht, das heißt ob durch sie die Proposition wahr oder falsch wird, steht hier nicht zur Diskussion. Denn die Analyse ihres Wahrheitwertes ist auf jeden Fall keine Angelegenheit der rein formalen Prädikatenlogik. Dies ist schon aus prinzipiellen Gründen, das heißt aus der Bestimmung der rein *formalen* Prädikatenlogik klar, kann aber auch direkt nachgewiesen werden (siehe Ziegler [1995], Kapitel V). Der (indirekt oder direkte) Selbstbezug ist eine notwendige – aber nicht hinreichende – Bedingung für die Antinomie der Modellbildung. Bei einem Selbstbezug liegt jedoch kein spezifisches Problem der formalen Prädikatenlogik vor, sondern eine Grenzüberschreitung des denkenden Subjektes von der formalen Prädikatenlogik zur Erkenntnissphäre, da es um eine konkrete und nicht bloß formale Wahrheitsbestimmung geht. Folglich trifft dies auch auf die Antinomien der Modellbildung zu. Dies ist wiederum aus prinzipiellen Gründen klar, kann aber ebenso direkt anhand solcher Antinomien nachgewiesen werden (siehe ebenda, Kapitel II, III).

Ein allgemeines *Verbot **jeder** Selbstbeziehung* ist sowohl selbstwidersprüchlich als auch unfruchtbar. Ersteres wird klar, wenn man diese Forderung selbst als Proposition auffaßt und letzteres, wenn man beachtet, daß es viele selbstbeziehbare Propositionsformen gibt, die man nicht ohne gravierende und willkürliche Beschneidung des Gegenstandsbereiches einfach ausschließen kann. Es geht eben hier nicht um Verbote oder Vermeidungsmaßnahmen, sondern um ein klares Durchschauen der Möglichkeiten und Grenzen der formalen Logik. Unter diesem Gesichtspunkt lassen sich mit dem die formale Grenze bewußt überschreitenden Denken auch selbstbeziehbare Gedankenverknüpfungen sachgemäß untersuchen (siehe ebenda [1995], Kapitel V).

Damit ergibt sich, daß letztlich den Antinomien der Klassenbildung sowie den Antinomien der Modellbildung dasselbe Problem zugrundeliegt: das Problem einer nicht bewußt gemachten Grenzüberschreitung des denkenden Subjektes vom formalen in den inhaltlichen Bereich im Zusammenhang mit selbstbeziehbaren Propositionsformen.

Als Konsequenz ergibt sich weiter, daß nur eine sachgemäße Einbettung der formalen Logik in eine allgemeine Denklehre die Grenzen der formalen Logik klar bestimmen und damit auch Grenzüberschreitungen orten kann. Bei solchen grenzüberschreitenden Problemen greifen die Mittel der formalen Logik allein nicht mehr, und müssen durch umfassendere Denkmittel ergänzt werden. Das umfassendste Mittel, das erkennende Denken oder denkende Erkennen, hat keine Grenze mehr, da jede Grenze von diesem Denken gesetzt wird, dieses folglich jenseits aller Grenzziehungen steht.

3.8 Mathematische Mengenlehre

In der mathematischen Mengenlehre wird der Begriff des Umfangs von seinem Ursprung als Begriffsumfang abgelöst und nur als Vielheit festgehalten. Es bleiben nur reine Vielheiten, das heißt Vielheiten, deren Elemente selbst nur Vielheiten sein können, zurück und es gibt nur eine Grundbeziehung: der Bezug einer Vielheit auf Vielheiten, die in ihr enthalten sind.

Es wird hier an die von Paul Finsler in [1926b] dargestellte Mengenlehre angeknüpft, da sie die einzige bekannte Mathematisierung ist, welche wesentlich nicht-symbolisch ist. Zudem kommt sie mit einem Minimum an Begriffen aus und knüpft in ihrer Grundbeziehung des Enthaltens an den prädikatenlogischen Ursprung an.

Hier folgt nur eine Kurzfassung, es werden insbesondere keine Beweise gegeben, also auf eine ausführliche Darstellung der Finsler-Mengenlehre verzichtet, da dies bereits an anderer Stelle geschehen ist (siehe Bakker/Ziegler [1996]). Dort findet man auch einen Vergleich dieser Mengenlehre mit anderen Mengenlehren, insbesondere mit der **ZF**-Mengenlehre sowie weiterführende Literaturangaben.

3.8.1 Finsler-Mengenlehre

Innerhalb des Bereichs aller mathematischen Objekte werden genau diejenigen als *Mengen* ausgezeichnet, welche die im folgenden angeführten drei Axiome **F1**, **F2**, **F3** der Finsler-Mengenlehre erfüllen.

F1 (Bestimmtheit) *Für jede Menge ist eindeutig bestimmt, zu welchen Mengen sie die Beziehung* $\ni$ *hat.*

Es wird $\boldsymbol{M} \ni \boldsymbol{N}$ geschrieben, wenn $\boldsymbol{N}$ Element von $\boldsymbol{M}$ ist. Für Mengen werden geschweifte Klammern $\{\ \}$ verwendet. Diejenigen Mengen, zu welchen eine Menge $\boldsymbol{M}$ die Beziehung $\ni$ hat, heißen die *Elemente* der Menge $\boldsymbol{M}$. Es werden nur diejenigen Mengen als zur Mengenlehre gehörig betrachtet, deren Elemente selbst wieder Mengen sind, das heißt die sogenannten *reinen Mengen*.

Der sachgemäße Grund, daß hier die zur üblichen $\in$-Beziehung inverse $\ni$-Beziehung des Enthaltens verwendet wird, ist, daß eine Menge ihre Elemente bestimmt, und nicht umgekehrt. Diese Festlegung der Grundrelation $\ni$ wird durch die Tatsache nahegelegt, daß nicht zu jeder wohlbestimmten Gesamtheit von Mengen eine Menge existiert, welche alle diese Mengen als Elemente enthält. Das bekannteste Beispiel für diese Tatsache ist die Russell-Klasse der sich selbst nicht enthaltenden Mengen.

Im Vordergrund von Finslers Mengenauffassung steht also nicht die extensionale Element-Auffassung einer Menge («Eine Menge ist nichts anderes als die Summe ihrer Elemente»), sondern die Struktur-Auffassung bezüglich der $\ni$-Beziehung.

Beispiele von Mengen: *Leere Menge* oder *Nullmenge*: $\emptyset$; *Einsmenge*: $\{\emptyset\}$; *Natürliche Zahlmengen*: $0 :\equiv \emptyset,\ 1 :\equiv \{0\},\ 2 :\equiv \{1\}, \ldots,\ n+1 :\equiv \{n\}, \ldots$; *Endliche Ordinalzahlen*: $\mathbf{0} :\equiv \emptyset,\ \mathbf{1} :\equiv \{\mathbf{0}\},\ \mathbf{2} :\equiv \{\mathbf{0},\mathbf{1}\}, \ldots,\ \boldsymbol{n}+\mathbf{1} :\equiv \{\mathbf{0},\mathbf{1},\ldots,\boldsymbol{n}\}, \ldots$.

Es sind auch Mengen erlaubt, die sich selbst enthalten, da diese im allgemeinen unproblematisch sind, so insbesondere die $\boldsymbol{J}$*-Menge* mit $\boldsymbol{J} = \{\boldsymbol{J}\}$.

Unter einer *Klasse* wird eine Gesamtheit von Mengen verstanden, bei der eindeutig bestimmt ist, welche Mengen dazu gehören. Diese Mengen heißen die *Elemente* der Klasse. Für Klassen werden eckige Klammern $[\ ]$ verwendet. Man schreibt $\boldsymbol{K}(\boldsymbol{x})$ oder $\boldsymbol{x} \in \boldsymbol{K}$, wenn die Menge $\boldsymbol{x}$ ein Element der Klasse $\boldsymbol{K}$ ist. – Eine Klasse $\boldsymbol{K}'$ ist *Teilklasse* einer Klasse $\boldsymbol{K}$, wenn aus $\boldsymbol{K}'(\boldsymbol{x})$ folgt $\boldsymbol{K}(\boldsymbol{x})$. Man schreibt dafür: $\boldsymbol{K}' \subset \boldsymbol{K}$.

Meistens wird eine Klasse von einem Prädikat, das heißt einem Begriff bestimmt; die Elemente können jedoch auch nur aufgelistet werden. Selbstverständlich kann es für eine Klasse verschiedene Definitionen geben.

Beispiele von Klassen: $[\emptyset, \{\emptyset\}]$; $[\emptyset, \{\emptyset\}, \boldsymbol{J}]$. Die *Russell-Klasse* $\boldsymbol{K}_R$ aller Mengen, die nicht Element von sich selbst sind:

$$\boldsymbol{K}_R :\equiv [\boldsymbol{x} \mid \neg(\boldsymbol{x} \ni x)].$$

Die Russell-Klasse kann natürlich keine Menge sein, denn es ist nicht eindeutig bestimmt, ob $\boldsymbol{K}_R \ni \boldsymbol{K}_R$ oder nicht $\boldsymbol{K}_R \ni \boldsymbol{K}_R$ ist.

Jede Menge kann als Klasse aufgefaßt werden. Die Hauptarbeit im Rahmen der Finsler-Mengenlehre richtet sich auf die Untersuchung, ob umgekehrt eine bestimmte Klasse eine *Menge* ist oder nicht. Für Klassen gelten die im Abschnitt 3.6 entwickelten Gesetze.

Der Einführung der Identität liegt folgende Überlegung zugrunde: Sind M_1 und M_2 identische Mengen, so handelt es sich bei M_1 und M_2 um zwei *verschiedene*, jedoch *identische Darstellungen* ein und derselben Menge M. Dies bedeutet nichts anderes, als daß die Identitätsrelation als dreistellige Relation zwischen der Menge M und deren identischen Darstellungen M_1 und M_2 aufzufassen ist. Das eigentliche mathematische Objekt im Sinne der Axiome **F1, F2** und **F3** ist nur M, während M_1 und M_2 kontextabhängige Repräsentationen der Menge M sind.

F2 (Identität) *Mengen sind immer dann identisch, wenn die Annahme ihrer Identität nicht zu einem Widerspruch führt.*

Für die Tatsache der Identität zweier Mengen M und N schreibt man wie üblich $M \equiv N$. Anschaulich ist klar, daß Mengen mit derselben «Struktur» dieselben Mengen sein müssen. Für diese Struktur ist einzig die $\ni$-Beziehung entscheidend. Präziser formuliert bedeutet dies, daß bezüglich $\ni$ isomorphe Mengen identisch sein müssen. Daraus muß man entnehmen, daß eventuelle Widersprüche bei der Identifizierung zweier Mengen nur im Zusammenhang mit der Bestimmtheit, das heißt mit Axiom **F1** auftreten können.

Eine Klasse (oder Menge), welche mit jedem Element auch alle Elemente dieses Elementes enthält, werde *transitiv* genannt. Die Klasse K heißt eine *transitive Oberklasse* (oder transitive Obermenge) der Menge M, wenn sie eine transitive Klasse (oder transitive Menge) ist, die alle Elemente von M enthält. Die *transitive Hülle* $TC(M)$ (*transitive closure*) ist die kleinste transitive Oberklasse (Obermenge) von M, das heißt:

$$TC(M) :\equiv \text{ Durchschnitt aller transitiven Oberklassen von } M\,.$$

Zwei Mengen M und N heißen *isomorph*, wenn es eine bijektive Abbildung

$$\pi : TC(M) \longrightarrow TC(N)$$

gibt, die bezüglich $\ni$ homomorph ist, das heißt für beliebige X und Y aus $TC(M)$ gilt

$$Y \ni X \leftrightarrow \pi(Y) \ni \pi(X),$$

und die Elemente von M vermöge π bijektiv auf die Elemente von N bezogen sind.

Man beachte, daß in der Finsler-Mengenlehre Funktionen, insbesondere Bijektionen und Isomorphismen, nicht von vornherein als (reine) Mengen aufgefaßt werden können. Es handelt sich dabei um allgemeine mathematische Objekte, welche im Sinne einer wohlbestimmten Zuordnung zwischen mathematischen Objekten eine selbständige, von der Mengenlehre unabhängige Bedeutung haben, die ihrer allfälligen mengentheoretischen *Darstellung* zugrundeliegt und nicht durch diese erst begründet oder gerechtfertigt ist. Es gilt dann:
Isomorphe Mengen sind identisch und zwei Mengen, welche dieselben Elemente haben, sind identisch.

Das Axiom **F2** bringt ein *Minimalprinzip* zum Ausdruck, gemäß welchem möglichst viele Mengen, sofern widerspruchsfrei, miteinander identifiziert werden sollen. Durch weitgehendste Identifikation wird demzufolge erreicht, daß möglichst wenig Mengen übrig bleiben – eben nur die tatsächlich bezüglich $\ni$ strukturell verschiedenen. In der hier gegebenen Formulierung stellt es darüberhinaus ein *maximales* Minimalprinzip dar. Diese strenge (oder maximale) Form des Identitätsaxioms ist sinnvoll, da vermöge der Axiome kein anderer Grund für die Verschiedenheit zweier Mengen bestehen kann, als die Inkonsistenz der Annahme ihrer Identität.

Folgende Überlegungen sollen die Tragweite der Untersuchungen dieses Kapitels noch ein wenig näher beleuchten. Die Elemente einer Klasse $\boldsymbol{\Sigma}$, welche nur das Axiom **F1** aber nicht **F2** erfüllt, sind noch keine Mengen im eigentlichen Sinne (da diese alle drei Axiome erfüllen müssen), sondern Mengen*darstellungen*. Fasst man jedoch Mengen, welche die Axiome **F1**, **F2** und **F3** erfüllen, zu einer Klasse zusammen, so ist dies eine Klasse, da sie **F1** erfüllt, und ihre Elemente sind Mengen und keine Mengendarstellungen. Man beachte, diesen Überlegungen liegt die scharfe Unterscheidung von Mengen als mathematische denkbare Gebilde (Gedankeninhalte) von ihren kontextabhängigen Darstellungen zugrunde. Wird für die Klasse $\boldsymbol{\Sigma}$ zusätzlich Axiom **F2** gefordert, so enthält sie zwei Arten von Objekten, nämlich solche Mengendarstellungen, die mit keiner anderen Darstellung identisch sind, und solche Mengendarstellungen, die untereinander identisch sind. Bei letzteren hat man es jedoch wegen Axiom **F2** nicht mehr mit diesen Darstellungen selbst zu tun, sondern mit denjenigen mathematischen Objekten, welche den verschiedenen Darstellungen zugrundeliegen.

Betrachtet man nun verschiedene Klassen $\boldsymbol{\Sigma}_\alpha$, welche die Axiome **F1** und **F2** erfüllen, so können diese sehr verschieden «aussehen», sowohl hinsichtlich ihrer Größe wie hinsichtlich ihrer Struktur. Die Bestimmung der Vereinigung $\bigcup \boldsymbol{\Sigma}_\alpha$ von beliebig vielen solchen Klassen $\boldsymbol{\Sigma}_\alpha$ ist ein weiterer, aber noch nicht der letzte Schritt, der von den verschiedenen Mengendarstellungen innerhalb der Klassen $\boldsymbol{\Sigma}_\alpha$ weg zu den diesen Darstellungen zugrundeliegenden mathematischen Objekten, den Mengen im eigentlichen Sinne, hinführt. Denn auch $\bigcup \boldsymbol{\Sigma}_\alpha$ enthält noch zwei Arten von Elementen, nämlich Mengendarstellungen, die nur in einem der $\boldsymbol{\Sigma}_\alpha$ vorkommen und mathematische Objekte, welche in mehreren Klassen $\boldsymbol{\Sigma}_\alpha$ unterschiedlich dargestellt sind, deren Darstellungen jeweils aber untereinander identisch sind. Erst der später vollzogene Schritt zur Betrachtung *aller* die Axiome **F1** und **F2** erfüllenden Klassen wird dazu führen, daß man es in der Klasse $\bigcup \boldsymbol{\Sigma}_\alpha$ nur noch mit den mathematischen Objekten selbst und nicht mehr mit ihren Darstellungen zu tun hat.

Axiom F3 (Vollständigkeit) *Ein mathematisches Objekt ist eine Menge immer dann, wenn die Annahme, es sei eine Menge, nicht zu einem Widerspruch mit den Axiomen **F1** und **F2** führt.*

Das Axiom **F3** ist eine *Maximalforderung* in dem Sinne, daß die durch die Axiome **F1** und **F2** bestimmte Klasse $\boldsymbol{\Sigma}$ von Mengen vermöge Axiom **F3** die größtmögliche Klasse von Mengen festlegt. Im Rahmen der hier vertretenen philosophischen Auffassung eines praktizierenden (oder besser: aktuell denkenden) Mathematikers, für den alles Denkbare auch mathematisches Objekt sein kann, ist es selbstverständlich, daß man mit diesen Axiomen *alle*, das heißt so viele Mengen wie widerspruchsfrei denkmöglich sind, erfaßt, da keinerlei der Sache externe Beschränkungen (wie reduzierte Ausdrucksmöglichkeiten) gefordert werden.

Dies ist nichts anderes als eine weitere Konsequenz der Tatsache, daß hier Existenz und Widerspruchsfreiheit als äquivalent betrachtet werden. Denn offensichtlich impliziert die Existenz eines Bereichs mathematischer Objekte und deren begrifflicher Beziehungen die Widerspruchsfreiheit des entsprechenden Begriffs- und Objektsystems. Hier wird aber auch die Umkehrung vertreten: Die Widerspruchsfreiheit eines Bereichs mathematischer Objekte und deren Beziehungen impliziert deren Existenz (siehe dazu Abschnitt 3.5.3).

Es gilt: *Axiom* **F3** *ist äquivalent mit: Die Klasse* $\boldsymbol{\Sigma}$ *aller die Axiome* **F1** *und* **F2** *erfüllenden Mengen bildet eine Klasse von Mengen, welche bei Aufrechterhaltung der Axiome* **F1** *und* **F2** *keiner Erweiterung fähig ist.*

Mit dem Nachweis der Widerspruchsfreiheit der Axiome **F1**, **F2** und **F3** ist also zugleich die Existenz des Bereichs der Mengen bewiesen. Insbesondere kann gezeigt werden:

Es existiert eine und nur eine nicht-leere Klasse, welche die Axiome **F1**, **F2** *und* **F3** *erfüllt.* Oder äquivalent dazu: *Die Axiome* **F1**, **F2** *und* **F3** *legen eindeutig die Klasse sämtlicher Mengen fest.*

Die *Vollständigkeit* des Systems der Axiome **F1**, **F2** und **F3** bedeutet, daß es keine von diesen Axiomen unabhängige, auf Mengen bezügliche Begriffsbeziehung geben kann. Mit anderen Worten, jede solche Bestimmung ist entweder wahr oder falsch. Dies ist tatsächlich durch die eindeutige Bestimmtheit der den Axiomen **F1**, **F2** und **F3** genügende Klassen $\boldsymbol{\Sigma}$ gewährleistet. Diese Eindeutigkeit garantiert zugleich, daß die die Axiome erfüllenden Klassen, das heißt alle Modelle der Axiome **F1**, **F2** und **F3**, zueinander isomorph sind. Damit ist dieses Axiomensystem kategorisch (oder monomorph), was mit der Vollständigkeit des Axiomensystem äquivalent ist (siehe Kapitel 3.5).

Dies bedeutet schließlich, daß man es bei den die Axiome **F1**, **F2** und **F3** erfüllenden mathematischen Objekten nur noch mit diesen selbst, das heißt den eigentlichen Mengen, und keinen ihrer kontextabhängigen Darstellungen zu tun hat. In diesem Sinne kann hier von prinzipiell *modellfreier Axiomatik* der reinen Mengen gesprochen werden.

Betrachtet man trotzdem noch unterschiedliche Darstellungen, so gelten in allen solchen die Axiome erfüllenden Modellen bzw. Klassen dieselben Sachverhalte, das heißt dieselben Propositionen aufgrund von Prädikaten über Mengen.

Nun folgt der fundamentale Begriff der Mächtigkeit.

Definition Seien X und Y Mengen.

(i) Wenn es eine injektive Funktion $f\colon \boldsymbol{X} \longrightarrow \boldsymbol{Y}$ gibt, so ist $\boldsymbol{X}$ *höchstens so mächtig wie* $\boldsymbol{Y}$ oder $\boldsymbol{X}$ *hat höchstens die Mächtigkeit von* $\boldsymbol{Y}$ und man schreibt $\boldsymbol{X} \preceq \boldsymbol{Y}$.

(ii) Wenn es eine bijektive Funktion $f : \boldsymbol{X} \longrightarrow \boldsymbol{Y}$ gibt, so ist $\boldsymbol{X}$ *gleichmächtig wie* $\boldsymbol{Y}$ oder $\boldsymbol{X}$ *hat die gleiche Mächtigkeit* wie $\boldsymbol{Y}$ und man schreibt $\boldsymbol{X} \approx \boldsymbol{Y}$.

(iii) Wenn es eine injektive aber keine surjektive Funktion $f : \boldsymbol{X} \longrightarrow \boldsymbol{Y}$ gibt, so ist $\boldsymbol{X}$ *schmächtiger als* $\boldsymbol{Y}$ oder $\boldsymbol{X}$ *hat eine kleinere Mächtigkeit als* $\boldsymbol{X}$ und man schreibt $\boldsymbol{X} \prec \boldsymbol{Y}$.

Eine Menge heißt *fundiert*, wenn es ein $\ni$-minimales Element gibt, das heißt, eine Menge $\boldsymbol{X} \ni x$, sodaß $x \cap \boldsymbol{X} = \emptyset$. Eine Menge heißt *wohlgeordnet* durch $\ni$, wenn sie (linear oder total) geordnet ist durch $\ni$ und jede nicht-leere Teilmenge fundiert ist. Eine Menge, welche mit jedem Element auch alle Elemente dieses Elementes enthält, wurde weiter oben *transitiv* genannt. Eine Menge α ist eine *Ordinalzahl*, wenn sie transitiv und wohlgeordnet ist.

Eine Menge $\boldsymbol{X}$ heißt *Dedekind-unendlich*, wenn sie zu einer echten Teilmenge $\boldsymbol{T} \subset \boldsymbol{X}$, $\boldsymbol{T} \neq \boldsymbol{X}$, ihrer selbst gleichmächtig ist, das heißt wenn $\boldsymbol{X} \approx \boldsymbol{T}$. Sie heißt *Dedekind-endlich*, wenn es keine Teilmenge ihrer selbst gibt, zu der sie gleichmächtig ist. Eine Menge $\boldsymbol{X}$ heißt *endlich*, wenn sie zu einer endlichen Ordinalzahl gleichmächtig ist, das heißt wenn $\boldsymbol{X} \approx \boldsymbol{n}$ für irgendein $\boldsymbol{n}$. Eine nicht endliche Menge heißt *unendlich*.

Man kann zeigen, daß jede endliche Menge auch Dedekind-endlich ist; mit Hilfe des Auswahlprinzips gilt auch die Umkehrung (siehe Abschnitt 2.7). Damit sind auch die beiden Unendlichkeitsbegriffe äquivalent und man kann einfach von *unendlichen Mengen* sprechen.

Die Allmenge ist diejenige wohlbestimmte Menge, welche zu *allen* Mengen die $\ni$-Beziehung hat. Die Allmenge $\boldsymbol{A}$ existiert und enthält sich selbst.

Eine Frage, die in diesem Zusammenhang auftauchen kann, betrifft die Bedeutung der Mengen aller Teilmengen (Potenzmenge) der Allmenge. Ist nicht die Mächtigkeit der Potenzmenge einer Menge $\boldsymbol{M}$ *immer* größer als die Mächtigkeit der Menge $\boldsymbol{M}$ selbst? Nein, dies gilt in der Finsler-Mengenlehre im allgemeinen nicht. Für die Allmenge ist klar, daß sie *alle* Mengen enthält, also auch alle ihre Teilmengen. Dies bedeutet, daß die Allmenge $\boldsymbol{A}$ und ihre Potenzmenge dieselbe Mächtigkeit haben. Daraus entnimmt man weiter, daß jede Anwendung des Cantorschen Diagonalverfahrens auf die Allmenge eine Klasse produziert, die keine Menge sein kann.

Nun kann man zeigen: *Die Klasse Ω aller Ordinalzahlen ist keine Menge. Die Klasse $\boldsymbol{O}$ aller Ordinalzahlen, welche einen Nachfolger haben, ist eine Menge und zwar die größte Ordinalzahl.*

Um die zirkelfreien Mengen zu definieren, schließt man zuerst alle diejenigen Mengen aus $\boldsymbol{\Sigma}$ aus, in deren transitiver Hülle eine in ihrer eigenen transitiven Hülle enthaltene Menge enthalten ist. Damit sind insbesondere alle sich selbst enthaltenden Mengen ausgeschlossen. Die Teilklasse von $\boldsymbol{\Sigma}$ der übrig bleibenden Mengen sei mit $\boldsymbol{\Sigma}^*$ bezeichnet. Diese Klasse $\boldsymbol{\Sigma}^*$ enthält noch immer zirkelhafte Mengen. Zum Beispiel kann die Menge $\boldsymbol{C}$ aller zirkelfreien Mengen nicht selber zirkelfrei sein, denn sonst müßte sie sich selbst enthalten. Weiter ist die Menge $\boldsymbol{C}$ auch nicht in ihrer transitiven Hülle $TC(\boldsymbol{C})$ enthalten.

Definition Eine Menge $\boldsymbol{M}$ aus $\boldsymbol{\Sigma}$ heiße *zirkelfrei*, wenn

(i) $\boldsymbol{M} \in \boldsymbol{\Sigma}^*$, das heißt, wenn in der transitiven Hülle von $\boldsymbol{M}$ keine Menge enthalten ist, welche Element ihrer eigenen transitiven Hülle ist, und wenn

(ii) $\boldsymbol{M}$ und jede Menge in der transitiven Hülle von $\boldsymbol{M}$ vom Begriff zirkelfrei unabhängig ist.

Zirkelhaft heiße jede Menge, die nicht zirkelfrei ist.

Mit Sicherheit zirkelhaft sind Mengen, die sich selbst enthalten, wie die J-Menge und die Allmenge. Auch wenn, allgemeiner, eine Menge $\boldsymbol{M}$ Element ihrer eigenen transitiven Hülle $TC(\boldsymbol{M})$ ist, ist sie als zirkelhaft aufzufassen.

Da es sich hier um eine imprädikative Definition handelt, muß geklärt werden, ob sie eine eindeutig bestimmte Klassifizierung der Mengen in zirkelfreie oder zirkelhafte induziert, also ob die Definition wohlbestimmt ist. Dies ist tatsächlich der Fall: *Jede Menge ist eindeutig entweder zirkelfrei oder zirkelhaft.* Man beachte, daß die durch die Definition explizit gemachte Eigenschaft der Zirkelfreiheit von Mengen unabhängig von der individuellen Erkenntnis existiert und jeweils einer Menge zukommt oder nicht zukommt.

Mit der exakten Bestimmung der Klasse aller zirkelfreien Mengen hat man eine Grundlage erarbeitet, auf welcher einige Eigenschaften zirkelfreier Mengen abgeleitet werden können. Dies ist insbesondere von Bedeutung, weil in der Finsler-Mengenlehre nicht jede Gesamtheit von Mengen wieder eine Menge bildet. Es müssen also zusätzliche Kriterien ausgearbeitet werden, die es gestatten, Mengen aus gegebenen Klassen von Mengen zu bestimmen. Ist eine Klasse gegeben, so ist die Zugehörigkeit oder Nicht-Zugehörigkeit irgendwelcher Mengen zu ihr eindeutig bestimmt.

Falls eine gegebene Klasse K als Menge M aufgefaßt werden soll, das heißt nachgewiesen werden soll, daß sie eine Menge ist, so kommt als einziges neues zu prüfendes Element die Menge M in Betracht. Zum Nachweis der Existenz von M ist es also hinreichend zu untersuchen, ob es eindeutig bestimmt ist, daß M entweder in ihrer eigenen transitiven Hülle enthalten ist oder nicht. Als einziger möglicher Hinderungsgrund für die Existenz der Menge M zeigt sich also die Bestimmtheit oder Nicht-Bestimmtheit ihres Selbstbezuges. Der letzte Fall kann nur eintreten, wenn die Definition von M einen nicht erfüllbaren Selbstbezug enthält, das heißt insbesondere, wenn sich nicht in eindeutiger Weise deren Zirkelfreiheit oder Zirkelhaftigkeit bestimmen läßt. Dieses Problem entschärft sich wesentlich, wenn man die Untersuchung der Mengen auf den Bereich der zirkelfreien Mengen einschränkt. Es gelten nun die folgenden Tatsachen:

Eine Klasse zirkelfreier Mengen ist immer eine zirkelfreie oder zirkelhafte Menge. Die Klasse C *aller zirkelfreien Mengen ist eine zirkelhafte Menge. Jede Klasse von Elementen einer zirkelfreien Menge* M *ist eine zirkelfreie Teilmenge von* M. *Jede Teilmenge einer zirkelfreien Menge ist eine zirkelfreie Menge.*

Es gibt unendliche Mengen: *Die Klasse* C *aller zirkelfreien Mengen ist eine unendliche zirkelhafte Menge. Die Klasse der natürlichen Zahlmengen ist eine unendliche zirkelfreie Menge.*

Für die Existenz absolut verschiedener Mächtigkeiten unendlicher Mengen sind folgende Tatsachen entscheidend: *Die Mächtigkeit der Potenzmenge* $Pot(C)$ *der Menge aller zirkelfreien Mengen* C *ist größer als die Mächtigkeit von* C. *Die Mächtigkeit der Allmenge* A *ist größer als die Mächtigkeit der Menge* C *aller zirkelfreien Menge. Die Mächtigkeit der Menge* C *aller zirkelfreien Mengen ist größer als die Mächtigkeit jeder zirkelfreien Menge. Für jede zirkelfreie Menge ist die Mächtigkeit der Potenzmenge größer als die Mächtigkeit dieser Menge selbst.*

3.8.2 Cantor-Mengenlehre

In Anbetracht von Finslers Intention, die Cantorsche Mengenlehre zu begründen und zu rechtfertigen, soll die Beschränkung der Finsler Mengenlehre auf die zirkelfreien und fundierten Mengen *Cantor-Mengenlehre* genannt werden.

Eine Menge ist fundiert, wenn es ein $\ni$-minimales Element gibt, das heißt, eine Menge $X \ni x$, sodaß $x \cap X = \emptyset$. Damit gilt: *Die Klasse aller zirkelfreien und fundierten Mengen ist eine zirkelhafte und fundierte Menge, die sich selbst nicht enthält.*

Ein Axiomensystem für die Cantor-Mengenlehre kann durch geeignete Ergänzung der Axiome der Finsler-Mengenlehre aufgestellt werden.

Axiom F1 (Bestimmtheit) *Für jede Menge ist eindeutig bestimmt, zu welchen Mengen sie die Beziehung* $\ni$ *hat.*

Axiom F2 (Identität) *Mengen sind immer dann identisch, wenn die Annahme ihrer Identität nicht zu einem Widerspruch führt.*

Axiom FC (Cantor-Bedingung) *Mengen sind zirkelfrei und fundiert.*

Axiom F3$_C$ (Vollständigkeit) *Ein mathematisches Objekt ist eine Menge immer dann, wenn die Annahme, es sei eine Menge, nicht zu einem Widerspruch mit den Axiomen **F1**, **F2** und **FC** führt.*

Die Cantor-Mengenlehre als Teilsystem der Finsler-Mengenlehre sichert deren Widerspruchsfreiheit. Das Axiomensystem ist monomorph und damit vollständig.

Die Annahme der Existenz einer «Cantor-Allmenge» führt in der Cantor-Mengenlehre auf Schwierigkeiten. Zum Beispiel gibt das Aussonderungsprinzip für die Eigenschaft «x ist Menge und x enthält sich nicht als Element» zur paradoxen Russellschen Menge Anlaß und das auf die Menge aller zirkelfreien und fundierten Mengen angewendete Theorem von Cantor produziert eine Menge von höherer Mächtigkeit als diese selbst. Im weiteren müßte die «Cantor-Allmenge» sich selbst als Element enthaltenden, und wäre damit eine unfundierte (und zirkelhafte) Menge. Diese Schwierigkeiten sind nicht verwunderlich, denn die «Cantor-Allmenge» ist zirkelhaft, gehört also nicht selbst zu den Mengen der Cantor-Mengenlehre.

3.8.3 Das Auswahlprinzip

Sei M eine Menge mit nur nicht-leeren Elementen. Wenn eine Menge (oder Klasse) von jedem Element von M genau ein Element enthält und sonst nichts, heißt sie eine *Auswahlmenge* (oder *Auswahlklasse*) von M.

Auswahlprinzip: *Jede Menge X, deren Elemente x nicht-leer sind, besitzt eine Auswahlmenge.*

Das Auswahlprinzip verdankt seinen Namen der Tatsache, daß aus jedem Element von X ein Element sozusagen «gewählt» wird.

Nun gilt in der Finsler-Mengenlehre: *Das Auswahlprinzip ist nicht allgemeingültig*. Jedoch: *Jede zirkelfreie Menge X, deren Elemente x nicht-leer sind, besitzt eine zirkelfreie Auswahlmenge.*

Das Auswahlprinzip hat viele äquivalente Formen, zum Beispiel: das Lemma von Zorn (zu jeder partiell geordneten Menge, in der jede nicht-leere total geordnete Teilmenge eine obere Schranke besitzt, gibt es ein maximales Element), das Wohlordnungstheorem (in einer total geordneten Menge hat jede nicht-leere Teilmenge ein erstes Element), das Theorem über die Gleichmächtigkeit jeder Menge zu einer Ordinalzahl, das Vergleichbarkeitstheorem für Mengen (für zwei Mengen X, Y ist entweder $X \prec Y$ oder $X \approx Y$ oder $X \succ Y$).

Das Auswahlprinzip macht eine reine Existenzbehauptung: für jede Menge von nicht-leeren Elementen existiert eine Auswahlmenge. Dies ist nicht weiter problematisch, wenn man an die Existenz von Mengen nicht zusätzliche Anforderungen stellt, wie etwa Konstruierbarkeit oder Ausdrückbarkeit. Für die Auswahlmengen gibt es keine solchen konkreten Konstruktions-Anweisungen. Im Rahmen der philosophischen Anschauung eines aktuell denkenden Mathematikers sind im Prinzip denkbare Mengen bereits existent, müssen also nicht erst konstruiert, sondern einfach eindeutig und widerspruchsfrei bestimmt werden. Dies gilt insbesondere auch für die Auswahlmengen.

3.8.4 Mathematik und Mengenlehre

Die Finsler-Mengenlehre und ihr Teilgebiet der Cantor-Mengenlehre erheben nicht den Anspruch, eine Begründung oder ein Fundament für die gesamte Mathematik zu liefern. Sie bilden ein eigenes Gebiet innerhalb des Gedankenbereiches der Mathematik, nämlich das Gebiet der gesetzmäßigen Beziehungen *von reinen* Mengen. Sie ist zwar ein in vielen Bereichen der Mathematik wichtiges, ja unentbehrliches Darstellungs- und Hilfsmittel, hat jedoch in erster Linie eine selbständige Bedeutung. Obwohl praktisch alle mathematischen Objekte als Mengen dargestellt werden können, ist es insbesondere nicht sinnvoll, die in ihr oder durch sie zum Ausdruck gebrachten *Begriffsinhalte* durch ihre Mengen-Darstellungen zu ersetzen.

Vom hier vertretenen philosophischen Gesichtspunkt eines aktuell konkrete mathematische Inhalte denkenden Mathematikers ist die Ersetzung oder Eliminierung mathematischer Begriffe durch ihre Mengen-Darstellungen nicht sinnvoll, sogar widerspruchsvoll, da die mathematischen Begriffe einen in sich selbst bestimmten Inhalt haben, der von jeder Darstellung und jedem Ausdruck dieses Inhaltes deutlich unterscheidbar ist. Dies gilt insbesondere für mathematische Grundbegriffe wie Funktion, Zahl, Gruppe, topologischer Raum, Ordnung, Körper, Ring, etc.

In diesem Sinne wird zum Beispiel der Funktionsbegriff für die Finsler-Mengenlehre vorausgesetzt und nicht durch sie erst begründet oder gesichert. Er beinhaltet eine *begriffliche Zuordnung* (oder eine Beziehung, Relation) eines Bereichs A unterscheidbarer, aber nicht näher bestimmter mathematischer Objekte a zu einem zweiten solchen Bereich B von Objekten b sodaß *jedem* a aus A *ein* b aus B entspricht. Hier liegt der Grund, weshalb in der Finsler-Mengenlehre im Umkreis des Axioms **F2** ohne weitere Schwierigkeiten der Begriff der Isomorphie verwendet werden kann.

Selbstverständlich besitzt die Mengendarstellung mathematischer Objekte ihre eigene Eleganz und Geschlossenheit. Sie offenbart einen Zusammenhang dieser Objekte untereinander, der sich anderweitig vielleicht nur schwer erschließt. Es zeigt sich dann jedoch nur ein ausgewählter Aspekt und die Mengenlehre erscheint wie eine Art Korsett, in das alles hineingepreßt wird. So sehen in der Mengenlehre alle natürlichen Zahlen im wesentlichen gleich aus, obwohl sie verschiedene qualitative Eigenschaften (wie Teilbarkeit etc.) haben. Zudem hat die sich in der Mengendarstellung zeigende Einheit der Mathematik ihre Ursache nicht in dieser Darstellung. Vielmehr ist die Einheit der mathematischen Begriffe und deren sachgemäßer Zusammenhang untereinander die Vorbedingung ihrer einheitlichen Erscheinungsweise im Kleid der Mengenlehre.

Falls man unter einer philosophischen Begründung der Mathematik den Bezug und die Einordnung des mathematischen Denkens und der mathematischen Begriffe in das Gebiet des Denkens bzw. der Ideen überhaupt versteht, so bedarf die Mengenlehre, wie jedes andere Gebiet der Mathematik, einer eigenen philosophischen Begründung. Diese müsste dann, wie im Abschnitt 3.6 dargestellt, im wesentlichen darin bestehen, den Übergang von der intensionalen zur extensionalen Auffassung der Lehre von den Begriffsinhalten sowie der Lehre von den Begriffsumfängen ins Auge zu fassen. Dies bedeutete konkreter, daß der Übergang von der (nicht-symbolisierten) Propositions- und Prädikatenlogik zur Klassenlogik bis hin zur Mathematisierung (genauer: nicht-symbolische Axiomatisierung) von Klassen und Mengen untersucht werden müßte. Dabei wird es entscheidend sein, die Prädikatenlogik in sachgemäßer Weise mit einer Denklehre, die sich am aktuellen Denken eines Mathematikers orientiert, zu verbinden.

Da die Mengenlehre für die übrige Mathematik keinen begründenden Charakter hat, ist allerdings mit ihrer philosophischen Begründung noch keine solche Begründung anderer Gebiete der Mathematik oder gar der Mathematik als Ganzes geleistet. Dies alles sind Aufgaben einer umfassenden *Philosophie der Mathematik* und überschreitet den Rahmen dieses Buches.

3.9 Zur formallogischen Darstellung der Gesetzmäßigkeiten natürlicher Zahlen

3.9.1 Axiome, Prädikate und Strukturen

Es werden hier nicht alle schon im Kapitel 2 ausgeführten Einzelheiten wiederholt, sondern auf einige charakteristische Momente aufmerksam gemacht sowie Beispiele für die allgemeinen Überlegungen zur formalen Logik geliefert.

Den anhand der natürlichen Zahlen entwickelten Peano-Axiome (Abschnitt 2.1) liegt die Nachfolger-Funktion ν zugrunde, das heißt eine zweistellige Relation $R_\nu(m,n)$ über dem Gegenstandsbereich der natürlichen Zahlen, wo jedem m ein n zugeordnet wird. Die Axiome legen die genauen Forderungen an ν bzw. R_ν fest unter der Voraussetzung eines ausgezeichneten Elementes, der Zahl 1.

Die Peano-Axiome werden zunächst für die Nachfolger-Funktion ν formuliert.

$\mathbf{P0_1}$ 1 *ist ein Zahl.*

$\mathbf{P0_2}$ *Zu jeder Zahl n existiert eine Zahl m mit $m = \nu(n)$.*

Der *Nachfolger* m einer Zahl n ist definiert durch $m := \nu(n)$

P1 *Für alle Zahlen n gilt:* $\neg(1 = \nu(n))$.

P2 *Für alle Zahlen m, n gilt:* $\nu(m) = \nu(n) \to m = n$.

P3 *Für alle Eigenschaften E gilt, wenn* 1 *die Eigenschaft E hat, und wenn für jedes n, welches die Eigenschaft E hat, auch der Nachfolger von n die Eigenschaft E hat, dann hat jede Zahl die Eigenschaft E.*

Nun folgen die Peano-Axiome für die Relation R_ν.

$\mathbf{P0_1}$ 1 *ist ein Zahl.*

$\mathbf{P0_2}$ *Zu jeder Zahl n existiert eine Zahl m mit $R_\nu(m,n)$.*

Der *Nachfolger* m einer Zahl n ist definiert durch $R_\nu(m,n)$.

P1 *Für alle Zahlen n gilt:* $\neg R_\nu(n,1)$.

P2 *Für alle Zahlen m, n gilt:* $\{$*für jedes k gilt:* $R_\nu(k,m) \leftrightarrow R_\nu(k,n)\} \to m = n$.

P3 *Für alle Eigenschaften E gilt, wenn 1 die Eigenschaft E hat, und wenn für jedes n, welches die Eigenschaft E hat, auch der Nachfolger von n die Eigenschaft E hat, dann hat jede Zahl die Eigenschaft E.*

Die zusammengesetzte Propositionsform **P3** und für den Fall der Nachfolgerfunktion ν soll nun etwas anders dargestellt werden, sodaß ihre Struktur besser zum Ausdruck kommt:

Für alle Eigenschaften E gilt:
Wenn $\{(1$ ist $E)$ und aus $(n$ ist $E)$ folgt $(\nu(n)$ ist $E)\}$ dann gilt: alle m sind E

oder kurz

$$\forall E\ \{E(1) \wedge (E(n) \rightarrow (E(\nu(n))\} \rightarrow \forall m\ E(m).$$

Die Peano-Axiome sind nur insofern Propositionen über den natürlichen Zahlen, wenn sie von vornherein mit dem Denkgegenstandsbereich, genauer der Struktur, der natürlichen Zahlen interpretiert werden (siehe dazu und zum folgenden die Abschnitte 2.3 und 2.4). Strenggenommen ist in den Axiomen dieser Bezug auf eine Interpretation durch eine spezielle Struktur nicht enthalten: die Axiome sind demnach keine Propositionen sondern Prädikatenformen (oder Propositionsformen), die erst dann in Propositionen übergehen, wenn sie durch eine Struktur interpretiert werden. Durch die Forderung der Gültigkeit der Peano-Axiome an geeignete Strukturen werden diese für die Mathematik hinreichend genau bestimmt.

Dies bedeutet, daß jede Struktur $\mathcal{M} = \langle M, \mu, 1_{\mathcal{M}}\rangle$ mit der Grundmenge M, der einstelligen Funktion μ sowie der Konstanten $1_{\mathcal{M}}$, welche die Peano-Axione erfüllt, als natürliche Zahlen in mathematischem Sinne angesehen werden können.

3.9.2 Definitionen

Als Beispiel einer Explizitdefinition kann die Definition von $<$ im Abschnitt 2.6 herangezogen werden:

$$\forall m \forall n (m < n :\leftrightarrow \neg(m \equiv n) \wedge \exists k (m + k \equiv n)).$$

Eine spezielle Klasse von Kontextdefinitionen über den natürlichen Zahlen bilden die *rekursiven* (auch induktiven) *Definitionen.* Aus den Beispielen der Addition und Multiplikation liest man die folgenden Funktionalgleichungen für die Funktionen $A\colon \mathbb{N} \times \mathbb{N} \rightarrow \mathbb{N}$ und $M\colon \mathbb{N} \times \mathbb{N} \rightarrow \mathbb{N}$ ab:

$$\begin{array}{ll} A(m,1) = \nu(m) & M(m,1) = m \\ A(m,\nu(n)) = \nu(A(m,n)) & M(m,\nu(n)) = A(M(m,n),m). \end{array}$$

Hält man das jeweils erste Element m im Sinne eines Parameters fest, so erhält man

$$\begin{array}{ll} A_m(1) = \nu(m) & M_m(1) = m \\ A_m(\nu(n)) = \nu(A_m(n)) & M_m(\nu(n)) = A_m(M_m(n)). \end{array}$$

In beiden Fällen ist deutlich, daß es sich nicht um eine Explizitdefinition handelt, da die zu definierenden Funktionen in der jeweils zweiten Gleichung auf beiden Seiten der Funktionalgleichung auftauchen. Dies bedeutet, daß sowohl die Existenz wie die Eindeutigkeit der dadurch definierten Funktion nachgewiesen werden muß. In etwas verallgemeinerter Form lauten diese Funktionalgleichungen für die Funktionen $f : \mathbb{N} \longrightarrow \mathbb{N}$ und $g : \mathbb{N} \times \mathbb{N} \longrightarrow \mathbb{N}$ und für ein festes Element $k \in \mathbb{N}$:

$$f(1) = k$$
$$f(\nu(n)) = g(n, f((n)).$$

Es kann nun ganz allgemein bewiesen werden (auch unter erweiterten Bedingungen), daß zu jeder solchen Funktion g genau eine Funktion f existiert, welche die obigen Bedingungen erfüllt (siehe Oberschelp [1976], § 2 oder Pickert/Görke [1962], § 1.2).

Ein weiteres Beispiel einer Kontextdefinition ist die Einführung von Addition, Multiplikation und $<$ für die Äquivalenzklassen im Rahmen der Ultrapotenz der natürlichen Zahlen (siehe dazu Abschnitt 2.10.2). Hier muß insbesondere ein Eindeutigkeitsbeweis geliefert werden.

Zur Demonstration der Notwendigkeit eines Beweises bei Kontextdefinitionen wird ein Beispiel angeführt, das auf Peano zurückgeht (nach Kutschera [1967], S.368). Es wird eine zweistellige Funktion $f(p,q) \equiv p * q : \mathbb{Q} \times \mathbb{Q} \longrightarrow \mathbb{Q}$ über den rationalen Zahlen wie folgt definiert, wo p, q, r, s beliebige rationale Zahlen sind:

$$\tfrac{p}{q} * \tfrac{r}{s} := \tfrac{p+r}{q+s}.$$

Dies ist tatsächlich eine Kontextdefinition, da die Teilungsfunktion im Definiendum (auf der linken Seite) auftaucht und nicht eliminierbar ist. Aus dieser Definition ergibt sich durch Einsetzung spezieller Zahlenwerte:

$$\tfrac{2}{3} * \tfrac{3}{4} = \tfrac{2+3}{3+4} = \tfrac{5}{7} \qquad \text{und}$$
$$\tfrac{4}{6} * \tfrac{3}{4} = \tfrac{4+3}{6+4} = \tfrac{7}{10}.$$

Nun ist aber $2/3 = 4/6$, also muß auch

$$\tfrac{2}{3} * \tfrac{3}{4} = \tfrac{4}{6} * \tfrac{3}{4}$$

sein und damit $5/7 = 7/10$ oder $50 = 49$, was natürlich falsch ist.

Eine *bedingte Definition* liegt vor für $<$ im Zusammenhang der natürlichen Zahlen und ihrer Erweitertung zu den Nichtstandardzahlen. Die erweiterte Geltung von $<$ für Nichtstandardzahlen muß durch den Beweis der operationserhaltenden Einbettung der natürlichen Zahlen in die Nichtstandardzahlen begründet werden.

3.9.3 Theoreme und Beweise

Die *formale Ableitung*, oder der *formale Beweis* eines mathematischen Theorems bedient sich eines Schlußverfahrens, das heißt einer formalen Ableitung von Prädikatenformen aus gegebenen, das heißt schon formal abgeleiteten oder vorausgesetzten (Axiomen) Prädikatenformen gemäß den Regeln des propositionslogischen und prädikatenlogischen Schließens (siehe Abschnitte 3.2.2 und 3.3.5).

Ein elementares Beispiel:

Theorem 3.1 *Eine natürliche Zahl ist nicht identisch mit ihrem Nachfolger, das heißt:* $\forall n \neg(n \equiv \nu(n))$.

Beweis: Sei E die Eigenschaft, die besagt, daß für alle natürlichen Zahl n gilt $\neg(n \equiv \nu(n))$; man definiert also:

$$\forall n\{E(n) \;:\leftrightarrow\; \neg(n \equiv \nu(n))\}.$$

Soll **P3** angewendet werden, so müssen die Vorbedingungen überprüft werden. Wegen $\mathbf{P0_1}$ kann $\nu(1)$ gebildet werden und aus **P1** ergibt sich $E(1)$. Nun ist **P2** äquivalent zu

$$\forall m \forall n(\neg(n \equiv \nu(n)) \rightarrow \neg(\nu(m) \equiv \nu(n)),$$

also ergibt sich mit Hilfe des modus ponens aus $E(n)$ tatsächlich die Gültigkeit von $E(\nu(n))$, und damit ergibt sich mit **P3** die Gültigkeit von $\forall n E(n)$. ■

Die folgenden an sich bekannten Unterschiede von indirekten und direkten Beweisen werden hier etwas ausführlicher diskutiert, da die Möglichkeit indirekter Beweise für die Mathematik charakteristisch ist.

Indirekte Beweise
Es soll der bekannte Beweis der Unbegrenztheit der Anzahl der Primzahlen, der sich der Form (3) aus Abschnitt 3.4.3 bedient, betrachtet werden.

Theorem 3.2 *Wenn Primzahlen p solche natürlichen Zahlen sind, die keine anderen Teiler als* 1 *und p haben, dann gibt es unbegrenzt viele Primzahlen.*

Beweis (indirekt): Es gibt endlich viele Primzahlen oder unendlich viele Primzahlen, das heißt es gilt entweder P oder $\neg P$. Annahme: Es gelte P. Dann gibt es eine Aufzählung $p_1, p_2, p_3, \ldots, p_N$. Mit Hilfe der Regeln der Addition und Multiplikation läßt sich die Zahl $p := p_1 \cdot p_2 \cdot p_3 \cdot \ldots \cdot p_N + 1$ bilden. Nun folgt aus der Bestimmung der Primzahlen, daß p entweder einen kleinsten Teiler $q \neq 1$, $q \neq p$ hat oder selbst eine Primzahl ist. Im ersten Fall ist q Primzahl, da q mit keinem p_i und keinem Produkt aus p_i's übereinstimmen kann; im zweiten Fall ist p selbst eine Primzahl. In beiden Fällen ergibt sich eine neue Primzahl, die in der Aufzählung $p_1, p_2, p_3, \ldots, p_N$ nicht vorkommt. Daraus ergibt sich: Für jede endliche Aufzählung von Primzahlen existieren weitere Primzahlen, die in der ursprünglichen Aufzählung nicht vorkommen. Also gibt es nicht endlich viele Primzahlen. ■

Entscheidend bei indirekten Beweisen ist die Möglichkeit, formelle Behauptungen ohne Berücksichtigung der Zusammenstimmung der Inhalte (Wahrheit) aufstellen zu können. Mit Hilfe des Inhaltes einer solchen als wahr angenommenen Anfangsbehauptung werden dann weitere (schon als wahr geltende) Behauptungen aufgestellt sowie gewisse Schlüsse gezogen, bis man zu einer Behauptung kommt, die im Widerspruch zur Anfangsbehauptung steht. Also muß die Negation der Anfangsbehauptung wahr sein, da von zwei sich gegenseitig ausschließenden Behauptungen nur eine wahr sein kann.

Aus der unmittelbar denktätigen Anschauung der Begriffsinhalte (Gesetze) ergeben sich keine Widersprüche. In diesem Sinne gibt es keine inhaltslogischen Widersprüche, sondern nur widersprüchliche Behauptungen, die durch rein formale Argumentationen zustande kommen. Daraus ergibt sich die Konsequenz, daß die Gewißheit indirekter Beweise nicht auf der Anschauung der beteiligten Inhalte beruht, sondern auf der bloß *formallogisch* korrekten Verknüpfung von Behauptungen.

Direkte Beweise (allgemeine Existenzbeweise)
In direkten Beweisen muß mit Hilfe schon bewiesener Theoreme oder Axiome gezeigt werden, daß aus einer Prädikatenform A tatsächlich eine Prädikatenform B abgeleitet werden kann. Dazu wird ein elementares Theorem aus der Teilbarkeitslehre betrachtet.

Theorem 3.3 *Wenn a und d natürliche Zahlen sind und d ein Teiler von a, dann gilt $1 \leq d \leq a$ und es gibt zu a höchstens endlich viele verschiedene Teiler.*

Beweis (direkt): Da d Teiler von a ist, gilt $a = dv$, wo v ebenfalls eine natürliche Zahl ist. Aus $a \geq 1$, $d \geq 1$ und $v \geq 1$ folgt $a = dv \geq d$ und $1 \leq d \leq a$. – Da es höchstens a verschiedene natürliche Zahlen d mit $1 \leq d \leq a$ gibt, hat a höchstens a verschiedene Teiler. ∎

Die direkten Beweise mathematischer Theoreme bilden einen Bereich, wo die um mehrstellige Prädikate erweiterte Schlußlehre ihr sachgemäßes Anwendungsgebiet hat. Denn in der Schlußlehre geht es um die Aufstellung aller möglichen Varianten wie vom allgemeinen auf das Besondere geschlossen werden kann.

Ein direkter Beweis (falls er nicht konstruktiv ist) gibt im allgemeinen keinen Hinweis darauf, wie das oder die als existent behaupteten Subjekte der entsprechenden Behauptungen explizit aufgefunden werden können. Dazu gehören insbesondere viele allgemeine Existenz- und Eindeutigkeitssätze der Mathematik. Letztlich beruht diese Tatsache auf dem sogenannten Auswahlaxiom, welches die Behauptung beinhaltet, daß aus einer wohlbestimmten Menge ein beliebiges Element ausgewählt werden darf, ohne daß man das Verfahren der Auswahl näher zu spezifizieren braucht.

Konstruktive Beweise (konkrete Existenzbeweise)
Bei konstruktiven Beweisen wird die Existenz und gegebenenfalls Eindeutigkeit nicht deduktiv aus allgemeinen Voraussetzungen abgeleitet, sondern ein algorithmisches Verfahren entwickelt, wo aus den gegebenen Elementen das oder die gesuchten (als existent behaupteten) Elemente in endlich vielen Schritten explizit konstruiert werden. Als Beispiel kann man den größten gemeinsamen Teiler zweier natürlicher Zahlen a und b, geschrieben $GGT(a,b)$, heranziehen.

Die zweistellige Relation $GGT(a,b)$ ist definiert durch die folgenden Eigenschaften:

(1) der $GGT(a,b)$ ist Teiler von a und b und

(2) jeder gemeinsame Teiler von a, b teilt den $GGT(a,b)$.

Dies ist eine Kontextdefinition, also muß die Wohlbestimmtheit des $GGT(a,b)$ nachgewiesen werden. Die Existenz und Eindeutigkeit des $GGT(a,b)$ kann im Sinne eines direkten, jedoch nicht konstruktiven Beweises mit Hilfe des Hauptsatzes der Zahlentheorie (Existenz und Eindeutigkeit der Primfaktorenzerlegung) abgeleitet werden: Man betrachte die Menge der gemeinsamen Elemente der Primfaktorenzerlegung von a und b; ihr eindeutig bestimmtes Produkt bildet den $GGT(a,b)$, denn jeder gemeinsame Teiler von a und b ist ein Produkt dieser Faktoren.

Das folgende Theorem gibt eine direkte Konstruktion des $GGT(a,b)$ aus den Zahlen a und b an, und begründet damit ebenfalls die Existenz und eindeutige Bestimmtheit dieser Zahl.

Theorem 3.4 (Euklidischer Algorithmus) *Es seien a, b mit $a \geq b$ zwei natürliche Zahlen. Man setze $a_0 := a$, $a_1 := b$ und bilde die folgende Kette von Divisionen mit Rest:*

$$a_0 = q_1 a_1 + a_2 \text{ mit } 0 \leq a_2 < a_1,$$

$$a_1 = q_2 a_2 + a_3 \text{ mit } 0 \leq a_3 < a_2,$$

$$\ldots\ldots$$

$$a_{n-2} = q_{n-1}a_{n-1} + a_n \text{ mit } 0 \leq a_n < a_{n-1},$$

wo die natürlichen Zahlen $q_1, q_2, \ldots, q_{n-1}$ *und* $a_2, a_3, \ldots, a_n$ *die Quotienten bzw. die Reste sind.*

Dann gibt es einen ersten Index k *mit* $1 \leq k \leq b$, *so daß gilt* $a_k > 0$ *und* $a_{k+1} = 0$; *die eindeutig bestimmte Zahl* a_k *hat die Eigenschaften (1) und (2) des* $GGT(a, b)$.

Beweis: Wegen $b = a_1 > a_2 > a_3 > \ldots$ und $a_1 \geq 1$ gibt es einen ersten Index k mit $1 \leq k \leq b$, so daß $a_k > 0$, aber $a_{k+1} = 0$. Dann hat man also als k-te Gleichung $a_{k-1} = q_k a_k$. Durchläuft man die Kette der Gleichungen für die a_ν von unten nach oben, so erhält man nacheinander: a_k teilt a_{k-1}, a_k teilt $a_{k-2}, \ldots$, a_k teilt a_1, a_k teilt a_0. Durchläuft man hingegen die Gleichungskette von oben nach unten, so folgt für jeden gemeinsamen Teiler c von a_0 und a_1 nacheinander: c teilt a_0, c teilt a_1, c teilt $a_2, \ldots$, c teilt a_k. Somit hat a_k die Eigenschaften (1) und (2) der Definition des größten gemeinsamen Teilers, das heißt es gilt: $a_k = GGT(a_0, a_1) = GGT(a, b)$. ■

3.10 Ausblick: Prinzipielle Grenzen der formalen Logik

3.10.1 Symbolisierung und formale Darstellung

Was über die Grenzen der formalen Prädikatenlogik in den Abschnitten 3.3.10 und 3.7 gesagt wurde, soll hier nicht im einzelnen wiederholt werden. Wenn hier Grenzen behandelt werden, so bedingt dies einen über die formale Prädikatenlogik hinausgehenden Standpunkt, der seine Begründung an dieser Stelle noch nicht finden kann. Dazu bedarf es der Behandlung der Aufgabe, die Stellung der formalen Prädikatenlogik anhand der allgemeinen Denklehre zu bestimmen, was kein Thema des vorliegenden Buches ist. Hier geht es um Hinweise auf die schon an dieser Stelle einsehbaren Beschränkungen der Gesichtspunkte der formalen Logik. Dabei steht im Abschnitt 3.10.2 zunächst die rein oder strikt formale Logik im Vordergrund, also genauer die Natur der rein formalen Logik selbst und nicht ihre Anwendung auf außerlogische Gebiete wie Mathematik.

Im weiteren wird hier die formale Logik *nicht* unter der zusätzlichen Beschränkung der symbolisch-sprachlichen Darstellung untersucht. Die pragmatisch-praktischen Gründe für eine solche Darstellung werden im Abschnitt 4.1 aufgezählt. Solche Gründe haben jedoch für die gedankliche Darstellung der formalen Logik selbst keine Bedeutung.

Seit dem Ende des 19. Jahrhunderts wurde immer wieder betont, daß eine Symbolisierung der formalen Logik notwendig sei zu deren widerspruchsfreien und klaren Entwicklung. Diese Gründe wurden in Abschnitt 3.7 ausführlich besprochen und einzeln widerlegt. Zudem kann gezeigt werden, daß jede Symbolisierung der formalen Logik gravierende Beschränkungen zur Folge hat, die dem ursprünglichen Ziel der Präzisierung und Absicherung der Gewißheit völlig entgegenlaufen (siehe Kapitel 4, insbesondere die Abschnitte 4.14, 4.15 und 4.18).

Die Forderung nach Symbolisierung ist Folge der Schwierigkeit, die notwendigen Unterscheidungen *gedanklich* und nicht nur nach einem nach konventionell-praktischen Gesichtspunkten festgelegten Regelsystem zu vollziehen. Dies hat seinen Preis in der Tatsache, daß auf eine klare und deutliche gedankliche Erfassung des Wesens und der Grenzen der formalen Prädikatenlogik im Gegensatz zur symbolisierten Logik kaum mehr Wert gelegt wird. Im folgenden soll ein neuer Anlauf in dieser Richtung skizziert werden.

3.10.2 Grenzen der rein formalen Logik

Die formale Logik hat als Vorbedingung die Denkbarkeit verschiedener Gegenstände sowie verschiedener Prädikate (siehe dazu die Abschnitte 3.1, 3.2.1). Die konkreten Verschiedenheiten von Prädikaten (ausgenommen die Unterschiede zwischen ein- und mehrstelligen Prädikaten sowie zwischen Prädikaten erster und höherer Stufe) sind rein formallogisch nicht bestimmbar. Die formale Logik fordert nur deren Verschiedenheit überhaupt und kann durch allgemeine Eigenschaften wie die der Symmetrie zweistelliger Prädikate gewisse Klassen von Prädikaten auszeichnen.

Die nur formal bestimmbaren Gegenstände sind für die formale Logik selbst keine reinen Gesetze (oder reine Begriffe), sondern *Erscheinungen* von solchen, da immer eine *Vielheit* gleichartiger Gegenstände zur Verfügung steht, die formallogisch nicht weiter unterscheidbar sind – deren Verschiedenheit zwar feststeht, das heißt vorausgesetzt werden muß, aber außerformallogische Gründe hat. Diese Gründe sowie die Natur des Erscheinungsmediums können formallogisch nicht untersucht werden, da es sich um Denkinhalts- und Erkenntnisprobleme handelt.

Für diese Überlegung ist entscheidend, daß Gegenstände aus einer Vielheit gleichartiger mathematischer Gegenstände (Denkinhalte) grundsätzlich keine reinen Gesetze sein können. Letztere sind immer eimalig oder einzigartig – andernfalls hat man es mit unterschiedlichen Darstellungen oder Repräsentationen von solchen zu tun. So bezieht sich die mathematische Isomorphie auf die gesetzmässige Gleichartigkeit (inhaltlich) unterscheidbarer mathematischer Gegenstände. Diesen liegt ein reines Gesetz zugrunde, von dem die isomorphen Gegenstände Erscheinungen oder Darstellungen sind, die in ihrer Gesamtheit den Erscheinungsumfang dieses Gesetzes ausmachen.

Bei den Prädikaten der formalen Logik handelt es sich ebenfalls nicht um reine Gesetze, da sie nicht als reine Beziehungen bestimmt sind, sondern nur vermöge der (auch nur formallogisch bestimmten) Objekte, die unter sie fallen, also durch ihren formalen Bezug auf ihren Umfang, die Menge ihrer Erscheinungen, also auf ihren Erscheinungsumfang (siehe dazu Abschnitt 3.3.1). Dieser Bezug ist ebenfalls streng formal zu denken, da durch formallogische Mittel, ausgenommen bei Tautologien und Kontradiktionen, in keinem Falle feststellbar ist, ob dieser oder jener Gegenstand irgendeinem vorgegebenen Prädikat genügt oder nicht. Hier liegt eine der wesentlichsten Beschränkungen der formalen Logik: in ihren Bereich fallen keinerlei Urteile, weder Begriffs- noch Wahrnehmungs- oder Erkenntnisurteile, die *einzelne* Gegenstände betreffen, sondern nur solche, die entweder alle Gegenstände (Tautologien) oder keinen Gegenstand (Kontradiktionen) betreffen.

Die formale Logik ist nur *formal* relativ zu den in ihr vorausgesetzten Gegenständen und Prädikaten. Sie hat es jedoch mit diesen *Formen* als ihren *Inhalten* zu tun und stellt über *diese* Inhalte Gesetze auf. In diesem Sinne werden in der formalen Logik auch Urteile gefällt, nämlich solche über ihre eigenen Inhalte.

Die rein formale Logik hat sich selbst nicht zum Inhalt, da sie es überhaupt mit keinen konkreten Denkinhalten (wie dem Gesetzesinhalt der formalen Logik) zu tun hat, sondern nur mit *Formen* von gewissen Inhalten, das heißt solchen Inhalten, welche die in der formalen Logik entwickelten Formen haben. Welche Inhalte dies sind, weiß die formale Logik wieder nicht zu bestimmen, da dies ein Problem des Zutreffens oder Nichtzutreffens bestimmter Formen auf bestimmte Gegenstände ist, was rein formallogisch nicht erreichbar ist.

Wird streng am formalen Charakter festgehalten, das heißt an dem bloß formalen Bezug eines Prädikats auf seine Gegenstände, so gehören Prädikate, die sich auf sich selbst beziehen lassen, nicht zur rein formalen Prädikatenlogik, da sie durch den *Selbstbezug* eine konkrete Interpretation, das heißt einen konkreten Bezug auf einen ihrer Gegenstände implizieren. Das Problem, ob der Selbstbezug zutrifft oder nicht, ist dann ohnehin kein Problem der formalen Logik, da hier ein Urteil über einen konkreten Inhalt gefällt werden muß, was formallogisch nicht erreichbar ist (siehe dazu ausführlicher Abschnitt 3.7.2 und Ziegler [1995], Kapitel V).

Wenn es auch vom strikt formalen Gesichtspunkt aus nicht möglich ist, einen Selbstbezug aufzustellen, so entzieht sich dieser doch nicht dem über den rein formalen Gesichtspunkt hinausreichenden *Denken*. Damit läßt sich denkend mit *selbstbezüglichen Situationen* umgehen und einsehen, daß die dabei auftretenden Schwierigkeiten nicht mit irgendwelchen prinzipiellen Grenzen des Denkens, sondern mit (nicht bemerkten) Begrenztheiten spezieller Gesichtspunkte der denkenden Betrachtung zu tun haben.

3.10.3 Grenzen der Anwendung der formalen Logik

Es soll nun die Frage untersucht werden, ob der Gegenstandsbereich der formalen Logik alles umfaßt, was durch das reine Denken erreichbar ist, das heißt ob die formale Logik zur *formalen Darstellung* aller reinen Denkinhalte hinreichend ist.

Falls ein bestimmter Gedankenbereich formal darstellbar ist, das heißt sich als Modell eines Axiomensystems und den dazugehörigen Folgerungen und Schlüssen im Rahmen der formalen Prädikatenlogik festhalten läßt, so ist jede formal beweisbare Prädikatenform auch dem Gedankeninhalt nach gültig, also wahr (Metatheorem 3.8). Die Umkehrung ist allerdings nicht selbstverständlich, das heißt es ist nicht von vornherein klar, ob eine inhaltlich wahre Gedankenverbindung auch formal beweisbar ist aufgrund irgendeines Axiomensystems. Dies hängt mit dem Problem zusammen, ob inhaltliche Denkbarkeit notwendigerweise formale Darstellbarkeit zur Folge hat. Dies ist jedoch sicher nicht der Fall, da in der formalen Logik nur solche Gedankenbestimmungen darstellbar sind, die sich auf das Verhältnis von Gedankeninhalt und Erscheinungsumfang (Abschnitt 3.10.2) gründen und demnach kommen dort keine Bestimmungen vor, die bloß *reine Gesetze* betreffen. Folglich kann von der gedankeninhaltlichen Wahrheit im allgemeinen nicht auf die formale Beweisbarkeit geschlossen werden, da bereits inhaltliche Denkbarkeit im allgemeinen nicht formale Darstellbarkeit zur Folge hat. Daraus ergeben sich die Einsichten:

Formale Unvollständigkeit erster Art: *Aus der inhaltlichen Denkbarkeit kann nicht auf formale Darstellbarkeit dieser Gedankeninhalte geschlossen werden.*

Folgerung: *Aus inhaltlicher Denkbarkeit von Gedankenverknüpfungen (Wahrheit) folgt nicht die formal-axiomatische Beweisbarkeit.*

Umgekehrt folgt aus der formalen Darstellbarkeit auch nicht die inhaltliche Denkbarkeit, denn ein Widerspruch ist formal darstellbar aber nicht inhaltlich denkbar. Dagegen folgt aus der formal widerspruchsfreien Darstellbarkeit die inhaltliche Denkbarkeit, auch wenn die formale Widerspruchsfreiheit nur einen Schluß auf *denkmögliche* Gegenstände und keinen Schluß auf die *Existenz* konkreter Gegenstände, welche die formal widerspruchsfreien Gedankenformen erfüllen, zuläßt. Aus demselben Grund wie weiter oben kann jedoch die Umkehrung im allgemeinen nicht zutreffen, das heißt aus der inhaltlichen Denkbarkeit folgt nicht notwendigerweise die formal widerspruchsfreie Darstellbarkeit. Daraus ergeben sich die Einsichten:

Formale Unvollständigkeit zweiter Art: *Aus der formalen Darstellbarkeit von Gedankeninhalten kann nicht auf inhaltliche Denkbarkeit geschlossen werden.*

Aber: *Aus der formal widerspruchsfreien Darstellbarkeit von Gedankeninhalten folgt die inhaltliche Denkmöglichkeit.*

Bibliographische Hinweise

Zur Geschichte der formalen und symbolischen Logik siehe Lukasiewicz [1935], [1957], Scholz [1931], Bochenski [1956], Kneale/Kneale [1984].

Abschnitt 3.2: Eine übersichtliche, elementare und an der Mathematik orientierte Darstellung der Propositionslogik (= Aussagenlogik) findet man in Böhme [1981]. Für weitere Details zur Propositionslogik, insbesondere zur Axiomatisierung, siehe Hilbert/Ackermann [1967], Kutschera [1967], Asser [1972a], Dopp [1969].

Untersuchung von Propositionsfunktionen, deren Wahrheitswert nicht nur vom Wahrheitswert der Argumente abhängt, sondern auch von deren Inhalt, gehören in das Gebiet der nichtklassischen Propositionslogik (= nichtklassische Aussagenlogik). Streng genommen gehören diese nicht in den Bereich der formalen Deduktionslogik, sondern bereits in die Inhaltslogik. Siehe dazu Kreiser et al. [1990].

Zu elementaren algebraischen Aspekten der Propositionslogik siehe Whitesitt/Stumpf [1972] oder Schmidt [1960], 1. Abschnitt.

Abschnitt 3.3: Siehe die für den Abschnitt 3.2 angegebene Literatur. Einen streng axiomatischen Aufbau einer nichsymbolisierten Propositions- oder Prädikatenlogik scheint es bisher noch nicht zu geben.

Zur modernen Darstellung der klassischen Syllogistik siehe Böhme [1981], Kapitel 2.7; Kutschera [1967], Kapitel 6.1; Menne [1954], [1985].

Abschnitt 3.4: Zur Definitionslehre siehe Kutschera [1967], Kapitel 6.3.

Abschnitt 3.6: Kutschera [1967], Kapitel 5.

Abschnitt 3.7: Siehe insbesondere Essler/Brendel/Martinez [1987], Kapitel XII und Ziegler [1995].

Abschnitt 3.8: Siehe Bakker/Ziegler [1996].

Kapitel 4
Kommunikation und mechanische Manipulation

Die vorangehende *Darstellung* mathematischer und logischer Sachverhalte bedient sich sprachlicher Ausdrucksformen (Worte, Sätze, orthographische und grammatikalische Regeln) und symbolischer Mittel. Die konkrete Entwicklung der inhaltsbezogenen Eigenschaften natürlicher Zahlen (Peano-Axiome, Addition, Multiplikation, etc.) und deren formallogische Betrachtung in den Kapiteln 2 und 3 wird jedoch ohne expliziten oder sachgemäß notwendigen Bezug auf irgendeine schriftliche oder sonstige symbolische Darstellung (Repräsentation) durchgeführt. Es geht bei den mathematischen und logischen Untersuchungen eines praktizierenden, pragmatisch orientierten Mathematikers in erster Linie um Begriffe und/oder Behauptungen und/oder Schlüsse und nicht um deren Repräsentation durch Symbole, Buchstaben, Ziffern, Worte bzw. Sätze und Aussagen bzw. formale Satz- und Aussagenverknüpfungen. Das trifft sowohl für das Rechnen (im Sinne des denkenden Vollzugs der Rechengesetze in ihrer Anwendung auf die konkreten Zahlen) wie für das Aufstellen und Beweisen von Theoremen zu.

4.1 Warum Symbolisierung?

Die Bereitstellung symbolischer, sich sinnlicher Zeichen bedienender Darstellungssysteme für Zahlen und die ihrer begrifflichen Entwicklung zugrundeliegenden logischen Gesetze setzt sowohl die Zahlen selbst wie die Logik voraus. Man kann selbstverständlich durch eine gedankliche Analyse des naiven Gebrauchs von Zeichen und Sprache einige die Zahlen und die Logik betreffende Gesetze ableiten. Für eine inhaltiche Begründung dieser Gesetze muss jedoch an den aktuellen denkenden Vollzug, insbesondere an die aktuelle denkende Einsicht in den Umgang mit Zahlen und in die dabei verwendete Logik, angeknüpft werden. In diesem Sinne gilt: Die Zahlen sowie die logischen Gesetze können nicht aus den symbolischen Darstellungen und dem Gebrauch der Zeichen abgeleitet werden, vielmehr müssen letztere aus ersteren begründet und entwickelt werden. Die Verwendung einzelner Symbole dient im wesentlichen der Kurzdarstellung komplexer gedanklicher Zusammenhänge, die deren individuelle Handhabung im vorstellenden Denken sowie deren Erinnerbarkeit und Vermittlung erleichtert.

Für die Aufstellung ganzer symbolischer Darstellungssysteme (symbolische Kalküle) zur lückenlosen Repräsentation mathematischer und logischer Sachverhalte gibt es im Zusammenhang der Mathematik im wesentlichen die folgenden Gründe.

— Ermöglichung und Vereinheitlichung der *Kommunikation* (Mitteilung) von Gegenständen, Theoremen, Methoden etc., zwischen Mathematikern für Forschungs- und/oder Unterrichtszwecke.

— Wieder abrufbare, auch anderen Menschen zugängliche *Aufbewahrung* (Speicherung) von Theoremen, Methoden, Resultaten etc.

— Explizite *endliche Konstruierbarkeit*, endliche Darstellbarkeit, effektive Berechenbarkeit von Rechen- und Argumentationsprozessen.

— Mechanische, automatisierbare, durch mechanisch ausführbare Regeln geleitete *Manipulation* von Zeichen und Symbolen und deren geregelter Kombinationen zur Erleichterung der Bearbeitung von komplexen Rechen- und/oder Argumentationsprozessen.

— Systematische, automatisierbare *Kontrolle* von Rechen- und/oder Argumentationsprozessen.

Alle diese Gründe geben in dieser oder jener Weise Anlass zu Einschränkungen, oder positiv ausgedrückt, zu spezifischen Teilgebieten der Mathematik und Logik. Kurz gesagt dient die symbolische Darstellung mathematischer und logischer Inhalte hauptsächlich der Mitteilung, der Speicherung und der bequemeren Handhabung derselben, gestützt auf deren Anbindung an die sinnliche Vorstellung und das daran orientierte gewöhnliche Erinnerungsvermögen.

Symbolische Darstellungssysteme für die *ganze* Mathematik, für *alle* Teilgebiete derselben in einheitlicher Weise zu fordern, entspräche nicht der Vielfalt und Vielseitigkeit des mathematischen Denkens und Tuns. Im folgenden wird gezeigt, daß Symbolisierungen ihre Vorteile, aber auch ihren Preis haben. Sie standardisieren und präzisieren den Umgang mit mathematischen Begriffen (Denkinhalten), allerdings auf Kosten einer eingeschränkten und mit deren eigenen Mitteln nicht überwindbaren Perspektive.

4.2 Symbolische Darstellung von Zahlen: Ziffern und Zahlensysteme

Die durch die Peano-Axiome bestimmten Zahlen, das heißt die Elemente der Struktur $\langle \mathbb{N}, \nu, 1 \rangle$ sind alle untereinander verschieden. Will man diese Verschiedenheit symbolisch zum Ausdruck bringen, so muß man jeder Zahl eineindeutig einen Eigennamen, das heißt ein *Zahlwort* zuordnen. In der deutschen Umgangssprache dienen dafür die am dekadischen System (siehe unten) orientierten Zahlworte auf der Grundlage des deutschen Alphabets $A_{(0)}$ mit den Ziffern a, b, c, ... :

$$A_{(0)} = \{\text{a, b, c, d, e, f, g, h, i, j, k, l, m, n, o, p, q, r, s, t, u, v, w, x, y, z, ä, ö, ü}\}$$

$$\mathbb{N}_{(0)} = \{\text{eins, zwei, drei, vier}, \ldots, \text{zehn, elf, zwölf, dreizehn, vierzehn}, \ldots\}.$$

Das einfachste, sich nicht an der Umgangssprache und dem dieser zugrundeliegenden umfangreichen Alphabet orientierende symbolische Darstellungssystem für Zahlworte ist das rekursiv definierbare Strichsystem, bei dem die Menge der Ziffern nur ein Element enthält: $A_{(1)} = \{|\}$. Alle weiteren Zahlwörter sind Kombinationen aus dieser einen Ziffer:

$$\mathbb{N}_{(1)} = \{|, ||, |||, ||||, \ldots, |||||||||, ||||||||||, |||||||||||, ||||||||||||, |||||||||||||, \ldots\};$$

Benützt man zwei Ziffern 0 und 1, so erhält man die auf der Grundlage des Alphabets $A_{(2)} = \{0, 1\}$ und dem Stellenwertsystem beruhende Dualdarstellung der Zahlen:

$$\mathbb{N}_{(2)} = \{1, 10, 11, 100, \ldots, 1010, 1011, 1100, 1101, 1110 \ldots\}.$$

Zahlendarstellungen, die auf einem Stellenwertsystem mit n Ziffern beruhen, inklusive einer Lehrstellenziffer 0, nennt man n-adische Zahlendarstellungen. Im dekadischen Darstellungssystem (auch arabische Darstellung oder Dezimalsystem genannt) gibt es zehn Ziffern, $A_{(10)} = \{0,1,2,3,4,5,6,7,8,9\}$ mit

$$\mathbb{N}_{(10)} = \{1,2,3,4,\ldots,10,11,12,13,14,\ldots\}.$$

und im dodekadischen System zwölf Ziffern, $A_{(12)} = \{0,1,2,3,4,5,6,7,8,9,\epsilon,\delta\}$ mit

$$\mathbb{N}_{(12)} = \{1,2,3,4,\ldots,\epsilon,\delta,10,11,12,\ldots\}.$$

Dabei gilt etwa

$$\text{zwölf}_{(0)} = ||||||||||||_{(1)} = 1100_{(2)} = 12_{(10)} = 10_{(12)}$$

wobei die Gleichheit hier bedeutet, daß verschiedene Zahlworte aufgrund verschiedener Ziffern denselben begrifflichen Inhalt, die Zahl zwölf bezeichnen, darstellen oder repräsentieren.

Die im Zusammenhang mit den Peano-Axiomen entwickelbaren Rechengesetze beziehen sich nicht auf irgendeine n-adische Zahlen*darstellung*, sondern auf die Zahlen selbst. Sogenannte *Rechenregeln*, die sich konkret auf eine Darstellung, zum Beispiel die Dezimaldarstellung der Zahlen beziehen (wie die Neuner- oder Elferprobe, der in der Schule gelehrte Algorithmus des Wurzelziehens) sind eigentlich Ziffern-Manipulationsregeln. Diese Regeln sind eine Konsequenz der Rechengesetze – und nicht umgekehrt.

An dieser Stelle muß man sich das Rechnen im Sinne eines aktuellen gedanklichen Vollzugs der Zahlbeziehungen deutlich von den automatisierbaren regelgeleiteten Manipulationen von Ziffern unterschieden werden. Nur letzteres kann auswendig gelernt, im Gedächtnis behalten, 'blind' vollzogen, ohne Verständnis gehandhabt, mechanisiert, automatisiert, etc. werden – ersteres nicht. Selbstverständlich *muß* eine Manipulation von Zahlziffern nicht gedankenlos vollzogen werden, aber sie *kann* es weitgehend. Im absoluten Sinne gedankenlos kann jedoch von einem Menschen auch eine Ziffernmanipulation nicht vollzogen werden; zumindest müssen die Ziffern unterschieden und die Manipulationsregeln korrekt angewendet werden. Hierbei kann jedoch die gedankenlose Gewohnheit eine wichtige Rolle spielen.

4.3 Eine Sprache zur symbolischen Darstellung der formalen Logik

Die Lehre von der symbolischen Darstellung der formalen Logik wird auch Logistik, symbolische Logik, theoretische Logik, mathematische Logik, Logikkalkül, etc. genannt. Oftmals wird der Ausdruck *formale Logik* auch im Sinne einer symbolischen Darstellung der formalen Logik gebraucht – inbesondere dann, wenn man auf den Unterschied der beiden keinen Wert legt oder ihn nicht zugeben kann oder will. Dann bedeutet *Formalisierung* den Übergang von der klassischen (aristotelischen) formalen Logik zur Darstellung logischer Manipulationen mit Hilfe von Symbolen. Im folgenden wird für diesen Vorgang der Ausdruck *Symbolisierung* oder *symbolische Darstellung* herangezogen und wie bisher der Ausdruck *formale Logik* im Sinne der Gesetzmäßigkeiten von Propositionsformen und Prädikatenformen sowie der entsprechenden Schlußformen verwendet wie dies im Kapitel 3 entwickelt wurde. Im Fall der symbolischen Logik ist der Bezug auf explizit gegebene Symbole eine dieser Logik wesentliche Eigenschaft, keine den logischen Manipulationen bloß äußerliche Darstellungsweise, auf die gegebenenfalls auch verzichtet werden kann.

Prinzipiell gilt für die symbolische Darstellung der formalen Logik im Verhältnis zu dieser Logik selbst dasselbe wie für das Verhältnis der Zahldarstellungen durch Ziffern zu den Zahlen selbst. Die Praktikabilität oder gar Notwendigkeit einer symbolischen Darstellung, einer Symbolisierung der Logik liegt nicht in dieser selbst begründet, sondern in außerhalb dieser liegenden Faktoren. Da es die Logik mit Gedankeninhalten zu tun hat, kann der Grund für einen Bezug auf etwas Außergedankliches, wie die symbolische Darstellung, kein von der Logik selbst herstammender sein. Die Symbolisierung der Logik kann also nicht sachgemäß durch Notwendigkeiten der Logik begründet werden. Die Gründe für eine Symbolisierung der Logik sind im wesentlichen dieselben, wie die im Abschnitt 4.1 aufgezählten.

Wenn man von der Notwendigkeit sprachlicher Darstellung aus den genannten Gründen ausgeht, so ist es natürlich, die zu verwendende Sprache möglichst präzise festzulegen, sodaß sie für alle genannten Zwecke praktisch verwendbar ist. Das Ergebnis der Bemühungen in dieser Richtung führte zu der logischen Formelsprache, die im folgenden entwickelt wird.

Die Symbolisierung der elementaren formalen Logik führt zunächst zum sogenannten *Prädikatenkalkül erster Stufe* oder engeren Prädikatenkalkül. Die erste Stufe ist dadurch ausgezeichnet, daß Quantifizierungen, das heißt die Anwendung der Symbole $\forall$ («für alle») und $\exists$ («es gibt»), auf die Elemente des Grundbereichs, der Gegenstände, beschränkt ist, also insbesondere der Anwendungsbereich nicht auf Teilmengen des Grundbereichs oder auf Formeln erweitert werden darf.

Die folgende Entwicklung ist orientiert am Ziele einer symbolischen Darstellung der Peano-Axiome. Die symbolische Darstellung und Terminologie lehnt sich hier und in den folgenden Abschnitten dieses Kapitels an Ebbinghaus/Flum/Thomas [1992].

Die Konstruktion des Prädikatenkalküls erster Stufe beginnt mit der Definition der Sprache dieses Kalküls. Nicht zur Sprache des Prädikatenkalküls gehörige Kommentare und Bedeutungserklärungen stehen in eckigen Klammern [ ].

Sprache des Prädikatenkalküls erster Stufe (für die Darstellung der Arithmetik natürlicher Zahlen):

1. Aufstellung des *Alphabets* (erlaubte Zeiche, Symbole, Ziffern):

(1.1) $i, k, \ldots, m, n$ [Variablen].

(1.2) $\neg$ [nicht], $\wedge$ [und], $\vee$ [oder/und], $\rightarrow$ [wenn ... so], $\leftrightarrow$ [genau dann, wenn], $\forall$ [für alle], $\exists$ [es gibt], $\equiv$ [Gleichheit, Identität], $($,$)$ [Klammern].

(1.3) ν [einstelliges Funktionssymbol], $+$, $\cdot$ [zweistellige Funktionssymbole], $<$ [zweistelliges Relationssymbol], 1 [Konstante].

Die Menge $\{\nu, +, \cdot, <, 1\}$ wird die *Symbolmenge* S genannt. Mit ihrer Angabe ist im wesentlichen eine Struktur (siehe unten) festgelegt.

2. Erzeugung von *S-Termen* aus Symbolen des Alphabets (Symbolreihen, Worte): *S-Terme* sind genau diejenigen Zeichenreihen, welche man durch endlichmalige Anwendung der folgenden Regeln erhalten kann:

(2.1) Jedes Variablen- und jedes Konstantensymbol ist ein S-Term.

(2.2) Sind t_1 und t_2 S-Terme, so sind $\nu(t_1)$, $+(t_1, t_2)$, $\cdot(t_1, t_2)$ S-Terme [für $+(t_1, t_2)$ schreibt man sonst $(t_1 + t_2)$ und für $\cdot(t_1, t_2)$ schreibt man $(t_1 \cdot t_2)$].

3. Regeln zur Aufstellung von *S-Ausdrücken, S-Formeln,* auch *S-Aussagen* genannt, aus S-Termen: *S-Ausdrücke* sind genau diejenigen Zeichenreihen, welche man durch endlichmalige Anwendung der folgenden Regeln aus S-Termen erhalten kann:

(3.1) Für S-Terme t_1, t_2 ist $t_1 \equiv t_2$ ein S-Ausdruck.

(3.2) Sind t_1, t_2 S-Terme, so ist $<(t_1, t_2)$ ein S-Ausdruck [für $<(t_1, t_2)$ schreibt man sonst $(t_1 < t_2)$].

(3.3) Sind ϕ, ψ S-Ausdrücke, so sind auch $\neg\phi$ [Negation], $\phi \wedge \psi$ [Konjunktion], $\phi \vee \psi$ [Disjunktion oder Adjunktion], $\phi \rightarrow \psi$ [Subjunktion oder Implikation], $\phi \leftrightarrow \psi$ [Bijunktion oder Äquijunktion] S-Ausdrücke.

(3.4) [Quantifizierung] Ist ϕ ein S-Ausdruck und n eine Variable, so sind $\forall n\, \phi$ [für alle n gilt ϕ] und $\exists n\, \psi$ [es gibt ein n für welches ψ gilt] S-Ausdrücke.

Primformeln oder *atomare Ausdrücke* sind solche S-Ausdrücke, in denen die logischen Zeichen $\neg$, $\wedge$, $\vee$, $\rightarrow$, $\leftrightarrow$ nicht vorkommen. Man beachte, daß $\phi, \psi, \ldots$ selbst nicht zur Sprache der Prädikatenlogik gehören. Es sind Metavariablen für S-Formeln oder S-Ausdrücke.

4.4 Symbolisierungen

Auf der Grundlage der im vorangehenden Abschnitt definierten Sprache erster Stufe lassen sich die Peano-Axiome **P1** und **P2** leicht symbolisieren.

Π1 $\forall n\, \neg(\nu(n) \equiv 1)$.

Π2 $\forall m \forall n\, (\nu(m) \equiv \nu(n)) \rightarrow m \equiv n$.

Eine Variable n heißt bezüglich einer S-Formel ϕ eine *gebundene Variable*, wenn sie in einem Teil von ϕ in der Form $\forall n \psi$ oder $\exists n \psi$ vorkommt; sonst heißt sie *freie Variable*. Eine S-Formel (oder S-Ausdruck) ϕ, die nur gebundene Variablen enhält, heißt *S-Satz*. Eine S-Formel, in der n als einzige freie Variable vorkommt, wird mit dem Symbol $\phi(n)$ bezeichnet. Damit läßt sich **P3** folgendermaßen darstellen:

Π3 Für jede S-Formel $\phi(n)$ gilt: $(\phi(1) \wedge \forall n(\phi(n) \rightarrow \phi(\nu(n)))) \rightarrow \forall n \phi(n)$.

Die umgangssprachlich ausgedrückte Quantifizierung über alle S-Formeln der Form $\phi(n)$ läßt sich nach den oben angegebenen Regeln in der Sprache der Prädikatenlogik erster Stufe nicht symbolisieren (Regel 3.3). Es gibt an dieser Stelle zwei Möglichkeiten. Entweder man faßt das Axiom **Π3** als ein sogenanntes *Axiomenschema* auf, das heißt als eine *abzählbare* Folge von S-Sätzen, wo für jede im Sinne obiger Regeln mögliche S-Formel $\phi(n)$ ein entsprechendes Axiom, das heißt ein entsprechender S-Satz, formuliert wird, oder man führt eine Quantifizierung über Formeln ein:

$\Pi^{(1)}$3 $\forall \phi\, (\phi(1) \wedge \forall n\, (\phi(n) \rightarrow \phi(\nu(n)))) \rightarrow n\phi(n)$.

Im letzteren Fall muß man die Sprache der Prädikatenlogik erster Stufe verlassen, da hier nur Quantifizierungen über Variablen, nicht aber über S-Formeln erlaubt sind. Quantifizierungen über Formeln sind erst in der Sprache der Prädikatenlogik, oder besser, Prädikatenkalkül *zweiter* Stufe möglich (siehe Abschnitt 4.16).

Man beachte, daß das als Axiomenschema aufgefaßte Axiom **Π3** das Axiom der vollständigen Induktion nur in sehr eingeschränkter Weise repräsentiert: es sind nur solche Eigenschaften erfaßt, die sich in einer S-Formel ϕ ausdrücken lassen, während **P3** eine Bestimmung über *jede* Eigenschaft E der natürlichen Zahlen zum Ausdruck bringt.

Mit Hilfe der einstelligen Enthaltenseinsrelation $\in$ der Mengenlehre läßt sich **P3** auch anders formulieren, wenn M eine beliebige Teilmenge der Trägermenge $\mathbb{N}$, das heißt einer Teilmenge der natürlichen Zahlen, symbolisiert (siehe **P3′** in Abschnitt 2.2):

$\Pi^{(2)}\mathbf{3}$ $\quad \forall M\,(1 \in M \wedge \forall m\,(m \in M \rightarrow \nu(m) \in M)) \rightarrow \forall m\,(m \in M)$.

Anstatt einer Quantifizierung über S-Formeln müßte man in diesem Falle eine Quantifizierung über Teilmengen M der Trägermenge $\mathbb{N}$ zur Verfügung haben, was aber die Sprache *erster* Stufe ebenfalls nicht hergibt. Da es überabzählbar viele Teilmengen von $\mathbb{N}$ gibt, läßt sich $\Pi^{(2)}\mathbf{3}$ ebenfalls nicht in ein Axiomenschema übersetzen, also nicht in einer Sprache erster Stufe ausdrücken – es sei denn, man beschränkt sich auf diejenigen Teilmengen von $\mathbb{N}$, die sich durch eine S-Formel ϕ charakterisieren lassen. Damit ist aber $\Pi^{(2)}\mathbf{3}$ auf **Π3** «zurückgeführt».

Es liegt nahe zu vermuten, daß **P3** durch *kein* Axiomenschema vollständig erfaßt werden kann. Das System **Π1**, **Π2**, **Π3** der in der Sprache der Prädikatenlogik erster Stufe symbolisierten Peano-Axiome bildet eine Menge von S-Sätzen, die mit Π bezeichnet wird. Mit $\Pi^{(2)}$ werde die Menge der Sätze **Π1**, **Π2**, $\Pi^{(2)}\mathbf{3}$ bezeichnet, die wegen $\Pi^{(2)}\mathbf{3}$ einer Sprache *zweiter* Stufe angehört.

Es wird sich zeigen, daß die in der Symbolisierung **Π3** zum Ausdruck kommende Restriktion von **P3** weitreichende Folgen hat: die S-Satzmenge Π ist nicht mehr kategorisch, das heißt läßt zueinander nicht isomorphe Modelle zu (siehe Abschnitt 4.9), im Gegensatz zur Satzmenge $\Pi^{(2)}$ der zweiten Stufe (siehe dazu Abschnitt 4.16). Es wird sogar nachgewiesen werden können, daß es überhaupt keine endliche oder abzählbar unendliche Satzmenge erster Stufe geben kann, welche die natürlichen Zahlen $\mathbb{N}$, das heißt die Struktur $\mathcal{N}_\nu = \langle \mathbb{N}, \nu, 1 \rangle$ bis auf Isomorphie charakterisiert. Damit ist dann geklärt, daß es sich um eine prinzipielle Schwierigkeit der Sprachen erster Stufe handelt, also das Problem nicht durch eine raffinierte Umformulierung des Induktionsaxioms oder eines dazu äquivalenten Sachverhaltes (wie etwa der Wohlgeordnetheit) aus der Welt geschafft werden kann.

Weiter wird eine Symbolisierung der Axiome der *Peano-Arithmetik* **PA** in der zweiten Stufe betrachtet, das heißt die folgende Menge $\Pi A^{(2)}$ von Sätzen (die wegen des dritten Axioms $\Pi A\mathbf{3}^{(2)}$ nicht der Sprache der Prädikatenlogik *erster* Stufe angehören können):

$\Pi A\mathbf{1}$ $\quad \forall n\,\neg(n + 1 \equiv 1)$,

$\Pi A\mathbf{2}$ $\quad \forall m \forall n\,(m + 1 \equiv n + 1) \rightarrow m \equiv n$,

$\Pi A\mathbf{3}^{(2)}$ $\quad \forall M\,(1 \in M \wedge \forall m\,(m \in M \rightarrow (m + 1) \in M)) \rightarrow \forall m\,(m \in M)$,

$\Pi A\mathbf{4}$ $\quad \forall m \forall n\,(m + (n + 1)) \equiv (m + n) + 1$,

$\Pi A\mathbf{5}$ $\quad \forall m\; m \cdot 1 \equiv m$,

$\Pi A\mathbf{6}$ $\quad \forall m \forall n\; m \cdot (n + 1) \equiv m \cdot n + m$.

Ersetzt man das Axiom $\Pi A3^{(2)}$, das mit dem Axiomensatz $\Pi^{(2)}\mathbf{3}$ von $\Pi^{(2)}$ identisch ist, durch das Axiomenschema $\Pi\mathbf{3}$, so erhält man die abzählbare S-Satzmenge ΠA der in der Sprache der Prädikatenlogik *erster* Stufe symbolisierten Peano-Arithmetik.

Zum Schluß werden noch die Grundbegriffe der Ordnungstheorie (siehe Abschnitt 2.6) symbolisiert. Eine Struktur $\mathcal{A} = \langle A, <_{\mathcal{A}} \rangle$ heißt eine (totale oder lineare) *Ordnung*, wenn sie S-Modell der folgenden S-Sätze ist:

Ω1 $\forall x \neg (x < x)$

Ω2 $\forall x \forall y \forall z ((x < y \wedge y < z) \rightarrow x < z)$

Ω3 $\forall x \forall y (x < y \vee x \equiv y \vee y < x)$.

Beispiele für Ordnungen sind etwa $\langle \mathbb{N}, <_{\mathcal{N}} \rangle$ oder $\langle \mathbb{R}, <_{\mathcal{R}} \rangle$, wenn $\mathcal{N}$ die Struktur der natürlichen Zahlen und $\mathcal{R}$ die Struktur der reellen Zahlen ist.

Zur Illustration sei ein weiteres Beispiel, diesmal aus der Gruppentheorie, zur Problematik der Symbolisierung in einer Sprache erster Stufe angeführt. Es geht um Torsionsgruppen und torsionsfreie Gruppen (siehe Ende des Abschnittes 2.8). Eine abelsche Gruppe heißt *torsionsfrei,* wenn es kein Element endlicher Ordnung gibt:

$$\forall n > 1 \, \forall g \, (\neg (g \equiv e) \rightarrow \neg (g^n \equiv e)).$$

Dabei benutzt man die induktiv definierten Abkürzungen: $g \circ g = g^2, g^2 \circ g = g^3, \ldots, g^{n-1} \circ g = g^n$. Die obige Bedingung ist jedoch kein Satz der Sprache erster Stufe, da hier über $n \in \mathbb{N}$ und damit über Formeln quantifiziert wird. Will man diese Sprache nicht erweitern, so läßt sich die Torsionsfreiheit nur durch ein Axiomenschema erfassen:

$$\forall g \, (\neg (g \equiv e) \rightarrow \neg (g^2 \equiv e)),$$

$$\forall g \, (\neg (g \equiv e) \rightarrow \neg (g^3 \equiv e)),$$

$$\forall g \, (\neg (g \equiv e) \rightarrow \neg (g^4 \equiv e)),$$

$$\ldots$$

Eine abelsche Gruppe heißt *Torsionsgruppe,* wenn jedes Element von endlicher Ordnung ist, also gilt

$$\forall g \exists n \geq 1 (g^n \equiv e).$$

Dieser Satz ist ebenfalls nicht einer Sprache erster Stufe angehörig. Um ihn darin einzubetten, müßte man schreiben:

$$\forall g (g \equiv e \vee g^2 \equiv e \vee g^3 \equiv e \vee g^4 \equiv e \vee \ \ldots \ \vee g^n \equiv e \ldots).$$

Unendliche Disjunktionen können aber im Rahmen einer Sprache erster Stufe nicht gebildet werden. Man kann zeigen, daß es keinen Ausweg aus diesem Sachverhalt gibt, denn es gibt prinzipiell keine (höchstens abzählbare) Menge von Ausdrücken erster Stufe, sodaß deren Modelle gerade die Torsionsgruppen sind (Barwise [1977], S. 11).

4.5 Interpretationen und Modelle: symbolische Folgerung und Erfüllbarkeit

Ist A eine Menge und $n \geq 1$, so versteht man unter einer *n-stelligen Funktion über A* eine Abbildung, deren Definitionsbereich die Menge A^n der n-Tupel von Elementen aus A ist und deren Werte wiederum in A liegen. Unter einer *n-stelligen Relation R über A* versteht man eine Teilmenge von A^n.

Eine auf der Grundlage einer symbolischen Sprache, insbesondere der Sprache der Prädikatenlogik erster Stufe mit der Symbolmenge S formulierte Struktur heißt *S-Struktur*. Eine *S-Struktur* $\mathcal{A}$ ist festgelegt durch die Angabe

(1) einer Menge von Elementen oder Gegenständen, des *Grundbereichs* A,

(2) von n-stelligen Funktionen $f_{\mathcal{A}}$ über A für jedes n-stellige Funktionssymbol f aus der Symbolmenge S,

(3) von n-stelligen Relationen $R_{\mathcal{A}}$ über A für jedes n-stellige Relationssymbol R aus S und

(4) eines Elementes $c_{\mathcal{A}}$ von A für jede Konstante c aus S.

Für die Untersuchung der Peano-Arithmetik sind folgende Symbolmengen wichtig: $\{\nu, 1\}$, $\{+, \cdot, 1\}$, $\{+, \cdot, <, 1\}$. Zur genauen Spezifizierung einer S-Struktur $\mathcal{A}$ genügt es demnach, die Grundmenge A und die dazugehörige Symbolmenge S anzugeben. Man schreibt dafür etwa $\mathcal{A} = \langle A, +_A, \cdot_A, 1_A \rangle$. Auf diese Weise definiert man die folgenden S-Strukturen, wobei $\mathbb{N}$ die Menge der natürlichen Zahlen sei:

$$\mathcal{N}_\nu = \langle \mathbb{N}, \nu_{\mathcal{N}}, 1_{\mathcal{N}} \rangle, \quad \mathcal{N} = \langle \mathbb{N}, +_{\mathcal{N}}, \cdot_{\mathcal{N}}, 1_{\mathcal{N}} \rangle, \quad \mathcal{N}_< = \langle \mathbb{N}, +_{\mathcal{N}}, \cdot_{\mathcal{N}}, <_{\mathcal{N}}, 1_{\mathcal{N}} \rangle.$$

In diesem Kapitel werden dieselben Bezeichnungen für die im Kapitel 2 eingeführten Strukturen verwendet, die hier im Rahmen der Prädikatenlogik erster Stufe als S-Strukturen dargestellt werden.

Die Interpretation von Variablen wird durch die sogenannte Belegung geregelt. Eine *S-Belegung* in einer S-Struktur $\mathcal{A}$ ist eine Zuordnung (Abbildung) der Menge der Variablen in die Menge der Elemente des Grundbereichs, der Gegenstände. Eine *S-Interpretation* besteht aus einer S-Struktur $\mathcal{A}$ und einer S-Belegung der Variablen. Dies bedeutet, daß bei einer *S-Interpretation* $\mathfrak{I}$ vermöge einer S-Struktur $\mathcal{A}$ jeder Variablen eines S-Ausdruckes ein bestimmtes Element aus A zugeordnet wird, so daß jeder S-Ausdruck in eine konkrete Beziehung von Elementen aus A übergeht. Dabei gilt für ein n-stelliges Funktionssymbol $f \in S$ und die Terme $t_1, t_2, \ldots, t_n$:

$$\mathfrak{I}(f(t_1, t_2, \ldots, t_n)) := f_{\mathcal{A}}(\mathfrak{I}(t_1), \mathfrak{I}(t_2), \ldots, \mathfrak{I}(t_n)).$$

Ist c eine Konstante aus der Symbolmenge S, so schreibt man $\mathfrak{I}(c) = c_{\mathcal{A}}$. Die Interpretation eines *S-Satzes*, das heißt einer S-Formel ohne freie Variable besteht darin, den gebundenen Variablen als Definitionsbereich den Bereich der Elemente der Struktur $\mathcal{A}$ zuzuordnen.

Das Hauptproblem ist natürlich, unter welchen Bedingungen ein S-Ausdruck ϕ in eine wahre bzw. falsche Aussage über die Elemente von A übergeht.

Zur Bestimmung des *S-Wahrheitswertes* W oder F einer S-Aussage oder S-Ausdrucks ϕ muß das Verhalten von Ausdrücken ϕ, ψ bei deren Verknüpfung festgelegt werden. Diese Festlegung geschieht durch eine für die Zwecke der symbolischen Mathematik hinreichenden Normierung umgangssprachlicher Verknüpfungsoperatoren (S-Wahrheitswerttafel).

S-Wahrheitswerttafel

ϕ	ψ	$\phi \wedge \psi$	$\phi \vee \psi$	$\phi \rightarrow \psi$	$\phi \leftrightarrow \psi$
W	W	W	W	W	W
W	F	F	W	F	F
F	W	F	W	W	F
F	F	F	F	W	W

Diese Festlegung ist *extensional*, da der S-Wahrheitswert einer zusammengesetzten S-Aussage ϕ nur von den S-Wahrheitswerten der Teilaussagen abhängt (und nicht etwa von deren Reihenfolge). Dies entspricht nicht vollständig dem umgangssprachlichen Gebrauch, wird aber im Sinne einer Vereinfachung hingenommen.

Die *S-Modellbeziehung* präzisiert, wann ein symbolischer Ausdruck ϕ bei einer S-Interpretation $\mathfrak{J}$ in eine *wahre* S-Aussage übergeht. Dies setzt natürlich die Kenntnis über die S-Wahrheit und S-Falschheit der Beziehungen der Elemente von A voraus. Diese Einsicht ist weder mit formallogischen noch mit symbolisch-logischen Mitteln auffindbar.

Sei ϕ ein beliebiger S-Ausdruck. Ist bei einer Interpretation $\mathfrak{J}$ von ϕ die entsprechende Aussage S-wahr, so sagt man $\mathfrak{J}$ ist ein *S-Modell* von ϕ. Man sagt dann auch: $\mathfrak{J}$ *erfüllt* ϕ oder ϕ *gilt bei* $\mathfrak{J}$, geschrieben $\mathfrak{J} \models \phi$. Man definiert jetzt induktiv über den Aufbau der S-Ausdrücke ϕ für alle Interpretationen $\mathfrak{J}$ die Beziehung «$\mathfrak{J}$ ist Modell von ϕ».

Definition der Modellbeziehung: Für alle Interpretationen $\mathfrak{J}$ vermöge einer Struktur $\mathcal{A}$ mit der Grundmenge A wird gesetzt:

$\mathfrak{J} \models t_1 \equiv t_2$	genau dann, wenn	$\mathfrak{J}(t_1) = \mathfrak{J}(t_2)$
$\mathfrak{J} \models R(t_1, t_2, \ldots, t_n)$	genau dann, wenn	$R_{\mathcal{A}}(\mathfrak{J}(t_1), \mathfrak{J}(t_2), \ldots, \mathfrak{J}(t_n))$
$\mathfrak{J} \models \neg\phi$	genau dann, wenn	nicht $\mathfrak{J} \models \phi$
$\mathfrak{J} \models (\phi \wedge \psi)$	genau dann, wenn	$\mathfrak{J} \models \phi$ und $\mathfrak{J} \models \psi$
$\mathfrak{J} \models (\phi \vee \psi)$	genau dann, wenn	$\mathfrak{J} \models \phi$ oder $\mathfrak{J} \models \psi$
$\mathfrak{J} \models (\phi \rightarrow \psi)$	genau dann, wenn	wenn $\mathfrak{J} \models \phi$, so $\mathfrak{J} \models \psi$
$\mathfrak{J} \models (\phi \leftrightarrow \psi)$	genau dann, wenn	$\mathfrak{J} \models \phi$ genau dann, wenn $\mathfrak{J} \models \psi$.

Sei $\phi(x, y_1, y_2, \ldots, y_k)$ eine Formel mit den freien Variabeln $x, y_1, y_2, \ldots, y_k$, dann gilt:

$\mathfrak{J} \models \forall x\, \phi(x, y_1, y_2, \ldots, y_k)$	genau dann, wenn	für alle $a \in A$ gilt $\mathfrak{J} \models \phi(a, y_1, y_2, \ldots, y_k)$
$\mathfrak{J} \models \exists x\, \phi(x, y_1, y_2, \ldots, y_k)$	genau dann, wenn	es gibt ein $a \in A$ mit $\mathfrak{J} \models \phi(a, y_1, y_2, \ldots, y_k)$.

Ist Φ eine Menge von S-Ausdrücken, so schreibt man $\mathfrak{J} \models \Phi$, falls $\mathfrak{J} \models \phi$ für alle ϕ aus Φ.

Durch die *S-Folgerungsbeziehung* wird präzisiert, wann ein Ausdruck aus einer Menge von Ausdrücken folgt. Ist ϕ ein S-Ausdruck und Φ eine Menge von S-Ausdrücken, so sagt man ϕ *folgt aus* Φ, geschrieben $\Phi \models \phi$, genau dann, wenn *jede* S-Interpretation $\mathfrak{J}$, die S-Modell von Φ ist, auch S-Modell von ϕ ist.

Beachte: Folgt ϕ nicht aus Φ, das heißt ist nicht $\Phi \models \phi$, so kann im allgemeinen nicht geschlossen werden auf $\Phi \models \neg\phi$. Denn zum Beispiel folgt die Kommutativität der Gruppenaxiome nicht aus den Gruppenaxiomen, da es auch nicht kommutative Gruppen gibt; genausowenig folgt die Nichtkommutativität aus den Gruppenaxiomen.

Ein S-Ausdruck ϕ heißt *S-allgemeingültig* genau dann, wenn ϕ bei allen S-Interpretationen $\mathfrak{J}$ gilt: $\models \phi$.

Ein S-Ausdruck ϕ oder eine Menge Φ von S-Ausdrücken heißt *S-erfüllbar* (oder *semantisch widerspruchsfrei*) genau dann, wenn es eine S-Interpretation $\mathfrak{J}$ gibt, die S-Modell von ϕ ist, bzw. die S-Modell aller S-Ausdrücke von Φ ist.

Daraus ergibt sich etwa, daß für alle Φ und alle ϕ gilt: ϕ folgt genau dann aus Φ, $\Phi \models \phi$, wenn $\Phi \cup \{\neg\phi\}$ nicht S-erfüllbar ist. Denn jede S-Interpretation $\mathfrak{J}$, die S-Modell von Φ ist, ist S-Modell von ϕ; dies ist gleichbedeutend mit der Tatsache, daß es keine S-Interpretation gibt, die S-Modell von Φ und nicht S-Modell von ϕ ist, sowie mit der Tatsache, daß es keine S-Interpretation gibt, die S-Modell von $\Phi \cup \{\neg\phi\}$ ist. – Weiter gilt: ϕ ist genau dann S-allgemeingültig ist, wenn $\neg\phi$ nicht S-erfüllbar ist.

Zwei S-Ausdrücke ϕ und ψ heißen *S-logisch äquivalent*, wenn sie bei denselben S-Interpretationen $\mathfrak{J}$ gelten, das heißt genau dann wenn $\phi \models \psi$ und $\psi \models \phi$.

Wie man unmittelbar aus der Definition der Modellbeziehung mit Hilfe der S-Wahrheitswerttafel entnimmt, sind die Ausdrücke

$$
\begin{array}{lll}
\phi \wedge \psi & \text{und} & \neg(\neg\phi \vee \neg\psi) \\
\phi \rightarrow \psi & \text{und} & \neg\phi \vee \psi \\
\phi \leftrightarrow \psi & \text{und} & \neg(\phi \vee \psi) \vee \neg(\neg\phi \vee \neg\psi) \\
\forall x\phi & \text{und} & \neg\exists x\neg\phi
\end{array}
$$

jeweils S-logisch äquivalent. Man kann daher im Prinzip auf die Junktoren $\wedge, \rightarrow, \leftrightarrow$ und auf den Allquantor $\forall$ verzichten. Der besseren Übersichtlichkeit der Formeln wegen wird dies hier allerdings nur selten verwendet.

Für die Anwendung der S-Modellbeziehung ist es wichtig, die anschaulich klare Tatsache zu berücksichtigen, daß die S-Modellbeziehung zwischen einem S-Ausdruck ϕ und einer S-Interpretation $\mathfrak{J}$ nur von der Interpretation der in ϕ frei vorkommenden Symbole aus der Symbolmenge S und der endlich vielen in ϕ frei vorkommenden Variablen abhängt (sogenanntes *Koinzidenztheorem*, siehe Ebbinghaus/Flum/ Thomas [1992], Kapitel III 4.6, S.44-46).

Ist ϕ ein S-Ausdruck ohne freie Variablen, so heißt ϕ ein *S-Satz* und die S-Modellbeziehung bezüglich einer S-Struktur $\mathcal{A}$ ist eindeutig festgelegt durch $\mathcal{A} \models \phi$. Man sagt dann, daß $\mathcal{A}$ ein *S-Modell* des S-Satzes ϕ ist. Für eine Menge Φ von S-Sätzen bedeutet $\mathcal{A} \models \Phi$, daß $\mathcal{A} \models \phi$ für jedes $\phi \in \Phi$.

Zwei S-Strukturen $\mathcal{A} = \langle A, f_{\mathcal{A}}, R_{\mathcal{A}}, 1_{\mathcal{A}} \rangle$ und $\mathcal{B} = \langle B, f_{\mathcal{B}}, R_{\mathcal{B}}, 1_{\mathcal{B}} \rangle$ heißen *S-isomorph*, $\mathcal{A} \cong \mathcal{B}$, wenn es einen Isomorphismus π, das heißt eine umkehrbar eindeutige (bijektive) Abbildung $\pi : A \longrightarrow B$ der Grundmengen A, B der S-Strukturen gibt mit den Eigenschaften

(1) für n-stellige Funktionen $f \in S$ und $a_1, a_2, \ldots, a_n \in A$:
$$\pi(f_{\mathcal{A}}(a_1, a_2, \ldots, a_n)) = f_{\mathcal{B}}(\pi(a_1), \pi(a_2), \ldots, \pi(a_n));$$

(2) für n-stelligeRelationen $R \in S$ und $a_1, a_2, \ldots, a_n \in A$: $R_{\mathcal{A}}(a_1, a_2, \ldots, a_n)$ genau dann, wenn $R_{\mathcal{B}}(\pi(a_1), \pi(a_2), \ldots, \pi(a_n))$;

(3) $\pi(1_{\mathcal{A}}) = 1_{\mathcal{B}}$.

Man kann dann zeigen, daß sich S-isomorphe Strukturen nicht durch S-Sätze erster Stufe unterscheiden lassen:

Metatheorem 4.1 (Isomorphietheorem) *Sind $\mathcal{A}$ und $\mathcal{B}$ S-isomorphe S-Strukturen, so gilt für alle S-Sätze ϕ: $\mathcal{A} \models \phi$ genau dann, wenn $\mathcal{B} \models \phi$.*

Beweis: Induktion über den Aufbau der Terme und Ausdrücke sowie deren Belegungen; siehe Ebbinghaus/Flum/Thomas, Satz III 5.2, S. 49 f.. ∎

Die Umkehrung dieses Theorems gilt jedoch nicht, das heißt zwei S-Strukturen, in denen die gleichen Sätze S-wahr sind, sind nicht notwendigerweise zueinander S-isomorph (siehe Abschnitt 4.9).

Es stellt sich die Frage, ob es eine Menge von S-Sätzen mit der Symbolmenge $\{+, \cdot, 1\}$ gibt, deren S-Modell gerade die zu $\mathcal{N} = \langle \mathbb{N}, +, \cdot, 1 \rangle$ S-isomorphen Strukturen sind. Der Einfachheit halber betrachtet man zunächst die S-Struktur $\mathcal{N}_\nu = \langle \mathbb{N}, \nu, 1 \rangle$. Sie erfüllt tatsächlich die unendliche Satzmenge (Axiomenschema) Π (siehe Abschnitt 4.4) der in der ersten Stufe symbolisierten Peano-Axiome **P**, das heißt $\mathcal{N}_\nu$ ist ein S-Modell von Π.

Man sieht nun leicht: Ist eine S-Struktur $\mathcal{A} = \langle A, +_\mathcal{A}, \cdot_\mathcal{A}, 1_\mathcal{A} \rangle$ ein S-Modell der Satzmenge $\Pi A^{(2)}$ (siehe Abschnitt 4.4) und ist $\nu_\mathcal{A} : A \longrightarrow A$ gegeben durch $\nu_\mathcal{A}(a) = a +_\mathcal{A} 1_\mathcal{A}$, so erfüllt die S-Struktur $\langle A, \nu_\mathcal{A}, 1_\mathcal{A} \rangle$ die symbolisierten Axiome **P1**, **P2**, **P3**, das heißt die Satzmenge $\Pi^{(2)}$. Damit ist gezeigt: Jede S-Struktur, welche ein S-Modell der in der zweiten Stufe symbolisierten Peano-Arithmetik $\Pi A^{(2)}$ ist, ist auch ein S-Modell der in der zweiten Stufe symbolisierten Peano-Axiome $\Pi^{(2)}$. Bei entsprechender Definition der Addition und Multiplikation gilt auch die Umkehrung: Jedes S-Modell von $\Pi^{(2)}$ ist auch ein S-Modell von $\Pi A^{(2)}$. Daraus folgt zusammen mit dem Isomorphietheorem 2.4: Die S-Struktur $\mathcal{N} = \langle \mathbb{N}, +, \cdot, 1 \rangle$ wird durch $\Pi^{(2)}$ oder $\Pi A^{(2)}$ bis auf Isomorphie charakterisiert.

Wie im Abschnitt 4.4 angedeutet wurde, charakterisiert das in der Sprache der Prädikatenlogik erster Stufe symbolisierte Peanosche Axiomensystem Π die natürlichen Zahlen nicht kategorisch. Wegen der Äquivalenz der Axiomensysteme Π und ΠA erster Stufe, kann natürlich auch die Satzmenge ΠA die Peano-Arithmetik nicht soweit fixieren, daß es keine zueinander nicht-isomorphen Modelle gibt.

Weshalb nun läßt sich der Beweis des Isomorphietheorems 2.4 für die Axiomensysteme $\Pi^{(2)}$ und $\Pi A^{(2)}$ nicht auf die S-Satzmengen erster Stufe, Π und ΠA, übertragen? Die Schwierigkeit liegt in dem *Existenzbeweis des Isomorphismus* π, das heißt im Beweis von Theorem 2.3. Für π wird dort erstens keine S-Ausdrückbarkeit gefordert und zweitens vermöge dem Induktionsaxiom **P3** die Surjektivität und Injektivität bewiesen. So beruht etwa der Beweis der Surjektivität von π darauf, daß aus der Geltung von $\pi(1) = 1_\mathcal{M}$ (Induktionsanfang) und $\pi(n+1) = \pi(n) +_\mathcal{M} 1_\mathcal{M}$ (Induktionsvoraussetzung) vermöge **P3** auf die Existenz eines π geschlossen werden kann, für welches gilt, daß für *jedes* $m \in M$ ein $n \in \mathbb{N}$ existiert mit $\pi(n) = m$. Dies ist nun angesichts der für Beweise im Rahmen der Satzmengen Π oder ΠA geforderten S-Ausdrückbarkeit keineswegs mehr selbstverständlich – und wegen der Existenz von nicht-isomorphen Modellen (Metatheorem 4.17) auch prinzipiell nicht möglich. Der Beweis scheitert also letztlich daran, daß zuwenig Isomorphismen symbolisierbar sind.

4.6 Sequenzenkalkül: symbolische Ableitbarkeit und syntaktische Widerspruchsfreiheit

In diesem Abschnitt geht es um die Symbolisierung von *Beweisen* innerhalb durch die Sprache der Prädikatenlogik erster Stufe symbolisierten Axiomensystemen. Es geht letztlich um die Frage, ob jede S-Folgerung S-beweisbar und jede S-beweisbare Aussage auch eine S-Folgerung ist. Da es nach Ansicht der symbolischen Logiker keinen fest umrissenen Beweisbegriff in der Mathematik gibt, werden die S-Schlußregeln (= Regeln des Sequenzenkalküls) von S-Beweisen nicht aus einem allgemeinen Prinzip abgeleitet. Vielmehr wird ein Katalog zugelassener elementarer S-Schlußweisen aufgestellt, die der mathematischen Praxis entnommen werden sowie für mathematische Argumentationsweisen auszureichen scheinen und die ausserdem im Rahmen des Prädikatenkalküls erster Stufe nicht erweiterbar sind.

Die S-Schlußregeln werden als Kalkül, das heißt als Operationen an Zeichenreihen konzipiert, und zwar so, daß für jede S-Schlußregel gilt: jede im Sinne einer S-Schlußregel aus der S-Ausdrucksmenge Φ *abgeleiteter* S-Ausdruck ϕ *folgt* auch aus Φ (sogenannte *Korrektheit* der Schlußregeln).

Sind etwa ϕ und ψ S-Ausdrücke aus Φ, ist es sinnvoll, den S-Schluß auf $\phi \vee \psi$:

$$\frac{\phi, \psi}{\phi \vee \psi}$$

und den S-Schluß auf $\phi \wedge \psi$ zuzulassen:

$$\frac{\phi, \psi}{\phi \wedge \psi} \quad .$$

Die *Ableitung* einer S-Ausdruckssequenz $\phi_1, \phi_2, \ldots, \phi_n, \phi$ aus $\phi_1, \phi_2, \ldots, \phi_n$ ist nichts anderes als die Anwendung eines S-Schlusses oder die Kombination mehrerer S-Schlußregeln auf die S-Ausdruckssequenz $\phi_1, \phi_2, \ldots, \phi_n$ zur Gewinnung der S-Sequenz $\phi_1, \phi_2, \ldots, \phi_n, \phi$.

Ein S-Ausdruck ϕ ist aus einer Ausdrucksmenge Φ symbolisch beweisbar, das heißt S*-beweisbar* oder S*-ableitbar* genau dann, wenn es endlich viele S-Ausdrücke $\phi_1, \phi_2, \ldots, \phi_n$ aus Φ gibt, aus welchen die S-Sequenz $\phi_1, \phi_2, \ldots, \phi_n, \phi$ mit Hilfe der S-Schlußregeln ableitbar ist. Man schreibt dafür

$$\vdash \phi_1, \phi_2, \ldots, \phi_n, \phi.$$

Beispiele von S*-Schlußregeln* (eine vollständige Aufzählung findet man in Ebbinghaus/Flum/Thomas [1992], Kapitel IV):

Antezedensregel: $$\frac{\phi_1 \phi_2 \ldots \phi_n \phi}{\phi_1 \phi_2 \ldots \phi_n \phi_{n+1} \phi_{n+2} \ldots \phi_m \phi}$$

Voraussetzungsregel ($1 \leq i \leq n$): $$\frac{}{\phi_1 \phi_2 \ldots \phi_n \phi_i}$$

Fallunterscheidungsregel: $$\frac{\begin{array}{c}\phi_1 \phi_2 \ldots \phi_n \psi \phi \\ \phi_1 \phi_2 \ldots \phi_n \neg \psi \phi\end{array}}{\phi_1 \phi_2 \ldots \phi_n \phi}$$

Widerspruchsregel:

$$\frac{\begin{array}{c}\phi_1\phi_2\ldots\phi_n\neg\phi\psi\\ \phi_1\phi_2\ldots\phi_n\neg\phi\neg\psi\end{array}}{\phi_1\phi_2\ldots\phi_n\phi}$$

Aufgrund der Definition dieser Regeln lassen sich die beiden folgenden Metatheoreme leicht einsehen.

Metatheorem 4.2 *Falls Φ eine S-Ausdrucksmenge und ϕ ein Ausdruck ist, so ist $\Phi \vdash \phi$ genau dann, wenn es eine endliche Teilmenge Φ_0 von Φ gibt, für welche $\Phi_0 \vdash \phi$.*

Metatheorem 4.3 (Korrektheitstheorem) *Falls Φ eine S-Ausdrucksmenge und ϕ ein Ausdruck ist, so gilt: Wenn ϕ aus Φ S-beweisbar ist, so ist ϕ in Φ S-erfüllbar, das heißt aus $\Phi \vdash \phi$ folgt $\Phi \models \phi$.*

Eine S-Ausdrucksmenge Φ heißt *S-widerspruchsfrei* (oder *syntaktisch widerspruchsfrei*) genau dann, wenn es keinen S-Ausdruck ϕ gibt mit $\Phi \vdash \phi$ und $\Phi \vdash \neg\phi$. Falls Φ nicht S-widerspruchsfrei ist, also S-widerspruchsvoll ist, so gibt es einen S-Ausdruck ϕ mit $\Phi \vdash \phi$ und $\Phi \vdash \neg\phi$. Daraus ergeben sich unmittelbar zwei weitere Metatheoreme:

Metatheorem 4.4 *Die S-Ausdrucksmenge Φ ist genau dann nicht S-widerspruchsfrei, wenn jeder S-Ausdruck ϕ aus Φ ableitbar ist.*

Beweis: Falls jeder S-Ausdruck aus Φ ableitbar ist, ist für einen S-Ausdruck ϕ auch $\neg\phi$ ableitbar. Sei umgekehrt Φ widerspruchsvoll, das heißt $\Phi \vdash \psi$ und $\Phi \vdash \neg\psi$ für ein geeignetes ψ. Sei ϕ beliebig vorgegeben. Man zeigt, daß $\Phi \vdash \phi$. Zunächst existieren irgendwelche Folgen Γ_1 und Γ_2 von Ausdrücken über Φ und Ableitungen

$$\begin{array}{ccc}\vdots & & \vdots\\ \Gamma_1\psi & \text{bzw.} & \Gamma_2\neg\psi.\end{array}$$

Durch Zusammensetzen und Verlängern gelangt man zur Ableitung

laufende Nummer der Ableitung	*abgeleiteter Ausdruck*	*angewandte Ableitungs-Regel*
⋮	⋮	
m	$\Gamma_1\psi$	
⋮	⋮	
n	$\Gamma_2\neg\psi$	
$n+1$	$\Gamma_1\Gamma_2\psi$	Antezedensregel auf m
$n+2$	$\Gamma_1\Gamma_2\neg\psi$	Antezedensregel auf n
$n+3$	$\Gamma_1\Gamma_2\phi$	Widerspruchsregel auf $n+1$ und $n+2$.

Man sieht daraus, daß $\Phi \vdash \phi$. ■

Metatheorem 4.5 (Syntaktisches Endlichkeitstheorem) *Für alle S-Ausdrucksmengen Φ gilt: Φ ist S-widerspruchsfrei genau dann, wenn für alle endlichen Teilmengen Φ_0 von Φ die Ausdrucksmenge Φ_0 S-widerspruchsfrei ist.*

Metatheorem 4.6 *Jede S-erfüllbare S-Ausdrucksmenge ist S-widerspruchsfrei.*

Beweis (indirekt): Sei die S-Ausdrucksmenge Φ nicht S-widerspruchsfrei. Dann gibt es ein ϕ mit $\Phi \vdash \phi$ und $\Phi \vdash \neg\phi$. Aus Metatheorem 4.3 folgt dann: $\Phi \models \phi$ und $\Phi \models \neg\phi$, also kann Φ nicht S-erfüllbar sein. ■

Zum Schluß dieses Abschnitts werden einige (fast) selbstverständliche Tatsachen festgehalten:

Metatheorem 4.7 *Für alle S-widerspruchsfreien S-Ausdrucksmengen Φ gilt:*

(a) $\Phi \vdash \phi$ *genau dann wenn* $\Phi \cup \{\neg\phi\}$ *nicht S-widerspruchsfrei ist;*

(b) $\Phi \vdash \neg\phi$ *genau dann wenn* $\Phi \cup \{\phi\}$ *nicht S-widerspruchsfrei ist;*

(c) *Entweder ist* $\Phi \cup \{\phi\}$ *S-widerspruchsfrei oder* $\Phi \cup \{\neg\phi\}$ *S-widerspruchsfrei.*

Beweis: (a) Ist $\Phi \vdash \phi$, so erst recht $\Phi \cup \{\neg\phi\} \vdash \phi$; wegen $\Phi \cup \{\neg\phi\} \vdash \neg\phi$ ist damit $\Phi \cup \{\neg\phi\}$ S-widerspruchsvoll. – Sei nun umgekehrt $\Phi \cup \{\neg\phi\}$ S-widerspruchsvoll. Dann gibt es für eine geeignete Sequenz $\phi_1\phi_2\ldots\phi_n$ über Φ eine Ableitung der Sequenz $\phi_1\phi_2\ldots\phi_n\neg\phi\phi$. Hieraus erhält man die folgende Ableitung: Durch die Voraussetzungsregel folgt mit $\phi_1\phi_2\ldots\phi_n\neg\phi\phi$ die Sequenz $\phi_1\phi_2\ldots\phi_n\phi\phi$ und aus den letzten beiden Sequenzen mit Hilfe der Fallunterscheidungsregel die Sequenz $\phi_1\phi_2\ldots\phi_n\phi$. Damit ist aber $\Phi \vdash \phi$.

(b) Man vertausche im Beweis von (a) die Rollen von ϕ und $\neg\phi$.

(c) Wenn weder $\Phi \cup \{\phi\}$ noch $\Phi \cup \{\neg\phi\}$ S-widerspruchsfrei sind, das heißt wenn $\Phi \cup \{\phi\}$ und $\Phi \cup \{\neg\phi\}$ S-widerspruchsvoll sind, so gilt wegen (b) und (a) $\Phi \vdash \neg\phi$ und $\Phi \vdash \phi$. Somit ist Φ S-widerspruchsvoll entgegen der Voraussetzung der S-Widerspruchsfreiheit von Φ. ■

4.7 Semantische und syntaktische Begriffe

Diejenigen Begriffe, welche die äußere Gestalt von Zeichenreihen bestimmen, wie S-Term, S-Ausdruck, etc. werden *syntaktische Begriffe* genannt. Dazu gehören insbesondere auch die Begriffe der S-Ableitbarkeit und S-Beweisbarkeit, sowie der S-Widerspruchsfreiheit. Geht es um die Bedeutung von Zeichenreihen vermöge S-Interpretationen $\mathfrak{I}$ und S-Modellen, so handelt es sich um *semantische Begriffe*. Dazu gehören S-Wahrheit, S-Folgerung, S-Erfüllbarkeit, S-Allgemeingültigkeit, S-logische Äquivalenz. Dem semantischen Problem der S-Erfüllbarkeit entspricht das syntaktische Problem der S-Widerspruchsfreiheit und dem semantischen Problem der S-Folgerung entspricht das syntaktische Problem der S-Ableitbarkeit oder S-Beweisbarkeit. Es gilt nun die folgende grundlegende Tatsache:

Metatheorem 4.8 *Jede S-widerspruchsfreie Menge Φ von S-Ausdrücken ist erfüllbar.*

Beweis: Siehe Ebbinghaus/Flum/Thomas [1992], Kapitel V. ■

Daraus folgt eine weitere Tatsache:

Metatheorem 4.9 (S-logische Vollständigkeit des Sequenzenkalküls; Gödelscher Vollständigkeitsatz) *Für alle S-Ausdrucksmengen Φ und den S-Ausdruck ϕ gilt: Wenn Φ S-erfüllbar, dann ist ϕ S-beweisbar, das heißt, wenn $\Phi \models \phi$ so $\Phi \vdash \phi$.*

Beweis (indirekt): Man nehme an, für Φ, ϕ gelte $\Phi \models \phi$, aber nicht $\Phi \vdash \phi$. Dann wäre $\Phi \cup \{\neg\phi\}$ nicht S-erfüllbar (siehe Abschnitt 4.5) und S-widerspruchsfrei, im Widerspruch zu Metatheorem 4.8. ■

Aus den Metatheoremen 4.3, 4.6 und 4.8, 4.9 ergibt sich ein weiteres Metatheorem:

Metatheorem 4.10 (Adäquatheit des Sequenzenkalküls) *Sei Φ eine S-Ausdrucksmenge und ϕ ein S-Ausdruck. Dann gilt:*

(a) *ϕ ist genau dann S-erfüllbar, $\Phi \models \phi$, wenn ϕ S-beweisbar ist, $\Phi \vdash \phi$.*

(b) *Φ ist genau dann S-erfüllbar, wenn Φ S-widerspruchsfrei ist.*

4.8 Das Endlichkeitstheorem

Metatheorem 4.11 (Theorem von Löwenheim-Skolem) *Jede höchstens abzählbare Menge von S-Ausdrücken, die überhaupt S-erfüllbar ist, ist S-erfüllbar über einem höchstens abzählbaren Trägerbereich, das heißt besitzt ein S-Modell, dessen Trägermenge höchstens abzählbar ist.*

Beweis: Siehe Ebbinghaus/Flum/Thomas [1992], Kapitel VI.1. ■

Daraus folgt, daß es keine S-Satzmenge gibt, die den geordneten Körper der reellen Zahlen bis auf Isomorphie charakterisiert. Es folgt weiter, daß der begriffliche Gehalt des Vollständigkeitsaxioms («Jede nicht leere, nach oben beschränkte Menge reeller Zahlen besitzt ein Supremum») keine Umschreibung in der Sprache der Prädikatenlogik erster Stufe gestattet; denn alle anderen Axiome der reellen Zahlen lassen sich ohne weiteres durch diese Sprache ausdrücken, das heißt in dieser Sprache symbolisieren (siehe Abschnitt 5.3.1).

Aus den Metatheoremen 4.2 und 4.5 sowie dem Adäquatheitstheorem 4.10 lassen sich die syntaktischen Endlichkeitsresultate auf die semantischen Begriffe übertragen:

Metatheorem 4.12 (Semantisches Endlichkeitstheorem, Kompaktheitstheorem)

(a) *Endlichkeit der S-Folgerungsbeziehung: Der S-Ausdruck ϕ ist genau dann S-erfüllbar, $\Phi \models \phi$, wenn es eine endliche S-Ausdrucksmenge $\Phi_0 \subset \Phi$ gibt, für welche ϕ S-erfüllbar ist, $\Phi_0 \models \phi$.*

(b) *Endlichkeit der S-Erfüllbarkeit: Die S-Ausdrucksmenge Φ ist genau dann S-erfüllbar, wenn alle endlichen $\Phi_0 \subset \Phi$ S-erfüllbar sind.*

Bei Anwendungen auf mathematische Strukturen spielen das Theorem von Löwenheim-Skolem und das Endlichkeitstheorem eine entscheidende Rolle.

S-Ausdrücke ϕ, in denen keine Variable frei vorkommt («parameterfreie» Ausdrücke) wurden *S-Sätze* genannt (siehe Abschnitt 4.5). Es werden nun einige neue Begriffe eingeführt. Zwei S-Strukturen $\mathcal{A}$ und $\mathcal{B}$ heißen *S-elementar äquivalent*, $\mathcal{A} \equiv \mathcal{B}$, wenn für jeden S-Satz ϕ gilt: $\mathcal{A} \models \phi$ genau dann, wenn $\mathcal{B} \models \phi$.

Allgemein heißt eine S-Satzmenge T der ersten Stufe eine *Theorie*, wenn T erfüllbar ist und wenn jeder S-Satz, der aus T folgt, bereits T angehört. Für jeden S-Satz gilt also entweder $T \models \phi$ oder nicht $T \models \phi$. Insbesondere ist für jede S-Struktur $\mathcal{A}$ die Menge aller erfüllbaren S-Sätze, das heißt $Th(\mathcal{A}) := \{\text{alle } S\text{-Sätze } \phi \mid \mathcal{A} \models \phi\}$ eine Theorie, die *Theorie von* $\mathcal{A}$.

Eine Theorie T heißt (*semantisch*) *vollständig*, wenn $\phi \in T$ oder $\neg\phi \in T$ für jeden S-Satz ϕ. Dies bedeutet, daß für jeden S-Satz ϕ entweder $T \models \phi$ oder $T \models \neg\phi$, das heißt es gibt keine von T (semantisch) unabhängigen S-Sätze. Nach Definition der Modellbeziehung (Abschnitt 4.5) ist nicht $\mathcal{A} \models \phi$ äquivalent mit $\mathcal{A} \models \neg\phi$, also ist für jede Struktur $\mathcal{A}$ die Theorie $Th(\mathcal{A})$ (*semantisch*) *vollständig*.

Metatheorem 4.13 *Für eine Theorie T sind äquivalent:*

(a) *T ist (semantisch) vollständig;*

(b) *Je zwei Modelle von T sind elementar äquivalent.*

Beweis: Es gelte zunächst (a) und seien $\mathcal{A}$ und $\mathcal{B}$ S-Modelle von T. Für einen beliebigen S-Satz ϕ ist $\phi \in T$ oder $\neg\phi \in T$. Wenn $\phi \in T$, so $\mathcal{A} \models \phi$ und $\mathcal{B} \models \phi$; wenn $\neg\phi \in T$, so $\mathcal{A} \models \neg\phi$ und $\mathcal{B} \models \neg\phi$. Insgesamt ist also $\mathcal{A} \models \phi$ genau dann, wenn $\mathcal{B} \models \phi$. – Ist umgekehrt ϕ ein S-Satz und $\phi \notin T$, so gilt nicht $T \models \phi$, da T eine Theorie ist. Es gibt daher ein S-Modell $\mathcal{A}$ von $T \cup \{\neg\phi\}$. Wegen (b) ist jedes S-Modell von T zu $\mathcal{A}$ elementar äquivalent und somit ein S-Modell von $\neg\phi$. Daher gilt $T \models \neg\phi$ und, da T eine Theorie ist, $\neg\phi \in T$. ■

Wegen der Modellbeziehung (Abschnitt 4.5) folgt aus nicht $\mathcal{A} \models \phi$ die Beziehung $\mathcal{A} \models \neg\phi$.

Metatheorem 4.14 *Sind $\mathcal{A}$, $\mathcal{B}$ S-Strukturen, so gilt: $\mathcal{A} \equiv \mathcal{B}$ genau dann, wenn $\mathcal{B} \models Th(\mathcal{A})$.*

Beweis: Ist $\mathcal{B} \equiv \mathcal{A}$, so gilt wegen $\mathcal{A} \models Th(\mathcal{A})$ auch $\mathcal{B} \models Th(\mathcal{A})$. Ist umgekehrt $\mathcal{B} \models Th(\mathcal{A})$, so gilt für jeden S-Satz ϕ: (i) Wenn $\mathcal{A} \models \phi$, so ist $\phi \in Th(\mathcal{A})$ und daher $\mathcal{B} \models \phi$. (ii) Wenn nicht $\mathcal{A} \models \phi$, so $\neg\phi \in Th(\mathcal{A})$, also $\mathcal{B} \models \neg\phi$ und daher nicht $\mathcal{B} \models \phi$. ■

Den folgenden Überlegungen wird eine S-Struktur $\mathcal{A}$ zugrundegelegt. Es soll genauer herausgearbeitet werden, inwiefern «isomorph» und «es gelten dieselben S-Sätze» nicht gleichbedeutend sind. Es werden zunächst unterschieden

(1) die Klasse $\{\mathcal{B} \mid \mathcal{B} \cong \mathcal{A}\}$ der zu $\mathcal{A}$ *isomorphen* Strukturen;

(2) die Klasse derjenigen Strukturen, welche dieselben S-Sätze wie $\mathcal{A}$ erfüllen, das heißt die Klasse $\{\mathcal{B} \mid \mathcal{B} \equiv \mathcal{A}\}$ der zu $\mathcal{A}$ elementar äquivalenten Strukturen.

Aus dem Isomorphietheorem 4.1 folgt unmittelbar, daß zwei isomorphe Strukturen elementar äquivalent sind, das heißt

$$\{\mathcal{B} \mid \mathcal{B} \cong \mathcal{A}\} \subset \{\mathcal{B} \mid \mathcal{B} \equiv \mathcal{A}\}.$$

Die Umkehrung gilt jedoch nicht, das heißt zwei S-Strukturen, in welchen dieselben S-Sätze erfüllt sind, die also elementar äquivalent sind, sind nicht notwendigerweise isomorph. Dies folgt aus Metatheorem 4.15.

Metatheorem 4.15 (a) *Keine unendliche S-Struktur $\mathcal{A}$ ist in der Sprache der ersten Stufe bis auf Isomorphie charakterisierbar.*

(b) *Für jede Struktur $\mathcal{A}$ gibt es von $\mathcal{A}$ verschiedene elementar äquivalente Strukturen.*

Beweis: Siehe Ebbinghaus/Flum/Thomas [1992], Kapitel VI.4. ■

Daraus ergibt sich, daß für jede unendliche S-Struktur $\mathcal{A}$ die Klasse der zu $\mathcal{A}$ isomorphen Strukturen eine echte Teilmenge zur Klasse der zu $\mathcal{A}$ elementar äquivalenten S-Strukturen, in denen dieselben Sätze erfüllbar sind wie in $\mathcal{A}$, ist. Insbesondere ergibt sich unmittelbar ein weiteres Metatheorem.

Metatheorem 4.16 *Zu jeder unendlichen Struktur gibt es eine elementar äquivalente nicht isomorphe Struktur.*

4.9 Nichtstandardmodelle der Arithmetik: Der Satz von Skolem

Es wird nun die im Rahmen der Sprache der Prädikatenlogik erster Stufe symbolisierte abzählbare Satzmenge ΠA betrachtet, das heißt die in der ersten Stufe symbolisierten Axiome **PA** der Peano-Arithmetik. Sei $\mathcal{N}$ die S-Struktur $\langle \mathbb{N}, +_{\mathcal{N}}, \cdot_{\mathcal{N}}, \mathbf{1}_{\mathcal{N}} \rangle$, das heißt eine Struktur mit der Grundmenge der natürlichen Zahlen $\mathbb{N}$, den zwei üblichen zweistelligen Funktionen $+_{\mathcal{N}}$ und $\cdot_{\mathcal{N}}$ über $\mathbb{N}$ sowie der Konstanten $\mathbf{1}_{\mathcal{N}}$. Die Struktur $\mathcal{N}$ erfüllt ΠA, das heißt ist ein S-Modell von ΠA. Dies bedeutet, daß bei der S-Interpretation $\mathfrak{I}_{\mathcal{N}}$ von ΠA mit der S-Struktur $\mathcal{N}$, das heißt durch

$$\mathfrak{I}_{\mathcal{N}}(+) = +_{\mathcal{N}}, \quad \mathfrak{I}_{\mathcal{N}}(\cdot) = \cdot_{\mathcal{N}} \text{ und } \quad \mathfrak{I}_{\mathcal{N}}(\mathbf{1}) = \mathbf{1}_{\mathcal{N}},$$

alle S-Ausdrücke von ΠA wahr werden. Denn für die Angabe eines S-Modells eines S-Ausdrucks ϕ oder einer S-Ausdrucksmenge Φ genügt es, den Grundbereich anzugeben sowie die in ϕ beziehungsweise Φ frei vorkommenden Variabeln zu deuten (siehe Abschnitt 4.5).

Die *Theorie von* $\mathcal{N}$, $Th(\mathcal{N})$, ist die Menge aller S-Sätze, für welche $\mathcal{N}$ ein S-Modell ist: $Th(\mathcal{N}) = \{\text{alle } S\text{-Sätze } \phi \mid \mathcal{N} \models \phi\}$. Sie heißt *vollständige* oder *elementare Arithmetik*. Die Theorie von $\mathcal{N}$ ist eine Satzmenge, der mindestens ein Modell zukommt, nämlich $\mathcal{N}$. Aus Metatheorem 4.15 ergibt sich, daß es eine zu $\mathcal{N}$ elementar äquivalente S-Struktur gibt, die nicht S-isomorph ist zu $\mathcal{N}$. Falls sie abzählbar ist, wird eine solche S-Struktur abzählbares *Nichtstandardmodell* genannt. Sie ist ein Modell der symbolisierten Peano-Axiome ΠA sowie der Satzmenge $Th(\mathcal{N})$. Im folgenden soll dieser Sachverhalt direkt, das heißt ohne Rückgriff auf die Metatheoreme 4.15 und 4.16, im einzelnen bewiesen werden. Dabei ist zweierlei zu zeigen: erstens die Existenz eines solchen zu $\mathcal{N}$ elementar äquivalenten S-Modells von $Th(\mathcal{N})$ und zweitens, daß dieses Modell nicht S-isomorph ist zu $\mathcal{N}$. Daraus ergibt sich dann die Konsequenz, daß die Peano-Axiome ΠA als Teilmenge der Satzmenge $Th(\mathcal{N})$ die Struktur $\mathcal{N}$ *nicht* bis auf S-Isomorphie charakterisieren. Folglich ist das in der Sprache erster Stufe ausgedrückte Peanosche Axiomensystem ΠA nicht kategorisch. Es ergibt sich weiter, daß die Kategorizität von ΠA auch durch *keine* zusätzliche (eventuell abzählbare) S-Satzmenge «erzwungen» werden kann.

Metamathematisch lautet die Konsequenz: Der begriffliche Gehalt des Induktionsaxioms **P3** läßt sich durch keinen S-Satz und durch keine abzählbare S-Satzmenge der ersten Stufe vollständig wiedergeben.

Metatheorem 4.17 (Theorem von Skolem) *Es gibt ein abzählbares Nichtstandardmodell der elementaren Arithmetik $Th(\mathcal{N})$, also ist $\Pi A \subset Th(\mathcal{N})$ nicht kategorisch.*

Beweis: $\mathcal{N}$ sei eine S-Struktur $\langle \mathbb{N}, +_{\mathcal{N}}, \cdot_{\mathcal{N}}, 1_{\mathcal{N}} \rangle$, die vermöge der S-Interpretation $\mathfrak{I}_{\mathcal{N}}$ das natürliche Modell der Peano-Arithmetik ΠA repräsentiert. Die S-Terme $1, 1+1, 1+1+1, \ldots$ werden abgekürzt mit $\mathbf{1}, \mathbf{2}, \mathbf{3}, \ldots$. Die grundlegende Idee des folgenden Beweises besteht darin, ein zusätzliches Element u zu adjungieren, das größer ist als alle Elemente von $\mathbb{N}$, und die dazugehörige Satzmenge einzuführen. Mit Hilfe des Endlichkeitstheorems 4.12 ist dann leicht zu zeigen, daß die so erweiterte S-Satzmenge ein S-Modell hat.

Es wird nun eine zusätzliche Individuenkonstante u eingeführt und die unendliche Menge Σ der S-Ausdrücke gebildet:

$$\Sigma = \{\neg(u \equiv \mathbf{1}), \neg(u \equiv \mathbf{2}), \neg(u \equiv \mathbf{3}), \ldots\}.$$

Es gilt dann: Die Menge der Sätze $Th(\mathcal{N})$ zusammen mit der S-Satzmenge Σ ist erfüllbar, das heißt die Satzmenge

$$\Psi = Th(\mathcal{N}) \cup \{\neg(u \equiv \mathbf{1}), \neg(u \equiv \mathbf{2}), \neg(u \equiv \mathbf{3}), \ldots\}$$

besitzt ein S-Modell. *Beweis:* Nach dem Endlichkeitstheorem 4.12(b) genügt es zu zeigen, daß für jede *endliche* Teilmenge die obige Satzmenge erfüllbar ist. Sei Ψ_n eine endliche Teilmenge von Ψ; sie enthält höchstens endliche viele S-Ausdrücke aus Σ, darunter einen mit größtem S-Term $\boldsymbol{n}$, nämlich $\neg(u \equiv \boldsymbol{n})$. Ergänzt man die Interpretation $\mathfrak{J}_{\mathcal{N}}$ durch die Festsetzung $\mathfrak{J}_{\mathcal{N}}(u) = \boldsymbol{n} +_{\mathcal{N}} \mathbf{1}_{\mathcal{N}}$, so erhält man mit der S-Struktur $\langle \mathbb{N}, +_{\mathcal{N}}, \cdot_{\mathcal{N}}, \mathbf{1}_{\mathcal{N}} \rangle$ auch ein Modell für Ψ_n. Also ist Ψ_n erfüllbar und da Ψ_n beliebig (endlich) angenommen worden ist, ist jede endliche Teilmenge $\Psi_n \subset \Psi$ erfüllbar, mithin auch $\Psi = Th(\mathcal{N}) \cup \Sigma$. – Es sei nun die S-Struktur $\mathcal{A} = \langle A, +_{\mathcal{A}}, \cdot_{\mathcal{A}}, \mathbf{1}_{\mathcal{A}} \rangle$ ein S-Modell für Ψ vermöge der S-Interpretation $\mathfrak{J}_{\mathcal{A}}$ mit

$$\mathfrak{J}_{\mathcal{A}}(+) = +_{\mathcal{A}}, \quad \mathfrak{J}_{\mathcal{A}}(\cdot) = \cdot_{\mathcal{A}}, \quad \mathfrak{J}_{\mathcal{A}}(\mathbf{1}) = \mathbf{1}_{\mathcal{A}} \text{ und } \quad \mathfrak{J}_{\mathcal{A}}(u) = u_{\mathcal{A}}.$$

Da $Th(\mathcal{N})$ eine Teilmenge von $\Psi = Th(\mathcal{N}) \cup \Sigma$ ist, ist $\mathcal{A}$ natürlich auch S-Modell von $Th(\mathcal{N})$, das heißt $\mathcal{A} \models Th(\mathcal{N})$. Inbesondere sind also die S-Strukturen $\mathcal{N}$ und $\mathcal{A}$ elementar äquivalent (Metatheorem 4.14), das heißt es gilt $\mathcal{N} \equiv \mathcal{A}$. Wegen dem Theorem 4.11 von Löwenheim-Skolem kann $\mathcal{A}$ höchstens abzählbar gewählt werden. Es soll nun gezeigt werden, daß die Strukturen $\mathcal{N}$ und $\mathcal{A}$ nicht isomorph sind. *Beweis* (indirekt): Wären $\mathcal{N}$ und $\mathcal{A}$ isomorph, so gäbe es einen S-Isomorphismus $\pi : A \longrightarrow \mathbb{N}$ mit den Eigenschaften

$$\pi(m +_{\mathcal{A}} n) = \pi(m) +_{\mathcal{N}} \pi(n),$$
$$\pi(m \cdot_{\mathcal{A}} n) = \pi(m) \cdot_{\mathcal{N}} \pi(n),$$
$$\pi(\mathbf{1}_{\mathcal{A}}) = \mathbf{1}_{\mathcal{N}}.$$

Durch Induktion über den additiven Aufbau der Terme $\mathbf{1}, \mathbf{2}, \mathbf{3}, \ldots$ ergibt sich zunächst, daß π für jeden S-Term $\boldsymbol{t}$ aus der Menge $\{\mathbf{1}, \mathbf{2}, \mathbf{3}, \ldots\}$ die S-Interpretation $\mathfrak{J}_{\mathcal{A}}(\boldsymbol{t})$ in die S-Interpretation $\mathfrak{J}_{\mathcal{N}}(\boldsymbol{t})$ abbildet: $\pi(\mathfrak{J}_{\mathcal{A}}(\boldsymbol{t})) = \mathfrak{J}_{\mathcal{N}}(\boldsymbol{t}) = \boldsymbol{t}_{\mathcal{N}}$. *Beweis*: Induktionsbeginn: $\pi(\mathfrak{J}_{\mathcal{A}}(\mathbf{1})) = \pi(\mathbf{1}_{\mathcal{A}}) = \mathbf{1}_{\mathcal{N}} = \mathfrak{J}_{\mathcal{N}}(\mathbf{1})$; Induktionsschritt:

$$\pi(\mathfrak{J}_{\mathcal{A}}(\boldsymbol{t}+\mathbf{1})) = \pi(\mathfrak{J}_{\mathcal{A}}(\boldsymbol{t}) +_{\mathcal{A}} \mathbf{1}_{\mathcal{A}}) = \pi(\mathfrak{J}_{\mathcal{A}}(\boldsymbol{t})) +_{\mathcal{N}} \pi(\mathbf{1}_{\mathcal{A}}) = \pi(\mathfrak{J}_{\mathcal{A}}(\boldsymbol{t})) +_{\mathcal{N}} \mathbf{1}_{\mathcal{N}} =$$
$$= \mathfrak{J}_{\mathcal{N}}(\boldsymbol{t}) +_{\mathcal{N}} \mathbf{1}_{\mathcal{N}} = \mathfrak{J}_{\mathcal{N}}(\boldsymbol{t}) +_{\mathcal{N}} \mathfrak{J}_{\mathcal{N}}(\mathbf{1}) = \mathfrak{J}_{\mathcal{N}}(\boldsymbol{t}+\mathbf{1}).$$

Da $u_{\mathcal{A}}$ zu A gehört, müßte $u_{\mathcal{A}}$ ein π-Bild in $\mathbb{N}$ haben: $\pi(u_{\mathcal{A}}) = \mathfrak{J}_{\mathcal{N}}(\boldsymbol{k}) = \boldsymbol{k}_{\mathcal{N}}$. Nach Konstruktion von Σ gibt es dann eine Ungleichung $\neg(u \equiv \boldsymbol{k})$. Da $\mathcal{A}$ Modell von Ψ ist, ist $\mathfrak{J}_{\mathcal{A}}(\neg(u \equiv \boldsymbol{k}))$ wahr, also $\neg(\mathfrak{J}_{\mathcal{A}}(u) \equiv \mathfrak{J}_{\mathcal{A}}(\boldsymbol{k}))$, das heißt aber $\neg(u_{\mathcal{A}} \equiv \mathfrak{J}_{\mathcal{A}}(\boldsymbol{k}))$. Wendet man auf die letzten beiden Ausdrücke den S-Isomorphismus π an, so erhält man $\neg(\pi(u_{\mathcal{A}}) = \pi(\mathfrak{J}_{\mathcal{A}}(\boldsymbol{k})))$, was nach obigen Überlegungen gleichbedeutend ist mit $\neg(\pi(u_{\mathcal{A}}) = \mathfrak{J}_{\mathcal{N}}(\boldsymbol{k}))$ im Widerspruch zur Annahme $\pi(u_{\mathcal{A}}) = \mathfrak{J}_{\mathcal{N}}(\boldsymbol{k})$. Die S-Strukturen $\mathcal{N}$ und $\mathcal{A}$ können also nicht S-isomorph sein. Zur S-Satzmenge $\Pi \boldsymbol{A} \subset Th(\mathcal{N})$ gibt es also zwei nicht-isomorphe S-Modelle, also kann $\Pi \boldsymbol{A}$ nicht kategorisch sein. Damit ist das Theorem von Skolem bewiesen. ■

Beim Theorem von Skolem handelt es sich um einen typischen Existenzbeweis im Sinne der Mathematik: Es wird nachgewiesen, daß etwas existiert, ohne daß ein Beispiel angegeben wird. Die Methoden sind hier der S-Modelltheorie entnommen, wo aufgrund allgemeiner Tatsachen (Endlichkeitstheorem) auf die Existenz eines S-Modells einer konkret gegebenen S-Satzmenge geschlossen werden kann. Wie im übernächsten Abschnitt 4.11.1 bei der Konstruktion konkreter

Modelle klar werden wird, enthält allerdings dieser Beweis den Keim zur Konstruktion eines spezifischen S-Modells (Adjunktionsmethode) der Satzmenge $Th(\mathcal{N})$.

Mit dem Theorem von Skolem ist also die Existenz eines Nichtstandardmodells von $Th(\mathcal{N})$ nachgewiesen, das heißt die Existenz einer zu $\mathcal{N}$ elementar äquivalenten S-Struktur $\mathcal{A}$, in der genau die selben S-Sätze wie in $\mathcal{N}$ gelten. Die Nichtisomorphie von Nichtstandardmodellen $\mathcal{A} \models Th(\mathcal{N})$ mit dem Standardmodell $\mathcal{N}$ beruht wesentlich auf der Existenz von zusätzlichen Elementen, sogenannten *unnatürlichen Zahlen* oder *Nichtstandardzahlen*, die letztlich bewirkt, daß $\mathcal{A}$ einen anderen Ordnungstypus hat als $\mathcal{N}$ (siehe Abschnitt 4.10).

Man beachte, daß zwar jedes Nichtstandardmodell nicht isomorph ist zu $\mathcal{N}$, daß aber wegen Metatheorem 4.13 alle S-Modelle der Theorie $Th(\mathcal{N})$, das heißt alle Nichtstandardmodelle, untereinander elementar äquivalent sind. Entscheidend ist aber, daß nicht jedes zu $\mathcal{N}$ nichtisomorphe S-Modell der Axiome der Peano-Arithmetik ΠA ein zu $\mathcal{N}$ elementar äquivalentes S-Modell sein muß. Für ein solches zu $\mathcal{N}$ nicht isomorphes und nicht elementar äquivalentes S-Modell $\mathcal{B}$ der Peano-Arithmetik ΠA gibt es dann einen S-Ausdruck ϕ, der entweder in $\mathcal{N}$ falsch und in $\mathcal{B}$ wahr ist oder in $\mathcal{N}$ wahr und in $\mathcal{B}$ falsch ist. Dies bedeutet, daß ϕ jedenfalls nicht aus ΠA folgt, das heißt es gilt *nicht* $\Pi A \models \phi$, da sonst ϕ für *alle* S-Modelle von ΠA erfüllt sein müßte, also auch für $\mathcal{N}$ und $\mathcal{B}$. Ebenso kann auch $\neg\phi$ nicht aus ΠA folgen, sonst müßte $\neg\phi$ in *allen* S-Modellen von ΠA falsch sein. Daraus ergibt sich weiter, daß weder ϕ noch $\neg\phi$ aus ΠA *beweisbar* oder *ableitbar* sein können, da jeder in ΠA beweisbare S-Ausdruck auch aus ΠA folgt (Metatheorem 4.3). Damit ist der S-Ausdruck ϕ in ΠA unentscheidbar. Die Existenz unentscheidbarer S-Ausdrücke wird im Abschnitt 4.13 behandelt.

Es sei $\mathcal{N}_< = \langle \mathbb{N}, +_{\mathcal{N}}, \cdot_{\mathcal{N}}, <_{\mathcal{N}}, \mathbf{1}_{\mathcal{N}} \rangle$ die mit der $<$-Relation über $\mathbb{N}$ versehene Struktur der natürlichen Zahlen. Die $<$-Relation wird dabei folgendermaßen definiert: Für alle $m, n \in \mathbb{N}$ ist $m <_{\mathcal{N}} n$ genau dann wenn $m \neq n$ und ein $k \in \mathbb{N}$ existiert mit $m +_{\mathcal{N}} k = n$, oder symbolisch als S-Ausdruck:

$$\forall m \forall n (m < n) \leftrightarrow (\neg m \equiv n \wedge \exists k (m + k \equiv n)).$$

Betrachtet man die S-Satzmenge $Th(\mathcal{N}_<) \cup \Sigma$, das heißt

$$Th(\mathcal{N} <) \cup \{\neg(u \equiv \mathbf{1}), \neg(u \equiv \mathbf{2}), \neg(u \equiv \mathbf{3}), \ldots\},$$

so erhält man analog zu Metatheorem 4.17 ein weiteres Metatheorem:

Metatheorem 4.18 *Es gibt eine abzählbare zu $\mathcal{N}_<$ elementar äquivalente Struktur, die nicht zu $\mathcal{N}_<$ isomorph ist, das heißt ein abzählbares Nichtstandardmodell der S-Satzmenge $Th(\mathcal{N}_<)$.*

4.10 Die Ordnungsstruktur von abzählbaren Nichtstandardmodellen

Ohne schon auf eine konkrete Modellkonstruktion einzugehen soll gezeigt werden, wie sich die Ordnungsstruktur von abzählbaren Nichtstandardmodellen analysieren läßt (siehe dazu auch Abschnitt 2.10.1). Entscheidend ist dabei die elementare Äquivalenz von Nichtstandardmodellen und dem Standardmodell $\mathcal{N}_<$.

Es soll gezeigt werden, daß alle abzählbaren Nichtstandardmodelle, das heißt alle abzählbaren (zu $\mathcal{N}_<$ elementar äquivalenten) Modelle von $Th(\mathcal{N}_<)$ denselben Ordnungstypus haben. Für eine S-Struktur $\mathcal{A}$ sei nun die zweistellige Relation $<_{\mathcal{A}}$ auf der Grundmenge A von $\mathcal{A}$ folgendermaßen definiert: Für alle $a, b \in A$ ist $a <_{\mathcal{A}} b$ genau dann, wenn $\neg(a \equiv b)$ und es ein $c \in A$ gibt mit $a +_{\mathcal{A}} c = b$.

Wie bereits bekannt, folgen die in $Th(\mathcal{N}_<)$ beweisbaren Theoreme für alle Modelle von $Th(\mathcal{N}_<)$ aus dieser Theorie. Die Terme $\mathbf{1}, \mathbf{2}, \mathbf{3}, \ldots$ bilden einen Bestandteil von $Th(\mathcal{N}_<)$, folglich sind die natürlichen Zahlen $1, 2, 3, \ldots$ in allen Nichtstandardmodellen $\mathcal{A}$ von $Th(\mathcal{N}_<)$ «enthalten», das heißt gemäß ihrer Struktur repräsentiert durch die *Standardelemente* oder *Standardzahlen* $\mathbf{1}_{\mathcal{A}}, \mathbf{2}_{\mathcal{A}}, \mathbf{3}_{\mathcal{A}}, \ldots$. Die als S-Sätze formulierbaren Eigenschaften der Elemente von $\mathcal{A}$ sind dann dieselben wie in $\mathcal{N}_<$. So gilt etwa in $\mathcal{N}_<$ der S-Satz

$$\forall m \forall n (m < n) \vee (m = n) \vee (n < m).$$

Also gilt für alle $m, n \in A$ immer entweder $m <_{\mathcal{A}} n$ oder $m =_{\mathcal{A}} n$ oder $n <_{\mathcal{A}} m$ (Trichotomieeigenschaft, siehe Abschnitt 2.6). Zusammen mit der Gültigkeit der beiden anderen Axiome der Ordnung ergibt sich, daß jedes Nichtstandardmodell $\mathcal{A}$ eine totale Ordnung $\langle A, <_{\mathcal{A}} \rangle$ ist.

Die entscheidende Differenz von $\mathcal{A}$ zu $\mathcal{N}$ liegt in der Existenz zusätzlicher Elemente (Individuen), den sogenannten *unnatürlichen Zahlen*, *Nichtstandardzahlen* oder *Nichtstandardelementen*. Für jede feste natürliche Zahl $n \in \mathbb{N}$ gilt: wenn die natürliche Zahl k verschieden ist von $1, 2, \ldots, n$, dann ist $n < k$. Deshalb muß jede Nichtstandardzahl $u_{\mathcal{A}} \in A$ wegen der Definition der Satzmenge Σ größer als alle natürlichen Zahlen $\mathbf{1}_{\mathcal{A}}, \mathbf{2}_{\mathcal{A}}, \mathbf{3}_{\mathcal{A}}, \ldots$ sein. Mit anderen Worten, jede Nichtstandardzahl $u_{\mathcal{A}} \in A$ in der durch $<_{\mathcal{A}}$ induzierten Ordnung kommt nach allen Standardzahlen: $\mathbf{1}_{\mathcal{A}}, \mathbf{2}_{\mathcal{A}}, \mathbf{3}_{\mathcal{A}}, \ldots, u_{\mathcal{A}}, \ldots$.

Nun gilt in $\mathcal{N}_<$ ein S-Satz ϕ, der besagt, daß es zu jeder natürlichen Zahl eine nächstgrößere gibt, sowie einen S-Satz ψ, der besagt, daß es zu jeder von $\mathbf{1}_{\mathcal{N}}$ verschiedenen Zahl eine unmittelbar vorangehende Zahl gibt (Diskretheit der Struktur $\mathcal{N}_<$):

$$\phi: \quad \forall m\, m < m + 1 \wedge (\neg \exists n (m < n < m + 1)),$$

$$\psi: \quad \forall m\, (\neg (m \equiv 1) \rightarrow \exists n\, n + 1 \equiv m \wedge (\neg \exists k (n < k < n + 1)).$$

Zu jeder Nichtstandardzahl $u_{\mathcal{A}}$ ergibt sich also eine unbegrenzte Anzahl weiterer Elemente, die zusammen mit $u_{\mathcal{A}}$ bezüglich $<_{\mathcal{A}}$ so geordnet sind wie die ganzen Zahlen $\mathcal{Z} = \langle \mathbb{Z}, < \rangle$.

Diese zu den ganzen Zahlen ordnungsisomorphe Menge von Nichtstandardzahlen relativ zu einer Nichtstandardzahl werde eine *Sequenz von Nichtstandardzahlen* genannt. Offenbar gehört jede Nichtstandardzahl einer solchen Sequenz an. Zu untersuchen bleibt der Ordnungstypus der Sequenzen von Nichtstandardzahlen. Entscheidend für alles weitere ist die folgende Einsicht: *Zwei Elemente aus A, die sich durch eine Nichtstandardzahl unterscheiden, liegen in verschiedenen Sequenzen. Beweis* (indirekt): Es seien $v_{\mathcal{A}}, w_{\mathcal{A}}$ zwei Elemente von A mit $v_{\mathcal{A}} +_{\mathcal{A}} u_{\mathcal{A}} = w_{\mathcal{A}}$, wo $u_{\mathcal{A}}$ eine Nichtstandardzahl darstellt. Wären $v_{\mathcal{A}}$ und $w_{\mathcal{A}}$ Elemente derselben Sequenz, so wäre etwa $w_{\mathcal{A}} = v_{\mathcal{A}} +_{\mathcal{A}} \boldsymbol{k}_{\mathcal{A}}$ mit $\boldsymbol{k}_{\mathcal{A}}$ eine Standardzahl und damit $v_{\mathcal{A}} +_{\mathcal{A}} u_{\mathcal{A}} = v_{\mathcal{A}} +_{\mathcal{A}} \boldsymbol{k}_{\mathcal{A}}$, also $u_{\mathcal{A}} = \boldsymbol{k}_{\mathcal{A}}$ im Widerspruch zur Voraussetzung.

Es gilt nun, daß die geordnete Menge der Sequenzen von Nichtstandardzahlen weder ein erstes noch ein letztes Element hat, sowie dicht ist. Zusammen mit der vorausgesetzten Abzählbarkeit des S-Modells $\mathcal{A}$ folgt dann, daß die Menge der Sequenzen von Standardzahlen den Ordnungstypus η der (der Größe nach geordneten) rationalen Zahlen hat. *Beweis:* In $\mathcal{N}_<$ gilt der S-Satz, daß zu jeder Zahl m die Zahl $2m$ sowie die Zahl $[m/2]$ existiert (Abschnitt 2.6, Theorem 2.6):

$$\forall m \exists\, m + m,$$

$$\forall m \exists k\, (m = 2k \vee m = 2k + 1).$$

Sei nun $u_{\mathcal{A}}$ eine Nichtstandardzahl, dann ist sowohl $2u_{\mathcal{A}} := u_{\mathcal{A}} +_{\mathcal{A}} u_{\mathcal{A}}$ wie $[u_{\mathcal{A}}/2]$ eine Nichtstandardzahl, die sich von $u_{\mathcal{A}}$ durch eine Nichtstandardzahl unterscheiden, also liegen beide Zahlen auf einer anderen Sequenz als $u_{\mathcal{A}}$. Außerdem ist $u_{\mathcal{A}} <_{\mathcal{A}} 2u_{\mathcal{A}}$ und $[u_{\mathcal{A}}/2] <_{\mathcal{A}} u_{\mathcal{A}}$; da dieser Prozeß fortsetzbar ist, gibt es weder eine kleinste noch eine größte Nichtstandardzahl. – Für zwei beliebige natürliche Zahlen m und n in $\mathbb{N}$ gilt auch der S-Satz, daß $[(m+n)/2]$ eine natürliche Zahl ist:

$$\forall m\, \forall n\, \exists k\, (m + n = 2k \vee m + n = 2k + 1).$$

Sind nun $u_{\mathcal{A}}$ und $v_{\mathcal{A}}$ Nichtstandardzahlen und in verschiedenen Sequenzen, so ist ihre Differenz eine Nichtstandardzahl, wie auch ihre Differenz zu $[(u_{\mathcal{A}} +_{\mathcal{A}} v_{\mathcal{A}})/2]$. Also liegt letztere Zahl auf einer «mittleren» Folge zwischen den Folgen $u_{\mathcal{A}}$ und $v_{\mathcal{A}}$. Damit ist die Dichtigkeit der Menge der Sequenzen von Nichtstandardzahlen bewiesen.

Bezeichnet man mit ω den Ordnungstypus der natürlichen Zahlen und mit ω^* den Ordnungstypus der negativen ganzen Zahlen, so haben die ganzen Zahlen den Ordnungstypus $\omega^* + \omega$. Der Ordnungstypus der Menge der Nichtstandardzahlen ist also gleich $(\omega^* + \omega)\eta$. Dieser Ordnungstypus bedeutet, daß es zu *jedem* Element einer zu den rationalen Zahlen bezüglich $<$ isomorphen Folge eine Folge von Elementen gibt, die zu den ganzen Zahlen bezüglich $<$ isomorph sind (siehe dazu die Figur 2.11). Damit ist bewiesen:

Der Ordnungstypus jedes abzählbaren Nichtstandardmodells von $Th(\mathcal{N}_<)$ ist gleich $\omega + (\omega^* + \omega)\eta$.

Für nicht abzählbare Nichtstandardmodelle läßt sich dieses Theorem leicht verallgemeinern und man hat dann als Ordnungstypus eines solchen Modells $\omega + (\omega^* + \omega)\tau$, wo τ ein beliebiger nicht abzählbarer Ordnungstypus ist.

Es sei $\mathcal{A}$ wiederum ein S-Modell von $Th(\mathcal{N}_<)$. Dann ist die S-Struktur $\mathcal{A} = \langle A, <_{\mathcal{A}} \rangle$ ein Modell von $Th(\mathcal{N}_<)$. Dies ergibt sich unmittelbar aus der S-Interpretation $\mathfrak{J}_{\mathcal{A}}$ von $Th(\mathcal{N}_<)$, definiert durch $\mathfrak{J}_{\mathcal{A}}(<) = <_{\mathcal{A}}$. Aus obigen Überlegungen ergibt sich außerdem: Die Ordnung $\langle \mathbb{N}, <_{\mathcal{A}} \rangle$ besitzt keine unendlich absteigenden Ketten von Elementen, das heißt keine Elemente $n_1, n_2, n_3, \ldots$ in $\mathbb{N}$ mit $\ldots <_{\mathcal{N}} n_3 <_{\mathcal{N}} n_2 <_{\mathcal{N}} n_1$. Ist dagegen $\mathcal{A}$ ein Nichtstandardmodell von $Th(\mathcal{N}_<)$, so gibt es Elemente $a_1, a_2, a_3, \ldots$ in A mit $\ldots <_{\mathcal{A}} a_3 <_{\mathcal{A}} a_2 <_{\mathcal{A}} a_1$.

4.11 Konstruktion von Nichtstandardmodellen

Im Abschnitt 4.9 wurde mit modelltheoretischen Methoden gezeigt, daß es S-Modelle gibt, die zu $\mathcal{N}_<$ elementar äquivalent, aber nicht zu $\mathcal{N}_<$ isomorph sind, das heißt es existieren nicht zueinander isomorphe S-Modelle der Satzmenge $Th(\mathcal{N}_<)$, eben *Nichtstandardmodelle*. In diesem Abschnitt geht es darum, konkrete S-Modelle zu studieren. Es wird also nicht «nur», wie im Abschnitt 4.9, gezeigt, daß eine ganze Klasse von S-Modellen von $Th(\mathcal{N}_<)$ mit gewissen Eigenschaften existiert, sondern es werden konkrete Modelle konstruiert. Dabei handelt es sich zwar jeweils um sehr spezifisch definierte Modelle, die aber nicht konstruktiv im engeren Sinne sind. Insbesondere müssen hier die im Abschnitt 2.10 diskutierten Peanostrukturerweiterungen vom Gesichtspunkt der Symbolisierung in der Prädikatenlogik erster Stufe betrachten werden.

Echt erweiterte Peanostrukturen sind auf jeden Fall nicht isomorph zur Struktur der natürlichen Zahlen $\mathcal{N}_<$ – daran ändert sich auch durch die Symbolisierung nichts. Sobald jedoch die Axiome der Peano-Arithmetik **PA** symbolisiert werden zu ΠA, so hat dies nach obigen Ausführungen zwei wesentliche Konsequenzen:

1. Das Axiomensystems ΠA ist nicht mehr kategorisch, das heißt es gibt erweiterte S-Peanostrukturen, die nicht isomorph zum Standardmodell $\mathcal{N}_<$ sind, jedoch S-Modelle von ΠA sind.

2. Es gibt S-Strukturen, die S-Modelle von ΠA sind, und die zugleich elementar äquivalent zum S-Modell $\mathcal{N}_<$, also Modelle von $Th(\mathcal{N}_<)$ sind, aber nicht zu $\mathcal{N}_<$ isomorph sind. Anders ausgedrückt: es gibt erweiterte S-Peanostrukturen, die nicht isomorph zur S-Struktur $\mathcal{N}_<$ sind und in denen gleichwohl dieselben S-Sätze gelten wie in $\mathcal{N}_<$.

Die erste Tatsache ist nicht erstaunlich, denn durch die Lockerung der Anforderungen an ein intendiertes System von Strukturen läßt sich nicht vermeiden, daß nicht intendierte Strukturen diese Bedingungen ebenso erfüllen. Die durch die Symbolisierung vermeintlich erreichte «Präzisierung» in der Darstellung mathematischer Begriffsinhalte erweist sich dadurch als ihr Gegenteil: Die Begriffe werden im symbolischen Kalkül erster Stufe nicht schärfer, sondern lockerer gefaßt, wodurch die intendierte Struktur dem sprachlich gebundenen Zugriff teilweise entgleitet.

Die zweite Tatsache hingegen ist eine erstaunliche Endeckung, die als Triumph der Anwendung symbolischer Methoden auf die Darstellung mathematischer Begriffe gilt. Dieser Tatsache wird in diesem Abschnitt besondere Aufmerksamkeit zugewendet. Es soll ins Einzelne gehend nachgewiesen werden, daß die durch die Adjunktionsmethode, die Ultrapotenzmethode sowie die Skolemsche Methode konstruierten Modelle, als S-Modelle aufgefaßt, nicht isomorph und elementar äquivalent sind zum S-Modell $\mathcal{N}_<$, das heißt S-Modelle der Satzmenge $Th(\mathcal{N}_<)$, also Nichtstandardmodelle sind. Dabei soll nicht auf das Endlichkeitstheorem 4.12 zurückgegriffen werden, also keine tieferen Sachverhalte der Modelltheorie benutzt werden.

Die Grundlage der folgenden Ausführungen ist einerseits die Sprache der Prädikatenlogik erster Stufe mit der Symbolmenge $S = \{+, \cdot, <, 1\}$ sowie andererseits die S-Satzmenge $Th(\mathcal{N}_<)$, die aus allen S-Sätzen besteht, die in der S-Struktur $\mathcal{N}_< = \langle \mathbb{N}, +_{\mathcal{N}}, \cdot_{\mathcal{N}}, <_{\mathcal{N}}, \mathbf{1}_{\mathcal{N}} \rangle$, dem *Standardmodell*, gültig sind.

Die Terme $1, 1+1, 1+1+1, \ldots$ werden wie früher abgekürzt durch $\mathbf{1}, \mathbf{2}, \mathbf{3}, \ldots, \boldsymbol{n}, \ldots$. Die entsprechenden Ausdrücke im S-Modell $\mathcal{N}_<$, das heißt die *Standardelemente*, werden mit $\mathbf{1}_{\mathcal{N}}, \mathbf{2}_{\mathcal{N}}, \mathbf{3}_{\mathcal{N}}, \ldots, \boldsymbol{n}_{\mathcal{N}}, \ldots$ bezeichnet.

Zur Struktur $\mathcal{N}_<$ gehört die S-Interpretation $\mathfrak{I}_{\mathcal{N}}$, die bestimmt, wie S-Ausdrücke durch Elemente der Struktur $\mathcal{N}_<$ belegt werden: $\mathfrak{I}_{\mathcal{N}}(+) = +_{\mathcal{N}}$, $\mathfrak{I}_{\mathcal{N}}(\cdot) = \cdot_{\mathcal{N}}$, $\mathfrak{I}_{\mathcal{N}}(<) = <_{\mathcal{N}}$, $\mathfrak{I}_{\mathcal{N}}(\mathbf{1}) = \mathbf{1}_{\mathcal{N}}$, $\mathfrak{I}_{\mathcal{N}}(\boldsymbol{n}) = \boldsymbol{n}_{\mathcal{N}}$.

4.11.1 Adjunktionsmethode

Im Abschnitt 4.9 wurde mit Hilfe der Adjunktion eines beliebigen, jedoch von allen natürlichen Zahlen verschiedenen «unnatürlichen» oder «unendlich großen» Elementes u_A gezeigt, daß jedes abzählbare Nichtstandardmodell von $Th(\mathcal{N}_<)$ denselben Ordnungstypus hat. Dabei wurde nicht explizit ein Modell konstruiert, sondern anhand des Beweises von Metatheorem 4.16 die Struktur dieser Modelle untersucht.

Man geht aus vom Standardmodell $\mathcal{N} = \langle \mathbb{N}, +_{\mathcal{N}}, \cdot_{\mathcal{N}}, \mathbf{1}_{\mathcal{N}} \rangle$ ohne die $<$-Relation. Die Elemente von $\mathbb{N}$ heißen wie üblich *natürliche Zahlen* oder *Standardelemente*. Nach dem Vorbild des Beweises des Theorems von Skolem (Abschnitt 4.8) sowie den Ausführungen im Abschnitt 2.10.1 wird ein Element u adjungiert, für welches die folgende Satzmenge gelten soll:

$$\{\neg(u \equiv \mathbf{1}), \neg(u \equiv \mathbf{2}), \neg(u \equiv \mathbf{3}), \ldots, \neg(u \equiv \boldsymbol{n}), \ldots\}.$$

Das Standardmodell soll also zu einer Struktur erweitert werden, die außer den Standardelementen auch *Nichtstandardelemente* (oder unnatürliche Zahlen) enthält. Im folgenden wird zunächst die durch Adjunktion von u erzeugbare Struktur $\mathcal{A}$ genauer festgelegt. Es sei $\mathcal{A} = \langle A, +_{\mathcal{A}}, \cdot_{\mathcal{A}}, \mathbf{1}_{\mathcal{A}}, u_{\mathcal{A}} \rangle$ eine Struktur mit der S-Interpretation $\mathfrak{I}_{\mathcal{A}}(+) = +_{\mathcal{A}}$, $\mathfrak{I}_{\mathcal{A}}(\cdot) = \cdot_{\mathcal{A}}$, $\mathfrak{I}_{\mathcal{A}}(\mathbf{1}) = \mathbf{1}_{\mathcal{A}}$, $\mathfrak{I}_{\mathcal{A}}(u) = u_{\mathcal{A}}$. Zu den Elementen von A gehören zunächst die in das S-Modell $\mathcal{A}$ eingebetteten natürlichen Zahlen, die Standardelemente $\mathbf{1}_{\mathcal{A}}$, $\mathbf{2}_{\mathcal{A}} := \mathfrak{I}_{\mathcal{A}}(\mathbf{2})$, $\mathbf{3}_{\mathcal{A}} := \mathfrak{I}_{\mathcal{A}}(\mathbf{3})$, ..., $\boldsymbol{n}_{\mathcal{A}} := \mathfrak{I}_{\mathcal{A}}(\boldsymbol{n})$, ... in $\mathcal{A}$.

Der folgenden Definition von Nichtstandardelementen liegt die Idee zugrunde, daß sich Nichtstandardelemente in gleicher Weise aus $\mathbf{1}$ und u «zusammensetzen» lassen wie sich Standardelemente aus $\mathbf{1}$ allein «zusammensetzen» lassen: Ist $\alpha(u)$ ein S-Ausdruck, der die Konstante u enthält, dann ist $\alpha(u)$ in der S-Interpretation $\mathfrak{I}_{\mathcal{A}}$ genau dann ein *Nichtstandardelement* $\alpha(u_{\mathcal{A}}) \in A$, wenn $\alpha(\boldsymbol{n})$ in der S-Interpretation $\mathfrak{I}_{\mathcal{N}}$ eine natürliche Zahl ist für jedes $\boldsymbol{n}_{\mathcal{N}} \in \mathbb{N}$. Durch die Einführung von u ist klar, daß $\mathcal{A}$ nicht zu $\mathcal{N}$ isormorph sein kann. – Die Elemente von A werden fortan mit $\alpha(u_{\mathcal{A}})$ bezeichnet. Falls $\alpha(u_{\mathcal{A}})$ ein Standardelement ist, so gilt $\alpha(u_{\mathcal{A}}) = \alpha = m_{\mathcal{A}}$.

Jetzt wird festgelegt, wann ein S-Satz ϕ in $\mathcal{A}$ gültig sein soll. Dabei orientiert man sich an der Tatsache, daß für die Standardelemente $\boldsymbol{n}_{\mathcal{A}}$ in $\mathcal{A}$ dieselben S-Sätze wie für die natürlichen Zahlen $\boldsymbol{n}_{\mathcal{N}} \in \mathbb{N}$ gelten sollen, und daß ein S-Satz $\phi(u)$ in $\mathcal{A}$ genau dann gilt, wenn ein $\boldsymbol{n}_0$ existiert, sodaß $\phi(\boldsymbol{n})$ in $\mathcal{N}$ für alle $\boldsymbol{n} > \boldsymbol{n}_0$ gilt; anders ausgedrückt, mit Hilfe des Systems $\mathcal{C}$ der kofiniten Teilmengen von $\mathbb{N}$:

$$\mathcal{A} \models \phi(u) \leftrightarrow \{\boldsymbol{n}_{\mathcal{N}} \in \mathbb{N} \mid \mathbb{N} \models \phi(\boldsymbol{n})\} \in \mathcal{C}.$$

Forderung: *Es sei $\phi(x^{(1)}, x^{(2)}, x^{(3)}, \ldots, x^{(k)})$ ein S-Ausdruck mit den freien Variablen $x^{(1)}, x^{(2)}, x^{(3)}$, $\ldots, x^{(k)}$. Dann gilt für jede Belegung dieser Variablen mit Elementen $\alpha^{(1)}(u_{\mathcal{A}}), \alpha^{(2)}(u_{\mathcal{A}}), \ldots, \alpha^{(k)}(u_{\mathcal{A}})$ aus A:*

$$\mathcal{A} \models \phi(\alpha^{(1)}(u_{\mathcal{A}}), \alpha^{(2)}(u_{\mathcal{A}}), \ldots, \alpha^{(k)}(u_{\mathcal{A}}))$$
$$\leftrightarrow$$
$$\{\boldsymbol{n}_{\mathcal{N}} \in \mathbb{N} \mid \mathcal{N} \models \phi(\alpha^{(1)}(\boldsymbol{n}_{\mathcal{N}}), \alpha^{(2)}(\boldsymbol{n}_{\mathcal{N}}), \ldots, \alpha^{(k)}(\boldsymbol{n}_{\mathcal{N}}))\} \in \mathcal{C}.$$

Es bleibt zu zeigen, daß $\mathcal{A}$ und $\mathcal{N}$ tatsächlich elementar äquivalent sind, das heißt daß $\mathcal{A}$ ein Modell der S-Satzmenge $Th(\mathcal{N}) = \{\phi \mid \mathcal{N} \models \phi\}$ ist.

Metatheorem 4.19 (Übertragungsprinzip) *Der S-Ausdruck (S-Satz) $\phi(\alpha^{(1)}(\boldsymbol{n}_{\mathcal{N}}), \alpha^{(2)}(\boldsymbol{n}_{\mathcal{N}}), \ldots, \alpha^{(k)}(\boldsymbol{n}_{\mathcal{N}}))$ mit den Konstanten $\alpha^{(1)}(\boldsymbol{n}_{\mathcal{N}}), \alpha^{(2)}(\boldsymbol{n}_{\mathcal{N}}), \ldots, \alpha^{(k)}(\boldsymbol{n}_{\mathcal{N}})$ aus $\mathbb{N}$ gilt in $\mathcal{N}$ genau dann, wenn $\phi(\alpha^{(1)}(\boldsymbol{n}_{\mathcal{A}}), \alpha^{(2)}(\boldsymbol{n}_{\mathcal{A}}), \ldots, \alpha^{(k)}(\boldsymbol{n}_{\mathcal{A}}))$ mit den Konstanten $\alpha^{(1)}(\boldsymbol{n}_{\mathcal{A}}), \alpha^{(2)}(\boldsymbol{n}_{\mathcal{A}}), \ldots, \alpha^{(k)}(\boldsymbol{n}_{\mathcal{A}})$ aus A in $\mathcal{A}$ gilt. Also gelten in $\mathcal{N}$ und $\mathcal{A}$ dieselben S-Sätze ϕ, das heißt die Strukturen $\mathcal{N}$ und $\mathcal{A}$ sind elementar äquivalent: $\mathcal{N} \models \phi \leftrightarrow \mathcal{A} \models \phi$.*

Beweis: Da in ϕ nur Konstanten vorkommen, das heißt die $\alpha^{(i)}(n_{\mathcal{N}})$ unabhängig von $n_{\mathcal{N}}$ sind, setzt man $m_{\mathcal{N}}^{(1)} := \alpha^{(1)}(n_{\mathcal{N}})$, $m_{\mathcal{N}}^{(2)} := \alpha^{(2)}(n_{\mathcal{N}}), \ldots, m_{\mathcal{N}}^{(k)} := \alpha^{(k)}(n_{\mathcal{N}})$. Damit ist $\{n_{\mathcal{N}} \in \mathbb{N} \mid \mathcal{N} \models \phi(m_{\mathcal{N}}^{(1)}, m_{\mathcal{N}}^{(2)}, \ldots, m_{\mathcal{N}}^{(k)})\}$ entweder gleich $\mathbb{N}$ oder $\emptyset$, je nachdem, ob $\phi(m_{\mathcal{N}}^{(1)}, m_{\mathcal{N}}^{(2)}, \ldots, m_{\mathcal{N}}^{(k)})$ in $\mathcal{N}$ gilt oder nicht. Da $\emptyset \notin \mathcal{C}$ und $\mathbb{N} \in \mathcal{C}$, gilt zusammen mit obiger Forderung:

$$\begin{aligned}
&\mathcal{N} \models \phi(m_{\mathcal{N}}^{(1)}, m_{\mathcal{N}}^{(2)}, \ldots, m_{\mathcal{N}}^{(k)}) \\
&\leftrightarrow \{n_{\mathcal{N}} \in \mathbb{N} \mid \mathcal{N} \models \phi(m_{\mathcal{N}}^{(1)}, m_{\mathcal{N}}^{(2)}, \ldots, m_{\mathcal{N}}^{(k)})\} \in \mathcal{C} \\
&\leftrightarrow \mathcal{A} \models \phi(m_{\mathcal{A}}^{(1)}, m_{\mathcal{A}}^{(2)}, \ldots, m_{\mathcal{A}}^{(k)}).
\end{aligned}$$

Damit ist Metatheorem 4.19 bewiesen. ■

Für dieses Übertragungsprinzip ist es also nur entscheidend, daß die Konstanten im S-Satz ϕ in $\mathcal{A}$ aus dem Standardbereich stammen, während die im S-Satz ϕ gebundenen Variablen auch Werte im Nichtstandardbereich von $\mathcal{A}$ annehmen können.

Als ein Beispiel für das Funktionieren des Übertragungsprinzips kann man die Division durch 2 anführen. In $\mathcal{N}$ gilt der S-Satz:

$$\mathcal{N} \models \forall n \exists k (n = 2k \vee n = 2k - 1).$$

Gemäß dem Übertragungsprinzip hat man sofort:

$$\mathcal{A} \models \forall n \exists k (n = 2k \vee n = 2k - 1).$$

4.11.2 Ultrapotenzmethode

In den beiden Abschnitten 4.11.2 und 4.11.4 werden auf zwei miteinander verwandte Weisen Nichtstandardmodelle von $Th(\mathcal{N}_<)$ konstruiert. Es wird mit einer historisch später aufgetretenen Verallgemeinerung der Skolemschen Beweisidee begonnen, mit der sogenannten Ultrapotenzmethode. Diese ist einfacher zu motivieren sowie verallgemeinerungsfähig, insbesondere zur Konstruktion von Nichtstandardmodellen der symbolisierten Axiome der reellen Zahlen als Grundlage der Nichtstandardanalysis (siehe Abschnitt 5.3.2). Vor diesem Hintergrund läßt sich dann die zunächst unmotiviert erscheinende Beweismethode Skolems darstellen und in ihrer Einmaligkeit erkennen. Skolems Konstruktionsmethode funktioniert nämlich in dieser Form nur für (abzählbare) Nichtstandardmodelle von $Th(\mathcal{N}_<)$ – und wird deshalb in der Literatur kaum mehr dargestellt, obwohl es sich um eines der seltenen mehr oder weniger explizit konstruierbaren Nichtstandardmodelle handelt.

Bei der Ultrapotenzmethode handelt es sich um eine Methode zur Konstruktion von Strukturerweiterungen, welche ebenso wie die Adjunktionsmethode die spezifischen Methoden der Modelltheorie nicht voraussetzt. Durch den Aufbau eines konkreten S-Modells wird direkt gezeigt, daß ein zu $\mathcal{N}_<$ elementar äquivalentes, aber nicht zu $\mathcal{N}_<$ isomorphes Modell existiert. Die Hauptvorteile der Ultrapotenzmethode liegen in ihrer Direktheit und Verallgemeinerungsfähigkeit; ihre Nachteile liegen einerseits in ihrem für die natürlichen Zahlen wenig spezifischen Charakter sowie andererseits in deren wesentlich nichtkonstruktiven Natur aufgrund der Verwendung von Ultrafiltern.

Im folgenden wird auf die Darstellung der Ultrapotenzmethode bezüglich eines den Filter der kofiniten Teilmengen von $\mathbb{N}$ enthaltenden Ultrafilters $\mathcal{U}$ über den natürlichen Zahlen $\mathbb{N}$ im

Abschnitt 2.10.2 zurückgegriffen. Es soll gezeigt werden, daß $^*\mathcal{N}$ ein zu $\mathcal{N}_<$ elementar äquivalentes aber nicht zu $\mathcal{N}_<$ isomorphes Modell ist, das heißt ein Nichtstandardmodell der Satzmenge $Th(\mathcal{N}_<)$. Dazu führt man die S-Interpretation $\mathfrak{I}_{\mathcal{U}}$ ein: $\mathfrak{I}_{\mathcal{U}}(+) = +_{\mathcal{U}}$, $\mathfrak{I}_{\mathcal{U}}(\cdot) = \cdot_{\mathcal{U}}$, $\mathfrak{I}_{\mathcal{U}}(<) = <_{\mathcal{U}}$, $\mathfrak{I}_{\mathcal{U}}(\mathbf{1}) = \mathbf{1}_{\mathcal{U}}$. Die Nichtisomorphie wurde schon im Abschnitt 2.10.2 gezeigt, sie wird sich aber später noch einmal im Laufe der Untersuchung zwanglos ergeben. Es bleibt vor allem die elementare Äquivalenz zu zeigen.

Aufgrund der Definition der Ultrapotenz $^*\mathcal{N}$ im Abschnitt 2.10.2 wird nun das folgende Metatheorem bewiesen. Es ist auch unter der Bezeichnung «Allgemeines Übertragungsprinzip» oder «Allgemeines Transferprinzip» bekannt.

Metatheorem 4.20 *Es sei $\phi(x^{(1)}, x^{(2)}, x^{(3)}, \ldots, x^{(k)})$ ein S-Ausdruck mit den freien Variablen $x^{(1)}$, $x^{(2)}$, $x^{(3)}$, …, $x^{(k)}$. Dann gilt für jede Belegung dieser Variablen mit Elementen $\boldsymbol{a}^{(1)} = \{a_n^{(1)}\}/\mathcal{U}$, $\boldsymbol{a}^{(2)} = \{a_n^{(2)}\}/\mathcal{U}$, …, $\boldsymbol{a}^{(k)} = \{a_n^{(k)}\}/\mathcal{U}$ aus $^*\mathbb{N}$:*

$$^*\mathcal{N} \models \phi(\boldsymbol{a}^{(1)}, \boldsymbol{a}^{(2)}, \boldsymbol{a}^{(3)}, \ldots, \boldsymbol{a}^{(k)}) \leftrightarrow \{i \in \mathbb{N} \mid \mathcal{N}_< \models \phi(a_i^{(1)}, a_i^{(2)}, a_i^{(3)}, \ldots, a_i^{(k)})\} \in \mathcal{U}.$$

Beweis: Dieses Theorem wird, wie in solchen Fällen üblich, durch Induktion nach dem Aufbau der Ausdrücke $\phi(x^{(1)}, x^{(2)}, x^{(3)}, \ldots, x^{(k)})$ bewiesen. In diesem Beweis werden die folgenden Abkürzungen verwendet: x steht für $x^{(1)}, x^{(2)}, x^{(3)}, \ldots, x^{(k)}$, a_i für $a_i^{(1)}, a_i^{(2)}, a_i^{(3)}, \ldots, a_i^{(k)}$ und a für $\boldsymbol{a}^{(1)}, \boldsymbol{a}^{(2)}, \boldsymbol{a}^{(3)}, \ldots, \boldsymbol{a}^{(k)}$.

(1) (Induktionsvoraussetzung:) Falls $\phi(x)$ ein atomarer S-Ausdruck ist, das heißt ein S-Ausdruck, in dem die S-logischen Zeichen $\neg$, $\wedge$, $\vee$, $\rightarrow$, $\leftrightarrow$ nicht vorkommen, so gilt der Ausdruck $\phi(x)$ in $^*\mathbb{N}$ gemäß Definition der Ultrapotenz $^*\mathcal{N}$, das heißt es ist $^*\mathcal{N} \models \phi(a)$. Dies ist gleichbedeutend mit der Tatsache, daß $\{i \in \mathbb{N} \mid \mathcal{N}_< \models \phi(a_i)\} \in \mathcal{U}$.

(2) Sei $\phi(x)$ von der Form $\psi(x) \wedge \chi(x)$. Falls $^*\mathcal{N} \models \phi(a)$, so ist auch $^*\mathcal{N} \models \psi(a)$ und $^*\mathcal{N} \models \chi(a)$, also sind nach (1) die Mengen $M_1 = \{i \in \mathbb{N} \mid \mathcal{N}_< \models \psi(a_i)\}$ und $M_2 = \{i \in \mathbb{N} \mid \mathcal{N}_< \models \chi(a_i)\}$ Elemente von $\mathcal{U}$. Dann ist auch $M_1 \cap M_2 = M = \{i \in \mathbb{N} \mid \mathcal{N}_< \models \psi(a_i) \wedge \chi(a_i)\} \in \mathcal{U}$. – Sei umgekehrt $M \in \mathcal{U}$. Dann sind M_1, M_2 wegen $M \subseteq M_1 \subseteq \mathbb{N}$, $M \subseteq M_2 \subseteq \mathbb{N}$ auch in $\mathcal{U}$. Wegen (1) ist also $^*\mathcal{N} \models \psi(a)$ und $^*\mathcal{N} \models \chi(a)$, also gilt auch die Konjunktion: $^*\mathcal{N} \models \psi(a) \wedge \chi(a)$.

(3) (Verwendung der Ultrafiltereigenschaft (F_3)) Sei $\phi(x)$ von der Form $\neg\psi(x)$. Nun gilt $\phi(a)$ in $^*\mathcal{N}$ genau dann, wenn $\psi(a)$ nicht in $^*\mathcal{N}$ gilt, das heißt $^*\mathcal{N} \models \phi(a) \leftrightarrow \neg(^*\mathcal{N} \models \psi(a))$. Nach (1) ist dies genau dann der Fall, wenn $\{i \in \mathbb{N} \mid \mathcal{N}_< \models \psi(a_i)\} = M \notin \mathcal{U}$. Nun ist aber $\mathcal{U}$ ein Ultrafilter, also muß hier $(\mathbb{N} - M) \in \mathcal{U}$ gelten. Diese Menge $(\mathbb{N} - M)$ ist aber identisch mit $\{i \in \mathbb{N} \mid \mathcal{N}_< \models \neg\psi(a_i)\}$ und dies ist äquivalent mit $^*\mathcal{N} \models \neg\psi(a)$.

(4) Schließlich sei $\phi(x)$ von der Form $\exists y \psi(y, x)$. Es gelte $\phi(a)$ in $^*\mathcal{N}$, das heißt $^*\mathcal{N} \models \phi(a)$. Dann gibt es ein Element in $^*\mathcal{N}$, etwa $\boldsymbol{b} = \{b_i\}/\mathcal{U}$ derart, daß $^*\mathcal{N} \models \psi(\boldsymbol{b}, a)$. Nach (1) folgt daraus, daß $\{i \in \mathbb{N} \mid \mathcal{N}_< \models \psi(b_i, a_i)\} \in \mathcal{U}$. Nun ist aber auch $\{i \in \mathbb{N} \mid \mathcal{N}_< \models \psi(b_i, a_i)\} \subseteq \{i \in \mathbb{N} \mid \mathcal{N}_< \models \exists y \psi(y_i, a_i)\}$, also ist letztere Menge auch in $\mathcal{U}$. – Es sei umgekehrt $\{i \in \mathbb{N} \mid \mathcal{N}_< \models \exists y \psi(y_i, a_i)\} \in \mathcal{U}$. Eine Folge $\{b_i\}$ wird in $\mathbb{N}$ derart abgebildet, daß $b_i = r \in \mathbb{N}$ falls $\mathcal{N}_< \models \psi(r, a_i)$. Existiert kein solches r zu einem a_i, so setzt man $b_i = 1$. Durch diese Konstruktionsvorschrift wird erreicht, daß für solche Folgen gilt: $\{i \in \mathbb{N} \mid \mathcal{N}_< \models \psi(b_i, a_i)\} \supseteq \{i \in \mathbb{N} \mid \mathcal{N}_< \models \exists y \psi(y, a_i)\}$, wobei die letztere Menge wieder in $\mathcal{U}$ liegt. Daraus folgt, daß $^*\mathcal{N} \models \psi(\boldsymbol{b}, a)$ mit $\boldsymbol{b} = \{b_i\}/\mathcal{U}$ und damit $^*\mathcal{N} \models \exists y \psi(y, a)$.

(5) Damit sind im wesentlichen alle logischen Verknüpfungen behandelt, da $\psi \to \chi$ auf $\neg\psi \vee \chi$, $\psi \vee \chi$ auf $\neg(\neg\psi \wedge \neg\chi)$, $\forall x\psi(x)$ auf $\neg\exists x\neg\psi(x)$ zurückgeführt werden können. ∎

Die Struktur $\mathcal{N}_<$ ist in ihrer Ultrapotenz $^*\mathcal{N}$ in besonders übersichtlicher Weise enthalten. Denn jedem $m \in \mathbb{N}$ kann man in eindeutiger Weise die Folgenklasse $\boldsymbol{m} := \{m, m, m, \ldots\}/\mathcal{U} = \{\{a_n\} \mid \{n \in \mathbb{N} \mid a_n = m\} \in \mathcal{U}\}$ zuordnen. Aus Metatheorem 4.20 folgt unmittelbar:

Metatheorem 4.21 (Übertragungsprinzip) *Der S-Ausdruck (S-Satz) $\phi(m^{(1)}, m^{(2)}, m^{(3)}, \ldots, m^{(k)})$ mit den Konstanten $m^{(1)}, m^{(2)}, m^{(3)}, \ldots, m^{(k)}$ aus $\mathbb{N}$ gilt in $\mathcal{N}_<$ genau dann, wenn $\phi(\boldsymbol{m}^{(1)}, \boldsymbol{m}^{(2)}, \boldsymbol{m}^{(3)}, \ldots, \boldsymbol{m}^{(k)})$ mit den Konstanten $\boldsymbol{m}^{(1)}, \boldsymbol{m}^{(2)}, \boldsymbol{m}^{(3)}, \ldots, \boldsymbol{m}^{(k)}$ aus $^*\mathbb{N}$ in $^*\mathcal{N}$ gilt.*

Also gelten in $\mathcal{N}_<$ und $^*\mathcal{N}$ dieselben S-Sätze ϕ, das heißt die Strukturen $\mathcal{N}_<$ und $^*\mathcal{N}$ sind elementar äquivalent: $\mathcal{N}_< \models \phi \leftrightarrow {}^*\mathcal{N} \models \phi$.

Beweis: Schreibt man für das n-te Glied der Folge $\{m^{(1)}, m^{(1)}, m^{(1)}, \ldots\}$ den Ausdruck $m_n^{(1)}$, so ist die Menge $\{n \in \mathbb{N} \mid \mathcal{N}_< \models \phi(m_n^{(1)}, m_n^{(2)}, m_n^{(3)}, \ldots, m_n^{(k)})\}$ gleich $\mathbb{N}$ oder leer, je nachdem $\phi(m^{(1)}, m^{(2)}, m^{(3)}, \ldots, m^{(k)})$ in $\mathcal{N}_<$ gilt oder nicht. Da $\mathcal{U}$ Ultrafilter ist, gilt $\mathbb{N} \in \mathcal{U}$ und $\emptyset \notin \mathcal{U}$, also gilt $\mathcal{N}_< \models \phi(m^{(1)}, m^{(2)}, m^{(3)}, \ldots, m^{(k)})$ genau dann, wenn $\{n \in \mathbb{N} \mid \mathcal{N}_< \models \phi(m_n^{(1)}, m_n^{(2)}, m_n^{(3)}, \ldots, m_n^{(k)})\} \in \mathcal{U}$ und dies ist genau dann der Fall, wenn $^*\mathcal{N} \models \phi(\boldsymbol{m}^{(1)}, \boldsymbol{m}^{(2)}, \boldsymbol{m}^{(3)}, \ldots, \boldsymbol{m}^{(k)})$. ∎

Die Abbildung $m \mapsto \boldsymbol{m}$ heißt deshalb *elementare Einbettung*. Die in $^*\mathcal{N}$ «enthaltenen» natürlichen Zahlen heißen die Standardelemente von $^*\mathcal{N}$, alle übrigen Elemente sind «Nichtstandardelemente» oder «unnatürliche Zahlen».

Die Standardelemente $\boldsymbol{1}_\mathcal{U}, \boldsymbol{2}_\mathcal{U}, \boldsymbol{3}_\mathcal{U}, \ldots, \boldsymbol{m}, \ldots$ bilden ein echtes Anfangsstück von $^*\mathbb{N}$. Denn es gilt: es gibt kein $\boldsymbol{a} \in {}^*\mathbb{N}$ sodaß $\boldsymbol{m} <_\mathcal{U} \boldsymbol{a} <_\mathcal{U} \boldsymbol{m} +_\mathcal{U} \boldsymbol{1}_\mathcal{U}$; weiter gilt für jedes Nichtstandardelement $\boldsymbol{a} \in {}^*\mathbb{N}$, das heißt für jedes $\boldsymbol{a}$ mit $\neg(\boldsymbol{a} =_\mathcal{U} \boldsymbol{m})$, die Beziehung $\boldsymbol{m} <_\mathcal{U} \boldsymbol{a}$ für jedes $\boldsymbol{m}$. Dies ergibt sich aus der Gültigkeit der entsprechenden Sätze in $\mathcal{N}_<$ sowie der Tatsache, daß $^*\mathcal{N}$ zu $\mathcal{N}_<$ elementar äquivalent ist. Daraus folgt weiter, daß $\mathcal{N}_<$ und $^*\mathcal{N}$ nicht isomorph sein können, da jeder Isomorphismus die Elemente von $\mathbb{N}$ in die Standardelemente $\boldsymbol{1}_\mathcal{U}, \boldsymbol{2}_\mathcal{U}, \boldsymbol{3}_\mathcal{U}, \ldots$ von $^*\mathbb{N}$ abbilden müßte und dadurch die Nichtstandardelemente von $^*\mathbb{N}$ in $\mathbb{N}$ keine Entsprechungen hätten. Also gibt es keinen Isomorphismus zwischen $\mathcal{N}_<$ und $^*\mathcal{N}$.

Man beachte: Für die Aufstellung des Übertragungsprinzips 4.21 ist es wesentlich, daß die in einem S-Satz ϕ vorkommenden Konstanten *Standardelemente* sind, während die im S-Satz ϕ gebundenen Variablen auch Werte im Nichtstandardbereich annehmen können.

Der Bereich der Elemente von $^*\mathcal{N}$ sei wieder der Bereich der *hypernatürlichen Zahlen* genannt; er umfaßt sowohl die Standard- wie die Nichtstandardelemente. Da für die natürlichen Zahlen der Unterschied von Standard- und Nichtstandardzahlen sowie der Begriff unendlich großer Zahlen nicht vorkommen, gehören diese auch nicht zu den in der Sprache über der Symbolmenge $S = \{+, \cdot, <, 1\}$ ausdrückbaren Eigenschaften hypernatürlicher Zahlen, da in Nichtstandardmodellen genau diejenigen S-Sätze gelten, die für natürliche Zahlen gelten. Also umfassen die in den obigen Metatheoremen vorkommenden S-Ausdrücke ϕ nur Eigenschaften, die auch für natürliche Zahlen gelten; solche S-Ausdrücke oder S-Formeln heißen *intern*. Alle übrigen S-Formeln heißen *extern*.

Man kann nun zeigen: Ist $\phi(x)$ eine interne Formel mit der einzigen freien Variablen x, so ist die Menge $\{\boldsymbol{b} \in {}^*\mathbb{N} \mid {}^*\mathcal{N} \models \phi(\boldsymbol{b})\}$ eine *interne* Menge. Es gilt nach Metatheorem 4.20 für

$b = \{b_i\}/\mathcal{U}$

$$^*\mathcal{N} \models \phi(b) \leftrightarrow \{i \in \mathbb{N} \mid \mathcal{N}_< \models \phi(b_i)\} \in \mathcal{U}.$$

Es sei nun $A = \{b \in {}^*\mathbb{N} \mid {}^*\mathcal{N} \models \phi(b)\}$ und $A_i = \{b_i \in \mathbb{N} \mid \mathcal{N}_< \models \phi(b_i)\}$; offenbar ist dann $a \in A$ genau dann, wenn $^*\mathcal{N} \models \phi(a)$ und $a_i \in A_i$ genau dann, wenn $\mathcal{N}_< \models \varphi(a_i)$. Daraus folgt

$$a \in A \subset {}^*\mathbb{N} \leftrightarrow {}^*\mathcal{N} \models \phi(a) \leftrightarrow \{b_i \in \mathbb{N} \mid \mathcal{N}_< \models \phi(a_i)\} \in \mathcal{U} \leftrightarrow \{i \in \mathbb{N} \mid a_i \in A_i\} \in \mathcal{U}.$$

Dies ist aber genau die charakteristische Eigenschaft interner Mengen, die im Abschnitt 2.10.2 angegeben wurde. Nichtstandarderweiterungen von Mengen werden nun genauso wie im genannten Abschnitt definiert, ebenso interne Funktionen und Nichtstandarderweiterungen von Funktionen. Relationen werden als Teilmengen von Cartesischen Produkten interner Mengen aufgefaßt; daraus ergibt sich unmittelbar ihre Nichtstandarderweiterung.

4.11.3 Ein Übergang von der Adjunktionsmethode zur Ultrapotenzmethode

Es sei $\mathcal{A}$ ein durch Adjunktion von u gewonnenes Nichtstandardmodell von $Th(\mathcal{N}_<)$. Es soll gezeigt werden, wie sich daraus ein Ultrafilter gewinnen läßt, der als Grundlage einer Ultrapotenzkonstruktion über $\mathbb{N}$ zur Gewinnung eines weiteren Nichtstandardmodells dienen kann (Ultrapotenzmethode).

Es sei $M \subset \mathbb{N}$ eine beliebige Teilmenge von $\mathbb{N}$ und $\mu_M(n)$ die arithmetische Funktion, für welche gilt: $\mu_M(n) = \mathbf{1}$ für $n \in M$ und $\mu_M(n) = \mathbf{2}$ für $n \notin M$. In $\mathcal{N}_<$ gilt der S-Satz ϕ: $\forall n \mu_M(n) = \mathbf{1} \vee \mu_M(n) = \mathbf{2}$, also gilt in $\mathcal{A}$ auch $\mu_M(u) = \mathbf{1} \vee \mu_M(u) = \mathbf{2}$. Da nur einer der beiden Ausdrücke $\mu_M(u) = \mathbf{1}$ oder $\mu_M(u) = \mathbf{2}$ wahr sein kann, wird dadurch die Menge $\mathfrak{Pot}(\mathbb{N})$ der Teilmengen von $\mathbb{N}$ in zwei disjunkte Teilmengen sortiert, $\mathcal{U}$ und $\mathfrak{Pot}(\mathbb{N}) - \mathcal{U}$. Es soll nun gezeigt werden, daß $\mathcal{U}$ ein Ultrafilter ist.

Es sei also $M \in \mathcal{U}$ für eine Teilmenge $M \subseteq \mathbb{N}$ genau dann, wenn $\mu_M(u) = \mathbf{1}$. Es werden nacheinander die Eigenschaften des Ultrafilters aus Abschnitt 2.10.2 verifiziert.

(F_0) $\emptyset \notin \mathcal{U}$, denn es ist $\mu_\emptyset(n) = \mathbf{2}$ für alle n, also auch $\mu_\emptyset(u) = \mathbf{2}$.

(F_1) Es sei $M = M_1 \cap M_2$. Aus $\mu_{M_2}(n) = i$ und $\mu_{M_2}(n) = j$ $(i, j \in \{1, 2\})$ folgt $\mu_{M_2}(n) = max\{i, j\}$ für alle $n \in \mathbb{N}$, daher gilt dies auch für u. Aus $\mu_{M_1}(n) = \mathbf{1}$ und $\mu_{M_2}(n) = \mathbf{1}$ folgt $\mu_M(n) = \mathbf{1}$, und damit gilt: aus $\mu_{M_1}(u) = \mathbf{1}$ und $\mu_{M_2}(u) = \mathbf{1}$ folgt $\mu_M(u) = \mathbf{1}$. Dies ist aber gleichbedeutend mit: aus $M_1 \in \mathcal{U}$ und $M_2 \in \mathcal{U}$ folgt $M_1 \cap M_2 \in \mathcal{U}$.

(F_2) Ist $M_0 \subseteq M$, so gilt: aus $\mu_{M_0}(n) = \mathbf{1}$ folgt $\mu_M(n) = \mathbf{1}$ (für alle $n \in \mathbb{N}$, für die $\mu_{M_0}(n) = \mathbf{1}$ gilt), also gilt auch: aus $\mu_{M_0}(u) = \mathbf{1}$ folgt $\mu_M(u) = \mathbf{1}$, das heißt: aus $M_0 \in \mathcal{U}$ folgt $M \in \mathcal{U}$ wenn $M_0 \subseteq M$.

(F_3) Die Eigenschaft $M \in \mathcal{U}$ oder $\mathbb{N} - M \in \mathcal{U}$ folgt direkt aus der Definition von μ_M, da für alle n gilt: entweder $\mu_M(n) = \mathbf{1}$ oder $\mu_{\mathbb{N}-M}(n) = \mathbf{1}$, also ist entweder $\mu_M(u) = \mathbf{1}$ oder $\mu_{\mathbb{N}-M}(u) = \mathbf{1}$.

Es bleibt zu zeigen, daß die auf diesem Ultrafilter aufbauende Ultrapotenz $^*\mathcal{U} := \mathbb{N}^{\mathbb{N}}/\mathcal{U}$ tatsächlich zu einem Modell von $Th(\mathcal{N}_<)$ führt. Sei $\phi \in Th(\mathcal{N}_<)$ irgendein S-Ausdruck und sei M die Menge der natürlichen Zahlen, für welche ϕ wahr ist, das heißt für welche $\mathcal{N}_< \models \phi$. Es ist dann $\mu_M(n) = \mathbf{1}$, wenn ϕ wahr ist und $\mu_M(n) = \mathbf{2}$, wenn ϕ nicht wahr ist. Daraus folgt: ϕ ist genau dann wahr in $\mathcal{N}_<$, wenn $\{n \in \mathbb{N} \mid \mathcal{N}_< \models \phi\} \in \mathcal{U}$, das heißt wenn $^*\mathcal{U} \models \phi$.

4.11.4 Skolems Konstruktionsmethode

Es wird unmittelbar an die Darstellung im Abschnitt 2.10.3 angeknüpft. Skolems Methode beruht ebenfalls auf eine direkten Konstruktion eines Modells von $Th(\mathcal{N}_<)$, für welches gezeigt wird, daß es nicht isomorph ist zu $\mathcal{N}_<$. Durch geschickte Ausnutzung der Eigenschaften arithmetischer Funktionen kann die Benutzung eines Ultrafilters umgangen werden. Trotzdem ist das so entstehende Modell nicht konstruktiv im strengen Sinne.

Der Beweis, daß man mit dieser Konstruktion ein zu $\mathcal{N}_<$ elementar äquivalentes Modell erhält, das heißt ein Modell, in dem die selben Sätze wie in $\mathcal{N}_<$ gelten, verläuft im Prinzip gleich wie im Falle der Ultrapotenzmethode.

Es bleibt zu zeigen, daß das in Abschnitt 2.10.3 konstruierte Modell $\mathcal{A} = \langle A, +_\mathcal{A}, \cdot_\mathcal{A}, <_\mathcal{A}, \mathbf{1}_\mathcal{A} \rangle$ eine zu $\mathcal{N}_< = \langle \mathbb{N}, +_\mathcal{N}, \cdot_\mathcal{N}, <_\mathcal{N}, 1_\mathcal{N} \rangle$ elementar äquivalente Struktur ist, das heißt ein Modell von $Th(\mathcal{N}_<)$, in dem dieselben Sätze gelten wie in $\mathcal{N}_<$.

Metatheorem 4.22 *Es sei $\phi(x^{(1)}, x^{(2)}, x^{(3)}, \ldots, x^{(k)})$ ein S-Ausdruck mit den freien Variablen $x^{(1)}$, $x^{(2)}$, $x^{(3)}$, …, $x^{(k)}$. Dann gilt für jede Belegung dieser Variablen mit Elementen $\alpha^{(1)}, \alpha^{(2)}, \alpha^{(3)}, \ldots$ aus A:*

$$\mathcal{A} \models \phi(\alpha^{(1)}, \alpha^{(2)}, \alpha^{(3)}, \ldots, \alpha^{(k)}) \leftrightarrow \{i \in \mathbb{N} \mid \mathcal{N}_< \models \phi(\alpha^{(1)}(i), \alpha^{(2)}(i), \alpha^{(3)}(i), \ldots, \alpha^{(k)}(i))\} \in \mathcal{C}.$$

Beweis: Der Beweis von Metatheorem 4.20 kann unmittelbar zu einem Beweis von Metatheorem 4.22 umgebildet werde, mit Ausnahme von (3), wo die Ultrafiltereigenschaft von $\mathcal{U}$ verwendet wird. Da das System der kofiniten Teilmengen von $\mathbb{N}$ keinen Ultrafilter bildet, treten nun die besonderen Verhältnisse von Theorem 2.14 in Aktion. Der logische Operator $\neg$ kann hier auf die Disjunktion $\vee$ zurückgeführt werden, denn es gilt sowohl für m, n in $\mathbb{N}$ wie für α, β in A, daß $\neg(x \equiv y) \leftrightarrow (x < y) \vee (x > y)$ und $\neg(x < y) \leftrightarrow (x \equiv y) \vee (x > y)$. ∎

Für die konstanten Funktionen $\mathbf{m}^{(1)}, \mathbf{m}^{(2)}, \mathbf{m}^{(3)}, \ldots, \mathbf{m}^{(k)}$ aus A und die entsprechenden Konstanten $m^{(1)}, m^{(2)}, m^{(3)}, \ldots, m^{(k)}$ in $\mathbb{N}$ gilt ein weiteres Übertragungsprinzip:

Metatheorem 4.23 (Übertragungsprinzip) *Der S-Ausdruck $\phi(m^{(1)}, m^{(2)}, m^{(3)}, \ldots, m^{(k)})$ mit den Konstanten $m^{(1)}, m^{(2)}, m^{(3)}, \ldots, m^{(k)}$ aus $\mathbb{N}$ gilt in $\mathcal{N}_<$ genau dann, wenn $\phi(\mathbf{m}^{(1)}, \mathbf{m}^{(2)}, \mathbf{m}^{(3)}, \ldots, \mathbf{m}^{(k)})$ mit den Konstanten $\mathbf{m}^{(1)}, \mathbf{m}^{(2)}, \mathbf{m}^{(3)}, \ldots, \mathbf{m}^{(k)}$ aus A in $\mathcal{A}$ gilt.*

Also gelten in $\mathcal{N}$ und in $\mathcal{A}$ dieselben S-Sätze, das heißt die Strukturen $\mathcal{N}_<$ und $\mathcal{A}$ sind elementar äquivalent: $\mathcal{N}_< \models \phi \leftrightarrow \mathcal{A} \models \phi$.

Beweis:

$$\mathcal{A} \models \phi(\mathbf{m}^{(1)}, \mathbf{m}^{(2)}, \mathbf{m}^{(3)}, \ldots, \mathbf{m}^{(k)})$$
$$\leftrightarrow$$
$$\{i \in \mathbb{N} \mid \mathcal{N}_< \models \phi(\mathbf{m}^{(1)}(i), \mathbf{m}^{(2)}(i), \mathbf{m}^{(3)}(i), \ldots, \mathbf{m}^{(k)}(i)\} \in \mathcal{C}$$
$$\leftrightarrow$$
$$\mathcal{N}_< \models \phi(m^{(1)}, m^{(2)}, m^{(3)}, \ldots, m^{(k)}).$$
∎

Auch die Skolemsche Modellkonstruktion ist nicht so explizit-konstruktiv wie es auf den ersten Blick aussehen mag. Denn wenn α und β irgendwelche arithmetischen Funktionen sind, so kann es im konkreten Fall unmöglich sein, festzustellen, welche der drei Klassen $K_<, K_=, K_>$ unendlich ist, da es sein kann, daß zum Beispiel $\alpha(n) > \beta(n)$ für alle Werte von $n \in \mathbb{N}$, die man untersuchen kann – und doch kann man nicht sagen, ob einmal ein n erreicht werden wird, für welches die Ungleichung sich ändert oder nicht.

4.11.5 Axiomatik für Nichtstandardmodelle

Hier handelt es sich nicht um eine Methode, sondern eine Zusammenfassung der notwendigen und hinreichenden Voraussetzungen für die Struktur von Nichtstandardmodellen. Aufbauend auf dem Standardmodell der natürlichen Zahlen $\mathcal{N}_< = \langle \mathbb{N}, +_\mathcal{N}, \cdot_\mathcal{N}, <_\mathcal{N}, 1_\mathcal{N} \rangle$ soll ein Axiomensystem für den Bereich der hypernatürlichen Zahlen $^*\mathbb{N}$ entwickelt werden. Zugrundegelegt sei die im Abschnitt 4.3 definierte Sprache erster Stufe mit der Symbolmenge $S = \{+, \cdot, <, 1\}$. Das Axiomensystem zerfällt in vier Gruppen:

I a) $\langle \mathbb{N}, +_\mathcal{N}, \cdot_\mathcal{N}, 1_\mathcal{N} \rangle$ erfüllt die Axiome ΠA.

b) $\langle \mathbb{N}, <_\mathcal{N} \rangle$ ist eine (totale oder lineare) Ordnung.

II *Erweiterungsaxiome*: a) Zu jeder Relation oder Funktion über $\mathbb{N}$ existiert eine entsprechende Relation bzw. Funktion über $^*\mathbb{N}$; sie wird *Nichtstandarderweiterung* genannt.

b) Mit den Nichtstandarderweiterungen $+_*, \cdot_*$ der Addition und Multiplikation $+_\mathcal{N}, \cdot_\mathcal{N}$ erfüllt $\langle ^*\mathbb{N}, +_*, \cdot_* \rangle$ die Axiome ΠA und mit der Nichtstandarderweiterung $<_*$ von $<_\mathcal{N}$ die Axiome Ib.

III *Übertragungs- oder Transferprinzip*: In $\mathcal{N}_< = \langle \mathbb{N}, +_\mathcal{N}, \cdot_\mathcal{N}, <_\mathcal{N}, 1_\mathcal{N} \rangle$ und in $^*\mathcal{N}_< = \langle ^*\mathbb{N}, +_*, \cdot_*, <_*, 1_* \rangle$ gelten dieselben S-Sätze erster Stufe über der Symbolmenge $S = \{+, \cdot, <, 1\}$, das heißt für einen S-Satz ϕ gilt $\mathcal{N}_< \models \phi$ genau dann, wenn $^*\mathcal{N} \models \phi$.

IV *Existenzaxiom*: Es gibt eine Nichtstandardzahl $u \in {}^*\mathbb{N}$ mit $u \notin \mathbb{N}$, das heißt $^*\mathcal{N}_<$ ist eine echte Erweiterung von $\mathcal{N}_<$.

Die relative Widerspruchsfreiheit dieses Axiomensystems wird bewiesen, indem ein konkretes Modell konstruiert wird, das diese Axiome erfüllt. Dies wurde in den beiden vorangehenden Abschnitten 4.11.1 und insbesondere 4.11.2 gezeigt. Entscheidend ist, daß sich die jeweiligen Standardstrukturen in natürlicher Weise in die entsprechende Nichtstandardstruktur einbetten lassen. Man beachte, daß es für einen konsequent auf die *Theorie* des Nichtstandardmodells konzentrierten Blick keine unendlich großen Elemente gibt, das heißt der Unterschied von Standard- und Nichtstandardelementen nicht auftritt. Denn in der Theorie $Th(\mathcal{N}_<)$ kommen nur solche Eigenschaften vor, die auch für natürliche Zahlen gelten. Alle innerhalb dieser Theorie definierbaren und vorkommenden Mengen und Funktionen sind *intern*, das heißt beziehen sich nur auf Eigenschaften, die auch für natürliche Zahlen gelten. Man beachte, daß die Unterscheidung von intern und extern selbst nicht Bestandteil der «Nichtstandardtheorie» ist, da sie nicht zur Theorie $Th(\mathcal{N}_<)$ gehört. Mit dieser Unterscheidung blickt man gewissermaßen von außen, das heißt von außerhalb der Theorie $Th(\mathcal{N}_<)$ auf das Nichtstandardmodell und vergleicht es mit dem Standardmodell. Im folgenden sollen weitere Blicke von «außen» auf das Nichtstandardmodell geworfen werden.

In den Abschnitten 4.4 und 4.9 wurde darauf hingewiesen, daß das Axiom der vollständigen Induktion nicht vollkommen durch eine Sprache erster Stufe ausdrückbar ist. Etwas ähnliches gilt nun für das

Axiom des Archimedes: Für alle $k \in \mathbb{N}$ existiert ein $n \in \mathbb{N}$, $n > 1$, mit $n = n \cdot 1 > k$.

Dieses Axiom gilt nicht in der Struktur $^*\mathcal{N}$ der hypernatürlichen Zahlen, denn die unnatürliche Zahl u ist größer als jede natürliche Zahl. Falls dieses Axiom in der Sprache erster Stufe ausdrückbar wäre, so könnte es auch nicht in $\mathcal{N}_<$ gelten, denn in $\mathcal{N}_<$ und in $^*\mathcal{N}$ gelten dieselben

S-Sätze, da $\mathcal{N}_<$ und in $^*\mathcal{N}$ elementar äquivalent sind. Nun gilt es aber in $\mathcal{N}_<$. Daraus folgt, daß das archimedische Axiom nicht in der Sprache erster Stufe symbolisierbar ist. Ein Versuch, es trotzdem hinzuschreiben liefert:

$$\forall k((1 > k) \vee (1+1 > k) \vee (1+1+1 > k) \vee \ldots).$$

In der prädikatenlogischen Sprache gibt es aber nur endlich lange S-Ausdrücke (endliche Zeichenreihen). Es ist eben ein wesentlicher Unterschied, ob man abzählbar unendlich viele S-Ausdrücke betrachtet (was zugelassen ist), oder unendlich lange S-Ausdrücke (was verboten ist).

Entsprechendes gilt für die am Ende des Abschnittes 4.10 gezeigte Tatsache, daß jedes Nichtstandardmodell $\mathcal{A}$ von $Th(\mathcal{N}_<)$ eine unendlich absteigende Kette von Elementen besitzt, das heißt Elemente $a_1, a_2, a_3, \ldots$ in A mit $\ldots <_{\mathcal{A}} a_3 <_{\mathcal{A}} a_2 <_{\mathcal{A}} a_1$. Dies gilt *nicht* für die Ordnungsstruktur $\langle \mathbb{N}, <_{\mathcal{N}} \rangle$ der natürlichen Zahlen, folglich kann diese Tatsache nicht als S-Satz in der Sprache erster Stufe ausgedrückt werden. Denn auch hier kommt bei einem entsprechenden Versuch eine unendlich lange Formel zustande:

$$\exists a_1, a_2(a_2 < a_1) \wedge \exists a_3(a_3 < a_2) \wedge \exists a_4(a_4 < a_3) \wedge \ldots$$

Eine Teilmenge von $\mathbb{N}$ heißt *endlich*, wenn jede injektive Abbildung der Menge in sich bereits bijektiv ist. Daraus folgt, daß alle Mengen natürlicher Zahlen der Form $\{n \in \mathbb{N} \mid n < k, k \in \mathbb{N}\}$, die sogenanten *Abschnitte*, endlich sind. Definiert man analog, daß eine interne Teilmenge von $^*\mathbb{N}$ *$*$-endlich* ist, wenn jede injektive Abbildung der Menge in sich bijektiv ist, so ergibt sich aus dem Übertragungsprinzip, daß alle Mengen der Form $\{\boldsymbol{n} \in {}^*\mathbb{N} \mid \boldsymbol{n} < \boldsymbol{k}, \boldsymbol{k} \in {}^*\mathbb{N}\}$ $*$-endlich sind. Solange man dies vom internen Gesichtspunkt aus betrachtet, ergeben sich daraus keine Probleme. Sobald man jedoch die von außerhalb von $Th(\mathcal{N}_<)$ stammende Unterscheidung in Standard- und Nichtstandardelemente miteinbezieht, zeigt sich, daß es $*$-endliche Mengen gibt, die nicht endlich sind. Denn ist etwa $u \in {}^*\mathbb{N}$ eine Nichtstandardzahl, so enthält die Menge $\{\boldsymbol{n} \in {}^*\mathbb{N} \mid \boldsymbol{n} < u\}$ alle Standardzahlen, ist also nicht endlich. Arbeitet man in einem nicht abzählbaren Nichtstandardmodell, so ist diese Menge sogar nicht einmal abzählbar.

4.11.6 Was sind und was sollen die Nichtstandardzahlen?

Es folgt eine Zusammenfassung der wesentlichen Punkte der bisherigen Untersuchung über hypernatürliche Zahlen. Die Basis aller mathematischen Untersuchungen der natürlichen Zahlen sind die Peano-Axiome oder die durch $+$ und $\cdot$ erweiterten Peano-Axiome, das heißt die Axiome der Peano-Arithmetik. Beide Axiomensysteme sind kategorisch, das heißt alle diese Axiomensysteme erfüllenden Modelle sind zueinander isomorph. In diesem Sinne sind die natürlichen Zahlen durch endlich viele Axiome in eindeutiger Weise, bis auf Isomorphie, erfaßbar (Abschnitte 2.3 und 2.5).

Echte Erweiterungsstrukturen, in welche sich die natürlichen Zahlen einbetten lassen, und die weitgehend dieselben orndnungstheoretischen Eigenschaften haben sollen wie Peanostrukturen, erfüllen insbesondere nicht mehr das Induktionsaxiom in seiner ursprünglichen Form. Es handelt sich zwar um diskrete (lineare) Ordnungen, die jedoch nicht mehr archimedisch sind und unendlich absteigende Ketten von Elementen besitzen (Abschnitt 2.10.1). Die in solchen erweiterten Strukturen hinzukommenden Elemente sind relativ zu den übrigen Elementen, den

Standardelementen, unendlich groß. Um Zahlen im ursprünglichen Sinne handelt es sich nicht mehr, da sie eben ganz andere Eigenschaften aufweisen als die natürlichen Zahlen im Sinne der Peano-Axiome. Durch die Forderung der Formulierbarkeit der Axiome und Eigenschaften natürlicher Zahlen in der Prädikatenlogik erster Stufe treten neue Verhältnisse ein:

1. Die Axiome der Peano-Arithmetik lassen sich in einer Sprache erster Stufe weder durch endlich viele noch durch abzählbar unendlich viele S-Sätze ihrem begrifflichen Sinne nach ausdrücken (problematisch ist insbesondere das Induktionsaxiom, siehe Abschnitte 4.3, 4.4, 4.5).

2. Die in der Sprache erster Stufe formulierbare abzählbar unendliche S-Satzmenge der (symbolisierten) Peano-Arithmetik ΠA ist nicht kategorisch: es ist polymorph. Es gibt also zueinander nicht isomorphe Modelle dieser Satzmenge ΠA (Abschnitt 4.9).

3. Ist $\mathcal{N}_< = \langle \mathbb{N}, +_\mathcal{N}, \cdot_\mathcal{N}, <_\mathcal{N}, 1_\mathcal{N} \rangle$ das Standardmodell der natürlichen Zahlen, so gibt es zu $\mathcal{N}_<$ nicht isomorphe Modelle von ΠA, in denen gleichwohl dieselben in der Sprache erster Stufe formulierbaren Sätze gelten, das heißt, die Modelle der Theorie $Th(\mathcal{N}_<) = \{\ \phi$ ist S-Satz erster Stufe $\mid \mathcal{N}_< \models \phi\}$ sind (Abschnitt 4.9, 4.10, 4.11). Man nennt solche zu $\mathcal{N}_<$ nicht isomorphen und elementar äquivalente Modelle *Nichtstandardmodelle* und ihre Elemente *hypernatürliche Zahlen*.

4. Es gibt Modelle von ΠA, die weder isomorph noch elementar äquivalent zum Standardmodell $\mathcal{N}_<$ sind (siehe Abschnitt 4.12).

Der 3. Punkt ist entscheidend für eine Rechtfertigung, überhaupt von hypernatürlichen *Zahlen* zu sprechen. Um Verwirrungen zu vermeiden, muß man sich deutlich machen, daß in Nichtstandardmodellen zwar alle Sätze gelten, die in $\mathcal{N}_<$ gelten, aber eben nur solche Sätze, die in einer Sprache erster Stufe formulierbar sind Dies letztere trifft insbesondere für «archimedisch» und «enthält keine unendlich absteigende Ketten» nicht zu (siehe Abschnitt 4.11.5), also kann wohl $\mathcal{N}_<$ archimedisch sein und keine unendlich absteigende Ketten enthalten, während das für Nichtstandardmodelle nicht der Fall ist. Das Standardmodell $\mathcal{N}_<$ und die Nichtstandardmodelle stimmen eben nur in den durch die Grenzen der Sprache erster Stufe bestimmten Eigenschaften überein.

Das kommt insbesondere auch in der notwendigen Beschränkung auf *interne* Mengen und *interne* Funktionen in $^*\mathcal{N}$ zum Ausdruck. Da für die Elemente von $^*\mathcal{N}$, die hypernatürlichen Zahlen, genau dieselben Eigenschaften erster Stufe gelten sollen wie für die natürlichen Zahlen, darf man in $^*\mathcal{N}$ nicht beliebige Mengen und beliebige Funktionen heranziehen, sondern eben nur solche, die durch Prädikate aus $Th(\mathcal{N}_<)$ festlegbar sind. Damit schöpft man die Möglichkeiten von $^*\mathcal{N}$ nicht aus, mit dem «Gewinn», eine zu $\mathcal{N}_<$ elementar äquivalente Struktur zu haben. Damit kann insbesondere die Geltung der vollständigen Induktion für interne Mengen nachgewiesen werden (Theorem 2.13).

Die durch die Beschränkung auf eine bestimmte sprachliche Formulierung erhoffte Präzisierung der begrifflichen Erfassung der Zahlen hat sich als nicht realisierbar erwiesen – die die Zahlen bestimmenden mathematischen Gesetze entziehen sich teilweise dem *sprachlichen* Zugriff. Damit ist eine konkrete Grenze der sprachlichen Erfassung gesetzmäßiger Zusammenhänge aufgewiesen. Daß diese Grenze nicht mit der Grenze der Sprache erster Stufe zusammenfällt, wird sich in den nächsten Abschnitten zeigen.

4.12 Vollständigkeit

Es wird an einige Begriffsbildungen in den Abschnitten 4.7 und 4.8 angeknüpft. Dabei werden einige Begriffe unter einem etwas erweiterten Gesichtspunkt neu aufgegriffen.

Eine erfüllbare S-Satzmenge T heißt eine *Theorie*, wenn jeder S-Satz ϕ, der aus T folgt, auch zu T gehört, das heißt wenn aus $T \models \phi$ folgt $\phi \in T$. Für eine Theorie T und einen S-Satz ϕ gilt also entweder $T \models \phi$ oder nicht $T \models \phi$. Man beachte, daß aus letzterem im allgemeinen nicht auf $T \models \neg\phi$ geschlossen werden kann (siehe Abschnitt 4.5). Deshalb definiert man: eine erfüllbare S-Satzmenge T heißt *semantisch vollständig* oder eine semantisch vollständige Theorie, wenn für jeden S-Satz ϕ entweder $T \models \phi$ oder $T \models \neg\phi$, das heißt entweder $\phi \in T$ oder $\neg\phi \in T$. Ein S-Satz ϕ heißt *semantisch unabhängig* von einer Theorie T, wenn weder $\phi \in T$ noch $\neg\phi \in T$.

Für jede S-Struktur $\mathcal{A}$ ist die Menge $Th(\mathcal{A}) = \{\phi \text{ ein } S\text{-Satz} \mid \mathcal{A} \models \phi\}$ eine Theorie, die Theorie von $\mathcal{A}$. Ist ϕ irgendein S-Satz, so ist nicht $\mathcal{A} \models \phi$ definitionsgemäß äquivalent mit $\mathcal{A} \models \neg\phi$; also ist stets entweder $\mathcal{A} \models \phi$ oder $\mathcal{A} \models \neg\phi$. Damit ist die Theorie von $\mathcal{A}$, $Th(\mathcal{A})$, semantisch vollständig für jede Struktur $\mathcal{A}$.

Eine widerspruchsfreie S-Satzmenge Φ heißt *deduktiv abgeschlossen*, wenn jeder S-Satz, der beweisbar ist, auch zu Φ gehört, das heißt, wenn für jeden S-Satz ϕ gilt: entweder $\Phi \vdash \phi$ oder nicht $\Phi \vdash \phi$. Die Menge $\{\phi \text{ ein } S\text{-Satz} \mid \Phi \vdash \phi\}$ bezeichnet man mit $Ded(\Phi)$. Diese Menge ist auf jeden Fall deduktiv abgeschlossen, denn falls ϕ beweisbar ist in $Ded(\Phi)$, so gilt etwa $\{\psi_1, \psi_2, \ldots, \psi_n\} \vdash \phi$ mit $\{\psi_1, \psi_2, \ldots, \psi_n\} \in Ded(\Phi)$. Da für alle i gilt $\Phi \vdash \psi_i$, so läßt sich daraus $\Phi \vdash \phi$ ableiten und damit ist $\phi \in Ded(\Phi)$.

Ist $\mathcal{A}$ eine S-Struktur, so ist $Ded(Th(\mathcal{A}))) = \{\phi \text{ ein } S\text{-Satz} \mid Th(\mathcal{A}) \vdash \phi\}$ deduktiv abgeschlossen.

Im allgemeinen kann von nicht $\Phi \vdash \phi$ nicht auf $\Phi \vdash \neg\phi$ geschlossen werden, also definiert man: Eine S-Satzmenge Φ heißt *syntaktisch vollständig*, wenn für jeden S-Satz ϕ entweder ϕ oder $\neg\phi$ S-ableitbar oder S-beweisbar ist, das heißt, wenn entweder $\Phi \vdash \phi$ oder $\Phi \vdash \neg\phi$. Ein S-Satz ϕ heißt *syntaktisch unabhängig* von einer Satzmenge Φ, wenn weder ϕ noch $\neg\phi$ S-ableitbar sind. Daraus folgt unmittelbar, daß syntaktisch vollständige Satzmengen S-widerspruchsfrei oder S-konsistent sind. Wie sich später ergeben wird, gilt die Umkehrung nicht: S-widerspruchsfreie Satzmengen müssen nicht syntaktisch vollständig sein, mit anderen Worten: Erfüllbare S-Satzmengen sind nicht notwendigerweise syntaktisch (oder semantisch) vollständig.

Zur Illustration der syntaktischen Vollständigkeit wird direkt das auch aus Metatheorem 4.7 folgende Metatheorem 4.24 bewiesen.

Metatheorem 4.24 *Eine S-widerspruchsfreie S-Satzmenge Φ ist genau dann syntaktisch vollständig, wenn die Hinzufügung eines nicht aus Φ S-ableitbaren S-Satzes die syntaktische Widerspruchsfreiheit von Φ zerstört.*

Beweis: Φ sei syntaktisch vollständig, und $\Phi \vdash \phi$ gelte nicht. Also gilt $\Phi \vdash \neg\phi$, also $\Phi \cup \{\phi\} \vdash \phi$ und $\Phi \cup \{\phi\} \vdash \neg\phi$, also ist $\Phi \cup \{\phi\}$ widerspruchsvoll. – Umgekehrt nehme man an, daß für jedes ϕ, für welches $\Phi \vdash \phi$ nicht gilt, $\Phi \cup \{\phi\}$ widerspruchsvoll sei. Würde nun weder $\Phi \vdash \phi$

noch $\Phi \vdash \neg\phi$ gelten, so würde auch $\Phi \cup \{\phi\} \vdash \neg\phi$ nicht gelten, im Widerspruch dazu, daß $\Phi \cup \{\phi\}$ syntaktisch widerspruchsvoll ist. ∎

Aus dem Metatheorem 4.10 über die Adäquatheit des Sequenzenkalküls in einer Sprache erster Stufe folgt nun unmittelbar ein weiteres Metatheorem.

Metatheorem 4.25 *Eine erfüllbare S-Satzmenge Φ erster Stufe ist genau dann syntaktisch vollständig, wenn sie semantisch vollständig ist.*

Aufgrund dieses Metatheorems wird in Sprachen erster Stufe meist nicht mehr unterschieden zwischen syntaktischer und semantischer Vollständigkeit einer erfüllbaren S-Satzmenge, sondern nur noch zwischen *Vollständigkeit* und *Unvollständigkeit*. Es gilt nämlich für eine erfüllbare S-Satzmenge Φ wegen Metatheorem 4.25, daß $Th(\Phi) = \{\phi\ S\text{-Satz} \mid \Phi = \phi\}$ genau dann semantisch vollständig ist, wenn die deduktiv abeschlossene S-Satzmenge $Ded(\Phi) = \{\phi\ S\text{-Satz} \mid \Phi \vdash \phi\}$ syntaktisch vollständig ist. Wegen $\Phi \models \phi \leftrightarrow \Phi \vdash \phi$, ist dann natürlich $Th(\Phi) = Ded(\Phi)$. Ein entscheidender Unterschied zu den Sprachen höherer Stufe wird sein, daß für letztere diese Gleichheit nicht mehr gilt (siehe Abschnitt 4.16).

Ist $\mathcal{A}$ eine S-Struktur, so ist $Th(\mathcal{A})$ semantisch und damit syntaktisch vollständig, kurz *vollständig*. Natürlich fällt dann die deduktiv abgeschlossene Satzmenge $Ded(Th(\mathcal{A}))$ zusammen mit $Th(\mathcal{A})$:

$$Ded(Th(\mathcal{A})) = Th(\mathcal{A}) = Th(Th(\mathcal{A}))\,.$$

Für spätere Verwendung wird noch folgendes Metatheorem über monomorphe oder kategorische Satzmengen festgehalten:

Metatheorem 4.26 *Jede S-Satzmenge, deren Modelle alle zueinander isomorph sind, ist vollständig.*

Beweis (indirekt): Sei ϕ eine erfüllbare S-Satzmenge, deren Modelle alle zueinander isomorph sind. Wäre Φ nicht semantisch vollständig, so gäbe es einen S-Satz ϕ, für den weder $\Phi \models \phi$ noch $\Phi \models \neg\phi$. Also gibt es ein Modell $\mathcal{A}$ von Φ, für welches nicht $\mathcal{A} \models \phi$, das heißt $\mathcal{A} \models \neg\phi$ und ein Modell $\mathcal{B}$ von Φ, für welches nicht $\mathcal{B} \models \neg\phi$, also $\mathcal{B} \models \phi$. Wegen der Isomorphie der Modelle $\mathcal{A}$ und $\mathcal{B}$ müßte ϕ aber auch in $\mathcal{A}$ gelten. ∎

Metatheorem 4.26 ergibt sich auch direkt aus der Tatsache, daß isomorphe Modelle elementar äquivalent sind, zusammen mit Metatheorem 4.13.

Da die semantische und die syntaktische Vollständigkeit erfüllbarer Satzmengen äquivalent sind – wo können hier noch Probleme auftauchen? Neue Aspekte treten erst auf, wenn man das Verhältnis der Axiome einer Struktur $\mathcal{A}$ zur Menge aller wahren Sätze bezüglich dieser Struktur untersucht, das heißt, wenn man die Theorie $Th(\mathcal{A})$ der Struktur $\mathcal{A}$ dahingehend überprüft, ob alle Sätze dieser Theorie aus den Axiomen ableitbar sind oder nicht. Dies soll im folgenden anhand des Systems der natürlichen Zahlen genauer entwickelt werden.

Wie weiter oben bereits erwähnt, ist $Th(\Phi) = \{\phi \text{ ein } S\text{-Satz} \mid \Phi \models \phi\}$ eine Theorie und wegen $\Phi \models \phi \leftrightarrow \Phi \vdash \phi$ (Metatheorem 4.10) ist natürlich $Th(\Phi) = Ded(\Phi)$. Man betrachte nun insbesondere die S-Satzmenge $\Pi\boldsymbol{A}$ der Peano-Axiome. Die Theorie $Th(\Pi\boldsymbol{A}) = Ded(\Pi\boldsymbol{A})$ heißt auch *Peano-Arithmetik* und die Theorie $Th(\mathcal{N})$ der Struktur der natürlichen Zahlen heißt *elementare* oder *vollständige Arithmetik*. Da das Standardmodell $\mathcal{N} = \langle \mathbb{N}, +_{\mathcal{N}}, \cdot_{\mathcal{N}}, 1_{\mathcal{N}} \rangle$ ein Modell von $\Pi\boldsymbol{A}$ ist, das heißt $\Pi\boldsymbol{A}$ eine durch $\mathcal{N}$ erfüllbare Satzmenge ist, so gilt sicher $Th(\Pi\boldsymbol{A}) \subset Th(\mathcal{N})$.

Das zunächst offene Problem ist also das genaue Verhältnis einer vollständigen Theorie $Th(\mathcal{A})$ für eine Struktur $\mathcal{A}$ zur Menge der S-Sätze, die relativ zu einem bestimmten Axiomensystem Φ für diese Struktur gelten, also die Beziehung der Theorie $Th(\Phi)$ zur Theorie $Th(\mathcal{A})$. Für die elementare Arithmetik stellt sich die konkrete Frage: Lassen sich alle S-Sätze der elementaren Arithmetik aus den Axiomen $\Pi\boldsymbol{A}$ ableiten, das heißt gilt $Th(\Pi\boldsymbol{A}) = Th(\mathcal{N})$ oder gibt es S-Sätze ϕ mit $\phi \in Th(\mathcal{N})$, die von $Th(\Pi\boldsymbol{A})$ syntaktisch und semantisch unabhängig sind? Das heißt, ist die Theorie $Th(\Pi\boldsymbol{A})$ unvollständig? Letzteres ist tatsächlich der Fall, das heißt die Inklusion $Th(\Pi\boldsymbol{A}) \subset Th(\mathcal{N})$ ist echt; die elementare Arithmetik $Th(\mathcal{N})$ ist eine echte Erweiterung der Peano-Arithmetik $Th(\Pi\boldsymbol{A})$. Das ist der Inhalt des folgenden Metatheorems.

Metatheorem 4.27 (Unvollständigkeit der Peano-Arithmetik) *Die Satzmenge $Th(\Pi\boldsymbol{A})$ ist syntaktisch und semantisch unvollständig.*

Beweis: Folgerung aus Metatheorem 4.32 (siehe Abschnitt 4.13). ■

Daraus läßt sich noch einmal einsehen, daß das Axiomensystem $\Pi\boldsymbol{A}$ der Peano-Axiome nicht monomorph ist: Denn aus der Unvollständigkeit folgt mit Metatheorem 4.26 sofort die Polymorphie von $\Pi\boldsymbol{A}$.

Es sei daran erinnert, daß Nichtstandardmodelle Modelle von $Th(\mathcal{N})$ sind, die nicht isomorph zum Standardmodell $\mathcal{N}$ sind. Allgemein gilt: Ist $\mathcal{A}$ ein Modell von $Th(\mathcal{N})$, so ist $\mathcal{A}$ Modell von $Th(\Pi\boldsymbol{A})$, da $Th(\Pi\boldsymbol{A}) \subset Th(\mathcal{N})$. Die Umkehrung dieses Sachverhaltes ist aber im allgemeinen falsch:

Metatheorem 4.28 *Es gibt Modelle der Peano-Arithmetik $Th(\Pi\boldsymbol{A})$, die weder isomorph noch elementar äquivalent sind zur Struktur des Standardmodells $\mathcal{N}$ der elementaren Arithmetik $Th(\mathcal{N})$.*

Beweis: Sei ϕ ein S-Satz, der von $Th(\Pi\boldsymbol{A})$ unabhängig ist. Da $Th(\mathcal{N})$ vollständig ist, gilt entweder $\phi \in Th(\mathcal{N})$ oder $\neg\phi \in Th(\mathcal{N})$. Ohne Beschränkung der Allgemeinheit nimmt man an, daß $\mathcal{N} \models \phi$ (sonst setze man $\psi := \neg\phi$ und argumentiere mit ψ weiter). Die Satzmenge $\Pi\boldsymbol{A} \cup \{\neg\phi\}$ ist dann S-widerspruchsfrei, also erfüllbar (Metatheorem 4.8). Die Modelle dieser Satzmenge sind weder isomorph noch elementar äquivalent zu N. ■

Anschaulich gesprochen bedeutet dies, daß es von $Th(\Pi\boldsymbol{A})$ unabhängige Sätze ϕ gibt, die arithmetisch (zahlentheoretisch) wahr sind, das heißt $\phi \in Th(\mathcal{N})$, die aber nicht aus $\Pi\boldsymbol{A}$ beweisbar sind, also weder $\phi \in Th(\Pi\boldsymbol{A})$ noch $\neg\phi \in Th(\Pi\boldsymbol{A})$ gilt. (Für ein mehr oder weniger elementares Beispiel eines solchen Satzes, siehe Oberschelp [1993], S. 245.)

Die folgenden Figuren dienen als eine Art Zusammenfassung. Figur 4.1 zeigt für die Theorie $Th(\mathcal{N})$ und das Peano-Axiomensystem $\Pi\boldsymbol{A}$ die Menge der S-Sätze gegliedert in die Mengen der widerlegbaren S-Sätze, der unentscheidbaren und der beweisbaren S-Sätze sowie in die Mengen der falschen S-Sätze und der wahren S-Sätze (Figur 4.1). Aufgrund der obigen Ausführungen fällt die Menge der wahren und der falschen S-Sätze nicht mit den Mengen der beweisbaren beziehungweise widerlegbaren S-Sätze zusammen. Die letzteren sind Teilmengen der ersteren, das heißt es gilt: Aus $\phi \in Ded(\Pi\boldsymbol{A}) = \{\phi \text{ ein } S\text{-Satz} \mid \Pi\boldsymbol{A} \vdash \phi\} = Th(\Pi\boldsymbol{A})$ folgt $\phi \in Th(\mathcal{N})$ aber nicht umgekehrt, und aus $\neg\phi \in Ded(\Pi\boldsymbol{A})$ folgt $\phi \notin Th(\mathcal{N})$ und wiederum gilt die Umkehrung nicht.

Die Verhältnisse zwischen den Mengen der S-Sätze, der entscheidbaren S-Ausdrücke und der aufzählbaren S-Zeichenreihen der Theorie Th($\Pi\boldsymbol{A}$) zeigt Figur 4.2.

nicht beweisbare S-Sätze nicht aufzählbar	beweisbare S-Sätze $Th(\Pi A) = Ded(\Pi A)$ aufzählbar nicht entscheidbar

widerlegbare S-Sätze $\{\phi \mid \neg\phi \notin Ded(\Pi A\}$	unentscheidbare S-Sätze	beweisbare S-Sätze $Th(\Pi A) = Ded(\Pi A)$ aufzählbar nicht entscheidbar

$\cap$ $\cap$

falsche S-Sätze $\{\phi \mid \phi \notin Th(\mathcal{N})\}$ nicht aufzählbar nicht entscheidbar	wahre S-Sätze $Th(\mathcal{N})$ nicht aufzählbar nicht entscheidbar

Figur 4.1: Verschiedene Gliederungen der Menge der S-Sätze der elementaren Zahlentheorie und der Peano-Arithmetik

Figur 4.2: Satz- und Zeichenmengen der Theorie der Peano-Arithmetik

4.13 Aufzählbarkeit und Entscheidbarkeit

Ein *Algorithmus* ist ein wohlbestimmtes effektives Verfahren, das auf eine gegebene (eventuell leere) Zeichenreihe (Input) gewisse Operationen anwendet und als Resultat wieder eine Zeichenreihe (Output) liefert. Mit der *Aufzählbarkeit* einer Menge Φ von S-Sätzen (= Zeichenreihen) ist die schrittweise algorithmische Erzeugung aller und nur der zu Φ gehörigen S-Sätze (Wiederholungen sind erlaubt, die Reihenfolge ist beliebig) gemeint. Eine S-Satzmenge, für welche ein solches Verfahren existiert, heißt *aufzählbar*.

Mit einem *Entscheidungsverfahren* für eine Theorie T über der Symbolmenge S ist ein algorithmisches Verfahren gemeint, das nach *endlich* vielen Rechenschritten eindeutig entscheidet, ob ein beliebig vorgegebener S-Satz zu T gehört oder nicht. Eine Theorie, für die ein solches Verfahren existiert, heißt *entscheidbar*.

Eine Aufzählung, das heißt eine Auflistung von S-Sätzen kann ein Entscheidungsverfahren darüber, ob die Sätze zu einer Theorie gehören oder nicht, nicht ersetzen. Denn ob die aufgelisteten Sätze zur Theorie gehören, ergibt sich aus ihrer Auflistung allein nicht. Will man etwa von einem bestimmten Satz erfahren, ob er Element der Theorie ist oder nicht, müßte man die Aufzählung zu Ende führen, was jedoch nicht notwendigerweise nach endlich vielen Schritten getan werden kann. Umgekehrt ist aber jede entscheidbare Satzmenge Φ auch aufzählbar. Denn man braucht bloß alle Sätze lexikographisch aufzuzählen und für jeden Satz entscheiden, ob er zur gegebenen Theorie gehört oder nicht.

Eine Funktion, deren Werte durch ein algorithmisches Verfahren berechnet werden können, heißt *berechenbar*. Der Begriff der berechenbaren Funktion läßt sich auf den Begriff der Aufzählbarkeit zurückführen: Eine Funktion $f : \mathbb{N}^r \longrightarrow \mathbb{N}$ ist genau dann effektiv berechenbar, wenn der Graph, das heißt die Menge $G = \{f(n_1, n_2, \ldots, n_r) \in \mathbb{N} \mid (n_1, n_2, \ldots, n_r) \in \mathbb{N}^r\}$ aufzählbar ist. *Beweis*: Es sei f berechenbar. Dann gibt es ein Verfahren, das für jedes $(n_1, n_2, \ldots, n_r) \in \mathbb{N}^r$ den Ausdruck $f(n_1, n_2, \ldots, n_r)$ berechnet, und damit ist die Menge G aufzählbar. Ist umgekehrt G aufzählbar, so gibt es ein Verfahren, das alle und nur Ausdrücke der Form $f(n_1, n_2, \ldots, n_r)$ auflistet, und damit ist für jedes r-Tupel $(n_1, n_2, \ldots, n_r) \in \mathbb{N}^r$ der Ausdruck $f(n_1, n_2, \ldots, n_r)$ berechenbar: Man setze das Auflistungsverfahren in Gang und warte, bis $f(n_1, n_2, \ldots, n_r)$ erscheint.

Die mathematische Präzisierung der Aufzählbarkeit einer (Satz-)Menge, der Entscheidbarkeit einer (Satz-)Menge sowie der berechenbaren Funktionen wird in anderen mathematischen Texten zur symbolischen Logik oder Rekursionstheorie folgendermaßen bezeichnet:

Aufzählbare Mengen	:	rekursiv aufzählbare Mengen
Entscheidbare Mengen	:	rekursive Mengen
Berechenbare Funktionen	:	rekursive Funktionen.

Für die Prädikatenlogik erster Stufe gelten folgende Theoreme (siehe dazu Ebbinghaus/Flum/Thomas [1992], Kapitel X):

In jeder Sprache über einer abzählbaren Symbolmenge sind die Mengen der S-Terme, S-Ausdrücke (S-Formeln) und S-Sätze entscheidbar. (Man repräsentiere die abzählbaren indizierten Symbole durch ein endliches Alphabet. Da der Aufbau der S-Terme, S-Ausdrücke und S-Sätze durch Regeln festgelegt ist, kann für jede Zeichenreihe entschieden werden, ob sie ein S-Term, S-Ausdruck oder ein S-Satz ist.)

Die Menge der allgemeingültigen S-Sätze ist aufzählbar. (Man stelle systematisch durch Anwendung aller Sequenzenregeln alle möglichen Ableitungen her, das heißt man beginne für $n = 1, 2, 3, \ldots$ mit der lexikographischen Auflistung der n ersten S-Terme und S-Ausdrücke und bilde die endlich vielen Ableitungen einer Länge $\leq n$, die nur diese S-Terme und S-Ausdrücke verwenden und aus höchstens n-gliedrigen Sequenzen bestehen. Sofern die letzte Sequenz aus einem einzigen S-Satz ϕ besteht, notiere man ϕ und fahre weiter.)

Die Menge der allgemeingültigen S-Sätze ist nicht entscheidbar (Ebbinghaus/Flum/Thomas [1992], Kapitel X.4). Es gibt also kein effektives Verfahren, mit dem man für jeden S-Satz feststellen kann, ob er allgemeingültig ist oder nicht.

Wie oben gezeigt wurde, ist eine entscheidbare Theorie aufzählbar. Aus der Entscheidbarkeit kann aber nicht auf die Vollständigkeit geschlossen werden, denn die Entscheidbarkeit bedeutet nur, daß effektiv entschieden werden kann, ob ein S-Satz ϕ zur Theorie gehört oder nicht. Aber es gilt folgende Tatsache:

Metatheorem 4.29 *Eine aufzählbare und vollständige Theorie ist entscheidbar.*

Beweis: Sei T eine aufzählbare und vollständige Theorie. Um für einen vorgegebenen S-Satz zu entscheiden, ob er zu T gehört oder nicht, zählen man T mit einem (existierenden) Aufzählungsverfahren auf, bis entweder ϕ oder $\neg\phi$ erscheint. Dies muß einmal eintreten, da nach Voraussetzung T vollständig ist, also entweder ϕ oder $\neg\phi$ enthält. Erscheint bei der Aufzählung ϕ, so ist $\phi \in T$, erscheint $\neg\phi$, so ist $\phi \notin T$. ■

Für spätere Verwendungen wird die Umkehrung von Metatheorem 4.29 festgehalten: *Eine nicht entscheidbare Theorie ist entweder vollständig und nicht aufzählbar oder unvollständig und aufzählbar oder unvollständig und nicht aufzählbar.*

Eine Theorie T heißt *rekursiv axiomatisierbar*, wenn es eine *entscheidbare* Satzmenge Φ gibt, sodaß $T = \{\phi \text{ ein } S\text{-Satz} \mid \Phi \models \phi\}$, das heißt, wenn die Sätze der Theorie alle aus der entscheidbaren Satzmenge Φ folgen. Eine Theorie T heißt *endlich axiomatisierbar*, wenn es eine *endliche* Satzmenge Φ gibt, sodaß $T = \{\phi \text{ ein } S\text{-Satz} \mid \Phi \models \phi\}$. Bildet man die Konjunktion der Elemene einer endlichen Satzmenge, so ergibt sich, daß eine endlich axiomatisierbare Theorie bereits durch einen einzigen Satz axiomatisierbar ist.

Das Axiomensystem erster Stufe der Peano-Arithmetik ΠA ist zwar unendlich, aber entscheidbar. Anschaulich folgt dies aus der expliziten Form, in welcher diese Axiome aufgeschrieben sind. Problematisch ist allein das Induktionsschema:

$$\forall x_1 \forall x_2 \ldots \forall x_n (\phi(x_1, x_2, \ldots x_n, 1) \wedge \forall y(\phi(x_1, x_2, \ldots x_n, y) \to \phi(x_1, x_2, \ldots x_n, y+1)) \\ \to \forall y(\phi(x_1, x_2, \ldots x_n, y)).$$

Es ist jedoch leicht entscheidbar, ob ein S-Ausdruck in obigem Axiomenschema vorkommt: Ein solcher Ausdruck beginnt mit Allquantoren und dann folgt eine Implikation, deren Schlußglied einen S-Satz ϕ mit einer freien Variabeln enthält, der in der Form eines S-Satzes $\forall y \phi(y)$ erscheint und das Anfangsglied ist eine Konjunktion, deren ersten Glied den Satz $\phi(1)$ enthält und so weiter. (Eine mehr ins Detail gehende Analyse findet man in Manin [1977], Kapitel VII, 5.4.)

Daraus folgt, daß $Th(\Pi A) = \{\phi \ S\text{-Satz} \mid \Pi A \models \phi\}$ rekursiv axiomatisierbar ist. Durch tiefliegendere Hilfsmittel kann gezeigt werden, daß $Th(\Pi A)$ *nicht* endlich axiomatisierbar ist (siehe Kaye [1991], Kapitel 10). Wie sich gleich zeigen wird, ist $Th(\mathcal{N})$ nicht einmal rekursiv axiomatisierbar. Zunächst kann man zeigen:

Metatheorem 4.30 *Eine rekursiv axiomatisierbare Theorie ist aufzählbar.*

Beweis: Sei T eine Theorie und Φ eine entscheidbare Satzmenge von S-Sätzen mit $T = \{ \phi \text{ ein } S\text{-Satz} \mid \Phi \models \phi\}$. Eine Auflistung der *Sätze* von T erhält man folgendermaßen: Man produziere systematisch alle endlichen Folgen von ableitbaren S-Ausdrücken (S-ableitbare Sequenzen) und prüfe, ob die Voraussetzungen der jeweiligen Ableitungen zu Φ gehören. Wenn ja, so halte man die abgeleiteten Glieder fest, sofern sie einen Satz bilden. ■

Man kann auch die Umkehrung des Theorems 4.30 beweisen: Eine aufzählbare Theorie ist auch rekursiv axiomatisierbar. Es gibt also keine aufzählbare, nicht rekursiv axiomatisierbare Theorie (siehe Oberschelp [1993], Satz 36.9).

Aus Metatheorem 4.30 folgt insbesondere, daß die Peano-Arithmetik $Th(\Pi \boldsymbol{A})$ aufzählbar ist. Da aus der Aufzählbarkeit aber im allgemeinen nicht auf die Entscheidbarkeit geschlossen werden kann, kann man auch nicht auf die Entscheidbarkeit einer rekursiv axiomatisierbaren Theorie schließen. Es gilt nun das fundamentale

Metatheorem 4.31 *Die elementare Arithmetik $Th(\mathcal{N})$ ist nicht entscheidbar.*

Beweis: Siehe Ebbinghaus/Flum/Thomas [1992], Kapitel X.6. ■

Da die Theorie $Th(\mathcal{N})$ natürlich *vollständig* ist, folgt daraus mit der Umkehrung von Metatheorem 4.29:

Metatheorem 4.32 *Die elementare Arithmetik $Th(\mathcal{N})$ ist nicht aufzählbar und damit nicht rekursiv axiomatisierbar.*

Folgerung: Da $Th(\Pi \boldsymbol{A})$ rekursiv axiomatisierbar ist, ergibt sich, daß $Th(\Pi \boldsymbol{A})$ eine echte Teilmenge von $Th(\mathcal{N})$ ist, das heißt es können nicht alle Sätze von $Th(\mathcal{N})$ aus $\Pi \boldsymbol{A}$ abgeleitet werden, und damit ist $Th(\Pi \boldsymbol{A})$ *unvollständig*.

Es ist sogar die Peano-Arithmetik $Th(\Pi \boldsymbol{A})$ selbst unentscheidbar (siehe Oberschelp [1993], Satz 39.2), woraus wegen der rekursiven Axiomatisierbarkeit direkt die Unvollständigkeit von $Th(\Pi \boldsymbol{A})$ folgt. Als Zusammenfassung diene wieder Figur 4.1.

Durch die Vollständigkeit einer rekursiv axiomatisierbaren Theorie kann deren Entscheidbarkeit gezeigt werden. Gelingt es also, die Vollständigkeit einer rekursiv axiomatisierbaren Theorie nachzuweisen, kann daraus auf ihre Entscheidbarkeit geschlossen werden. Dazu gibt es eine algebraische Methode, mit der die elementare Äquivalenz zweier Strukturen $\mathcal{A}$ und $\mathcal{B}$ nachgewiesen werden kann, ohne den direkten Nachweis, daß in $\mathcal{A}$ und $\mathcal{B}$ dieselben Sätze gelten. Mit Metatheorem 4.13 ergibt sich daraus ein unmittelbarer Zugriff auf die Vollständigkeit von Theorien. Anschaulich ausgedrückt läuft die algebraische Charakterisierung der elementaren Äquivalenz zweier Strukturen darauf hinaus, die Fortsetzbarkeit gewisser partieller Isomorphismen zwischen $\mathcal{A}$ und $\mathcal{B}$ nachzuweisen (siehe Ebbinghaus/Flum/Thomas [1992], Kapitel XII.). Damit kann man dann etwa zeigen:

Metatheorem 4.33 (a) *Je zwei dichte (lineare) Ordnungen sind elementar äquivalent. Insbesondere gilt also $\langle \mathbb{R}, < \rangle \equiv \langle \mathbb{Q}, < \rangle$.*

(b) *Je zwei $\{v, 1\}$-Strukturen, die Modell der Nachfolgeraxiome sind, sind elementar äquivalent.*

Dabei ist eine dichte (lineare) Ordnung eine $\{<\}$-Struktur, die Modell der Satzmenge Φ_{DO} ist, die aus den Ordnungsaxiomen sowie den folgenden Axiomen der Dichtheit (ohne erstes und letztes Element) besteht:

$$\forall x \forall y\ (x < y \rightarrow \exists z (x < z \wedge z < y))$$

$$\forall x \exists y\ x < y$$

$$\forall x \exists y\ y < x.$$

Die *Nachfolgeraxiome* Φ_{NF} bilden ein Bruchstück der Peano-Axiome ohne das Induktionsaxiom:

$$\forall x(\neg(x \equiv 1) \leftrightarrow \exists y \nu(y) \equiv x)$$

$$\forall x \forall y(\nu(x) \equiv \nu(y) \rightarrow x \equiv y)$$

Für jedes $m > 2$: $\forall x \neg(\underbrace{\nu \circ \nu \circ \ldots \circ \nu}_{m\text{-mal}}(x) \equiv x)$

Die früher angeführte Struktur $\mathcal{N}_\nu = \langle \mathbb{N}, \nu, 1 \rangle$ ist ein Modell dieser Satzmenge. Aus Metatheorem 4.13 und 4.33 folgt dann ein weiteres Metatheorem.

Metatheorem 4.34 (a) *Die Theorie* $Th(\Phi_{DO}) = \{\phi \text{ ein } S\text{-Satz} \mid \Phi_{DO} \models \phi\}$ *der dichten (linearen) Ordnungen ist vollständig und entscheidbar. Somit ist etwa* $Th_{DO} = Th(\langle \mathbb{R}, < \rangle)$.

(b) *Die Theorie* $Th(\Phi_{NF}) = \{\phi \text{ ein } S\text{-Satz} \mid \Phi_{NF} \models \phi\}$ *der Nachfolgerstrukturen ist vollständig und entscheidbar. Somit ist etwa* $Th(\Phi_{NF}) = Th(\langle \mathbb{N}, < \rangle)$.

Betrachtet man nur die Nachfolgerfunktion ν und die Addition, und läßt die Multiplikation weg, so erhält man die sogenannte *additive Arithmetik* oder *Presburger-Arithmetik*, das heißt, $\{\nu, +, 1\}$-Strukturen, die Modelle der Satzmenge sind, die aus den Axiomen $Th(\Phi_{NF})$ sowie dem Axiom

$$x + \nu(y) \equiv \nu(x + y)$$

besteht. Man kann dann ebenfalls zeigen, daß die *Theorie der Presburger-Arithmetik vollständig und entscheidbar* ist.

Die Menge der Axiome einer *diskreten (linearen) Ordnung* Φ_{DIS} mit einem ersten aber keinem letzten Element (siehe Abschnitt 2.5 und 4.10) setzt sich zusammen aus den Axiomen der (lineren) Ordnung sowie folgenden Axiomen:

$$\forall x(\exists y(y < x) \rightarrow \exists y(y < x \wedge \forall w(w < x \rightarrow (w < y \vee w \equiv y))))$$

$$\forall x \exists z(x < z \wedge \forall w(x < w \rightarrow z < w \vee z \equiv w))$$

$$\exists z \forall x(z < x \vee x \equiv z).$$

Die Theorie $Th(\Phi_{DIS}) = \{\phi \text{ ein } S\text{-Satz} \mid \Phi_{DIS} \models \phi\}$ ist vollständig und damit entscheidbar. Dabei gilt natürlich $Th(\Phi_{DIS}) = Th(\langle \mathbb{N}, < \rangle)$ (siehe dazu Rabin [1977], Kapitel 1.2 und 2.4).

4.14 Die Gödelschen Unvollständigkeitssätze

Die Unentscheidbarkeit und nicht rekursive Axiomatisierbarkeit der elementaren Arithmetik $Th(\mathcal{N})$ wurde historisch zuerst als eine Folgerung aus dem ersten Gödelschen Unvollständigkeitssatz gewonnen. Gödel hat für den Beweis seines Satzes einen etwas anderen Weg eingeschlagen, als er im vorigen Abschnitt skizziert wurde. Gödel konnte zeigen, daß in jeder genügend reichhaltigen Satzmenge, oder in jedem genügend reichhaltigen Axiomensystem, Ausdrücke existieren, die in einem bestimmten Sinne Aussagen über sich selbst machen. Das Studium solcher selbstbezüglichen Ausdrücke steht im Zentrum von Gödels Überlegungen in [1931].

Den folgenden Betrachtungen wird eine (höchstens abzählbare) Menge Φ von S-Sätzen erster Stufe über der Symbolmenge $S = \{+, \cdot, 1\}$ der Arithmetik mit Addition und Multiplikation zugrunde gelegt. Die zentrale Definition dieses Abschnittes ist die Repräsentierbarkeit von Relationen und Funktionen. Wie bisher seien $\mathbf{1}, \mathbf{2}, \mathbf{3}, \ldots, \boldsymbol{n}, \ldots$ Abkürzungen für die Terme

$$1, 1+1, 1+1+1, \ldots, \underbrace{1+1+\ldots+1}_{n\text{-mal}}, \ldots.$$

Eine r-stellige Relation $R \subset \mathbb{N}^r$ heißt *repräsentierbar in* Φ, falls es einen S-Ausdruck $\phi(x_1, x_2, \ldots, x_r)$ gibt, sodaß für alle $n_1, n_2, \ldots, n_r \in \mathbb{N}$ gilt:

Wenn $R(n_1, n_2, \ldots, n_r)$ zutrifft, so gilt $\Phi \vdash \phi(\boldsymbol{n_1}, \boldsymbol{n_2}, \ldots, \boldsymbol{n_r})$.

Wenn $R(n_1, n_2, \ldots, n_r)$ nicht zutrifft, so gilt $\Phi \vdash \neg\phi(\boldsymbol{n_1}, \boldsymbol{n_2}, \ldots, \boldsymbol{n_r})$.

Man sagt dann, daß $\phi(x_1, x_2, \ldots, x_r)$ die Relation R in Φ *repräsentiert*.

Eine r-stellige Funktion $F : \mathbb{N}^r \longrightarrow \mathbb{N}$ heißt *repräsentierbar in* Φ, falls es einen S-Ausdruck $\phi(x_1, x_2, \ldots, x_r, x_{r+1})$ gibt, sodaß für alle $n_1, n_2, \ldots n_r, n_{r+1} \in \mathbb{N}$ gilt:

Wenn $F(n_1, n_2, \ldots, n_r) = n_{r+1}$, so gilt $\Phi \vdash \phi(\boldsymbol{n_1}, \boldsymbol{n_2}, \ldots, \boldsymbol{n_r}, \boldsymbol{n_{r+1}})$.

Wenn $F(n_1, n_2, \ldots, n_r) \neq n_{r+1}$, so gilt $\Phi \vdash \neg\phi(\boldsymbol{n_1}, \boldsymbol{n_2}, \ldots, \boldsymbol{n_r}, \boldsymbol{n_{r+1}})$.

$\Phi \vdash \exists x_{r+1}(\phi(\boldsymbol{n_1}, \boldsymbol{n_2}, \ldots, \boldsymbol{n_r}, x_{r+1}) \wedge \forall x(\phi(\boldsymbol{n_1}, \boldsymbol{n_2}, \ldots, \boldsymbol{n_r}, x) \rightarrow x \equiv x_{r+1})$

Die letzte Formel drückt die Beweisbarkeit der Tatsache aus, daß es zu gebenen $n_1, n_2, \ldots, n_r \in \mathbb{N}$ *genau* ein $n_{r+1} \in \mathbb{N}$ gibt, sodaß $\phi(\boldsymbol{n_1}, \boldsymbol{n_2}, \ldots, \boldsymbol{n_r}, \boldsymbol{n_{r+1}})$ gilt.

Man sagt dann, daß $\phi(x_1, x_2, \ldots, x_r, x_{r+1})$ die Funktion F in Φ *repräsentiert*.

Daraus lassen sich unmittelbar die folgenden Tatsachen ableiten:

Metatheorem 4.35 (a) *Wenn* Φ *widerspruchsvoll ist, so ist jede Relation über* $\mathbb{N}$ *und jede Funktion über* $\mathbb{N}$ *in* Φ *repräsentierbar.*

(b) *Sind* Φ *und* Φ' *mit* $\Phi \subset \Phi'$ *Mengen von* S*-Sätzen, so sind Relationen und Funktionen, die in* Φ *repräsentierbar sind, auch in* Φ' *repräsentierbar.*

(c) *Sei* Φ *widerspruchsfrei. Ist dann* Φ *entscheidbar, so ist jede in* Φ *repräsentierbare Relation entscheidbar und jede in* Φ *repräsentierbare Funktion berechenbar.*

Beweis: (a) Ist Φ widerspruchsvoll, so kann jeder Ausdruck ϕ abgeleitet werden (Metatheorem 4.4(a)), also ist auch jede Relation oder Funktion repräsentierbar. (b) Falls Relationen und Funktionen in Φ repräsentierbar sind, so sind sie dies natürlich auch in einer Erweiterung von Φ. (c) Zunächst folgt aus der Entscheidbarkeit von Φ die rekursive Axiomatisierbarkeit und damit Aufzählbarkeit der Satzmenge $T_\Phi = \{\psi \text{ ein } S\text{-Satz} \mid \Phi \vdash \psi\}$ (siehe Beweis von Metatheorem 4.30). Die Entscheidbarkeit einer in Φ als $\phi(x_1, x_2, \ldots, x_r)$ repräsentierbaren Relation R bedeutet, daß es ein Verfahren gibt, das für jedes r-Tupel $(n_1, n_2, \ldots, n_r) \in \mathbb{N}^r$ bestimmt, ob es zu $R \subset \mathbb{N}^r$ gehört oder nicht. Wegen der Repräsentierbarkeit von R liefert ein Aufzählungsverfahren für T_Φ entweder $\phi(\boldsymbol{n_1}, \boldsymbol{n_2}, \ldots, \boldsymbol{n_r})$ oder $\neg\phi(\boldsymbol{n_1}, \boldsymbol{n_2}, \ldots, \boldsymbol{n_r})$; im ersten Fall gehört $(n_1, n_2, \ldots, n_r)$ zu R, im letzteren nicht. – Für eine einstellige, in Φ durch $\phi(x_1, x_2)$ repräsentierbare Funktion $F : \mathbb{N}^r \longrightarrow \mathbb{N}$ wird nun die Berechenbarkeit gezeigt. Es seien ein $n \in \mathbb{N}$ vorgegeben. Dann gilt nach Voraussetzung $\Phi \vdash \phi(\boldsymbol{n}, \boldsymbol{F(n)})$ und $\Phi \vdash \neg\phi(\boldsymbol{n}, \boldsymbol{m})$ für $m \neq F(n)$, wegen der Widerspruchsfreiheit von Φ also nicht $\Phi \vdash \phi(\boldsymbol{n}, \boldsymbol{m})$ für $m \neq F(n)$. Zur Bestimmung von $F(n)$, also zur Bestimmung von $k \in \mathbb{N}$ mit $\Phi \vdash \phi(\boldsymbol{n}, \boldsymbol{k})$, wird ein Aufzählungsverfahren in Gang gesetz und zugleich die Sätze $\phi(\boldsymbol{n}, \boldsymbol{1}), \phi(\boldsymbol{n}, \boldsymbol{2}), \phi(\boldsymbol{n}, \boldsymbol{3}), \ldots$ hergestellt. Sobald einer dieser Sätze vom Aufzählungsverfahren geliefert wird, hat man mit k den Wert $F(n)$ gefunden. ∎

Man sagt nun, daß Φ *Repräsentierungen erlaube*, wenn alle entscheidbaren Relationen und alle berechenbaren Funktionen über $\mathbb{N}$ in Φ repräsentierbar sind. Erlaubt Φ Repräsentierungen, so bedeutet dies, daß Φ reichhaltig genug ist, um die Wirkungsweise algorithmischer Verfahren zu beschreiben.

Metatheorem 4.36 *Die elementare vollständige Arithmetik $Th(\mathcal{N})$ erlaubt Repräsentierungen, das heißt zu jeder r-stelligen entscheidbaren Relation über $\mathbb{N}$ wird durch einen S-Ausdruck $\phi(x_1, x_2, \ldots, x_r)$ repräsentiert und jede berechenbare r-stellige Funktion $F : \mathbb{N}^r \longrightarrow \mathbb{N}$ wird durch einen S-Ausdruck $\phi(x_1, x_2, \ldots, x_r, x_{r+1})$ repräsentiert.*

Beweis: Siehe Ebbinghaus/Flum/Thomas [1992], Kapitel X, Theorem 6.12 und 7.3. ∎

Man nennt in $Th(\mathcal{N})$ repräsentierbare Relationen und Funktionen *arithmetisch*. Man kann sogar zeigen:

Metatheorem 4.37 *Die S-Satzmenge der Peano-Axiome ΠA erlaubt Repräsentierungen.*

Beweis: Siehe Oberschelp [1993], § 37. ∎

Ein wichtiges technisches Hilfsmittel für den Beweis der Gödelschen Unvollständigkeitssätze ist eine effektive (algorithmische) Kodierung der S-Ausdrücke durch natürliche Zahlen, die sogenannte *Gödelisierung*. Dies ist eine bijektive Funktion (manche Autoren verlangen nur Surjektivität oder Injektivität) von der Menge der S-Ausdrücke über der Symbolmenge $S = \{+, \cdot, 1\}$ in die natürlichen Zahlen:

$$\ulcorner\ \urcorner : \{\phi \mid \phi \text{ ist } S\text{-Ausdruck}\} \longrightarrow \mathbb{N} \text{ mit } \phi \mapsto \ulcorner\phi\urcorner.$$

Von dieser Funktion muß dann gezeigt werden, daß sie existiert und berechenbar ist. Dies ist bei genügend reichhaltigen Satzmengen (Axiomensystemen), das heißt solchen widerspruchsfreien Satzmengen, die Repräsentierungen erlauben, der Fall. Die Gödelisierung wird eingeführt, um symbolisierte Sachverhalte über Ausdrücke in arithmetische Aussagen (und umgekehrt) zu übersetzen. Da man in $Th(\mathcal{N})$ oder $Th(\Pi A)$ Aussagen über Zahlen machen kann, lassen sich dadurch auch indirekt Aussagen über S-Ausdrücke machen. Zum Beispiel wird damit aus einer Aussage über die Ableitbarkeit eines Ausdrucks ϕ eine arithmetische Aussage über die Gödelnummer $\ulcorner\phi\urcorner$ von ϕ, und diese wiederum läßt sich durch einen S-Satz symbolisieren. Damit lassen sich selbstbezügliche Aussagen konstruieren, das heißt Aussagen, die etwa eine Eigenschaft ihrer eigenen Gödelnummer ausdrücken. Es gilt nun das folgende weitreichende Theorem, das besagt, daß in einer genügend reichhaltigen Satzmenge für jede mit Hilfe dieser Satzmenge ausdrückbare Eigenschaft ein bestimmter selbstbezüglicher Satz existiert:

Metatheorem 4.38 (Fixpunktstheorem) *Die S-Satzmenge Φ erlaube Repräsentierungen. Dann gibt es zu jedem S-Ausdruck ψ einen S-Satz ϕ mit $\Phi \vdash (\phi \leftrightarrow \psi(\ulcorner\phi\urcorner))$.*

Beweis: Siehe Ebbinghaus/Flum/Thomas [1992], Kapitel X, Theorem 7.5. ∎

Der beweisbare Ausdruck $\phi \leftrightarrow \psi(\ulcorner\phi\urcorner)$ wird üblicherweise folgendermaßen in die Umgangssprache übersetzt:

Die Eigenschaft ψ trifft auf diesen Satz zu,

oder

ϕ: ϕ hat die Eigenschaft ψ,

oder kurz

ϕ: ϕ ist ψ.

Gibt es bezüglich einer widerspruchsfreien Satzmenge Φ eine Einteilung *aller* Sätze in beweisbare oder widerlegbare Sätze? Ein Satz ϕ heißt dabei widerlegbar, wenn $\neg\phi$ beweisbar ist. Da Φ widerspruchsfrei ist, sind die Mengen der beweisbaren und widerlegbaren Sätze sicher disjunkt. Es wird sich gleich ergeben, daß unter bestimmten Bedingungen die Konjunktion dieser Mengen nicht die ganze Satzmenge liefert, das heißt, es gibt Sätze, die relativ zu Φ weder beweisbar noch widerlegbar sind. Die Bedingung, unter der diese Tatsache gilt, ist die folgende: Die Menge aller relativ zu Φ beweisbaren Sätze, $Ded(\Phi) = \{\phi \text{ ein } S\text{-Satz} \mid \Phi \vdash \phi\}$, läßt sich in Φ charakterisieren, das heißt die Menge $\{\ulcorner\phi\urcorner \mid \phi \in Ded(\Phi)\}$ der Gödelnummern $\ulcorner\phi\urcorner$ aller beweisbaren (und damit wahren) Sätze ϕ ist in Φ *repräsentierbar*.

Metatheorem 4.39 *Die S-Satzmenge Φ sei widerspruchsfrei und erlaube Repräsentierungen. Ist dann $Ded(\Phi)$ repräsentierbar in Φ, so gibt es einen S-Satz ϕ, für den weder $\Phi \vdash \phi$ noch $\Phi \vdash \neg\phi$ gilt, das heißt weder ϕ noch $\neg\phi$ zu $Ded(\Phi)$ gehört.*

Beweis: Sei Φ widerspruchsfrei und erlaube Repräsentierungen und sei $Ded(\Phi)$ in Φ repräsentiert durch die charakteristische Funktion $\chi(x_1)$ der Menge $\{\ulcorner\phi\urcorner \mid \phi \in Ded(\Phi)\}$. Für einen beliebigen S-Satz ψ gilt also insbesondere:

(1) $\quad \Phi \vdash \chi(\ulcorner\psi\urcorner) \leftrightarrow \Phi \vdash \psi.$

Zu $\rho := \neg\chi$ wählt man gemäß Metatheorem 4.38 einen «Fixpunkt», das heißt einen S-Satz ϕ mit

(2) $\quad \Phi \vdash \phi \leftrightarrow \neg\chi(\ulcorner\phi\urcorner).$

Daraus ergibt sich: Wäre $\Phi \vdash \phi$, so gilt wegen (1) auch $\Phi \vdash c(\ulcorner\phi\urcorner))$ und nach (2) dann $\Phi \vdash \neg\phi$; damit wäre Φ entgegen der Voraussetzung widerspruchsvoll. Wäre andererseits $\Phi \vdash \neg\phi$, so nach (2) auch $\Phi \vdash \chi(\ulcorner\phi\urcorner))$ und nach (1) dann $\Phi \vdash \phi$; somit wäre Φ auch in diesem Fall widerspruchsvoll. ■

Der beweisbare S-Satz $\phi \leftrightarrow \neg\chi(\ulcorner\phi\urcorner)$ wird üblicherweise folgendermaßen in die Umgangssprache übersetzt:

Dieser Satz ist nicht beweisbar,

oder

ϕ: ϕ ist nicht beweisbar.

Metatheorem 4.39 hat weitreichende Konsequenzen, sowohl in syntaktischer wie in semantischer Hinsicht. In syntaktischer Hinsicht, das heißt im Hinblick auf $Ded(\Phi) = \{\phi \text{ ein } S\text{-Satz} \mid \Phi \vdash \phi\}$, ergibt sich der *erste Unvollständigkeitssatz von Gödel* (Metatheorem 4.41). In semantischer Hinsicht, das heißt mit Bezug auf die Theorie $Th(\Phi) = \{\phi \text{ ein } S\text{-Satz} \mid \Phi \models \phi\}$, ergibt sich der *Satz von Tarski* über die Nichtrepräsentierbarkeit der Wahrheitsdefinition in der Arithmetik:

Metatheorem 4.40 (Satz von Tarksi) (a) *Die S-Satzmenge Φ sei widerspruchsfrei und erlaube Repräsentierungen. Ist dann $Th(\Phi)$ in Φ repräsentierbar, so ist $Th(\Phi)$ nicht vollständig.*

(b) *Die elementare vollständige Arithmetik $Th(\mathcal{N})$ ist in $Th(\mathcal{N})$ nicht repräsentierbar.*

Die Repräsentierbarkeit von $Th(\Phi)$ bedeutet, daß die charakteristische Funktion der Menge $\{\ulcorner\phi\urcorner \mid \phi \in Th(\Phi)\}$ berechenbar und in Φ repräsentierbar ist.

Beweis: (a) Dies ergibt sich wegen $Ded(\Phi) = Th(\Phi)$ (Metatheorem 4.10) aus Metatheorem 4.39. – Aus (a) erhält man (b), indem man $Th(\mathcal{N})$ als Φ wählt und beachtet, daß $Th(Th(\mathcal{N})) = Th(\mathcal{N})$ vollständig ist. ■

Teil (a) des Satzes von Tarski hat für semantische Fragestellungen symbolisierter Satzmengen eine fundamentale Bedeutung. Er besagt, daß sich für ein genügend reichhaltiges Axiomensystem (das heißt für Satzmengen, welche Repräsentierungen erlauben) die folgenden zwei Forderungen nicht zugleich erfüllen lassen:

(i) In der S-Satzmenge Φ ist jeder S-Satz wahr oder falsch ($Th(\Phi)$ ist vollständig).

(ii) Die S-Satzmenge erlaubt, die wahren S-Sätze zu charakterisieren ($Th(\Phi)$ ist repräsentierbar).

Anschaulich ausgedrückt bedeutet das, daß es im Rahmen der in der Sprache erster Stufe symbolisierten Arithmetik keine Wahrheitsdefinition geben kann.

Metatheorem 4.41 (Erster Gödelscher Unvollständigkeitssatz) *Die S-Satzmenge Φ sei widerspruchsfrei, entscheidbar und erlaube Repräsentierungen. Dann ist Φ (syntaktisch und damit semantisch) unvollständig, das heißt es gibt einen S-Satz ϕ, so daß weder $\Phi \vdash \phi$ noch $\Phi \vdash \neg\phi$.*

Beweis (indirekt): Man nehme an, $Ded(\Phi)$ sei syntaktisch vollständig, das heißt für jeden S-Satz ϕ gelte entweder $\Phi \vdash \phi$ oder $\Phi \vdash \neg\phi$. Wegen der Entscheidbarkeit von Φ ist $Th(\Phi) = Ded(\Phi)$ rekursiv axiomatisierbar und damit aufzählbar (Metatheorem 4.30), also zusammen mit der Vollständigkeit selbst entscheidbar (Metatheorem 4.29). Daraus folgt die Berechenbarkeit der charakteristischen Funktion von $\{\ulcorner\phi\urcorner \mid \phi \in Th(\Phi)\}$ also auch deren Repräsentierbarkeit, im Widerspruch zu Metatheorem 4.39. ■

Die Anwendung des ersten Gödelschen Unvollständigkeitssatzes auf die Arithmetik ergibt die schon bekannten Resultate: Da die elementare Arithmetik $Th(\mathcal{N})$ widerspruchsfrei und vollständig ist sowie Repräsentierungen erlaubt (Metatheorem 4.36), ist $Th(\mathcal{N})$ nicht entscheidbar und demzufolge auch nicht rekursiv axiomatisierbar. Die Peano-Axiome ΠA sind widerspruchsfrei, entscheidbar und erlauben ebenfalls Repräsentierungen (Metatheorem 4.37), also ist die Theorie $Th(\Pi \boldsymbol{A}) = Ded(\Pi \boldsymbol{A})$ unvollständig.

Aus dem ersten Gödelschen Unvollständigkeitssatz kann nicht ohne weiteres entnommen werden, ob der unter den gegebenen Voraussetzungen syntaktisch und somit semantisch unabhängige Satz ϕ für eine umfassendere Satzmenge wahr oder falsch ist. Für die Arithmetik mit $Th(\Pi \boldsymbol{A}) \subset Th(\mathcal{N})$ weiss man wegen der Vollständigkeit von $Th(\mathcal{N})$, daß jeder von $Th(\Pi \boldsymbol{A})$ unabhängige Satz ϕ relativ zu $Th(\mathcal{N})$ wahr oder falsch sein muß, das heißt entweder ist $\phi \in Th(\mathcal{N})$ oder $\phi \notin Th(\mathcal{N})$.

Der zweite Gödelsche Unvollständigkeitssatz betrifft die Widerspruchsfreiheit symbolisierter Teile der Mathematik. Er besagt, daß sich die Widerspruchsfreiheit einer genügend reichhaltigen S-Satzmenge nicht mit den Mitteln dieses Satzmenge allein beweisen läßt. Zum Beweis dieses Theorems muß ein S-Satz konstruiert werden, der die Widerspruchsfreiheit ausdrückt und der sich dann im indirekten Verfahren als nicht beweisbar herausstellt.

Metatheorem 4.42 (Zweiter Gödelscher Unvollständigkeitssatz) *Die S-Satzmenge Φ sei widerspruchsfrei und entscheidbar, und es gelte $\Phi \supset \Pi \boldsymbol{A}$ (also erlaubt Φ Repräsentierungen). Dann ist der S-Satz, der die Widerspruchsfreiheit von Φ ausdrückt, in Φ nicht beweisbar.*

Beweis (indirekt): Siehe Ebbinghaus/Flum/Thomas [1992], Kapitel X, §7, Theoreme 7.9 und 7.10. ■

Für $\Phi = \Pi A$ bedeutet dies insbesondere, daß sich die Widerspruchsfreiheit der Peano-Arithmetik auf der Basis von ΠA nicht beweisen läßt. Die Übertragung auf andere S-Satz- oder Axiomensysteme ist möglich, wenn in denselben eine Kopie der natürlichen Zahlen existiert sowie die entscheidbaren Relationen und die berechenbaren Funktionen repräsentierbar sind. Dies gilt insbesondere für die üblichen symbolisierten Axiome der Mengenlehre (siehe Abschnitt 4.15).

4.15 Unvollständigkeit und Unzulänglichkeit der symbolisierten Mengenlehre: das Skolemsche Paradoxon

Es wird hier eine gewisse Vertrautheit mit der mathematischen Mengenlehre vorausgesetzt, sodaß inhaltlich nicht näher auf dieselbe eingegangen werden muss. Es werden jedoch einige Konsequenzen dargelegt, die sich aus der Symbolisierung der Axiome der Mengenlehre ergeben.

Die mathematische Mengenlehre ist rein axiomatisch festgelegt. Es gibt keine Struktur, die als natürliches oder intendiertes Modell angeführt werden könnte. In der symbolischen Darstellung der Mengenlehre in einer Sprache erster Stufe steht folgendes auf Zermelo und Fraenkel zurückgehende Satzmenge (ZF-Axiome) als Axiomensystem im Vordergrund:

ZF-AXIOME	BEGRIFFLICHE SACHVERHALTE (Prinzipien)
0. Existenzaxiom (existence) $\exists x\ (x = x)$	*0. Existenzprinzip* Es gibt eine Menge.
1. Axiom der Bestimmtheit (extensionality) $\forall xy\ (\forall z\ (z \in x \leftrightarrow z \in y) \rightarrow x = y)$	*1. Prinzip der Bestimmtheit* Wenn die Mengen x und y dieselben Elemente haben, so ist $x = y$.
2. Aussonderungsaxiom (comprehension, separation) Schema der Aussonderungsaxiome: Zu jedem Ausdruck $\phi(z)$ das Axiom: $\forall x \exists y \forall z\ (z \in y \leftrightarrow (z \in x \wedge \phi(z)))$	*2. Aussonderungsprinzip* Wenn x eine Menge ist und ϕ eine begriffliche Eigenschaft, so ist die Klasse $[z \mid z \in x \wedge \phi(z)]$ eine Menge.
3. Paarmengenaxiom (pairing) $\forall xy \exists z\ (x \in z \wedge y \in z)$	*3. Paarmengenprinzip* Für die Mengen x und y gibt es eine Menge $z = \{x, y\}$, die genau x und y enthält.
4. Vereinigungsmengenaxiom (union) $\forall X \exists y \forall xz\ ((x \in X \wedge z \in x) \rightarrow z \in y)$	*4. Vereinigungsmengenprinzip* Für jede Menge X gibt es eine Menge $y = \bigcup X$, die Vereinigung, die alle Elemente der Elemente von X enthält.

5. Potenzmengenaxiom (power set)
$\forall x \exists y \forall z\, (z \subset x \rightarrow z \in y)$

5. Potenzmengenprinzip
Für jede Menge x gibt es eine Menge $y = \mathfrak{Pot}(x)$, die Potenzmenge, die alle Teilmengen von x enthält.

6. Unendlichkeitsaxiom (infinity)
$\exists x\ (\emptyset \in x \wedge \forall z\ (z \in x \rightarrow z \cup \{z\} \in x))$

6. Unendlichkeitsprinzip
Es gibt eine Menge x, welche die leere Menge $\emptyset$ und mit jedem Element $z \in x$ auch die Menge $z \cup \{z\}$ enthält.

7. Ersetzungsaxiom (replacement)
Schema der Ersetzungsaxiome: Zu jeder Funktion $y = f(x)$ das Axiom: $\forall X \exists y\ y = f[X] = \{f(x) \mid x \in X\}$.

7. Ersetzungsprinzip
Wenn f eine Funktion ist, so ist das Bild $f[X]$ jeder Menge X wieder eine Menge, das heißt: $f[X] = \{f(x) \mid x \in X\}$.

8. Fundierungsaxiom (regularity, foundation)
$\forall X\ (X \neq \emptyset \rightarrow \exists x\ (x \in X \wedge x \cap X = \emptyset))$

8. Fundierungsprinzip
Für jede nicht-leere Menge X gibt es ein $\in$-minimales Element, das heißt, eine Menge x mit $x \in X$, sodaß $x \cap X = \emptyset$.

9. Auswahlaxiom (choice, AC)
$\forall X(\forall xy\ ((x \in X \wedge y \in X) \rightarrow x \neq \emptyset \wedge (x = y \vee x \cap y = \emptyset))) \rightarrow \exists Y \forall x\ (x \in X \rightarrow (\exists z\ Y \cap x = \{z\}))$

9. Auswahlprinzip
Jede Menge X, deren Elemente x nicht-leer sind, besitzt eine Auswahlmenge, das heißt eine Menge, die aus jedem Element von X genau ein Element enthält und sonst nichts.

Die abzählbare Menge der **ZF**-Axiome, das heißt das obige abzählbare S-Satzsytem erster Stufe wird mit Φ_{ZFC} bezeichnet. Man betrachte nun die weiteren Satzmengen

$$Th(\Phi_{ZFC}) = \{\phi \text{ ein } S\text{-Satz} \mid \Phi_{ZFC} \models \phi\}$$
$$Ded(\Phi_{ZFC}) = \{\phi \text{ ein } S\text{-Satz} \mid \Phi_{ZFC} \vdash \phi\}.$$

Wegen der Adäquatheit der Prädikatenlogik erster Stufe (Metatheorem 4.10) ist natürlich $Th(\Phi_{ZFC}) = Ded(\Phi_{ZFC})$. Zunächst ist Φ_{ZFC} sicher rekursiv axiomatisierbar, da eine explizit gegebene Satzmenge vorliegt, das heißt die Schemata des Axiomensystems der Zermelo-Fraenkel-Mengenlehre systematisch erzeugt werden können. Weiter ist wegen Metatheorem 4.30 die Satzmenge Φ_{ZFC} auch aufzählbar. Durch eine ähnliche Überlegung wie in Abschnitt 4.13 für die symbolisierten Peano-Axiome macht man sich klar, daß Φ_{ZFC} sogar entscheidbar sein muß. Damit ergibt sich, daß $Th(\Phi_{ZFC})$ eine rekursiv axiomatisierbare Theorie ist und damit ebenfalls aufzählbar.

Für die mengentheoretische Definition der natürlichen Zahlen (siehe Abschnitt 2.4(IV)) lassen sich alle Peano-Axiome ΠA nachweisen und insbesondere können mit dem mengentheoretischen Apparat alle entscheidbaren Relationen und alle berechenbaren Funktionen über den natürlichen Zahlen repräsentiert werden. Daraus folgt mit Metatheorem 4.35(b):

Metatheorem 4.43 *Die Satzmenge Φ_{ZFC} erlaubt Repräsentierungen.*

Zusammen mit der Entscheidbarkeit, der Erlaubnis von Repräsentierungen sowie der Annahme (!) der Widerspruchsfreiheit von Φ_{ZFC} folgt mit dem Ersten und Zweiten Gödelschen Unvollständigkeitssatz (Metatheorem 4.41und 4.42):

Metatheorem 4.44 *Die Mengenlehre $Th(\Phi_{ZFC})$ ist unvollständig.*

Dies bedeutet, daß es einen S-Satz ϕ gibt, für den weder $\Phi_{ZFC} \vdash \phi$ noch $\Phi_{ZFC} \vdash \neg\phi$ gilt, das heißt $\phi \notin Ded(\Phi_{ZFC}) = Th(\Phi_{ZFC})$.

Metatheorem 4.45 *Falls Φ_{ZFC} widerspruchsfrei ist, so läßt sich dies auf der Basis von Φ_{ZFC} nicht beweisen.*

Man kann zeigen, daß aus der Unentscheidbarkeit der Peano-Arithmetik $Th(\Pi A)$ auch die Unentscheidbarkeit der Mengenlehre $Th(\Phi_{ZFC})$ abgeleitet werden kann (Oberschelp [1993], § 43). Daraus folgt dann wegen der Aufzählbarkeit der Theorie $Th(\Phi_{ZFC})$ wieder deren Unvollständigkeit aus der Umkehrung von Metatheorem 4.29.

Eine weitere Merkwürdigkeit ergibt sich aus der Tatsache, daß sich im Rahmen der Mengenlehre die Existenz verschiedener überabzählbarer Mengen beweisen läßt. Insbesondere kann man etwa zeigen, daß die Menge aller Teilmengen von $\mathbb{N}$ nicht abzählbar ist. Hat man nun das Axiomensysten der Zermelo-Fraenkel-Mengenlehre im Prädikatenkalkül erster Stufe symbolisiert, so läßt sich darauf das «absteigende» Theorem von Löwenheim-Skolem (Metatheorem 4.11) anwenden, welches besagt, daß es immer ein *abzählbares* Modell gibt. Daraus ergibt sich das sogenannte *Skolemsche Paradoxon*: Wie läßt sich ein abzählbares Modell mit der Beweisbarkeit der Existenz von Mengenfolgen immer höherer Mächtigkeit vereinbaren? Ganz einfach: Die Existenz der eineindeutigen Beziehungen (Bijektionen), welche Mengen verschiedener Mächtigkeitsstufen im Rahmen der symbolisierten Mengenlehre als gleichmächtig, nämlich alle als abzählbar, entlarven würden, wird durch die symbolisierten ZF-Axiome nicht gewährleistet. Wegen der Allgemeingültigkeit des Satzes von Löwenheim-Skolem können auch keine weiteren Sätze bewirken, daß alle möglichen Bijektionen zwischen den abzählbaren Mengen des abzählbaren Modells in ihm enthalten sind.

Man kann aus dieser Situation die Konsequenz ziehen, daß die Überabzählbarkeit einer Menge nur eine relative Eigenschaft sei, nämlich relativ zum symbolisierten Axiomensystem, durch welches die entsprechende Menge repräsentiert werden kann. Dies bedeutet jedoch, daß die Überabzählbarkeit vom eingenommenen Standpunkt abhängt und der Menge selbst nicht als Eigenschaft zukommt. Denn von außerhalb des bestimmten symbolischen Axiomensystems beurteilt, kann die Menge als abzählbar aufgefaßt werden.

Diese Schwierigkeit läßt sich nur beheben, wenn man entweder aus nicht mathematischen oder logischen Gründen den symbolischen Standpunkt vorzieht, und dem nicht-symbolischen Standpunkt keine Bedeutung für ein strenges Mathematisieren zuschreibt, oder wenn man umgekehrt die Symbolisierung als eine markante Verengung und Vereinseitigung des mathematischen Denkens erkennt. Nach den bisherigen Ausführungen sowie den folgenden Abschnitten kann aus sachlichen Gründen, das heißt aus Gründen, die sich am mathematischen und logischen Denken orientieren, nur der letztere Gesichtspunkt eingenommen werden.

4.16 Die Sprachen erster Stufe im Vergleich mit Sprachen höherer Stufe

Die Frage, die in diesem Abschnitt verfolgt werden soll, betrifft das Problem, ob die verschiedenen Grenzen und Unzulänglichkeiten der Sprachen erster Stufe in der Natur dieser ersten Sprachstufe liegen oder ob hier eine prinzipielle Grenze sprachlicher Ausdrucksmöglichkeiten vorliegt.

Es hat sich gezeigt, daß die Struktur $\mathcal{N}$ der natürlichen Zahlen nicht bis auf Isomorphie in der zu $\mathcal{N}$ gehörenden Sprache erster Stufe charakterisiert werden kann. Entsprechendes gilt für den Körper der reellen Zahlen (Kapitel 5.1) und die Klasse der Torsionsgruppen (Abschnitt 4.4). Bei den natürlichen Zahlen stand der Formulierbarkeit in der Sprache erster Stufe das Induktionsaxiom im Wege:

ΠA3 $^{(2)}$ $\quad \forall M\,(1 \in M \wedge \forall m\,(m \in M \rightarrow (m+1) \in M) \rightarrow \forall m\,(m \in M))$.

In dieser Formulierung des Axioms der vollständigen Induktion könnte man zu dem Gedanken verleitet werden, daß durch einen Einbezug der Mengenlehre in den symbolischen Aufbau der Mathematik der begriffliche Gehalt des Induktionsaxioms doch vollkommen ausgedrückt werden könnte. Das bringt aber nur neue Probleme und Fragen bezüglich der Ausdrückbarkeit des begrifflichen Gehaltes der Mengenlehre, etwa durch die symbolisierten Axiome von Zermelo-Fraenkel (siehe Abschnitt 4.15).

Die Sprachen zweiter Stufe zeichnen sich nun gegenüber den Sprachen erster Stufe dadurch aus, daß zum Beispiel Quantifizierungen über Teilmengen eines Elementbereiches, also Objekte zweiter Stufe, möglich sind (für Details, siehe Ebbinghaus/Flum/Thomas [1992], Kapitel IX.1). Es kommen also neue Variablen $M_1, M_2, \ldots$ sowie Ausdrücke der Form $t \in M_i, \forall M_i \phi$ und $\exists M_i \phi$ hinzu. Damit erhält man eine Sprache zweiter Stufe, in der das Axiom **ΠA3**$^{(2)}$ über der Symbolmenge $S = \{+, \cdot, 1\}$ ausgedrückt werden kann. Die Semantik dieser Logik zweiter Stufe ist folgendermaßen erklärt: Jeder Struktur erster Stufe $\mathcal{A} = \langle A, \ldots \rangle$ wird die zugehörige Standardstruktur zweiter Stufe zugeordnet, $\mathcal{A}^{(2)} = \langle A, \mathfrak{Pot}(A), \ldots \rangle$. Dabei ist $\mathfrak{Pot}(A)$ die Potenzmenge von A, das heißt die Menge *aller* Teilmengen von A; dies ist der Definitionsbereich der Variablen $M_1, M_2, \ldots$. Insbesondere definiert man dann $\mathcal{N}^{(2)} = \langle \mathbb{N}, \mathfrak{Pot}(\mathbb{N}), +, \cdot, <, 1 \rangle$.

Dadurch werden sowohl die natürlichen Zahlen (Abschnitt 2.3) wie der ordnungsvollständige Körper der reellen Zahlen (Abschnitt 5.1.1) bis auf Isomorphie charakterisierbar. Es gelten aber in dieser Sprache weder das Vollständigkeitstheorem 4.9, noch das Endlichkeitstheorem 4.12 noch das Theorem von Löwenheim und Skolem 4.11. Man kann sogar zeigen (Theorem von Lindström, siehe Ebbinghaus/Flum/Thomas [1992], Kapitel XIII), daß es kein logisches System, das heißt eine Sprache mit Modellbeziehung, gibt, das ausdrucksstärker ist als die Logik erster Stufe und für welches das Endlichkeitstheorem und das Theorem von Löwenheim und Skolem gilt. Da das Endlichkeitstheorem im wesentlichen aus der Adäquatheit des Sequenzenkalküls folgt (siehe die Abschnitte 4.6, 4.7 und 4.8), so ergibt sich aus der Ungültigkeit des Endlichkeitstheorems die Tatsache, daß für logische Systeme, die ausdrucksstärker sind als die Logik erster Stufe (die also Erweiterungen derselben sind), keine korrekte *und* S-logisch vollständige Menge von Schlußregeln existiert. Andernfalls könnte mit einer entsprechenden Schlußweise wie für Sprachen erster Stufe das Endlichkeitstheorem abgeleitet werden. Dies ist die sogenannte S-logische Unvollständigkeit der Prädikatenlogik zweiter Stufe.

Dies bedeutet, daß für eine widerspruchsfreie S-Satzmenge zweiter Stufe $\Phi^{(2)}$ und einen S-Satz zweiter Stufe $\phi^{(2)}$ von $\Phi^{(2)} \models \phi^{(2)}$ im allgemeinen nicht auf $\Phi^{(2)} \vdash \phi^{(2)}$ geschlossen werden kann, während die Umkehrung, das heißt der Schluß von der Beweisbarkeit auf die Folgerbarkeit wegen der Korrektheit der Schlußregeln nach wie vor zutrifft. Daraus folgt die echte Inklusion

$$Ded(\Phi^{(2)}) \subset Th^{(2)}(\Phi^{(2)}) = \{\phi^{(2)} \text{ ein } S\text{-Satz zweiter Stufe} \quad | \quad \Phi^{(2)} \models \phi^{(2)}\}.$$

Damit wird deutlich, daß in Sprachen zweiter und höherer Stufe der gesetzmäßige Gehalt des Beweisbegriffs («Alles was gilt, ist beweisbar») nicht erfaßbar ist (siehe Ebbinghaus/Flum/Thomas [1992], S. 283 f.).

Für den Fall der Arithmetik ergeben sich daraus folgende Konsequenzen. Bereits im Abschnitt 4.12 wurde gezeigt, daß $Th(\mathbf{\Pi A}) \subset Th(\mathcal{N})$, wobei $Th(\mathbf{\Pi A}) = Ded(\mathbf{\Pi A})$ wegen der S-logischen Vollständigkeit der Sprachen erster Stufe. Die Theorie

$$Th^{(2)}(\mathcal{N}^{(2)}) = \{\phi^{(2)} \text{ ein } S\text{-Satz zweiter Stufe} \quad | \quad \mathcal{N}^{(2)} \models \phi^{(2)}\}$$

ist semantisch vollständig, das heißt für jedes $\phi^{(2)}$ gilt wegen der Modellbeziehung entweder $\phi^{(2)} \in Th^{(2)}(\mathcal{N}^{(2)})$ oder $\phi^{(2)} \notin Th^{(2)}(\mathcal{N}^{(2)})$. Dabei gilt natürlich wegen der größeren Ausdrucksstärke der Sprache zweiter Stufe die echte Inklusion

$$Th(\mathcal{N}) \subset Th^{(2)}(\mathcal{N}^{(2)}).$$

Weiter ist, wenn $\mathbf{\Pi A}^{(2)}$ das in der Sprache zweiter Stufe symbolisierte Peano-Axiomensystem bezeichnet,

$$Th^{(2)}(\mathbf{\Pi A}^{(2)}) = \{\phi^{(2)} \text{ ein } S\text{-Satz zweiter Stufe} \quad | \quad \mathbf{\Pi A}^{(2)} \models \phi^{(2)}\}$$

eine endlich axiomatisierbare Theorie, da die Axiome $\mathbf{\Pi A}^{(2)}$ kein Axiomenschema mehr enthalten. Da natürlich alle Axiome von $\mathbf{\Pi A}^{(2)}$ und alle Folgerungen aus $\mathbf{\Pi A}^{(2)}$ auch in $\mathcal{N}^{(2)}$ wahr sind, gilt sicher $Th^{(2)}(\mathbf{\Pi A}^{(2)}) \subseteq Th^{(2)}(\mathcal{N}^{(2)})$. Nun sind aber alle Modelle von $\mathbf{\Pi A}^{(2)}$ zueinander isomorph, das heißt das Axiomensystem $\mathbf{\Pi A}^{(2)}$ ist kategorisch, denn der Beweis der Monomorphie der Peano-Axiome nach Theorem 2.3 und 2.4 beruht auf Argumentationen, die alle in einer Sprache zweiter Stufe ausdrückbar sind (siehe dazu Ende Abschnitt 4.5). Daraus folgt wegen der elementaren Äquivalenz isomorpher Modelle (Abschnitt 4.8) die elementare Äquivalenz *aller* Modelle von $\mathbf{\Pi A}^{(2)}$, und damit die Identität der S-Satzmenge $Th^{(2)}(\mathcal{N}^{(2)})$ mit der S-Satzmenge $Th^{(2)}(\mathbf{\Pi A}^{(2)})$:

$$Th^{(2)}(\mathbf{\Pi A}^{(2)}) = Th^{(2)}(\mathcal{N}^{(2)}).$$

Damit ergibt sich die Situation, daß zwar alle arithmetisch wahren Sätze aus endlich vielen Axiomen folgen, aber nicht effektiv (das heißt kalkülmäßig) abgeleitet werden können, denn aus $\mathbf{\Pi A}^{(2)} \models \phi^{(2)}$ folgt im allgemeinen nicht $\mathbf{\Pi A}^{(2)} \vdash \phi^{(2)}$, also gilt die echte Inklusion

$$Ded^{(2)}(\mathbf{\Pi A}^{(2)}) \subset Th^{(2)}(\mathbf{\Pi A}^{(2)})$$

und damit ist $Th^{(2)}(\mathbf{\Pi A}^{(2)})$ eine syntaktisch unvollständige Theorie.

Zurück zu den allgemeinen Betrachtungen: Ein S-Satz ϕ der ersten Stufe heißt *S-allgemeingültig*, wenn er bei allen S-Interpretationen $\mathfrak{J}$ gilt. Man schreibt dafür $\models \phi$. Man kann nun zeigen (Theorem von Church), daß die Menge $\{\phi \text{ ein } S\text{-Satz erster Stufe} \quad | \quad \models \phi\}$ der allgemeingültigen S-Sätze über einer Symbolmenge S mit abzählbar vielen Elementen (es muß mindenstens ein zweistelliges Relationssymbol vorhanden sein), aufzählbar aber nicht entscheidbar ist. Daraus folgt die Unvollständigkeit der Logik erster Stufe. Dies ist das Theorem von der *Unentscheidbarkeit der Logik erster Stufe* (siehe Abschnitt 4.13). Für die Logik zweiter Stufe gibt es ein entsprechendes *Unvollständigkeitstheorem* (Gödel): *Die Menge der allgemeingültigen S-Sätze zweiter Stufe ist nicht aufzählbar.* Damit ist diese Menge sicher nicht entscheidbar, nicht vollständig und nicht rekursiv axiomatisierbar.

Die Erweiterung der Sprache der Logik über die erste Stufe hinaus bringt also vom Gesichtspunkt der mechanischen Manipulation keine Vorteile – im Gegenteil: der Kalkül zweiter Stufe entzieht sich weitgehend der maschinellen Verfügbarkeit. Es wird aber von mathematischen Logikern mit Nachdruck darauf hingewiesen, daß für alle praktischen Zwecke der Mathematik die Sprachen erster Stufe ausreichen (siehe etwa Ebbinghaus/Flum/Thomas [1992], Kapitel VII), sodaß sich in den meisten Fällen ein Übergang zu ausdrucksstärkeren Sprachen erübrigt, der vom Gesichtspunkt der kalkülmäßigen Manipulierbarkeit ohnehin wenig sinnvoll ist. Für das Hauptthema, die natürlichen Zahlen, bedeutet das, daß man die Existenz von Nichtstandardmodellen in Kauf nimmt, oder sogar, im Falle der reellen Zahlen, als echte Bereicherung auffaßt.

Stellt man die Theorie der natürlichen oder reellen Zahlen in einer Sprache zweiter Stufe dar, so ist zwar das Induktionsaxiom bzw. das Vollständigkeitsaxiom kein Axiomenschema mehr, aber es werden doch nur diejenigen Teilmengen der Grundmenge erfaßt, die in der Sprache zweiter oder höherer Stufe formulierbar sind. Um diese prinzipielle Sprachgrenze genauer ins Auge zu fassen, muss man sich dem Problem der Begrenztheit sprachlicher Darstellungen von Begriffsinhalten überhaupt zuwenden. Dies ist Thema des Abschnitts 4.18.

4.17 Zusammenfassung und Diskussion

Die Untersuchungen dieses Kapitels gingen von der Voraussetzung aus, daß es notwendig und sinnvoll sei, mathematische Begriffe und Beweisverfahren durch eine symbolische Sprache zu repräsentieren (Abschnitte 4.1, 4.2 und 4.3). Der *explizite* Bezug auf den gewählten symbolischen Kalkül spielte dabei in den entsprechenden Theoremen eine entscheidende Rolle. Die symbolische Sprache ist also nicht nur Ausdrucksmittel, sondern selbst auch Gegenstand der Untersuchungen. Deshalb war immer von *Meta*theoremen die Rede, da es nicht nur um rein mathematische Sachzusammenhänge ging, sondern um *Eigenschaften symbolisierter Sachzusammenhänge*.

Was ergibt sich nun als Konsequenzen dieser Voraussetzungen, insbesondere hinsichtlich der natürlichen Zahlen, der elementaren Arithmetik? Zunächst führt die Symbolisierung der Peano-Axiome im Prädikatenkalkül erster Stufe zum Verlust der Monomorphie und damit auf nichtintendierte Modelle (Abschnitt 4.9). Darunter gibt es solche, in welchen im Rahmen der gegebenen Sprache dieselben Sätze gelten wie für natürliche Zahlen. Diese Modelle heißen *Nichtstandardmodelle;* sie sind zum Standardmodell der natürlichen Zahlen nicht isomorph. Dabei handelt es sich um diskrete lineare Ordnungen mit erstem Element, die um gewisse, relativ zu den natürlichen Zahlen unendlich große Elemente erweitert worden sind (Abschnitt 4.10). Sie sind insbesondere nicht archimedisch und enthalten unendlich absteigende Ketten von Elementen (Abschnitt 4.10).

Im Rahmen des Prädikatenkalküls erster Stufe ist jeder bezüglich einer Satzmenge wahre Satz beweisbar und umgekehrt jeder beweisbare Satz wahr (Abschnitt 4.7; Gödelscher Vollständigkeitssatz). Die Menge aller aus den symbolisierten Peano-Axiomen ableitbaren bzw. relativ zu diesen Axiomen wahren Sätze erster Stufe (die Peano-Arithmetik $Th(\mathbf{\Pi A})$) ist jedoch unvollständig und unentscheidbar, das heißt es gibt relativ zu dieser Menge unbeweisbare und unwiderlegbare Sätze, deren Wahrheit oder Falschheit in dieser Satzmenge nicht zu bestimmen ist, sowie kein effektives Verfahren, das über einen vorliegenden Satz dessen Beweisbarkeit oder Widerlegbarkeit in endlich vielen Schritten zu errechnen gestattet (Abschnitte 4.12 und 4.13). Daraus folgt, daß die vollständige Theorie aller für die natürlichen Zahlen gültigen, das heißt wahren Sätze erster Stufe (die vollständige oder elementare Arithmetik $Th(\mathcal{N})$) weder aufzählbar noch rekursiv axiomatisierbar (und schon gar nicht endlich axiomatisierbar) ist. Daraus ergibt sich weiter, daß jede rekursiv axiomatisierbare Theorie, in welcher die Peano-Arithmetik repräsentierbar ist, unentscheidbar und damit unvollständig ist.

Gödels Unvollständigkeitssätze (Abschnitt 4.14) zeigen nicht die prinzipielle Beschränktheit symbolischer Darstellungen der Arithmetik, sondern nur die Unvollständigkeit jeder fest gegebenen arithmetischen Satzmenge relativ zu einer erweiterten Satzmenge. Die Existenz eines nicht symbolisch beweisbaren arithmetischen Satzes ϕ bezüglich einer gegebenen widerspruchsfreien Satzmenge Φ bedeutet, daß der Satz ϕ zwar wegen der Vollständigkeit der elementaren Arithmetik $Th(\mathcal{N})$ wahr oder falsch ist, jedoch nicht aus Φ abgeleitet werden kann. Ist etwa ϕ wahr, so kann ϕ zu Φ adjungiert werden, und man erhält eine widerspruchsfreie umfassendere Satzmenge $\Phi' = \Phi \cup \phi$. Wendet man auf Φ' wiederum den ersten Gödelschen Unvollständigkeitssatz (Metatheorem 4.41) an, so muß es wieder einen Satz ϕ' geben, der bezüglich Φ' nicht beweisbar ist und so weiter. Die Satzmenge Φ läßt sich also fortgesetzt widerspruchsfrei erweitern, man kommt jedoch auf diese Weise nicht zu einer vollständigen Satzmenge, da sich sonst ein Widerspruch zu Gödels erstem Unvollständigkeitssatz ergeben würde. Damit erweist sich das Ziel, innerhalb des symbolischen Kalküls Wahrheit und Beweisbarkeit zur vollständigen Übereinstimmung zu bringen, als Illusion.

Soweit zur Symbolisierung im Prädikatenkalkül erster Stufe. Erweitert man die Sprache um Quantifikationen über Mengen oder Sätze (Prädikatenkalkül zweiter Stufe), so werden zwar die Peano-Axiome kategorisch, aber die beweisbaren Sätze im Rahmen der Peano-Arithmetik auf der Grundlage der Peano-Axiome umfassen nicht mehr die wahren Sätze. Hier fällt Beweisbarkeit und Wahrheit von Sätzen endgültig auseinander, und zwar schon auf elementarem Niveau. Denn in Sprachen zweiter Stufe kann es keine korrekte *und* vollständige Menge von Schlußregeln geben (Abschnitt 4.16). Dies bedeutet, daß ein bezüglich einer widerspruchsfreien Satzmenge zweiter Stufe wahrer Satz nicht aus dieser Satzmenge beweisbar sein muß (S-logische Unvollständigkeit des Prädikatenkalküls zweiter Stufe).

Für die mathematisch-inhaltliche Erfassung im Gegensatz zur kalkülmäßig-manipulativen Erfassung der Arithmetik ist offenbar die Symbolisierung ein Weg in die falsche Richtung: Sie führt weg von den eigentlichen arithmetischen Inhalten hin zu Fragen der manipulativen Aufzählbarkeit, Entscheidbarkeit und Berechenbarkeit. Darüberhinaus ergeben sich in diesem Zusammenhang keine prinzipiellen Einsichten in die Grenzziehung zwischen symbolischer Darstellung und inhaltlicher Qualität.

Man hat es nämlich immer nur mit relativen Grenzen zwischen mehr oder weniger umfassenden Satzmengen zu tun. Der dadurch veranlagte infinite Regreß zu immer umfassenderen Satzmengen oder ausdrucksstärkeren Kalkülen hilft für ein vertieftes Verständnis nicht weiter, da auf diesem Wege kein Stadium erreichbar ist, in welchem die Beschränkungen des symbolischen Kalküls prinzipiell überwunden werden können. Hier gibt es nur ein Weiterkommen, wenn von einer Analyse verschiedener symbolischer Systeme zur Untersuchung des Verhältnisses von begrifflichem Inhalt und symbolischer Darstellung übergegangen wird, wie dies in einem ersten Schritt im Abschnitt 4.18 geschieht.

Die letzte Instanz, die über die Wahrheit oder Falschheit eines bezüglich einer gegebenen Satzmenge nicht beweisbaren Satzes der Arithmetik entscheidet, ist das Denken. Ebenso ist es das Denken, das einsieht, daß der oben angedeutete infinite Regreß zu keinem Ende führt, daß es keine letzte Satzmenge geben kann, in welcher alle wahren Sätze beweisbar sind. Solche Einsichten beziehen sich auf *alle* im infiniten Regreß auftretenden Satzmengen, setzen demnach als Rahmen ein vollständiges, alle Satzmenge umfassendes, rein gedankliches *Propositionsformen-* oder *Prädikatenformen*-System Ω voraus, und sind insofern vom Gesichtspunkt symbolischer Theorien nicht zuläßig, da es eine dem vollständigen Propositionssystem entsprechende vollständige Satzmenge Ω nicht geben kann. Die Tatsache, daß man jedoch darüber nachdenken und Einsichten gewinnen kann, beweist, daß das Denken (und nicht seine symbolische Darstellung oder die Umgangssprache) die oberste und letzte, nicht weiter hintergehbare Instanz der Beurteilung ist. Das Denken, das einen infiniten Regreß erkennt und durchschaut, steht zugleich außerhalb dieses Regresses, unterliegt ihm nicht, denn sonst wäre es nicht in der Lage, die wahre Ursache des Regresses zu erkennen. Ganz allgemein gilt: Jede Bedingtheit, die sich das Denken selbst zuschreibt, ist Ausdruck seiner Unbedingtheit, die es ihm erlaubt, sich mit anderem und mit sich selbst in ein Verhältnis zu setzen.

4.18 Prinzipielle Grenzen der Symbolisierbarkeit: Die Finslerschen Sätze

Um den Stellenwert von Finslers Beitrag zur Bestimmung der Grenzen der Symbolisierbarkeit genauer ins Auge zu fassen, soll noch einmal Gödels einflußreiche Arbeit [1931] betrachtet werden. Für den hier untersuchten Zusammenhang ist vor allem entscheidend, daß Gödel dort zum ersten Mal eine präzise Definition eines symbolischen Kalküls als Grundlage der Darstellung der Mathematik in symbolisierter Form gegeben hat (Prädikatenkalkül erster Stufe). Man kann drei zentrale Punkte dieser Arbeit hervorheben und diese mit drei wesentlichen Aspekten der Finslerschen Untersuchungen [1926a] in Beziehung setzen.

(1) Gödel untersucht mit sprachlich-symbolischen Mitteln symbolische Kalküle. Er kommt dadurch nicht aus dem sprachlichen Bereich heraus, er bezieht sich nicht explizit auf prinzipiell Außersprachliches oder Gedankliches. Damit leistet seine Arbeit [1931] insbesondere einen Beitrag zur Abgrenzung verschiedener Sprachebenen *innerhalb* des sprachlich Ausdrückbaren, betrifft also *sprachinterne* Differenzierungen und nicht in erster Linie das Verhältnis von symbolischer Ausdrückbarkeit zu gedanklichen Inhalten.

(2) Mit Hilfe einer präzisen Bestimmung symbolischer Systeme konnte er weiter zeigen, daß wenn ein Satz oder eine Satzmenge überhaupt symbolisch ausdrückbar ist, daraus nicht auf

deren effektive Entscheidbarkeit bzw. Repräsentierbarkeit in einem geeignet festgelegten symbolischen Kalkül geschlossen werden kann (erster Unvollständigkeitssatz). Mit anderen Worten, es gibt keinen universellen symbolischen Kalkül, in welchem alles prinzipiell symbolisch ausdrückbar ist, das heißt es existieren zu jedem genügend umfassenden, mindestens die elementare Arithmetik enthaltenden symbolischen Kalkül nicht entscheidbare Sätze bzw. nicht repräsentierbare Satzmengen.

(3) Im zweiten Unvollständigkeitssatz konnte Gödel zeigen, daß wenn eine Satzmenge symbolisch widerspruchsfrei ist, dann ist diese Tatsache nicht mit den Mitteln des entsprechenden symbolischen Kalküls beweisbar (und damit unentscheidbar in diesem Kalkül).

Für die Darstellung und Diskussion von Finslers Arbeit [1926a] wird nicht streng an der Terminologie Finslers festgehalten. Inbesondere wird sein Ausdruck «formal» durch den in diesen Untersuchungen gebräuchlichen Ausdruck «symbolisch» ersetzt.

(1) Finsler geht es nicht, wie Gödel, um eine interne Feindifferenzierung symbolischer Systeme oder Kalküle; er muß deshalb seinen Untersuchungen auch keine scharfe Definition eines solchen Kalküls zugrundelegen, da es ihm um das Problem der symbolischen Darstellbarkeit und Beweisbarkeit überhaupt geht (siehe dazu auch Ziegler [1996]). Seine Arbeit betrifft insbesondere die Grenze zwischen symbolischer Darstellung und formallogischer Darstellung mathematischer Gedankeninhalte.

(2) Finsler zeigt anhand der Antinomie der endlichen Definierbarkeit, daß aus der Denkbarkeit eines mathematischen Inhaltes nicht auf dessen symbolische Darstellbarkeit geschlossen werden kann.

Man gehe aus von einem nicht weiter beschränkten Bereich der Mathematik, der zumindest die elementare Arithmetik umfaßt (man denke etwa an die gesamte Analysis, inklusive der klassischen Mengenlehre). Dieser Bereich sei Modell eines Prädikatenkalküls, dessen Stufigkeit endlich, ansonsten aber nicht weiter festgelegt sei. Eine feste Anordnung der Symbolmenge soll als die alphabetische Anordnung gelten. Es gibt dann außer Variablen über Elementen (natürliche Zahlen, reelle Zahlen, Mengen) auch Variablen von Variablen, Variablen von Variablen von Variablen etc., entsprechend werden Prädikatenvariablen und Variablen von Prädikatenvariablen eingeführt etc. Durch die syntaktischen Regeln des Prädikatenkalküls wird genau festgelegt, welche (endlichen) Zeichenreihen erlaubte Ausdrücke darstellen, und durch die Modellbeziehung wird die Bedeutung der jeweiligen Symbole und Formeln geregelt.

Die *Modellbeziehung* präzisiert, wann ein symbolischer Ausdruck ϕ bei einer Interpretation der Formeln durch konkrete Elemente (wie etwa Zahlen) und konkrete Prädikaten über diesen Gegenstände (wie Nachfolger, Addition, Multiplikation etc.) in eine *wahre* Aussage übergeht (siehe Abschnitt 4.5). Dies setzt natürlich die Kenntnis über die Wahrheit und Falschheit der Beziehungen der Gegenstände untereinander voraus. Diese Einsicht ist nur mit mathematisch-inhaltlichen Überlegungen, also weder durch formal-logische noch durch symbolisch-logische Mittel, erreichbar.

Sei ϕ ein beliebiger Ausdruck, das heißt eine symbolische Formel im Rahmen des gegebenen symbolischen Kalküls. Ist bei einer Interpretation von ϕ durch konkrete Elemente und Prädikate die entsprechende Aussage wahr, so sagt man, diese Interpretation sei ein *Modell* von ϕ. Man sagt auch: Diese Interpretation *erfüllt* ϕ oder ϕ *gilt* bei dieser Interpretation.

Ein mathematisches Objekt heiße *endlich definierbar*, wenn es einen endlichen Ausdruck (eine aus endlich vielen Zeichen des Kalküls bestehende Formel) gibt, der das Objekt eindeutig (bis auf Isomorphie) festlegt und die vermöge der Modellbeziehung erfüllbar ist.

Man betrachte insbesondere *Dualfolgen*, das heißt aus den Zahlen 0 und 1 gebildete Folgen, einschließlich den nur aus Nullen und Einsen bestehenden Folgen. Zwei Folgen $\{d_k\}$ und $\{e_k\}$ sind genau dann gleich, wenn sie in *allen* Gliedern übereinstimmen: $\{d_k\} = \{e_k\}$ genau dann, wenn $d_l = e_l$ für alle $l \in \mathbb{N}$. Eine Folge $\{d_k\}_n$ von Dualfolgen kann nicht alle Dualfolgen enthalten: Die Menge der Dualfolgen ist nicht abzählbar. Denn zu jeder Folge von Dualfolgen $\{d_k\}_n$ gibt es nach dem Cantorschen Diagonalverfahren eine Antidiagonalfolge $\{a_k\}$ mit $\{a_i\} \neq \{d_i\}_i$, das heißt $a_i = 1$ falls $\{d_i\}_i = 0$ und $a_i = 0$ falls $\{d_i\}_i = 1$.

Beispiele für endlich definierbare Dualfolgen:

$1,1,1,1,1,1,\ldots$	$d_k = 1$ für alle $k \in \mathbb{N}$.
$1,0,1,0,1,0,\ldots$	$d_1 = 1, d_{2k} = 0, d_{2k+1} = 1,$ für alle $k \in \mathbb{N}$.
$1,1,1,1,1,0,0,0,\ldots$	$d_k = 1$ für $k \in \{1,2,3,4,5\}$ und $d_k = 0$ sonst.
$0,0,0,0,1,0,0,0,0,1,0,0,\ldots$	$d_k = 1$ für k teilbar durch 5 und $d_k = 0$ sonst.

Die Gesamtheit aller *endlich definierbaren* Dualfolgen ist abzählbar. Dies ergibt sich aus der Abzählbarkeit endlicher Formeln. Eine Abzählung dieser Formeln kann etwa dadurch bewerkstelligt werden, daß man die Formeln erstens nach der Größe und zweitens nach der alphabetischen Reihenfolge der Symbole ordnet. Daraus ergibt sich vermöge derjenigen Formeln, die eine Dualfolge definieren, eine abzählbare Folge F von endlich definierbaren Dualfolgen.

Vom Gesichtspunkt der in einer bestimmten Sprache nach bestimmten Regeln symbolisch darstellbaren oder charaktersisierbaren mathematischen Inhalte sind damit *alle* Dualfolgen erfaßt – ohne Ausnahme. Eine nicht dazugehörige und zugleich endlich definierbare Dualfolge kann es nicht geben.

Man betrachte nun die zur oben bestimmten abzählbaren Folge F von endlich definierbaren oder charakterisierbaren Dualfolgen gehörige eindeutig bestimmte Antidiagonalfolge A. Man nehme an, die Folge F sei endlich definierbar. Dann wäre natürlich auch die Antidiagonalfolge A endlich definierbar, denn aufgrund ihrer einfachen Definition muß sie unter der gemachten Annahme endlich definierbar sein, denn alle angewendeten Operationen und ihre Zusammensetzungen sind endlich definierbar. Die Antidiagonalfolge A kann jedoch nicht endlich definierbar sein, denn nach Konstruktion gehört sie nicht zu F und im Rahmen des symbolischen Kalküls gibt es keine anderen endlich definierbaren Dualfolgen als diejenigen von F. Also ist die die Antidiagonalfolge A definierende Formel nicht erfüllbar und damit ist A nicht endlich definierbar, im Widerspruch zur obigen Behauptung. Man schließt hieraus, daß F nicht endlich definierbar sein kann.

Damit ist klar, daß die Antidiagonalfolge A nicht zu den nach bestimmten Regeln oder Forderungen (hier: endliche Definierbarkeit) im symbolischen Kalkül darstellbaren Objekten gehört. Das hier diskutierte Problem ergibt sich also nur, wenn man davon ausgeht, daß die Folge F der endlich definierbaren Dualfolgen selbst endlich definierbar ist.

Die Antinomie der endlichen Definierbarkeit besteht darin, daß sich aus folgender Behauptung eine Antinomie ableiten läßt, das heißt scheinbar die Behauptung genau dann wahr ist, wenn sie falsch ist:

Behauptung *Die Antidiagonalfolge A der Folge F der endlich definierbaren Dualfolgen ist nicht endlich definierbar.*

Die Ableitung der Antinomie geht nach dem gewohnten Schema. Annahme: A sei tatsächlich nicht endlich definierbar; dann ist die obige Behauptung wahr. Die Antidiagonalfolge ist aber gemäß ihrem Auftreten in dieser Behauptung endlich definiert, also ist A endlich definierbar, folglich ist die Behauptung falsch. – Ist umgekehrt A tatsächlich endlich definierbar, also obige Behauptung falsch, so ist jedoch A als Antidiagonalfolge sicher kein Element der Folge F, kann also nicht endlich definierbar sein, also ist die Behauptung wahr.

Diese Antinomie hat ihre Ursache in einer nicht sachgemäß aus der Mathematik stammenden Forderung, nämlich der Forderung nach endlicher symbolischer Definierbarkeit der Antidiagonalfolge, die zu einer im doppelten Sinne widersprüchlichen Situation führt und dadurch sich selbst aufhebt. Finsler weist noch darauf hin, daß die Antinomie der endlichen Definierbarkeit im wesentlichen dieselbe Struktur hat wie die folgende Version der Lügner-Antinomie, die sich einer Tafel bedient (siehe dazu die ausführliche Diskussion in Ziegler [1995], Kapitel IV):

1, 2, 3 Die kleinste natürliche Zahl, die nicht auf dieser Tafel angegeben ist.

Läßt man die Forderung der endlichen Definierbarkeit der abzählbaren Folge F und damit ihrer Antidiagonalfolge A fallen, das heißt schränkt man seinen Blick *nicht* bloß auf das endlich symbolisch Darstellbare ein, so wird sofort deutlich, daß die Definition der Antidiagonalfolge A begrifflich sinnvoll ist: Sie definiert eindeutig eine tatsächlich in der Folge F der Folge der endlich definierbaren Dualfolgen *nicht* vorkommende Folge. Damit ist ein ohne Schwierigkeiten denkbarer mathematischer Inhalt nachgewiesen, der sich prinzipiell *jeder* endlichen symbolischen Darstellbarkeit entzieht.

Es folgen drei Bemerkungen zur Erläuterung dieses Sachverhaltes. Man beachte *erstens*, daß der genannte mathematische Denkinhalt in seinem spezifischen Gehalt vom Kontext seiner Konstruktion abhängt, also von den zur endlichen Definierbarkeit zugelassenen Formeln (abhängig vom zugrunde gelegten symbolischen Sprachsystem) und von der Art der Abzählung (Wahl der Reihenfolge der nicht zum Alphabet gehörigen mathematischen Symbole). Sind diese Faktoren einmal festgelegt, so sind damit sowohl die abzählbare Folge F der endlich definierbaren Dualfolgen als auch deren Antidiagonalfolge A eindeutig bestimmt. Das ist für die durchgeführte Überlegung hinreichend, da nicht gezeigt werden muß (und kann), daß dieser mathematische Inhalt für *jede* Art der symbolischen Darstellung und *jede* Art der Aufzählung endlich definierbarer Dualfolgen derselbe ist. In der dargelegten Argumentation wird nur verwendet, daß es bei festgelegten Vorbedingungen *einen* solchen Inhalt gibt.

Zweitens ist bei der angeführten Überlegung entscheidend, daß zur Erfassung der Antidiagonalfolge einer Folge endlich definierbarer Dualfolgen eine eventuelle Erweiterung des symbolischen Systems prinzipiell nicht weiter führt, da dann für das neue System dieselben Überlegungen angeführt werden könnten. Ebenso würde eine Erweiterung auf Formeln mit abzählbar vielen Zeichen letztendlich nicht weiterhelfen, da das Cantorsche Diagonalverfahren auch darauf anwendbar ist. Deshalb rekurriert Finsler auch konsequenterweise nicht auf irgendeine Erweiterung des symbolischen Systems, sondern direkt auf das begriffliche Denken, wo solche Beschränkungen der Darstellbarkeit nicht bestehen.

Drittens ist offensichtlich, daß oben die prinzipiell nicht symbolisch darstellbare Antidiagonalfolge A eben doch mit den (symbolischen) Mitteln der natürlichen Sprache dargestellt wurde. Das ist jedoch kein Widerspruch. Denn auch für die natürliche Sprache und ihre Symbole gibt es bestimmte syntaktische Regeln, sodaß die genannte Antinomie auch für einen expliziten Bezug auf die natürliche Sprache abgeleitet werden kann: Die Antidiagonalfolge A der Folge F der natürlich-sprachlich darstellbaren Dualfolgen ist nicht sprachlich darstellbar. Daran zeigt sich noch einmal deutlich, daß letztlich nicht die Flexibilität oder Ausdruckskraft der verwendeten Sprache zur Diskussion steht, sondern der explizite Bezug eines mathematischen Ideeninhalts auf irgendeine Art symbolisch-sprachlicher Darstellung, also der Einbezug der Reflexion auf den gerade benutzten symbolischen Kalkül (einschließlich der natürlichen Sprache) bei der begrifflichen Bestimmung des mathematischen Ideeninhaltes.

Erster Finslerscher Unvollständigkeitssatz *Für jeden vorgegebenen symbolischen Kalkül, der zumindest die elementare Arithmetik umfaßt, gibt es einen mathematischen Denkinhalt, der in diesem Kalkül symbolisch nicht darstellbar (eindeutig charakterisierbar) ist.*

Folgerung: *Aus der Denkbarkeit eines mathematischen Begriffsinhaltes kann nicht auf dessen symbolische Darstellbarkeit in irgendeinem vorgegebenen symbolischen Kalkül oder in irgendeiner vorgegebenen Sprache geschlossen werden.*

Man beachte, daß hier aus zwei Perspektiven auf die symbolische Darstellbarkeit geschaut wird. Im ersten Finslerschen Unvollständigkeitssatz wird von einem symbolischen Kalkül ausgegangen, und darin Mathematik getrieben. Das heißt, man hat es von vornherein mit symbolisch formulierten mathematischen Inhalten zu tun; ohne eine solche Formulierung treten diese Inhalte gar nicht in den Fokus einer mathematischen Untersuchung. Mit anderen Worten: Die symbolische Formulierbarkeit der mathematischen Inhalte im gegebenen Kalkül ist ein integraler Bestandteil der Bestimmung dieser Inhalte.

In der Folgerung dagegen steht an erster Stelle der mathematische Denkinhalt selbst, ohne jeden geforderten oder faktischen Bezug auf die Formulierbarkeit in irgendeiner Sprache. *Seine* Darstellung in einer Sprache mag möglich sein – wie die weiter oben im Rahmen der natürlichen Sprache bestimmte Antidiagonalfolge der Folge endlich definierter Dualfolgen, formuliert innerhalb eines bestimmten symbolischen Kalküls, muß es aber nicht, wenn man als sprachlichen Rahmen genau diesen Kalkül fordert.

(3) Finsler zeigt im weiteren, daß aus der symbolisch widerspruchsfreien Darstellbarkeit eines Satzes nicht auf die formallogische Widerspruchsfreiheit des begrifflichen Inhaltes geschlossen werden darf. Mit anderen Worten: Aus der symbolisch widerspruchsfreien Ausdrückbarkeit folgt nicht die begrifflich-inhaltliche Denkbarkeit. Finsler zeigt dies, indem er einen symbolisch nicht entscheidbaren und damit symbolisch widerspruchsfreien Satz konstruiert, der sich als begrifflich falsch, und damit als formallogisch widerspruchsvoll erweist.

Es kann an den weiter oben eingeführten symbolischen Kalkül angeknüpft werden. Ein *symbolischer Beweis* eines Satzes ϕ (S-Beweis) bedient sich der im symbolischen Kalkül festgelegten

Beweisregeln zur Ableitung von ϕ aus gegebenen Voraussetzungen. Ein Satz heißt *symbolisch nicht entscheidbar* (oder kurz nicht S-entscheidbar), wenn weder der Satz noch seine Negation S-beweisbar ist.

Ein Beweis, daß in einer bestimmten Dualfolge die Zahl 0 unendlich vorkommt bzw. nicht unendlich vorkommt, gründet sich auf die in der elementaren Arithmetik üblichen Axiome und Begriffe (Voraussetzungen) und leitet daraus das entsprechende Ergebnis mit Hilfe der Beweis- oder Ableitungsregeln ab (siehe Abschnitt 4.6).

Man betrachte nun alle Kombinationen von Symbolen des gegebenen Kalküls, die einen solchen Beweis darstellen. Zu jedem solchen Beweis gehört dann eine eindeutig bestimmte (endlich definierbare) Dualfolge. Umgekehrt kann es für ein und dieselbe Dualfolge mehrere solche Beweise geben, da gemäß der sogenannten Antezedensregel

$$\frac{\phi_1\phi_2\ldots\phi_n\phi}{\phi_1\phi_2\ldots\phi_n\phi_{n+1}\phi_{n+2}\ldots\phi_{n+m}\phi}$$

beliebig, aber endlich viele zusätzliche Formeln $\phi_{n+1}\phi_{n+2}\ldots\phi_{n+m}$ in eine Ableitung der Form $\phi_1\phi_2\ldots\phi_n\phi$ eingebaut werden können. Jedenfalls erhält man damit ohne Ausnahme *alle* S-Beweise über das endliche bzw. unendliche Vorkommen der Zahl 0 in Dualfolgen. Man beachte, daß es noch andere endlich definierbare Dualfolgen gibt, als in der obigen Folge vorkommen.

Diese *Beweise* können gemäß ihrer Länge und der alphabetischen Anordnung ihrer Elemente in eine abzählbare Folge gebracht werden. Die dazugehörigen Dualfolgen werden dadurch ebenfalls in eine abzählbare Folge $\{b_k\}_n$ gebracht. Gemäß Konstruktion umfassen sie bloß eine Teilmenge aller möglichen endlich definierbaren Dualfolgen. Deshalb steht einer endlichen Definierbarkeit der Antidiagonalfolge kein Widerspruch aufgrund des ersten Finslerschen Unvollständigkeitssatzes entgegen, da nicht über *alle* endlich definierbaren Dualfolgen diagonalisiert wird. Bildet man nun tatsächlich die endlich definierbare Antidiagonalfolge dieser Folge von endlich definierbaren Dualfolgen, so läßt sich folgende Behauptung aufstellen:

Behauptung *In der Antidiagonalfolge der Folge von Dualfolgen, für die ein symbolischer Beweis existiert über das endliche oder unendliche Vorkommen der Zahl* 0*, kommt die Zahl* 0 *nicht unendlich oft vor.*

Diese Behauptung ist nicht S-beweisbar, denn nimmt man an, daß es einen S-Beweis für die Tatsache gäbe, daß in der Antidiagonalfolge A die Zahl 0 nicht unendlich oft vorkommt, dann würde A zur Folge $\{b_k\}_n$ gehören, was gemäß Konstruktion unmöglich ist. In derselben Weise kann man einsehen, daß auch die Negation der Behauptung nicht S-beweisbar ist. Demzufolge ist die Behauptung nicht S-entscheidbar und damit S-widerspruchsfrei.

Es wird nun eine Überlegung angeführt, durch welche eingesehen werden kann, daß obige Behauptung inhaltlich falsch, folglich formallogisch widerspruchsvoll ist. Man betrachte die Dualfolge $\{1, 1, 1, \ldots\}$, das heißt die Folge $\{d_k\}$ mit $d_k = 1$ für alle $k \in \mathbb{N}$.

Behauptung: In der Folge $\{d_k\}$ kommt die Zahl 0 nicht vor, das heißt es gibt kein $k \in \mathbb{N}$ mit $d_k = 0$.

Beweis: In der Folge $\{d_k\}$ gibt es kein $k \in \mathbb{N}$ mit $d_k = 0$.

Dieser Beweis läßt sich durch die Hinzunahme von Identitäten der Form $1 \equiv 1$, $2 \equiv 2$, etc. beliebig symbolisch-formal variieren:

Beweis: In der Folge $\{d_k\}$ gilt $d_k = 1$ für alle $k \in \mathbb{N}$ und $m \equiv m$ für alle $m \in \mathbb{N}$.

Es gibt abzählbar unendlich viele solche jeweils verschiedene Beweise, wenn man m alle Werte in $\mathbb{N}$ annehmen läßt. Jedem solchen Beweis entspricht die Folge $\{1, 1, 1, \ldots\}$, also ergibt sich in der Antidiagonalfolge $\{b_k\}_k$ dieser Folge sicher unendlich oft eine Null.

Kann der soeben angeführte Beweis tatsächlich im symbolischen Kalkül repräsentiert werden? Wenn ja, so ergäbe sich ein Widerspruch, indem die symbolisch nicht entscheidbare Behauptung nun doch symbolisch repräsentiert wurde. Dies ist aber nicht der Fall, denn der Beweis kann nicht symbolisch repräsentiert werden, da ihm eine zwar endlich definierbare, aber in der Folge *aller* Dualfolgen, für die es überhaupt einen S-Beweis über das endliche oder unendliche Vorkommen der Zahl 0 gibt, nicht enthaltene Dualfolge zugrundeliegt.

Wird die Forderung der Symbolisierbarkeit an den Beweis fallengelassen, so ist er unproblematisch und schlüssig. Daraus ergibt sich zusammenfassend:

Zweiter Finslerscher Unvollständigkeitssatz *Für jeden symbolischen Kalkül, der zumindest die elementare Arithmetik umfaßt, gibt es ein symbolisch darstellbares (charakterisierbares) Theorem, das symbolisch widerspruchsfrei, aber mathematisch-inhaltlich falsch und folglich relativ zum betrachteten Gedankenzusammenhang formallogisch widerspruchsvoll ist.*

Folgerung: *Aus der symbolisch widerspruchsfreien Darstellbarkeit eines Theorems in einem symbolischen Kalkül kann nicht auf die formallogisch widerspruchsfreie Darstellbarkeit und damit auf die mathematisch-inhaltliche Richtigkeit des Theorems geschlossen werden.*

Entscheidend bei Finslers Argumentation ist die Tatsache, daß sie auf jede Art von wohlbestimmtem symbolischen Kalkül, der einen die elementare Arithmetik der natürlichen Zahlen umfassenden Teil der Mathematik als Modell besitzt, anwendbar sind. Damit betreffen sie jede Forderung und jeden Versuch einer auch teilweisen Symbolisierung der Mathematik und zeigen, was die eigentlich mathematischen Inhalte und deren Denkbarkeit betrifft, die Begrenztheit symbolischer Darstellungen. Jede symbolische Darstellung der Mathematik erreicht nur einen Ausschnitt derselben. Daraus ergibt sich die Konsequenz: Keine symbolische Darstellung kann ein isomorphes Abbild der gesamten Mathematik liefern.

4.19 Prinzipielle Nicht-Symbolisierbarkeit der Finsler-Mengenlehre

Man gehe aus vom symbolisierten Prädikatenkalkül erster Stufe mit Identität und formuliere darin die Axiome **F1** und **F2** der Finsler-Mengenlehre. Wie sich zeigt, ergeben sich reichlich triviale Formeln (zum Beispiel ist **F2** eine Tautologie), was schon ein erster Hinweis auf die Tatsache ist, daß sich der begriffliche Gehalt dieser Axiome nicht in diesem Rahmen darstellen läßt. Für Axiom **F1** ist entscheidend, daß für zwei Mengen x und y *entweder* $x \in y$ *oder* $\neg(x \in y)$ gilt, das heißt, es kann nicht beides zugleich wahr oder beides zugleich falsch sein. Hier steht W oder F für die konstante Wahrheit $p \vee \neg p$ bzw. Falschheit $p \wedge \neg p$ einer beliebigen Aussage p.

F1 $\forall x \forall y\ (x \in y \vee \neg(x \in y)) \wedge \neg((x \in y) \leftrightarrow F \wedge \neg(x \in y) \leftrightarrow F)$

F2 $\forall x \forall y\ (x = y \leftrightarrow W) \rightarrow x = y$

Es gibt Klassen von Objekten, welche diese Axiome erfüllen, etwa $[\emptyset, \{\emptyset\}]$. Man kann nun zeigen, daß jede Klasse von Objekten, welche **F1** und **F2** erfüllt, erweiterbar ist. Sei Λ irgendeine die Axiome **F1** und **F2** erfüllende Klasse, das heißt die Struktur $\langle \Lambda, \in \rangle$ sei ein beliebiges Modell von **F1** und **F2**. Die Russell-Klasse ist dann definierbar durch

$$[x \in \Lambda | \neg(x \in x)]$$

und gehört sicher nicht zu Λ, da sie das Axiom **F1** nicht erfüllt. Es werde nun eine neue Konstante N definiert durch

$$x \in N :\leftrightarrow \neg(x \in x) \wedge x \in \Lambda$$

Damit erfüllt N das Axiom **F1** und es ist sicher $\neg(N \in \Lambda)$. Im weiteren ist auch N mit keiner Menge aus Λ identisch, da N mit keinem solchen Element isomorph sein kann.

Damit ergibt sich: *Wenn $\langle \Lambda, \in \rangle$ ein Modell der symbolisierten Finsler-Axiome* ***F1*** *und* ***F2*** *im Rahmen des symbolischen Kalküls der Prädikatenlogik erster Stufe ist, so ist es erweiterbar.*

Dies steht jedoch mit der zu Axiom **F3** äquivalenten Tatsache, daß eine die Axiome **F1** und **F2** der Finsler-Mengenlehre erfüllende Klasse von Mengen keiner Erweiterung fähig ist, in Widerspruch. Dieser Widerspruch beruht auf der Tatsache, daß für die Modelltheorie des Prädikatenkalküls erster Stufe die ZFC-Mengenlehre (Abschnitt 4.15) verwendet wird, in der jede Menge erweiterbar ist und demnach keine Allmenge existiert, im Unterschied zur Finsler-Mengenlehre. Es folgt, daß die Finsler-Mengenlehre nicht in einer symbolischen Prädikatenlogik *erster Stufe*, welche die ZFC-Modelltheorie umfasst, dargestellt werden kann.

Dieses Resultat lässt sich ergänzen mit Hilfe der Finslerschen Unvollständigkeitstheoreme (siehe Abschnitt 4.18). Da in der Mengenlehre in der üblichen Weise die elementare Arithmetik dargestellt werden kann, können beide Unvollständigkeitstheoreme unmittelbar auf die Finsler-Mengenlehre angewendet werden. Dies bedeutet, daß jede Art von Symbolisierung der Finsler-Mengenlehre Inkonsistenzen zur Folge hat, die erstens die Vollständigkeit und zweitens die Widerspruchsfreiheit der Finsler-Mengenlehre betreffen.

Die folgenden Bemerkungen stehen quer zur üblichen (auf symbolischen Darstellung von Teilgebieten der Mathematik beruhenden) Modelltheorie und «umgehen» die Problematik der Nichtstandardmodelle sowie der auf- und absteigenden Theoreme von Löwenheim-Skolem. Sie beruhen einerseits auf Finslers Axiom **F3** im Sinne eines Meta-Axioms, das insofern indirekt auf Bestandteile der symbolischen Logik zugreift, als es behauptet, daß ein Modell existiert, welches nicht mehr erweitert werden kann. Letzteres steht insbesondere im Widerspruch zur Behauptung des aufsteigenden Theorems von Löwenheim-Skolem-Tarski, das besagt, daß, falls ein unendliches Modell existiert, auch Modelle mit beliebiger transfiniter Kardinalität existieren. Andererseits greifen sie auf die im Kapitel 3 entwickelte formale (aber nicht symbolische) Modelltheorie zurück, welche grundsätzlich nicht auf eine symbolische Darstellung der Prädikatenlogik, also auf keine Sprache für einen Prädikatenkalkül, bezogen ist.

Im Kontext der vorangehenden Überlegungen folgt, daß auch der der üblichen Zermelo-Fraenkel-Mengenlehre (ZF) entsprechende Teilbereich der Finsler-Mengenlehre, der Bereich der fundierten und zirkel-freien Mengen der sogenannten *Cantor-Mengenlehre*, nicht symbolisierbar ist. Seine absolute, das heißt nicht symbolisierbare Widerspruchsfreiheit und Vollständigkeit erbt dieser Teilbereich von der vollständigen (aber nicht symbolisierten) Finsler-Mengenlehre.

Da es im weiteren nur *eine* das Axiomensystem **F1**, **F2**, **C** und $\mathbf{F3}_C$ erfüllende Klasse von Mengen gibt, kann es hier kein Theorem nach der Art des (absteigenden) Theorems von Löwenheim-Skolem (Methatheorem 4.11) geben, wonach es zu jedem in der Prädikatenlogik erster Stufe symbolisierten Axiomensystem ein Modell mit nur abzählbar vielen Elementen gibt. Dieser Tatsache steht außerdem die Nicht-Symbolisierbarkeit der Axiome **F1**, **F2**, **C** und $\mathbf{F3}_C$ im Wege, wie auch die überabzählbare Unendlichkeit der Klasse aller zirkelfreien fundierten Mengen. Es gibt demzufolge im Rahmen der Axiome **F1**, **F2**, **C** und $\mathbf{F3}_C$ der Cantor-Mengenlehre keine nicht intendierten (abzählbaren) Nichtstandardmodelle, das heißt keine elementar äquivalenten, zueinander nicht-isomorphen Modelle.

Damit gibt es schließlich in der Cantor-Mengenlehre absolut unterschiedliche unendliche Mächtigkeiten und nicht bloß relative unterschiedene (abzählbare) Mächtigkeiten, deren Verschiedenheit nur durch die Nicht-Symbolisierbarkeit der entsprechenden Bijektionen garantiert ist (Skolemsches Paradoxon – siehe Abschnitt 4.15).

Bibliographische Hinweise

Abschnitt 4.2 bis 4.6: Die Darstellung der symbolischen Logik folgt im wesentlichen Ebbinghaus/Flum/Thomas [1992]. Siehe dazu und zum folgenden auch die gut lesbare Darstellung von Hoffmann [2011].

Abschnitt 4.7: Das Metatheorem 4.9 geht auf Gödel [1930] zurück. Es wird manchmal auch als «Gödelscher Vollständigkeitssatz» bezeichnet.

Abschnitt 4.9: Die Beweisidee des Theorems von Skolem (Metatheorem 4.17) stammt von Henkin [1950] und ist hier adaptiert nach Markwald [1972], § 31 und Ebbinghaus/Flum/Thomas [1992], Kapitel VI.4. Der ursprüngliche Beweis von Skolem [1933], [1934] geht andere Wege, die in den Abschnitten 2.10.3 und 4.11.4 entwickelt werden. Die «Nichtcharakterisierbarkeit der Zahlenreihe mittels endlich oder abzählbar unendlich vieler Aussagen» bedeutet im hier gegebenen Kontext, daß sich die Peano-Axiome durch keine (höchstens abzählbare) Satzmenge der Sprache erster Stufe bis auf S-Isomorphie charakterisieren lassen.

Abschnitt 4.10: Die Darstellung der Ordnungsstruktur von Nichtstandardmodellen orientiert sich an Kemeny [1958], Delong [1971], S. 182-185 und Ebbinghaus/Flum/Thomas[1992], S. 115-116.

Abschnitt 4.11: Die Adjunktionsmethode ist adaptiert nach Laugwitz [1986], Kapitel 2.2 und die Ultrapotenzmethode nach Engeler [1983], Kapitel I.4. Der Übergang von der Adjunktionsmethode zur Ultrapotenzmethode stammt von Laugwitz [1986], Kapitel 2.4. Skolem [1934] geht von allen im Kalkül symbolisierbaren arithmetischen Funktionen einer Variablen aus und zeigt, daß diese Menge abzählbar ist. Sein Satz 1 entspricht Theorem 2.14 und Metatheorem 4.22 ist eine Zusammenfassung seiner Sätz 2, 3 und 4. – Das Axiomensystem von Abschnitt 4.11.5 ist geringfügig verändert übernommen von Keisler [1976], Kapitel 1. Siehe auch Richter [1982], Kapitel II.

Abschnitt 4.12: Der direkteste (und erste) Beweis von Metatheorem 4.27 stammt von Gödel [1931]. Er zeigte, daß eine geeignete arithmetische Symbolisierung («Gödelisierung») des Satzes, der seine eigene Falschheit behauptet, zu einem von $Th(\mathbf{\Pi A})$ syntaktisch unabhängigen

S-Satz führt, dessen Erfüllbarkeit aber in $Th(\mathcal{N})$ entscheidbar ist (da es sich um einen rein arithmetischen Ausdruck handelt). Der hier zitierte Beweis des Unvollständigkeitstheorems geht von den Begriffen der Aufzählbarkeit und Entscheidbarkeit aus. Daraus lassen sich einige weitere Einsichten zur Peano-Arithmetik gewinnen.

Abschnitt 4.13: Siehe dazu genauer Ebbinghaus/Flum/Thomas [1992], Kapitel X oder Oberschelp [1993]. Eine breite Einführung in die Arithmetik im Rahmen der Logik erster Stufe gibt Smorynski [1991]. Tiefliegendere und schwierigere Aspekte behandeln Kaye [1991] und Hájek/Pudlak [1993].

Abschnitt 4.14: Die Darstellung folgt Ebbinghaus/Flum/Thomas [1992], Kapitel X.7.

Abschnitt 4.15: Ebbinghaus [1994], Kapitel I und XI; Ebbinghaus/Flum/Thomas [1992], Kapitel X 7; Bernays [1957]; Skolem [1941].

Abschnitt 4.16: Siehe Ebbinghaus/Flum/Thomas [1992], Kapitel IX. Detallierte Untersuchungen zur Tragweite verschiedenster Erweiterungen der Logik erster Stufe finden sich in Barwise/Feferman [1985].

Abschnitt 4.19: Siehe Bakker/Ziegler [1996], Abschnitt I.11 und II.8.

Kapitel 5
Nichtstandardkonstruktionen für reelle Zahlen

5.1 Angeordnete Körper

5.1.1 Archimedische Körper und die klassische Auffassung der reellen Zahlen

Die Struktur $\mathcal{R} = \langle \mathbb{R}, +_{\mathcal{R}}, \cdot_{\mathcal{R}}, <_{\mathcal{R}}, 0_{\mathcal{R}}, 1_{\mathcal{R}} \rangle$ der reellen Zahlen erfüllt folgende Axiome:

R1 (Die Struktur $\langle \mathbb{R}, +_{\mathcal{R}}, \cdot_{\mathcal{R}}, 0_{\mathcal{R}}, 1_{\mathcal{R}} \rangle$ ist ein Körper)

- **K1** $x + y = y + x, x \cdot y = y \cdot x.$
- **K2** $x + (y + z) = (x + y) + z, \qquad x \cdot (y \cdot z) = (x \cdot y) \cdot z.$
- **K3** $x \cdot (y + z) = x \cdot y + x \cdot z.$
- **K4** Es gibt zwei ausgezeichnete Elemente 0 und $1 \neq 0$, sodaß für alle x gilt: $x + 0 = x, \quad x \cdot 1 = x.$
- **K5** Zu jedem x gibt es ein y mit $x + y = 0$. Zu jedem $x \neq 0$ gibt es ein $z \neq 0$ mit $x \cdot z = 1$.

R2 (Die Struktur $\langle \mathbb{R}, <_{\mathcal{R}} \rangle$ ist eine totale oder lineare Ordnung, die mit $+_{\mathcal{R}}$ und $\cdot_{\mathcal{R}}$ verträglich ist)

- **O1** Es gilt nicht $x < x$.
- **O2** Aus $x < y$ und $y < z$ folgt $x < z$.
- **O3** Es ist entweder $x < y$ oder $x = y$ oder $y < x$.
- **OK1** Aus $x < y$ folgt $x + z < y + z$.
- **OK2** Aus $x > 0$ und $y > 0$ folgt $x \cdot y > 0$.

R3 (Die Struktur $\langle \mathbb{R}, <_{\mathcal{R}} \rangle$ ist ordnungsvollständig, oder kurz: vollständig)

- **OV** Jede nichtleere, nach oben beschränkte Teilmenge $M \subset \mathbb{R}$ hat eine kleinste obere Schranke.

Die Struktur $\mathcal{R}$ wird aufgrund dieser Eigenschaften auch als *(ordnungs-)vollständiger angeordneter Körper* bezeichnet. Gilt für einen Körper nur **R1** und **R2**, so heißt er *(an)geordneter Körper*.

Theorem 5.1 *Jeder angeordnete Körper $\mathcal{K} = \langle \mathbb{K}, +, \cdot, <, 0, 1 \rangle$ enthält eine Kopie der natürlichen Zahlen $\mathbb{N}$.*

Beweis: Wegen $0 \neq 1$ gilt $0 < 1$. Dann folgt $0 + 1 < 1 + 1 := 2$, also $1 < 2$, woraus wieder folgt $1 + 1 < 2 + 1 =: 3$ und so weiter; also ist $n < n + 1$ für alle so konstruierten n. Dies bedeutet, daß in $\mathbb{K}$ Repräsentanten von allen natürlichen Zahlen liegen und untereinander verschieden sind. ■

Ein angeordneter Körper heißt *archimedisch geordnet*, falls es für zwei Elemente x, y mit $0 < x < y$ eine natürliche Zahl $n \in \mathbb{N}$ gibt mit $y < n \cdot x$. Es sei $\mathcal{N} = \langle \mathbb{N}, +_{\mathcal{N}}, \cdot_{\mathcal{N}}, <_{\mathcal{N}}, 1_{\mathcal{N}} \rangle$ die Struktur der natürlichen Zahlen.

Theorem 5.2 *Für einen angeordneten Körper $\mathcal{K}$ gilt: $\mathcal{K} = \langle \mathbb{K}, +, \cdot, <, 0, 1 \rangle$ ist archimedisch genau dann, wenn $\mathbb{N}$ in $\mathbb{K}$ nicht beschränkt ist.*

Beweis (indirekt): Ist der Körper $\mathcal{K}$ nicht archimedisch, so gibt es $0 < x < y \in \mathbb{K}$ mit $0 < n \cdot x < y$ für alle $n \in \mathbb{N}$. Wegen $x^{-1} > 0$ ist $0 < n \cdot x \cdot x^{-1} = n < yx^{-1}$ für alle $n \in \mathbb{N}$, also ist yx^{-1} eine obere Schranke von $\mathbb{N}$. – Ist umgekehrt $\mathbb{N}$ in $\mathbb{K}$ beschränkt, so gibt es ein $b \in \mathbb{K}$ mit $n < b$ für alle $n \in \mathbb{N}$. Mit $0 < x = 1 < b$ gilt $x \cdot n < b$ für alle $n \in \mathbb{N}$, also ist $\mathcal{K}$ nicht archimedisch. ■

Aus Theorem 5.2 folgt, daß es in einem archimedisch angeordneten Körper weder unendlich große (infinite) noch unendlich kleine (infinitesimale) Elemente gibt. Denn wäre $u \in \mathbb{K}$ ein infinites Element, so wäre $n < u$ für alle $n \in \mathbb{N}$, also $\mathbb{N}$ in $\mathbb{K}$ beschränkt. Dies ist gleichbedeutend mit: u^{-1} ist infinitesimal, das heißt $u^{-1} < n^{-1}$ für alle $n \in \mathbb{N}$.

Theorem 5.3 *Ist ein angeordneter Körper $\mathcal{K}$ vollständig, so ist er archimedisch.*

Beweis (indirekt): Sei $\mathcal{K}$ nicht archimedisch, dann hat wegen Theorem 5.2 die nicht leere Teilmenge $\mathbb{N} \subset \mathbb{K}$ eine obere Schranke b. Dann ist aber auch $b - 1$ eine obere Schranke, denn andernfalls gäbe es ein $n \in \mathbb{N}$ mit $b - 1 < n$, und so wäre $b < n + 1$, also b keine obere Schranke. Dies zeigt, daß keine obere Schranke von $\mathbb{N}$ kleinste obere Schranke sein kann, das heißt $\mathcal{K}$ ist nicht vollständig. ■

Die Umkehrung kann nicht gelten, denn der angeordnete Körper der rationalen Zahlen $\mathcal{Q} = \langle \mathbb{Q}, +, \cdot, <, 0, 1 \rangle$ ist zwar archimedisch, aber nicht vollständig.

Zwei angeordnete Körper $\mathcal{K} = \langle \mathbb{K}, +_{\mathcal{K}}, \cdot_{\mathcal{K}}, <_{\mathcal{K}}, 0_{\mathcal{K}}, 1_{\mathcal{K}} \rangle$ und $\mathcal{L} = \langle \mathbb{L}, +_{\mathcal{L}}, \cdot_{\mathcal{L}}, <_{\mathcal{L}}, 0_{\mathcal{L}}, 1_{\mathcal{L}} \rangle$ sind *isomorph*, wenn es eine umkehrbar eindeutige (bijektive) Abbildung $\pi : \mathbb{K} \longrightarrow \mathbb{L}$ gibt, für welche gilt:

(I1) $\pi(0_{\mathcal{K}}) = 0_{\mathcal{L}}, \pi(1_{\mathcal{K}}) = 1_{\mathcal{L}}$.

(I2) $\pi(x +_{\mathcal{K}} y) = \pi(x) +_{\mathcal{L}} \pi(y)$.

(I3) $\pi(x \cdot_{\mathcal{K}} y) = \pi(x) \cdot_{\mathcal{L}} \pi(y)$.

(I4) Aus $x <_{\mathcal{K}} y$ folgt $\pi(x) <_{\mathcal{L}} \pi(y)$.

Theorem 5.4 (Monomorphietheorem) *Je zwei vollständig angeordnete Körper sind isomorph, das heißt alle vollständig angeordneten Körper sind zueinander und zu dem Körper der rellen Zahlen $\mathcal{R} = \langle \mathbb{R}, +, \cdot, <, 0, 1 \rangle$ isomorph.*

Beweis: Siehe Artmann [1983], S. 21-28; Oberschelp [1968], § 23; Mainzer [1988], S. 42 f.. ■

Eine *Einbettung* eines angeordneten Körpers $\mathcal{K}$ in einen angeordneten Körper $\mathcal{L}$ ist eine eindeutige (injektive) Abbildung $\pi : \mathbb{K} \longrightarrow \mathbb{L}$ von $\mathcal{K}$ in $\mathcal{L}$ mit den Eigenschaften (I1), (I2), (I3), (I4). Das Bild $\pi(\mathbb{K})$ ist also in $\mathbb{L}$ enthalten in dem Sinne, daß alle Elemente von $\mathbb{K}$ «bis auf die Bezeichnung» in $\mathbb{L}$ liegen, das heißt es gibt in $\mathbb{L}$ eine getreue Kopie von $\mathbb{K}$.

Theorem 5.5 *Jeder archimedische Körper $\mathcal{K}$ läßt sich in einen vollständigen Körper $\mathcal{L}$ einbetten.*

Beweis: Eine Analyse des Beweises von Theorem 5.4 zeigt, daß die Vollständigkeit von $\mathcal{K}$ nur beim Beweis der Surjektivität der Abbildung $\pi : \mathbb{K} \longrightarrow \mathbb{L}$ notwendig ist. Für alle übrigen Schritte wurde nur die Archimedizität von $\mathcal{K}$ verwendet. ■

Daraus läßt sich eine weitere Kennzeichnung der reellen Zahlen gewinnen. Man nennt einen archimedisch angeordneten Körper $\langle \mathbb{L}, +, \cdot, <, 0, 1 \rangle$ *maximal archimedisch*, wenn in ihn jeder andere archimedisch angeordnete Körper $\langle \mathbb{K}, +, \cdot, <, 0, 1 \rangle$ eingebettet werden kann.

Theorem 5.6 *Jeder maximal archimedische Körper ist isomorph zum Körper der reellen Zahlen $\mathcal{R} = \langle \mathbb{R}, +, \cdot, <, 0, 1 \rangle$, das heißt je zwei maximal archimedische Körper sind isomorph.*

Beweis: Es wird gezeigt: Ein Körper $\mathcal{L}$ ist genau dann maximal archimedisch, wenn er isomorph ist zu $\mathcal{R}$. Sei $\mathcal{L}$ maximal archimedisch, dann gilt, da $\mathcal{R}$ archimedisch ist, $\mathcal{R} \subset \mathcal{L}$. Andererseits gilt wegen Theorem 5.5, da $\mathcal{R}$ vollständig ist, $\mathcal{L} \subseteq \mathcal{R}$, und damit $\mathcal{L} = \mathcal{R}$. – Sei umgekehrt $\mathcal{L}$ isomorph zu $\mathcal{R}$. Dann kann wegen Theorem 5.5 jeder archimedische Körper $\mathcal{K}$ in $\mathcal{L}$ eingebettet werden, also ist $\mathcal{L}$ maximal archimedisch. ■

Der Körper der reellen Zahlen ist also gewissermaßen der größte aller archimedisch angeordneten Körper. Kann ein angeordneter Körper $\mathcal{K}$ in $\mathcal{R}$ eingebettet werden, so muß $\mathcal{K}$ archimedisch sein. *Beweis*: Da $\mathcal{K}$ angeordnet ist, enthält $\mathbb{K}$ eine Kopie der natürlichen Zahlen $\mathbb{N}$ (Theorem 5.1), und damit umfaßt die Einbettung von $\mathcal{K}$ in $\mathcal{R}$ die natürlichen Zahlen $\mathbb{N}$. Folglich ist $\mathbb{N}$ in $\mathbb{K}$ nicht beschränkt (da sogar $\mathbb{N}$ in $\mathbb{R}$ nicht beschränkt ist), also ist $\mathcal{K}$ nach Theorem 5.2 archimedisch.

Dies ergibt zusammen mit Theorem 5.5 eine wichtige Charakterisierung des Begriffs «archimedisch»: Ein angeordneter Körper ist genau dann archimedisch, wenn er in die Zahlengerade $\mathcal{R}$ eingebettet werden kann. Aus obigen Überlegungen läßt sich nun leicht folgende Äquivalenz ableiten:

Theorem 5.7 *Für einen angeordneten Körper $\mathcal{K}$ gilt: $\mathcal{K}$ ist genau dann vollständig, wenn $\mathcal{K}$ maximal archimedisch ist.*

Beweis: Sei $\mathcal{K}$ vollständig, dann ist $\mathcal{K}$ isomorph zu $\mathcal{R}$, also ist er maximal archimedisch. Umgekehrt, falls $\mathcal{K}$ maximal archimedisch ist, ist $\mathcal{K}$ ebenfalls isomorph zu $\mathcal{R}$ und damit vollständig. ■

Aus dem Vorangehenden ist klar, daß jede echte Körpererweiterung der reellen Zahlen $\mathcal{R}$ nur unter Verlust der Archimedizität und damit der Vollständigkeit möglich ist. Es kann bei diesem Prozeß höchstens die Anordnung erhalten bleiben. Stellt man die Frage, ob bei solchen Körpererweiterungen auch wieder eine Art maximaler Körper auftritt, so wird man enttäuscht: Es gibt keinen solchen, das heißt man kann einen unbegrenzt hohen Turm von Körpererweiterungen bauen.

5.1.2 Konstruktionen der reellen Zahlen

Im vorangehenden Abschnitt wurden *Charakterisierungen* oder *Kennzeichnungen* der reellen Zahlen studiert, welche diese, als mathematische Objekte, in ihren Eigenschaften bis auf Isomorphie eindeutig festlegen. Hier sollen nun Konstruktionen oder konkrete Darstellungen dieser Zahlen diskutiert werden aufgrund der elementareren Zahlbereiche $\mathbb{N}$, $\mathbb{Z}$ oder $\mathbb{Q}$.

A) Dezimaldarstellung
Hier werden die reellen Zahlen dargestellt als Summen von Zehnerpotenzen (oder allgemeiner von Potenzen von natürlichen Zahlen) mit Koeffizienten in $\mathbb{Z}$. Als Grundlage und Ausgangspunkt dienen hier also letztlich die ganzen Zahlen $\mathbb{Z}$.

Der Vorteil dieser Methode liegt in ihrer Anschaulichkeit und alltäglichen Bekanntheit. Zudem lassen sich solche Zahlen leicht «hinschreiben». Von den strukturellen Eigenschaften lassen sich die Anordnung leicht definieren (lexikographisch) und die Vollständigkeit ebenfalls leicht beweisen. Schwierigkeiten machen jedoch die Definitionen der Addition und Multiplikation sowie der Nachweis der entsprechenden Körperaxiome.

B) Dedekindsche Schnitte
Hier wird die Unvollständigkeit der rationalen Zahlen $\mathcal{Q} = \langle \mathbb{Q}, +, \cdot, <, 0, 1 \rangle$ durch Einführung von Schnitten, die in natürlicher Weise vollständig und linear geordnet sind, behoben. Ein *Schnitt* ist dabei ein Paar A, B von nichtleeren Teilmengen von $\mathbb{Q}$, sodaß jede rationale Zahl $q \in \mathbb{Q}$ entweder in A oder in B liegt, $a < b$ für $a \in A$ und $b \in B$ gilt sowie A kein kleinstes Element hat. Für diese Objekte werden dann Addition und Multiplikation so definiert, daß sie einen Körper bilden.

Dies ist das vom mathematischen Gesichtspunkt aus einfachste – jedoch nicht das anschaulichste – Verfahren zur Konstruktion der reellen Zahlen; es ist zugleich das diesen Zahlen am besten angemessene. Letzteres hat zur Folgen, daß dieses Verfahren nur bedingt verallgemeinert werden kann für die Vervollständigung geordneter Mengen.

C) Kettenbrüche
Vermöge einer Darstellung reeller Zahlen durch (unendliche) Kettenbrüche erhält man eine Definition der Elemente von $\mathbb{R}$ auf der Grundlage von $\mathbb{Z}$, denn jeder Kettenbruch läßt sich durch eine Folge (=Kettenbruchfolge) ganzer Zahlen definieren:

$$[a_0; a_1, a_2, a_3, \ldots] = a_0 + \frac{1}{a_1 + \frac{1}{a_2 + \frac{1}{a_3 + \ldots}}}.$$

Es ist jedoch bis heute keine vernünftige Möglichkeit bekannt, mit Hilfe der Kettenbruchfolgen Addition und Multiplikation reeller Zahlen zu definieren. Also ist dieser Zugang für eine Definition des Körpers $\mathcal{R} = \langle \mathbb{R}, +, \cdot, <, 0, 1 \rangle$ ungeeignet.

D) Intervallschachtelung
Es werden Folgen von Intervallen mit Endpunkten in $\mathbb{Q}$ betrachtet, von denen jedes im vorangehenden enthalten ist und deren Länge gegen Null strebt. Reelle Zahlen werden dann als Äquivalenzklassen verschiedener Schachtelungen, welche dieselbe «Verfeinerung» haben, eingeführt.

Der praktische Vorteil der Intervallschachtelung liegt darin, daß eine reelle Zahl durch eine Schachtelung in bestimmten Schranken anschaulich fixiert ist. Die direkte Einführung der Ordnung ist jedoch nicht ganz einfach; zudem macht es Mühe, für Addition und Multiplikation die Körpereigenschaften nachzuweisen. Im weiteren ist die Verallgemeinerungsfähigkeit nicht vergleichbar mit derjenigen der Methode der Fundamentalfolgen.

E) Fundamentalfolgen
Gemäß einer Idee Georg Cantors werden reelle Zahlen aufgefaßt als Grenzwerte rationaler Folgen. Entscheidend ist hier die Umgehung des Grenzwertbegriffs durch eine geschickte Definition der Konvergenz ohne Bezug auf den (eventuell nicht mehr reellen) Grenzwert. Dazu dient das Cauchysche Konvergenzkriterium: Eine Folge $\{r_n\} := \{r_n \mid n \in \mathbb{N}, r_n \in \mathbb{Q}\} = \{r_1, r_2, r_3, \ldots\} \in \mathbb{Q}^{\mathbb{N}}$ rationaler Zahlen heißt *Fundamentalfolge* oder *Cauchy-Folge*, wenn es zu jedem rationalen $\varepsilon > 0$ einen Index $k \in \mathbb{N}$ gibt, sodaß für alle $m, n \geq k$ gilt, daß $|r_m - r_n| < \varepsilon$.

Der Ring der Fundamentalfolgen: Indem man Addition und Multiplikation gliedweise definiert

$$\{r_n\} + \{s_n\} := \{r_n + s_n\},$$
$$\{r_n\} \cdot \{s_n\} := \{r_n \cdot s_n\},$$

wird die Menge F aller Fundamentalfolgen zu einem kommutativen Ring $\mathcal{F}$. (Da einige Komponenten einer Folge gleich Null sein können, ist weder das multiplikative Neutralelement eindeutig bestimmt noch die Division überall definiert.) Indem man jedem $r \in \mathbb{Q}$ die konstante Folge $\{r, r, \ldots\}$ zuordnet, bettet man die rationalen Zahlen $\mathcal{Q}$ als Unterring in $\mathcal{F}$ ein.

Der Restklassenkörper $\mathcal{F}/\mathcal{G}$ der Fundamentalfolgen modulo den Nullfolgen: Nun kann es sein, daß sich die Glieder verschiedener Fundamentalfolgen an der gleichen Stelle häufen. Es wäre also sinnvoll, alle solche Fundamentalfolgen gleich zu behandeln, welche zu einer solchen Stelle hin tendieren. Dies ist der Sinn der folgenden Äquivalenzdefinition aufgrund von Nullfolgen. Zunächst heißt eine Folge $\{r_n\}$ *rational konvergent*, wenn es eine rationale Zahl r gibt, sodaß zu jedem rationalen $\varepsilon > 0$ ein Index $k \in \mathbb{N}$ existiert, sodaß für alle $n \geq k$ gilt, daß $|r_n - r| < \varepsilon$. Dann ist r eindeutig bestimmt und man schreibt $r = lim\ r_n$. Natürlich ist jede rational konvergente Folge eine Fundamentalfolge. Nun heißt eine rationale konvergente Folge *Nullfolge*, wenn $lim\ r_n = 0$. Die Menge G der Nullfolgen ist ein *Ideal* $\mathcal{G}$ im Ring $\mathcal{F}$, das heißt

(1) Wenn $\{r_n\}$ und $\{s_n\}$ Nullfolgen sind, so ist $\{r_n + s_n\}$ eine Nullfolge;

(2) Wenn $\{r_n\}$ eine Nullfolge ist und $\{s_n\}$ eine beliebige Folge, so ist $\{r_n \cdot s_n\}$ eine Nullfolge.

Zwei Fundamentalfolgen $\{r_n\}$, $\{s_n\}$ heißen *äquivalent*, wenn ihre Differenz $\{r_n - s_n\}$ eine Nullfolge ist. Die von $\{r_n\}$ repräsentierte Äquivalenzklasse ist $\{r_n\} + G = \{\{r_n + g_n\} \mid \{g_n\} \in G\}$. Mann nennt dies die Restklasse von $\{r_n\}$ modulo $\mathcal{G}$. Da $\mathcal{G}$ Ideal ist, lassen sich Restklassen addieren und multiplizieren:

$$\{\{r_n\} + G\}\} + \{\{s_n\} + G\}\} = \{r_n + s_n\} + G,$$
$$\{\{r_n\} + G\}\} \cdot \{\{s_n\} + G\}\} = \{r_n \cdot s_n\} + G.$$

Die Menge F/G der Restklassen wird dadurch zu einem kommutativen Ring $\mathcal{F}/\mathcal{G}$ mit 1. Er umfaßt $\mathcal{Q}$, wenn man jede rationale Zahl r mit der Klasse der zugehörigen konstanten Folgen modulo $\mathcal{G}$ identifiziert. Man kann nun durch geeignete Definition des multiplikativen Inversen zeigen: Die Restklassen der Fundamentalfolgen modulo den Nullfolgen bilden einen Körper $\mathcal{F}/\mathcal{G}$.

Anordnung und Vollständigkeit des Restklassenkörpers $\mathcal{F}/\mathcal{G}$: Dieser Körper $\mathcal{F}/\mathcal{G}$ kann zu einem angeordneten Körper gemacht werden durch die Definition der $<$-Relation auf der Menge der Restklassen: $\{\{r_n\} + G\}\} < \{\{r_n\} + G\}\}$ genau dann, wenn $r_n < s_n$ für fast alle $n \in \mathbb{N}$. Mit etwas Aufwand kann man dann zeigen, daß $\mathcal{F}/\mathcal{G}$ archimedisch und auch vollständig ist.

Die Hauptvorteile dieses Verfahrens mit Fundamentalfolgen ist die Verallgemeinerungsfähigkeit für die Vervollständigung metrischer Räume, sowie die Nähe zu fundamentalen Begriffen der Algebra. Man kann es ein *algebraisches* Verfahren im Gegensatz zum *ordnungstheoretischen* Dedekind-Verfahren nennen. Die Nachteile liegen in den zum Teil umständlichen und mühsamen Beweisen der Körperaxiome, insbesondere bei dem Nachweis der Vollständigkeit.

5.1.3 Nichtarchimedische Körper

Nichtarchimedische Strukturen sind keine exotischen Gebilde, sondern tauchen in natürlicher Weise an verschiedenen Stellen der Mathematik auf. Hier wird das Standardbeispiel eines nichtarchimedischen *Körpers* diskutiert. Die Theorie der Hornwinkel ist ein Beispiel für eine nichtarchimedische additive abelsche Gruppe.

Der Körper der rationalen Funktionen $\mathbb{R}(x)$: Man gehe aus von der Menge $\mathbb{R}[x]$ aller Polynome in $x \notin \mathbb{R}$ über $\mathbb{R}$ mit den Elementen

$$p(x) = a_n x^n + a_{n-1}x^{n-1} + \ldots + a_0 \text{ mit } a_i \in \mathbb{R}.$$

Mit der üblichen Addition und Multiplikation wird $\mathbb{R}[x]$ zu einem kommutativen Ring mit 1: Das multiplikative Neutralelement ist das Polynom mit $a_0 = 1$ und $a_i = 0$ für alle $i \neq 0$. Das additive Neutralelement ist das Nullpolynom: $a_i = 0$ für alle i. Gibt man x Werte aus $\mathbb{R}$, so kann man die Polynome p als Funktionen $p : \mathbb{R} \longrightarrow \mathbb{R}$ auffassen.

Man bildet nun den Quotientenkörper $\mathbb{R}(x)$ des Rings der Polynome $\mathbb{R}[x]$, definiert durch

$$\mathbb{R}(x) = \{\tfrac{p(x)}{q(x)} \mid p(x), q(x) \in \mathbb{R}[x], q \neq 0\}.$$

Zum Nachweis der Körpereigenschaften bestimmt man die Elemente von $\mathbb{R}(x)$ als Äquivalenzklassen von Paaren (p,q), wobei zwei Paare (p,q), (p',q') äquivalent sind, wenn $pq' = qp'$. Die Addition ist definiert durch $(pq' + qp', qq')$ und die Multiplikation durch (pp', qq'). Da $\mathbb{R}$ keine Nullteiler enthält, ist $\mathbb{R}(x)$ sicher ein kommutativer Ring mit 1 ohne Nullteiler. $\mathbb{R}(x)$ ist sogar ein Körper, denn für (p,q) ist (q,p) das eindeutig bestimmte inverse Element: die Multiplikation ergibt (pq, pq) und dies ist äquivalent zu $(1,1)$.

Jetzt wird eine Anordnung in $\mathbb{R}(x)$ definiert und damit aus $\mathbb{R}(x)$ ein angeordneter Körper gemacht. Man beginnt mit der Einführung der Anordnung im Polynomring $\mathbb{R}[x]$. Ein Polynom $p(x)$ heiße *positiv*, falls $a_n > 0$. Faßt man das Polynom als Funktion auf, so hat diese nur endlich viele Nullstellen, also bleibt $p(x)$ von einer gewissen Stelle an im allgemeinen oberhalb oder unterhalb der x-Achse. Man sagt, die Kurve $p(x)$ bleibt für $a_n > 0$ «schließlich» oberhalb der x-Achse.

Nun definiert man für zwei Polynome p und q: Das Polynom p ist kleiner als das Polynom q, $p < q$, genau dann, wenn $q - p$ positiv ist. Dadurch ist eine totale oder lineare Ordnung bestimmt, denn es ist nicht $p < p$, und es gilt: wenn $p < q$ und $q < r$, so ist $p < r$, da aus $q - p$ positiv und $r - q$ positiv folgt $(q - p) + (r - q) = r - p$ positiv. Es bleibt die Trichotomie zu zeigen. Sei $p \neq q$ mit

$$p(x) = a_n x^n + a_{n-1}x^{n-1} + \ldots + a_0,$$
$$q(x) = b_m x^m + b_{m-1}x^{m-1} + \ldots + b_0,$$

wobei $a_n \neq 0$ und $b_m \neq 0$. Dann ist entweder $m = n$ oder $m \neq n$. Für $m = n$ ist entweder $a_n > b_n$ oder $a_n = b_n$ oder $a_n < b_n$ und entsprechend im ersten und letzten Fall $p - q$ positiv oder $q - p$ positiv; nach Voraussetzung ist das Polynom $p - q$ nicht das Nullpolynom, also gibt es im Falle $a_n = b_n$ ein größtes $i < n$ mit $a_i \neq b_i$, also ist entweder $a_i > b_i$ oder $b_i > a_i$ und damit entweder $p - q$ positiv oder $q - p$ positiv. – Ist $m > n$, so ist $q - p$ positiv falls $b_m > 0$, andernfalls ist $p - q$ positiv; für $m < n$ ist $p - q$ positiv falls $a_n > 0$, andernfalls ist $q - p$ positiv.

Damit ist $\langle \mathbb{R}[x], +, \cdot, < \rangle$ ein angeordneter Körper. Die Anordnung ist aber nicht archimedisch. Denn sei $f(x) = x$ und $g(x) = x^2$, dann ist $0 < f < g$. Es ist aber für jedes $n \in \mathbb{N}$ auch $n \cdot f < g$, also ist g «wesentlich» größer als f. Die Funktion g kann als unendlich groß gegenüber der Funktion f aufgefaßt werden.

Die Anordnung in $\mathbb{R}[x]$ läßt sich nun einfach auf den Quotientenkörper $\mathbb{R}(x)$ fortsetzen. Ein Element p/q von $\mathbb{R}(x)$, das heißt eine Äquivalenzklasse (p, q) heißt dann *positiv*, wenn $p \cdot q > 0$. Damit wird auch $\mathbb{R}(x)$ zu einem angeordneten, nichtarchimedischen Körper.

Der Körper $\langle \mathbb{R}, +, \cdot, <, 0, 1 \rangle$ läßt sich mit Hilfe der konstanten Funktionen $k(x) = r$, $r \in \mathbb{R}$, isomorph in $\mathbb{R}(x)$ einbetten. In dieser Anordnung ist dann die Funktion $s(x) = x$ gegenüber allen konstanten Funktionen unendlich groß, denn sie wird schließlich größer als jedes $r \in \mathbb{R}$. Entsprechend ist natürlich die Funktion $s^{-1}(x) = 1/x$ unendlich klein, nämlich kleiner als jede Funktion $g(x) = 1/n$ mit $n \in \mathbb{N}$.

5.1.4 Reell-abgeschlossene Körper

Mit $\mathcal{Q} = \langle \mathbb{Q}, +, \cdot, <, 0, 1 \rangle$ und $\mathcal{C} = \langle \mathbb{C}, +, \cdot, <, 0, 1 \rangle$ seien die Struktur der rationalen Zahlen $\mathcal{Q}$ bzw. der Komplexen Zahlen $\mathcal{C}$ bezeichnet. Ein Element $\alpha \in \mathbb{C}$ heißt *algebraisch* über $\mathbb{Q}$, wenn es ein von Null verschiedenes Polynom $p \in \mathbb{Q}[x]$ mit $p(\alpha) = 0$ gibt, das heißt wenn α eine Polynomgleichung

$$a_n\alpha^n + a_{n-1}\alpha^{n-1} + \ldots + a_0 = 0$$

erfüllt, wobei die Koeffizienten $a_i \in \mathbb{Q}$ nicht sämtlich Null sind. Alle übrigen Elemente von $\mathbb{C}$ heißen *transzendent* über $\mathbb{Q}$. Ein algebraisches Element $\alpha \in \mathbb{C}$ heißt *reell-algebraisch*, wenn $\alpha \in \mathbb{R}$. Aus der Algebra ist bekannt, daß die abzählbare Menge aller algebraischen Elemente über $\mathbb{Q}$ einen Körper $\mathcal{A}$ bilden.

Ist $\alpha \notin \mathbb{Q}$ algebraisch über $\mathbb{Q}$, so heißt der durch *Adjunktion* von α zu $\mathbb{Q}$ erzeugte Körper $\mathbb{Q}(\alpha)$ ein *algebraischer Erweiterungskörper* von $\mathcal{Q}$. Ein Körper heißt *algebraisch abgeschlossen* oder algebraisch nicht erweiterbar, wenn jedes nicht konstante Polynom mit Koeffizienten in diesem Körper mindestens eine Nullstelle hat, das heißt jedes solche Polynom schließlich in Linearfaktoren zerfällt. Man kann dan zeigen (siehe etwa Lang [1979], Kapitel V1), daß der Körper der algebraischen Zahlen algebraisch abgeschlossen ist. *Algebraische Zahlkörper* oder algebraische Erweiterungskörper von $\mathcal{Q}$ sind dann solche Körper, die durch Adjunktion von *endlich* vielen *algebraischen* Zahlen $\alpha_1, \alpha_2, \ldots, \alpha_k \in \mathbb{C}$ entstehen: $\mathbb{Q}(\alpha_1, \alpha_2, \ldots, \alpha_k)$. Entsprechend sind *reelle Zahlkörper* oder reell-algebraische Erweiterungskörper von $\mathcal{Q}$ solche Körper, die durch Adjunktion *endlich* vieler *reeller algebraischer* Elemente entstehen. Alle solchen Zahlkörper sind Teilkörper des Körpers $\mathcal{A}$ der algebraischen Zahlen über $\mathbb{Q}$.

In reellen Zahlkörpern gilt, daß eine Summe von Quadraten nur dann verschwindet, wenn die einzelnen Summanden verschwinden. Dies ist äquivalent mit: -1 ist nicht als Quadratsumme darstellbar. *Beweis:* Ist -1 als Summe Σa_i^2 darstellbar, so ist $1^2 + \Sigma a_i^2 = 0$ und somit 0 eine Summe mit nicht sämtlich verschwindenden Summanden. Ist dagegen eine Summe $\Sigma b_j^2 = 0$ gegeben mit mindestens einem $b_k \neq 0$, so ergibt sich aus der Division der Summe durch $(b_k)^2$ die Beziehung $1 + \Sigma a_i^2 = 0$.

Die entscheidende Definition dieses Abschnittes betrifft die Abgeschlossenheit eines Zahlkörpers: Ein Zahlkörper $\mathcal{P}$ heißt *reell-algebraisch abgeschlossen*, oder kurz *reell-abgeschlossen*, wenn

(1) die Zahl -1 nicht als Summe von Quadraten darstellbar ist und

(2) keine echte algebraische Erweiterung von $\mathcal{P}$ die Eigenschaft (1) hat.

Für die Symbolisierung der Theorie der reell-algebraisch abgeschlossenen Körper (siehe Abschnitt 5.3.4) besonders geeignet ist folgende Tatsache:

Theorem 5.8 *Ein Zahlkörper $\mathcal{K} = \langle K, +, \cdot, <, 0, 1 \rangle$ ist genau dann reell-abgeschlossen, wenn gilt:*

(1) *Die Zahl -1 ist nicht als Summe von Quadraten darstellbar;*

(2) *Wenn $a \in K$ und $a \neq b^2$ für alle $b \in K$, so gibt es ein $c \in K$ mit $-a = c^2$;*

(3) *Jedes Polynom ungeraden Grades aus $K[x]$ hat in K eine Nullstelle.*

Beweis: Siehe Pickert/Steiner [1962], § 2.2. ■

Es gilt weiter die wichtige Tatsache:

Theorem 5.9 *Jeder reell-abgeschlossene Körper kann auf eine und nur eine Weise angeordnet werden.*

Beweis: Siehe V. d. Waerden [1993], § 81. ■

Also kann jeder reell-abgeschlossene Körper als angeordnet betrachtet werden. Entscheidend für den hier verfolgten Gesichtspunkt ist die Tatsache, daß der Körper der reellen Zahlen reell-abgeschlossen ist sowie folgendes gilt:

Theorem 5.10 *Jeder reell-abgeschlossene Körper über $\mathbb{Q}$ ist isomorph zum Körper der reellen algebraischen Zahlen über $\mathbb{Q}$.*

Beweis: Siehe V. d. Waerden [1993], § 82. ■

5.2 Nichtstandarderweiterungen der reellen Zahlen

5.2.1 Motivation

Mit Nichtstandarderweiterungen sind solche Erweiterungen des Körpers der reellen Zahlen gemeint, welche unendlich kleine und unendlich große Elemente mitumfassen. Leitend ist dabei die Anwendung auf Grundbegriffe (Zahl, Funktion, Stetigkeit, Ableitung, Integral) und Hauptsätze (Zwischenwertsatz, Verschwinden der Ableitung bei konstanten Funktionen, Nullstellensatz, Fundamentalsatz) der Analysis. Entscheidend ist die Intention, durch infinitesimale Zahlen Grenwertbetrachtungen durch arithmetische Untersuchungen zu ersetzen. Es geht also um eine Art *Arithmetisierung* oder *Algebraisierung* der Analysis, wo der glatt funktionierende Kalkül an vorderster Stelle steht.

Es folgen zwei elementare motivierende Überlegungen (für ausführlichere Darstellungen siehe Laugwitz [1986], Kapitel 1, und die dort angegebene Literatur).

Eine Zahl $\boldsymbol{a}$ heißt *unendlich klein* oder *infinitesimal*, wenn $|\boldsymbol{a}| < r$ für jede positive reelle Zahl r, *unendlich groß* oder *infinit*, wenn $|\boldsymbol{a}| > r$ für jedes $r \in \mathbb{R}$. Anschaulich sollen sich unendlich kleine Zahlen wie sehr kleine Zahlen verhalten und unendlich große Zahlen wie sehr große. Es wird $\boldsymbol{a} \approx \boldsymbol{b}$ geschrieben, das heißt $\boldsymbol{a}$ unendlich nahe bei $\boldsymbol{b}$, wenn $\boldsymbol{a} - \boldsymbol{b}$ unendlich klein ist. Wie solche «Zahlen» konkret konstruiert werden können, wird sich in den Abschnitten 5.2.3 und 5.2.4 ergeben.

A) Differentiale

Ist $y = f(x)$ eine Funktion von x, so interessiert der Zuwachs von y, falls x um ein infinitesimales dx zunimmt. Dieser Zuwachs heißt *Differential* von f und ist definiert durch

$$dy := f(x + dx) - f(x).$$

Üblicherweise wird auch dx als Differential bezeichnet: es ist das Differential der Funktion $f(x) = x$. Die Zuwachsrate dy/dx für $dx \neq 0$ heißt *Differentialquotient*.

Am folgenden elementaren Beispiel lassen sich die klassischen Schwierigkeiten mit der Handhabung des Differentialkalküls demonstrieren. Sei

$$y = f(x) = x^2,$$

dann ist

$$dy = (x + dx)^2 - x^2 = 2x \cdot dx + (dx)^2,$$

also

$$dy/dx = 2x + dx.$$

Unter welchen Voraussetzungen darf dx vernachläßigt werden? Ist $dx \neq 0$, wie vorausgesetzt, so kann es nicht eliminiert werden; ist $dx = 0$, so macht der Differentialquotient keinen Sinn mehr. Ist dx relativ zu $2x$ vernachläßigbar? Ja, im allgemeinen vielleicht schon, aber was ist im Falle $x = 0$? Die Auflösung dieser Schwierigkeit (abgesehen von der üblichen Grenzwertdefinition mit Hilfe der ε-δ-Technik) läßt sich elegant und anschaulich mit Hilfe infinitesimaler Größen lösen (wie dies schon Leibniz getan hat).

Falls die Funktion f in der infinitesimalen Umgebung der reellen Stelle x definiert ist, und falls es eine reelle Zahl a so gibt, daß für alle $dx \approx 0$ für die Differentialquotienten

$$\tfrac{dy}{dx} = \tfrac{f(x+dx)-f(x)}{dx} \approx a$$

gilt, so heißt a die *Ableitung von f an der Stelle x* und man schreibt $a = f'(x)$. Die Funktion f heißt dann an der Stelle x *ableitbar* oder *differenzierbar*. Man beachte: Differentialquotient dy/dx und Ableitung sind klar und deutlich voneinander zu unterscheiden. Will man das Zeichen $\approx$ aus der Definition der Ableitung heraus haben, was für manche Rechnungen praktisch ist, so kann man folgende Gleichung aufstellen:

$$\tfrac{dy}{dx} = f'(x) + o(x, dx)$$

mit $o(x, dx) \approx 0$ für $dx \approx 0$, oder

$$f(x + dx) = f(x) + f'(x)dx + o(x, dx).$$

Letzere Formel ist deshalb besonders brauchbar, weil sie nennerfrei ist, also der Fall $dx = 0$ nicht ausgeschlossen zu werden braucht; im weiteren ist sie ohne weiteres verallgemeinerbar auf Funktionen in $\mathbb{R}^n$.

B) Stetigkeit

Die anschauliche Fassung der Stetigkeit einer Funktion $y = f(x)$ als die Eigenschaft, daß bei sehr kleinen Änderungen von x auch nur kleine Änderungen der Funktionswerte y auftreten, läßt sich nun kurz so fassen: Infinitesimale Änderungen von x bewirken infinitesimale Änderungen von $f(x)$. Genauer: Die Funktion f heißt an der Stelle x *stetig*, wenn eine infinitesimale Änderung des Argumentes x eine höchstens infinitesimale Änderung des Wertes $f(x)$ bewirkt: $f(x) \approx f(z)$ für alle $z \approx x$.

Dieser *qualitativen* Definition steht die etwas umständliche *quantitative* (oder *numerische*) ε-δ-Definition gegenüber: Die Funktion f heißt an der Stelle x *stetig*, wenn es zu jedem reellen $\varepsilon > 0$ ein reelles $\delta > 0$ gibt, sodaß $|f(z) - f(x)| < \varepsilon$ für alle z mit $|z - x| < \delta$. Man kann zeigen, daß die beiden Stetigkeitsdefinitionen im Rahmen der gewöhnlichen reellen Zahlen äquivalent sind (siehe Abschnitt 5.4.1).

Die Handhabung der qualitativen Definition der Stetigkeit ist einfacher und bequemer als die der quantitativen. So läßt sich in wenigen Schritten zeigen, daß die Zusammensetzung zweier stetiger Funktionen stetig ist. Seien $f(x)$ und $g(x)$ an der Stelle x stetig. Zu zeigen ist, daß $h(x) := f(g(x))$ an der Stelle x stetig ist. Es gilt zunächst $g(z) \approx g(x)$ für $z \approx x$ und demzufolge $f(g(z)) \approx f(g(x))$, also $h(z) \approx h(x)$ für $z \approx x$.

Es muß zu einer Begründung der Nichtstandardanalysis zweierlei gezeigt werden: (1) Es existiert ein Zahlbereich, der neben den reellen Zahlen in sachgemäßer Weise infinitesimale und infinite Zahlen umfaßt. (2) Die klassischen Theoreme und Definitionen der Analysis lassen sich sachgemäß auf Funktionen über diesem erweiterten Zahlenbereich übertragen. – Punkt (1) wird in den Abschnitten 5.2.3, 5.2.4 und 5.2.5 behandelt, und die Grundlagen für (2) in den Abschnitten 5.2.6 und 5.3. Einige Konsequenzen für die Analysis werden im Abschnitt 5.4 gezogen, bevor im Abschnitt 5.5 eine vorläufige Bestandesaufnahme über die Bedeutung der Nichtstandardzahlen und der Nichtstandardanalysis durchgeführt wird.

5.2.2 Folgenringe

Läßt sich aus den im Abschnitt 5.1.2 behandelten Methoden zur Konstruktion reeller Zahlen eine verallgemeinerte Version ableiten, sodaß dadurch ein größerer Zahlenbereich als $\mathcal{R}$ konstruiert werden kann? Dafür scheint am ehesten der Ansatz mit den Fundamentalfolgen in Frage zu kommen, da er am leichtesten zu handhaben ist sowie in natürlicher Weise zu einer Verallgemeinerung Anlaß gibt. Die reellen Zahlen werden hier aufgefaßt als Fundamentalfolgen $\mathcal{F}$ modulo den Nullfolgen $\mathcal{G}$, wobei sowohl die Menge F der Fundamentalfolgen wie die Menge G der Nullfolgen Teilmengen der Menge $\mathbb{Q}^{\mathbb{N}}$ aller rationalen Folgen sind.

Zur Konstruktion eines größeren Zahlbereichs als $\mathcal{R}$ gibt es zwei Möglichkeiten: Man kann statt G eine größere Menge von Folgen zulassen oder statt F eine kleinere Menge, oder beides. Ein wesentlicher Vorteil der Fundamentalfolgenmethode besteht in der Nähe zur Algebra, was den Nachweis der Körperaxiome erleichtert. Will man diesen Vorteil beibehalten, so wird man von Folgenringen ausgehen wollen. Wird die Addition und Multiplikation komponentenweise definiert, so sind die Strukturen $\mathcal{Q}^{\mathcal{N}}$, $\mathcal{F}$ und $\mathcal{G}$ Ringe. Wie bereits gezeigt wurde, ist $\mathcal{G}$ ein Ideal in $\mathcal{F}$ und deshalb ist $\mathcal{F}/\mathcal{G}$ ein Ring. Denn es gilt allgemein: Ist $\mathcal{S}$ ein Ring und $\mathcal{J}$ ein Ideal in $\mathcal{S}$, so ist $\mathcal{S}/\mathcal{J}$ ein Ring. – Ein Ideal $\mathcal{M}$ im Ring $\mathcal{S}$ heißt *maximal*, wenn nicht $\mathcal{M} \cong \mathcal{S}$ und es zwischen $\mathcal{M}$ und $\mathcal{S}$ kein Ideal $\mathcal{J}$ gibt, also kein $\mathcal{J}$ mit $M \subseteq \mathfrak{J} \subseteq S$ und $M \neq J \neq S$. Nun gilt folgendes wichtige Theorem.

Theorem 5.11 *Ist $\mathcal{S}$ ein kommutativer Ring mit e und $\mathcal{J}$ ein Ideal in $\mathcal{S}$, so ist $\mathcal{J}$ genau dann maximal, wenn $\mathcal{S}/\mathcal{J}$ ein Körper ist.*

Beweis: (i) Sei $\mathcal{J}$ maximal. Es ist zu zeigen, daß es zu jedem Element $r \in S/J$ ein Inverses gibt. Da $\mathcal{J}$ maximal ist, gilt für jedes $a \in S$ mit $a \notin J$

$$(J,a) := \{xj + ya \mid j \in J; x, j \in S\} = S,$$

denn sonst wäre (J,a) ein größeres Ideal als J. Insbesondere ist etwa $e = b + ra$ mit $b \in S$ und $r \in S$. Man betrachte nun $(a+J) \in S/J$; es ist $a + J \neq 0$, da $a \neq 0$ und $J \neq \emptyset$. Daraus ergibt sich

$$(r+J)\cdot(a+J) = ra + J = e - b + J = e + J,$$

also ist $r + J = (a+J)^{-1}$. (ii) Sei umgekehrt $\mathcal{S}/\mathcal{J}$ ein Körper und sei $(a+J)^{-1}\cdot(a+J) = e + J$. Dabei ist $(a+J)^{-1} = r + J$ für irgendein $r \notin J$, also ergibt sich

$$(r+J)\cdot(a+J) = ra + J = e + J,$$

und daraus $e = b + ra$ für ein $b \in J$. Im Ideal (J,a) ist also e enthalten, das heißt alle Elemente es mit $s \in S$ sind in (J,a), also ist $(J,a) = S$. Folglich ist das Ideal $\mathcal{J}$ maximal. ∎

Aus diesem Theorem 5.11 folgt, da $\mathcal{F}/\mathcal{G}$ ein Körper ist, daß die Menge G der Nullfolgen ein *maximales* Ideal $\mathcal{G}$ in $\mathcal{F}$ ist. Man betrachte nun die folgenden Ringe von Folgen. Man geht dabei vom angeordneten Körper $\mathcal{R}$ aus (es gilt jedoch alles Folgende in diesem Abschnitt auch für beliebige angeordnete Körper):

$\mathcal{R}^{\mathcal{N}}$ Ring aller Folgen $\{a_n\}$, $n \in \mathbb{N}$, $a_n \in \mathbb{R}$;

$\mathcal{B}$ Ring der beschränkten Folgen: $\{a_n\} \in B$ genau dann, wenn es ein $M \in \mathbb{N}$ gibt mit $|a_n| \leq M$ für alle $n \in \mathbb{N}$;

$\mathcal{F}$ Ring der Fundamentalfolgen: $\{a_n\} \in F$ genau dann, wenn es zu jedem $k \in \mathbb{N}$ ein k_0 gibt mit $|a_n - a_m| \leq 1/k$ für alle $n, m \geq k_0$;

$\mathcal{G}$ Ring der Nullfolgen: $\{a_n\} \in G$ genau dann, wenn es zu jedem $k \in \mathbb{N}$ ein k_0 gibt mit $|a_n| \leq 1/k$ für alle $n \geq k_0$;

$\mathcal{V}$ Ring der schließlich verschwindenden Folgen: $\{a_n\} \in V$ genau dann, wenn höchstens endlich viele $a_n \neq 0$ sind, das heißt wenn $\{n \in \mathbb{N} \mid a_n \neq 0\}$ kofinit ist.

Eine Teilmenge eines kommutativen Ringes $\mathcal{S}$ ist genau dann ein Unterring, wenn sie stets auch das Produkt und die Differenz zweier ihrer Elemente enthält; ein Unterring ist ein Ideal in $\mathcal{S}$, wenn jedes Produkt eines Unterringelementes mit einem Ringelement zum Unterring gehört. Es stellt sich heraus, daß zwischen den obigen Ringen die folgenden Beziehungen gelten: Jeder Ring ist Unterring aller vorhergehenden Ringe. Der Ring $\mathcal{G}$ ist Ideal in $\mathcal{B}$ und $\mathcal{F}$, sogar maximal in $\mathcal{F}$. Der Ring $\mathcal{V}$ ist Ideal in allen Ringen $\mathcal{R}^{\mathcal{N}}$, $\mathcal{B}$, $\mathcal{F}$, $\mathcal{G}$, aber in keinem maximal, denn zwischen $\mathcal{V}$ und $\mathcal{G}$ gibt es den Ring aller Nullfolgen, die schließlich für alle geraden Indizes verschwinden; dieser Ring ist ein Ideal in $\mathcal{G}$ und ein echter Oberring von $\mathcal{V}$.

Durch Restklassenbildung kommt man mit den angegebenen Ringen nur im Cantorschen Fall $\mathcal{F}/\mathcal{G}$ zu einem Körper. Gesucht sind jedoch Ringe, die in ihren Äquivalenzklassen unendlich kleine Zahlen enthalten. Helfen hier die angegebenen Ringe weiter? Wenn überhaupt, so kommen für unendlich kleine Zahlen nur Klassen von Nullfolgen in Frage, man darf also nicht alle Nullfolgen mit 0 äquivalent setzen. Will man gleichzeitig unendlich große Elemente haben, so ist $\mathcal{F}$ und sicher auch $\mathcal{B}$ als Grundlage einer Äquivalenzklassenbildung zu klein. Es liegt demzufolge nahe, den Ring $\mathcal{R}^{\mathcal{N}}/\mathcal{V}$ zu untersuchen. Dieser Ring ist sicher kein Körper, da $\mathcal{V}$ nicht maximales Ideal ist. Im nächsten Abschnitt wird $\mathcal{R}^{\mathcal{N}}/\mathcal{V}$ näher untersucht und eine Vergrößerung von $\mathcal{V}$ zu einem maximalen Ideal vorgenommen.

5.2.3 Ultrapotenzmethode

Die Einzelheiten im Umgang mit dem im letzten Abschnitt eingeführten Ring $\mathcal{R}^{\mathcal{N}}/\mathcal{V}$ sind formal dieselben wie die im Abschnitt 2.10.2 entwickelten Eigenschaften der Elemente und Operationen $+$, $\cdot$, $<$ in $\mathcal{N}^{\mathcal{N}}/\mathcal{C}$, solange die konkreten Eigenschaften der Strukturen $\mathcal{N}$ bzw. $\mathcal{R}$ keine Rolle spielen. So gilt auch in $\mathcal{R}^{\mathcal{N}}/\mathcal{V}$ für zwei Folgen $\{a_n\}$, $\{b_n\}$, daß sie genau dann äquivalent sind, wenn $\{n \in \mathbb{N} \mid a_n = b_n\} \in \mathcal{C}$, wobei $\mathcal{C}$ die Menge aller kofiniten Teilmengen der natürlichen Zahlen $\mathbb{N}$ ist. Man schreibt für diese Äquivalenzklassen $\{a_n\}/\mathcal{C}$, $\{b_n\}/\mathcal{C}$, ... wieder fette Buchstaben $\boldsymbol{a}, \boldsymbol{b}, \ldots$. Der Ring $\mathcal{R}^{\mathcal{N}}/\mathcal{V}$ hat zwei wesentliche Nachteile: er ist nicht nullteilerfrei und nicht total geordnet. Denn es gilt zunächst

$$\boldsymbol{a} \cdot \boldsymbol{b} = \boldsymbol{0} \text{ genau dann, wenn } \{n \in \mathbb{N} \mid a_n \cdot b_n = 0\} \in \mathcal{C}.$$

Daraus ergibt sich aber, daß $\boldsymbol{a} \cdot \boldsymbol{b}$ gleich $\boldsymbol{0}$ sein kann, ohne daß einer der Faktoren $\boldsymbol{0}$ ist. Man betrachte dazu die Folgen $\boldsymbol{a} = \{0,1,0,1,\ldots\}/\mathcal{C}$ und $\boldsymbol{b} = \{1,0,1,0,\ldots\}/\mathcal{C}$, das heißt $a_n = 1 + (-1)^n$ und $b_n = 1 - (-1)^n$. Weiter gilt für die $<$-Relation zwar die Antireflexivität und Transitivität (Abschnitt 2.10.2), aber nicht die Trichotomie, denn die Folgen $\boldsymbol{0} = \{0,0,0,\ldots\}/\mathcal{C}$ und $\boldsymbol{d} = \{1,-1,1,-1,\ldots\}/\mathcal{C}$ sind nicht vergleichbar: es gilt weder $\boldsymbol{0} = \boldsymbol{d}$ noch $\boldsymbol{0} < \boldsymbol{d}$ noch $\boldsymbol{0} > \boldsymbol{d}$.

Beide genannten Nachteile lassen sich überwinden, wenn der Filter $\mathcal{C}$ der kofiniten Teilmengen von $\mathbb{N}$ zu einem Ultrafilter erweitert wird. Dazu muß jedoch etwas genauer auf den Zusammenhang des Ideals $\mathcal{V}$ mit dem entsprechenden Filter eingegangen werden. Zur Erinnerung: ein *Filter* $\mathcal{D}$ auf $\mathbb{N}$ ist ein nichtleeres System $\mathcal{D}$ von Teilmengen von $\mathbb{N}$, für welches gilt:

(F_0) $\emptyset \notin \mathcal{D}$.

(F_1) Mit $M_1 \in \mathcal{D}$ und $M_2 \in \mathcal{D}$ gilt $M_1 \cap M_2 \in \mathcal{D}$.

(F_2) Ist $M_0 \in \mathcal{D}$ und $M \supseteq M_0$, so gilt $M \in \mathcal{D}$.

Das Ideal $\mathcal{V}$ besteht aus genau denjenigen Folgen $\{a_n\} \in \mathbb{R}^{\mathbb{N}}$, deren Nullstellenmengen zu $\mathcal{C}$ gehören:

$$\{a_n\} \in V \text{ genau dann, wenn } M_a := \{n \in \mathbb{N} \mid a_n = 0\} \in \mathcal{C}.$$

Nun gilt ganz allgemein: Falls Die Menge J_D genau aus denjenigen Folgen $\{a_n\} \in \mathbb{R}^{\mathbb{N}}$ besteht, deren Nullstellenmenge zu einem Filter $\mathcal{D}$ über $\mathbb{N}$ gehören, dann ist

$$\{a_n\} \in J_D \text{ genau dann, wenn } M_a := \{n \in \mathbb{N} \mid a_n = 0\} \in \mathcal{D}.$$

Damit wird J_D zu einem Ideal $\mathcal{J}_{\mathcal{D}}$ im Ring $\mathcal{R}^{\mathcal{N}}$. *Beweis:* Ist $\{a_n\}$, $\{b_n\} \in J_D$ und $\{c_n\} = \{b_n\} - \{a_n\}$, so ist $M_c \supseteq M_a \cap M_b$ und wegen (F_1), (F_2) folgt $\{c_n\} \in J_D$. Ist $\{a_n\} \in J_D$ und $\{b_n\} \in \mathbb{R}^{\mathbb{N}}$, so gilt für $\{d_n\} = \{a_n\} \cdot \{b_n\}$ sicher $M_d \supseteq M_a$, also $\{d_n\} \in J_D$ wegen (F_2).

Der Zusammenhang von Verfeinerungen eines Filters und Vergrösserung eines Ideals ergibt sich aus folgenden Betrachtungen. Wenn $\mathcal{D}$, $\mathcal{E}$ Filter auf $\mathbb{N}$ sind mit $D \subset E$, so heißt $\mathcal{E}$ *feiner* als $\mathcal{D}$. Dann gilt $J_D \subset J_E$. *Beweis:* Ist $M \in E$ aber $M \notin \mathcal{D}$, so gehört die Folge $\{a_n\}$ mit $a_n = 0$ für $n \in M$ und $a_n = 1$ sonst, zu J_E aber nicht zu J_D. Andererseits gehört sicher jede Folge $\{b_n\} \in J_D$ zu J_E.

Eine fortgesetzte Verfeinerung von Filtern führt also auf immer größere Ideale. Nach Theorem 2.8 läßt sich jeder freie Filter zu einem Ultrafilter erweitern. Es sei daran erinnert: Ein Filter $\mathcal{D}$ ist ein *Ultrafilter* über $\mathbb{N}$, wenn gilt

(F_3) Für jedes $M \subseteq \mathbb{N}$ ist entweder $M \in \mathcal{D}$ oder $\mathbb{N} - M \in \mathcal{D}$.

Für die folgenden Schritte ist eine weitere Tatsache über Filter und Ultrafilter grundlegend:

Theorem 5.12 *Sei $\mathcal{D}$ ein Filter über $\mathbb{N}$. Dann gilt: $\mathcal{D}$ ist ein Ultrafilter genau dann, wenn es keinen echten Oberfilter gibt, das heißt wenn für jeden Filter $\mathcal{G}$ mit $D \subset G$ folgt $D = G$.*

Beweis: Siehe Landers/Rogge [1994], Satz 2.6, S. 12. ■

Daraus folgt: Ist $\mathcal{U}$ ein Ultrafilter, so ist das Ideal $\mathcal{J}_{\mathcal{U}}$ maximales Ideal. Also ist der Restklassenring $\mathcal{R}^{\mathcal{N}} / \mathcal{J}_{\mathcal{U}}$ ein Körper.

Die Körpereigenschaften von ${}^*\mathcal{R} := \mathcal{R}^{\mathcal{N}} / \mathcal{J}_{\mathcal{U}} = \langle {}^*\mathbb{R}, +, \cdot, <, \mathbf{0}, \mathbf{1} \rangle$ mit ${}^*\mathbb{R} = \mathbb{R}^{\mathbb{N}} / \mathcal{J}_{\mathcal{U}}$ werden direkt bewiesen. Von den Körperaxiomen fehlt nur noch die eindeutige Existenz des Inversen bei der Multiplikation. Es sei also $\boldsymbol{a} \in {}^*\mathbb{R}$. Dann ist zu zeigen: Entweder ist $\boldsymbol{a} = \mathbf{0}$ oder es gibt ein $\boldsymbol{b} \in {}^*\mathbb{R}$ mit $\boldsymbol{a} \cdot \boldsymbol{b} = \mathbf{1}$. Sei nun $M := \{n \in \mathbb{N} \mid a_n = 0\}$. Falls $M \in \mathcal{U}$, ist $\boldsymbol{a} = \mathbf{0}$ und es gibt nichts mehr zu zeigen. Andernfalls ist wegen (F_3) $\mathbb{N} - M \in \mathcal{U}$; man setze $b_n = 1/a_n$ für $n \in \mathbb{N} - M$ und (willkürlich) $b_n = 1$ für $n \in M$. Dann folgt $\{n \in \mathbb{N} \mid a_n \cdot b_n = 1\} = \mathbb{N} - M \in \mathcal{U}$, also ist $\boldsymbol{a} \cdot \boldsymbol{b} = \mathbf{1}$.

Die Linearität oder Trichotomie (**O3**) läßt sich nun ebenfalls mit der Ultrafiltereigenschaft (F_3) leicht nachweisen. Für $\boldsymbol{a}, \boldsymbol{b} \in {}^*\mathbb{R}$ ist wegen (F_3) entweder $\{n \in \mathbb{N} \mid a_n = b_n\}$ oder $\{n \in \mathbb{N} \mid a_n \neq b_n\}$ Element von $\mathcal{U}$. Im letzteren Fall ist wieder wegen (F_3) entweder $\{n \in \mathbb{N} \mid a_n < b_n\}$ oder $\{n \in \mathbb{N} \mid a_n > b_n\}$ Element von $\mathcal{U}$.

Damit ist gezeigt: ${}^*\mathcal{R} = \mathcal{R}^{\mathcal{N}} / \mathcal{J}_{\mathcal{U}}$ ist ein angeordneter Körper. Zur Vereinfachung der Schreibweise läßt man das Ideal $\mathcal{J}$ oft weg und schreibt nur den Filter $\mathcal{U}$ hin, meint aber das Ideal $\mathcal{J}_{\mathcal{U}}$, wie bei der Menge $\mathbb{R}^{\mathbb{N}}/\mathcal{U}$ oder der Äquivalenzklasse $\{a_n\}/\mathcal{U}$. Damit schreibt man: ${}^*\mathcal{R} := \mathcal{R}^{\mathcal{N}}/\mathcal{U} = \langle {}^*\mathbb{R}, +, \cdot, <, \mathbf{0}, \mathbf{1} \rangle$ mit ${}^*\mathbb{R} = \mathbb{R}^{\mathbb{N}}/\mathcal{U}$.

Im Sinne von Abschnitt 5.1.1 läßt sich die Struktur $\mathcal{R}$ in ihre Ultrapotenz $^*\mathcal{R} = \mathcal{R}^{\mathcal{N}}/\mathcal{U}$ einbetten. Ordnet man jedem $a \in \mathbb{R}$ das Element $\{a_n\}/\mathcal{U} \in {}^*\mathbb{R}$ zu mit $a_n = a$ für alle $n \in \mathbb{N}$, so ist die Abbildung $\mathbb{R} \longrightarrow {}^*\mathbb{R}$ eindeutig (injektiv) sowie operationserhaltend. Die den Elementen von $\mathbb{R}$ entsprechenden Elemente in $^*\mathbb{R}$ nennt man *Standardelemente*, die übrigen *Nichtstandardelemente*. Solche gibt es tatsächlich: es gibt sowohl unendlich kleine Elemente, etwa $\varepsilon = \{1, 1/2, 1/3, \ldots\}/\mathcal{U}$ sowie unendlich große Elemente, etwa $\Omega = \{1, 2, 3, \ldots\}/\mathcal{U}$. Denn es gilt $\varepsilon < \mathbf{1/k} = \{1/k, 1/k, 1/k, \ldots\}/\mathcal{U}$ für alle $k \in \mathbb{N}$, da $\{n \in \mathbb{N} \mid \varepsilon_n = 1/n < 1/k\} \in \mathcal{U}$ für jedes feste k. Für $\Omega = 1/\varepsilon$ gilt $\Omega > \mathbf{k}$ für alle $k \in \mathbb{N}$, denn $\{n \in \mathbb{N} \mid \Omega_n = n > k\} \in \mathcal{U}$ für jedes feste k.

Daraus folgt, daß $^*\mathcal{R}$ nicht archimedisch sein kann, denn für die Elemente $\mathbf{0} < \varepsilon < \mathbf{1}$ aus $^*\mathcal{R}$ gibt es kein $k \in \mathbb{N}$ sodaß $\mathbf{1} < \mathbf{k} \cdot \varepsilon$, da $\{n \in \mathbb{N} \mid k/n < 1\} \in \mathcal{U}$ für jedes feste k. Also ist $^*\mathcal{R}$ auch nicht vollständig, und damit ist klar, daß $\mathcal{R}$ und $^*\mathcal{R}$ nicht isomorph sein können.

Man beachte, daß ohne genaue Kenntnis des nicht konstruktiv eingeführten Ultafilters $\mathcal{U}$ nicht immer explizit entscheidbar ist, zu welcher Äquivalenzklasse ein vorliegendes Element aus $^*\mathcal{R}$ gehört. So ist für $\boldsymbol{a} = \{1, 0, 1, 0, \ldots\}/\mathcal{U}$ und $\boldsymbol{b} = \{0, 1, 0, 1, \ldots\}/\mathcal{U}$ entweder $\{n \in \mathbb{N} \mid a_n = 0\} \in \mathcal{U}$ oder das Komplement bezüglich $\mathbb{N}$, $\{n \in \mathbb{N} \mid a_n = 1\} \in \mathcal{U}$. Im ersten Fall ist $\boldsymbol{a} = \mathbf{0}$ und damit $\boldsymbol{b} = \mathbf{1}$ und im zweiten $\boldsymbol{a} = \mathbf{1}$ und damit $\boldsymbol{b} = \mathbf{0}$. Ohne $\mathcal{U}$ genauer zu kennen, ist nicht entscheidbar, welche Alternative zutrifft. Es muß aber auf jeden Fall *eine* davon zutreffen. Weiter ist $\{-1, 1, -1, \ldots, (-1)^n, \ldots\}/\mathcal{U} = \mathbf{-1}$, wenn $\{n \in \mathbb{N} \mid n \text{ ungerade}\} \in \mathcal{U}$ oder $\{-1, 1, -1, \ldots, (-1)^n, \ldots\}/\mathcal{U} = \mathbf{+1}$, wenn $\{n \in \mathbb{N} \mid n \text{ gerade}\} \in \mathcal{U}$. Je nach $\mathcal{U}$ ist $\{1, 1/2, 3, 1, 1/5, 6, 1/7, 8, \ldots\}/\mathcal{U}$ gleich $\mathbf{1}$, infinitesimal oder infinit.

Die Kardinalität oder Mächtigkeit von $^*\mathcal{R}$ ergibt sich aus folgenden Überlegungen. Ist a die Kardinalität einer abzählbaren Menge, das heißt a = | $\mathbb{N}$ |, und ist c die Kardinalität der reellen Zahlen, $c = |[0,1]| = |\mathbb{R}|$, so ist $|^*\mathbb{R}| \leq |\mathbb{R}^{|\mathbb{N}|}| = c^a$. Aus der Dual- oder Dezimaldarstellung der reellen Zahlen ergibt sich $|2^{|\mathbb{N}|}| = 2^a = c$ oder $|10^{|\mathbb{N}|}| = 10^a = c$ und aus den Rechenregeln (siehe etwa Kamke [1969], S. 64) von Kardinalzahlen $c^a = (2^a) = 2^{a \cdot a} = 2^a = c$ oder $c^a = 10^a = c$, also $|^*\mathbb{R}| \leq |\mathbb{R}| = c$. Nun ist aber sicher $|\mathbb{R}| \leq |^*\mathbb{R}|$, denn $\mathbb{R}$ ist in $^*\mathbb{R}$ enthalten. Daraus ergibt sich aber $|\mathbb{R}| = |^*\mathbb{R}| = c$, unabhängig vom verwendeten Ultrafilter. Die Mächtigkeit steht also der Isomorphie von $\mathbb{R}$ und $^*\mathbb{R}$ nicht im Wege.

5.2.4 Adjunktion

Es wird eine Verallgemeinerung der algebraischen Adjunktion zur Gewinnung eines angeordneten Erweiterungskörpers des Körpers $\mathcal{R}$ der reellen Zahlen studiert. Die folgenden Überlegungen gelten für beliebige archimedisch angeordnete Körper $\mathcal{K}$. Es wird jedoch nur der Fall $\mathcal{K} = \mathcal{R}$ betrachtet, da es hier vor allem um eine Vertiefung des Verständnisses der reellen Zahlen geht.

Es soll ein neues «ideales» Element Ω hinzugenommen werden, um einen neuen, gegenüber $\mathcal{R}$ erweiterten Zahlbereich zu erhalten. Dieses Ω soll unendlich groß sein, das heißt die Bedingungen

$$\Omega > 1, \Omega > 2, \Omega > 3, \ldots, \Omega > k, \ldots$$

erfüllen sowie allen rationalen Rechenoperationen unterworfen werden können. Man erhält so die Menge $\mathbb{R}(\Omega)$ aller Ausdrücke

$$\frac{a_i\Omega^i+\ldots+a_1\Omega+a_0}{b_k\Omega^k+\ldots+b_1\Omega+b_0}, \quad a_r, b_s \in \mathbb{R}.$$

Wie aus der Algebra bekannt, ist $\mathbb{R}(\Omega)$ ein Körper. Für die Zwecke der Analysis ist dieser Körper aber sicher zu klein, denn hier interessieren nicht nur rationale Ausdrücke, sondern auch Ausdrücke der Form $(1+\Omega)^\Omega$, 2^Ω und so weiter. Daraus ergibt sich folgende grundlegende Bedingung.

Forderung: Jede Behauptung $P(\Omega)$, in der das Element Ω vorkommt, gilt genau dann, wenn die Behauptung $P(n)$ für fast alle $n \in \mathbb{N}$ gilt, das heißt wenn es ein $n_0 \in \mathbb{N}$ gibt, sodaß $P(n)$ wahr ist für alle $n \geq n_0$.

Ist $\mathcal{C}$ der Filter der kofiniten Teilmengen von $\mathbb{N}$, so bedeutet dies, daß $\{n \in \mathbb{N} \mid P(n) \text{ ist wahr}\} \in \mathcal{C}$ genau dann, wenn $P(\Omega)$ wahr. Mit anderen Worten, wenn in der Folge $\{P(1), P(2), P(3), \ldots\}$ fast alle Glieder wahr sind, so kann man sagen, daß $P(n)$ für fast alle $n \in \mathbb{N}$ definiert ist und genau wenn das der Fall ist, dann ist $P(\Omega)$ wahr. Dies legt nahe, die Elemente des erweiterten Zahlbereichs, den man mit ${}^\Omega\mathbb{R}$ bezeichnet, als solche Zahlfolgen in $\mathbb{R}$ auffassen, die für fast alle Glieder definiert sind, das heißt bei welchen fast alle Glieder Elemente von $\mathbb{R}$ sind. Dies legt die Einführung einer verallgemeinerten Adjunktion nahe, die zum Zahlbereich ${}^\Omega\mathbb{R}$ führt:

Verallgemeinerte Adjunktion: Jeder Folge $\alpha(n)$, die für fast alle Glieder definiert ist, das heißt für die gilt $\{n \in \mathbb{N} \mid \alpha(n) \in \mathbb{R}\} \in \mathcal{C}$, ist ein Element des erweiterten Zahlbereichs ${}^\Omega\mathbb{R}$. Für ein solches Element schreibt man $\alpha(\Omega)$ und nennt es eine *Omegazahl*.

Es bleibt zu zeigen, daß ${}^\Omega\mathbb{R}$ tatsächlich ein angeordneter Körper ${}^\Omega\mathcal{R}$ ist. Vermöge der genannten Forderung wird eine Äquivalenzrelation auf der Menge der fast überall definierten Folgen eingeführt. Sei P(n) gegeben durch: $\alpha(n) = \beta(n)$ mit $\{n \in \mathbb{N} \mid \alpha(n) \in \mathbb{R}\} \in \mathcal{C}$ und $\{n \in \mathbb{N} \mid \beta(n) \in \mathbb{R}\} \in \mathcal{C}$. Ist $\{n \in \mathbb{N} \mid \alpha(n) = \beta(n)\} \in \mathcal{C}$, so ist nach obiger Forderung für die entsprechenden Omegazahlen $\alpha(\Omega) = \beta(\Omega)$. Also ergibt sich

$$\alpha(\Omega) = \beta(\Omega) \text{ genau dann, wenn } \{n \in \mathbb{N} \mid \alpha(n) = \beta(n)\} \in \mathcal{C}.$$

Damit ist klar: die Omegazahlen entsprechen den Äquivalenzklassen fast überall definierter Folgen modulo den fast überall verschwindenden Folgen $\nu(n)$ mit $\{n \in \mathbb{N} \mid \nu(n) = 0\} \in \mathcal{C}$:

$$\alpha := \alpha(\Omega) = \alpha(n)/\mathcal{C} = \{\delta(n) \mid \{n \in \mathbb{N} \mid \alpha(n) = \delta(n)\} \in \mathcal{C}\}.$$

Im Bereich ${}^\Omega\mathbb{R}$ der Omegazahlen sind auf natürliche Weise die reellen Zahlen als fast überall konstante Folgen eingebettet. Ist $x \in \mathbb{R}$, so ist also $\xi(n) = x$ und damit $\xi = \{x, x, x, \ldots\}/\mathcal{C}$. Definiert man

$$\alpha < \beta \text{ genau dann, wenn } \{n \in \mathbb{N} \mid \alpha(n) < \beta(n)\} \in \mathcal{C},$$

so gilt für $\sigma(n) = n$ für fast alle n die Beziehung: Für jedes $x \in \mathbb{R}$ ist $x < \sigma(n)$ für fast alle n, das heißt $\{n \in \mathbb{N} \mid x < \sigma(n)\} \in \mathcal{C}$. Die ist aber gleichbedeutend mit $\xi < \sigma(\Omega)$ für alle $\xi \in {}^\Omega\mathbb{R}$, also ist $\sigma(\Omega) = \Omega = \{1, 2, 3, \ldots\}/\mathcal{C}$.

Definiert man Addition und Multiplikation komponentenweise, so lassen sich alle Körperaxiome leicht nachweisen. Das Verfahren ist formal analog zum Verfahren am Anfang von Abschnitt

2.10.2 bei der Einführung der Ultrapotenzmethode über dem Filter $\mathcal{C}$ der koendlichen Teilmengen in $\mathbb{N}$. Vermöge der obigen Forderung gelingt es hier jedoch weit mehr zu zeigen, als dies im Abschnitt 2.10.2 *ohne* Einführung eines Ultrafilters möglich war. Es kann nämlich in der Struktur ${}^{\Omega}\mathcal{R} = \langle {}^{\Omega}\mathbb{R}, +, \cdot, <, \mathbf{0}, \mathbf{1} \rangle$ weder Nullteiler noch unvergleichbare Elemente geben, weil dies sonst auch für die entsprechenden Folgen mit Komponenten in $\mathbb{R}$ der Fall sein müßte, was aber aufgrund der Forderung nicht möglich ist. Zur Illustration des Nachweises der Körperaxiome soll kurz auf den Nachweis der Existenz des Inversen eingegangen werden. Im Körper $\mathcal{R}$ gilt das Axiom: Für ein beliebiges a in $\mathbb{R}$ ist entweder $a = 0$ oder es existiert ein $b \in \mathbb{R}$ mit $a \cdot b = 1$. Umgewandelt mit den Folgen $\alpha(n), \beta(n) \in \mathbb{R}^{\mathbb{N}}$ bedeutet dies: Für ein beliebiges $\alpha(n) \in \mathbb{R}^{\mathbb{N}}$ ist entweder $\alpha(n) = 0$ oder es existiert ein $\beta(n) \in \mathbb{R}^{\mathbb{N}}$ mit $\alpha(n) \cdot \beta(n) = 1$. Da dies tatsächlich für jedes $n \in \mathbb{N}$ gültig ist, so folgt mit $\mathbf{0} = \{0,0,0,\ldots\}/\mathcal{C}$ und $\mathbf{1} = \{1,1,1,\ldots\}/\mathcal{C}$: Für ein beliebiges $\alpha(\Omega) \in {}^{\Omega}\mathbb{R}$ ist entweder $\alpha(\Omega) = \mathbf{0}$ oder es existiert ein $\beta(\Omega) \in {}^{\Omega}\mathbb{R}$ mit $\alpha(\Omega) \cdot \beta(\Omega) = \mathbf{1}$.

Die in ${}^{\Omega}\mathbb{R}$ eingebetteten reellen Zahlen heißen wieder *Standardelemente* und alle übrigen *Nichtstandardelemente*. Wie im vorigen Abschnitt zeigt man, daß es infinite und infinitesimale Elemente gibt und deshalb das archimedische Prinzip ungültig ist. Folglich ist ${}^{\Omega}\mathbb{R}$ nicht vollständig und $\mathbb{R}$ und ${}^{\Omega}\mathbb{R}$ sind nicht isomorph.

Wegen $|{}^*\mathbb{R}| \leq |{}^{|\Omega|}\mathbb{R}| \leq |\mathbb{R}|$ und $|{}^*\mathbb{R}| = |\mathbb{R}|$ ist auch $|{}^{|\Omega|}\mathbb{R}| = |\mathbb{R}| = c$, das heißt die Kardinalität oder Mächtigkeit von ${}^{\Omega}\mathbb{R}$ ist dieselbe wie die von $\mathbb{R}$ oder ${}^*\mathbb{R}$. Die Mächtigkeit steht also der Isomorphie nicht im Wege.

5.2.5 Standard- und Nichtstandardelemente, Monaden

Es sei $\mathcal{R} = \langle \mathbb{R}, +, \cdot, <, 0, 1 \rangle$ der Körper der reellen Zahlen und ${}^*\mathcal{R} = \langle {}^*\mathbb{R}, +, \cdot, <, \mathbf{0}, \mathbf{1} \rangle$ ein nichtarchimedisch angeordneter Erweiterungskörper von $\mathcal{R}$, konstruiert gemäß einer der in den vorigen Abschnitten definierten Methoden. Der Körper ${}^*\mathcal{R}$ heißt Körper der *hyperreellen Zahlen*. Es existiert eine Einbettung $\mathbb{R} \longrightarrow {}^*\mathbb{R}$ mit $x \mapsto \boldsymbol{x}$ der Elemente $x \in \mathbb{R}$ in die Menge der Elemente von ${}^*\mathbb{R}$. Diese in die Struktur ${}^*\mathcal{R}$ eingebetteten Elemente x, y, r, ... von $\mathbb{R}$ heißen *Standardelemente* oder *Standardzahlen* $\boldsymbol{x}, \boldsymbol{y}, \boldsymbol{r}, \ldots \in {}^*\mathbb{R}$; alle übrigen Elemente $\boldsymbol{a}, \boldsymbol{b}, \boldsymbol{c}, \ldots \in {}^*\mathbb{R}$ heißen *Nichtstandardelemente* oder *Nichtstandardzahlen*. Alle in diesem Abschnitt angeführten Definitionen und Theoreme gelten in allen nicht archimedisch angeordneten Erweiterungskörpern von $\mathcal{R}$, ohne Rücksicht auf die spezielle Konstruktionsmethode eines solchen Körpers. Im folgenden werden deshalb die Definitionen und Theoreme ohne Rücksicht auf eine spezielle Konstruktion formuliert. Unter der Rubrik «Beispiele» wird jedoch auf konkrete Fälle im Rahmen der Ultrapotenzmethode eingegangen.

Es folgen einige grundlegenden Definitionen für hyperrelle Zahlen. Es sei der absolute Betrag $|x|$ einer reellen oder hyperreellen Zahl wie üblich definiert durch: $|x| = x$ falls $x \geq 0$ und $|x| = -x$ sonst. Dann heißt ein Element $\boldsymbol{a} \in {}^*\mathbb{R}$ *infinitesimal*, wenn $|\boldsymbol{a}| < \boldsymbol{r}$ für alle rellen $r > 0$. Ein Element $\boldsymbol{a} \in {}^*\mathcal{R}$ heißt *finit* oder *endlich* , wenn $|\boldsymbol{a}| \leq \boldsymbol{r}$ für ein relles $r > 0$. Ein Element $\boldsymbol{a} \in {}^*\mathbb{R}$ heißt *infinit* oder *unendlich*, wenn $|\boldsymbol{a}| > \boldsymbol{r}$ für alle rellen r. Das einzige reelle infinitesimale Element ist 0 (manche Autoren schließen die 0 allerdings aus den infinitesimalen Elementen aus). Daß es auch andere infinitesimale Elemente in ${}^*\mathbb{R}$ gibt, weiss man aus der Ultrapotenzmethode.

Beispiele aus der Ultrapotenzmethode $^*\mathcal{R} = \mathcal{R}^{\mathcal{N}} / \mathcal{J}_{\mathcal{U}}$: Ein Element $\boldsymbol{a} \in {}^*\mathbb{R}$ ist *infinitesimal*, wenn für alle $r \in \mathbb{R}$ gilt $\{n \in \mathbb{N} \mid |a_n| \leq r\} \in \mathcal{U}$. Dies ist etwa für $\varepsilon = \{1, 1/2, 1/3, \ldots 1/n, \ldots\}/\mathcal{U}$ und $\{1, 1/2, 1/4, \ldots, 1/2^n, \ldots\}/\mathcal{U}$ der Fall. Ein Element $\boldsymbol{a} \in {}^*\mathbb{R}$ heißt *endlich* oder *finit*, wenn für ein $r \in \mathbb{R}$ mit $r > 0$ gilt $\{n \in \mathbb{N} \mid |a_n| \leq r\} \in \mathcal{U}$. Dies ist etwa für $\{1, 2, 3, 1, 2, 3, \ldots\}/\mathcal{U}$ oder $\{2, 2, 2, \ldots\}/\mathcal{U}$ der Fall. Ein Element $\boldsymbol{a} \in {}^*\mathbb{R}$ heißt *unendlich* oder *infinit*, wenn für alle $r \in \mathbb{R}$ gilt $\{n \in \mathbb{N} \mid |a_n| > r\} \in \mathcal{U}$. Dies ist etwa für $\Omega = \{1, 2, 3, \ldots, n, \ldots\}/\mathcal{U}$ oder für $\{1, 2, 6, 24, \ldots, n!, \ldots\}/\mathcal{U}$ der Fall.

Zwei hyperreelle Zahlen $\boldsymbol{a}, \boldsymbol{b} \in {}^*\mathbb{R}$ heißen *infinitesimal benachbart* genau dann, wenn ihre Differenz $(\boldsymbol{a} - \boldsymbol{b})$ infinitesimal ist. Man schreibt dann $\boldsymbol{a} \approx \boldsymbol{b}$.

Beispiel aus der Ultrapotenzmethode $^*\mathcal{R} = \mathcal{R}^{\mathcal{N}} / \mathcal{J}_{\mathcal{U}}$: Die folgenden Elemente sind infinitesimal benachbart zur transzendenten Zahl π : $\{3, 3.1, 3.14, \ldots, [10^n\pi]/10^n, \ldots\}/\mathcal{U}$ und $\{\pi - 1, \pi - 1/2, \pi - 1/3, \ldots, \pi - 1/n, \ldots\}/\mathcal{U}$.

Die *Monade* $\mu(\boldsymbol{a})$ einer hyperreellen Zahl $\boldsymbol{a}$ ist definiert durch alle zu ihr infinitesimal benachbarten Zahlen

$$\mu(\boldsymbol{a}) = \{\boldsymbol{b} \in {}^*\mathbb{R} \mid \boldsymbol{a} \approx \boldsymbol{b}\}.$$

Die Monade $\mu(\boldsymbol{0})$ besteht aus der Menge aller infinitesimalen Elemente, und die Monade $\mu(\boldsymbol{3})$ aus $\boldsymbol{3}$ plus alle diese Elemente. Dies läßt sich etwa wie in Figur 5.1 darstellen, wo man sich denken muß, daß zu jedem $r \in \mathbb{R}$ eine Monade $\mu(\boldsymbol{r})$ gehört. Zwei Monaden werden hier mit einem «unendlichen Vergrößerungsglas» angeschaut (eine bloß *endliche* Vergrößerung würde nur einen kleineren Auschnitt von $\mathbb{R}$ zeigen, nicht aber infinitesimale Elemente).

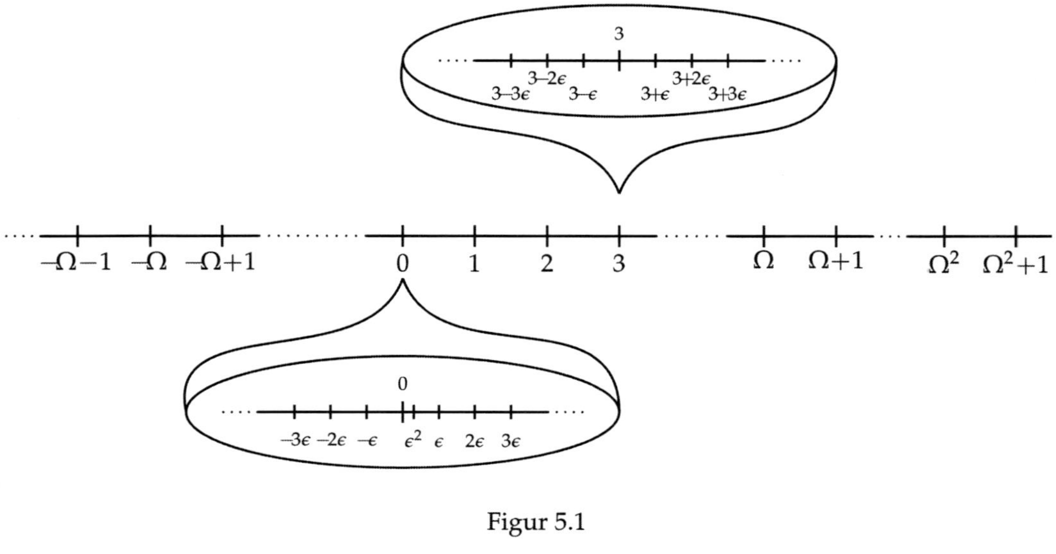

Figur 5.1

Es soll nun die *algebraische Struktur* von $^*\mathcal{R}$ etwas näher analysiert werden. *Es wird von nun an auf die Unterscheidung von reellen Zahlen und Standardzahlen verzichtet*, das heißt, es werden die reellen Zahlen mit ihrer Einbettung in $^*\mathcal{R}$ identifiziert, mit anderen Worten, es wird $\boldsymbol{x} \equiv x$ für alle Standardzahlen $\boldsymbol{x} \in {}^*\mathbb{R}$ gesetzt. Die *Menge aller finiten* Elemente ist ein Unterring $\mathcal{F}$ von ${}^*\mathcal{R}$, das heißt, diese Menge ist ein kommutativer Ring mit 1 ohne Nullteiler. Dies ergibt sich aus der Tatsache, daß Summen, Differenzen und Produkte von finiten Elementen finit sind.

Die Menge aller infinitesimalen Elemente ist ein Unterring von ${}^*\mathcal{R}$ und ein Ideal $\mathcal{J}$ im Ring $\mathcal{F}$ der finiten Elemente. Mit anderen Worten: Summen, Differenzen und Produkte von infinitesimalen Elementen sind infinitesimal und das Produkt eines infinitesimalen mit einem finiten Element ist infinitesimal. *Beweis:* Sei $\varepsilon \approx 0$ und $\delta \approx 0$. Für jedes reelle $r > 0$ ist $|\varepsilon| < r/2, |\delta| < r/2$ also $|\varepsilon + \delta| < r, |\varepsilon - \delta| < r$. Also sind $\varepsilon + \delta$ und $\varepsilon - \delta$ infinitesimal. – Sei $\boldsymbol{b}$ finit mit $|\boldsymbol{b}| < t$ und t reell. Dann gilt für jedes positive reelle r die Beziehung $|\varepsilon| < r/t$, also $|\boldsymbol{b} \cdot \varepsilon| < (r/t)t = r$. Also ist $\boldsymbol{b} \cdot \varepsilon$ infinitesimal. Falls $\boldsymbol{b}$ infinitesimal ist, ist dies ohnehin klar.

Offenbar ist $\boldsymbol{a}$ genau dann infinit, wenn $\boldsymbol{a}^{-1}$ infinitesimal ist, denn $|\boldsymbol{a}| > r$ für alle reellen $r > 0$ ist äquivalent mit $|\boldsymbol{a}^{-1}| < r^{-1}$, also ist $\boldsymbol{a}^{-1}$ infinitesimal. Man beachte, daß die Menge der infinitesimalen Elemente kein Ideal in ${}^*\mathcal{R}$ ist, das heißt das Produkt eines infinitesimalen Elementes mit einem infiniten Element muß nicht infinitesimal sein. Tatsächlich gilt für ein positives infinitesimales Element ε:

$\varepsilon^2 \cdot \frac{1}{\varepsilon}$ ist infinitesimal,

$\varepsilon \cdot \frac{1}{\varepsilon}$ ist finit aber nicht infinitesimal,

$\varepsilon \cdot \frac{1}{\varepsilon^2}$ ist infinit.

Dies entspricht der Unbestimmtheit des Ausdrucks $0 \cdot \infty$.

Die Relation $\approx$ ist offenbar eine Äquivalenzrelation, denn es ist $\boldsymbol{a} \approx \boldsymbol{a}$, da $\boldsymbol{a} - \boldsymbol{a} = 0$ infinitesimal, und aus $\boldsymbol{a} \approx \boldsymbol{b}$ folgt $\boldsymbol{b} \approx \boldsymbol{a}$ und umgekehrt; ist weiter $\boldsymbol{a} \approx \boldsymbol{b}$ und $\boldsymbol{b} \approx \boldsymbol{c}$, so gelten für alle reellen $r > 0$ die Beziehungen $|\boldsymbol{a} - \boldsymbol{b}| < r/2, |\boldsymbol{b} - \boldsymbol{c}| < r/2$, also $|\boldsymbol{a} - \boldsymbol{c}| \leq |\boldsymbol{a} - \boldsymbol{b}| + |\boldsymbol{b} - \boldsymbol{c}| < r/2 + r/2 = r$.

Aus der Definition der Monaden ergibt sich, daß $\boldsymbol{a} \approx \boldsymbol{b}$ genau dann, wenn $\mu(\boldsymbol{a}) = \mu(\boldsymbol{b})$. Daraus folgt: Zwei Monaden sind entweder gleich oder disjunkt. Daraus ergibt sich weiter: Die Menge der finiten hypereellen Zahlen ist eine disjunkte Vereinigung von Monaden.

Theorem 5.13 (Standardteiltheorem) *Jede finite hyperreelle Zahl $\boldsymbol{a} \in {}^*\mathbb{R}$ ist infinitesimal benachbart zu einer eindeutig bestimmten reellen Zahl $r \in \mathbb{R}$. Mit anderen Worten: Jede finite Monade enthält genau eine reelle Zahl.*

Beweis: Sei $\boldsymbol{a} \in {}^*\mathbb{R}$ finit. (i) Eindeutigkeit: Seien r, s reell und $r \approx \boldsymbol{a}$ sowie $s \approx \boldsymbol{a}$. Da $\approx$ eine Äquivalenzrelation ist, gilt $r \approx s$, also $r - s \approx 0$. Da jedoch $r - s$ reell ist, so ist $r - s = 0$, also $r = s$. (ii) Existenz: Sei $A = \{s \in \mathbb{R} \mid s < \boldsymbol{a}\}$. Die Menge ist nicht leer. Weiter hat A eine obere Schranke, da es eine reelle Zahl $r > 0$ gibt, sodaß $|\boldsymbol{a}| < r$, also $-r < \boldsymbol{a} < r$, also ist $-r \in A$ und r ist eine obere Schranke von A. Sei t die kleinste obere Schranke von A (diese existiert, da die reellen Zahlen $\mathcal{R}$ vollständig sind und $A \subseteq \mathbb{R}$). Für jedes reelle $r > 0$ gilt demzufolge $\boldsymbol{a} \leq t + r$, also $\boldsymbol{a} - t \leq r$ und $t - r \leq \boldsymbol{a}$, also $-(\boldsymbol{a} - t) \leq r$. Folglich ist $|\boldsymbol{a} - t| \leq r$ für alle reellen $r > 0$, also ist $\boldsymbol{a} - t \approx 0$ und damit $\boldsymbol{a} \approx t$. ■

Die für eine finite hyperreelle Zahl $\boldsymbol{a} \in {}^*\mathbb{R}$ eindeutig bestimmte Zahl $r \in \mathbb{R}$ heißt *Standardteil* von $\boldsymbol{a}$ und wird mit $st(\boldsymbol{a})$ abgekürzt. (Wenn $\boldsymbol{a} \in {}^*\mathbb{R}$ infinit ist, so ist $st(\boldsymbol{a})$ nicht definiert.) Daraus folgt unmittelbar für finite $\boldsymbol{a}, \boldsymbol{b} \in {}^*\mathbb{R}$: $\boldsymbol{a} \approx \boldsymbol{b}$ genau dann, wenn $st(\boldsymbol{a}) = st(\boldsymbol{b})$. Weiter ist natürlich $\boldsymbol{a} \approx st(\boldsymbol{a})$ und für $r \in \mathbb{R}$ ist $st(r) = r$.

Theorem 5.14 *Das Ideal $\mathcal{J}$ der infinitesimalen Elemente bezüglich des Ringes $\mathcal{F}$ der finiten Elemente ist ein maximales Ideal in diesem Ring. Dies ist äquivalent mit: Der Restklassenring $\mathcal{F}/\mathcal{J}$ des Ringes der finiten Elemente modulo dem Ideal der infinitesimalen Elemente ist ein Körper. Und zwar gilt: $\mathcal{F}/\mathcal{J} \cong \mathcal{R}$.*

Beweis: Man zeigt zuerst, daß $\mathcal{F}/\mathcal{J}$ ein Körper ist. Dazu genügt es zu zeigen, daß zu jedem Element $\boldsymbol{a} + J \in F/J$ eine multiplikativ inverse Klasse existiert. Dazu bietet sich für $\boldsymbol{a} \notin \mu(0)$ die Klasse $\boldsymbol{a}^{-1} + J$ an. Dies ist möglich, da $\boldsymbol{a}^{-1}$ nur dann infinit (und damit $\boldsymbol{a}^{-1} + J$ nicht in F/J) sein könnte, wenn $(\boldsymbol{a}^{-1})^{-1} = \boldsymbol{a}$ infinitesimal wäre, was nach Voraussetzung nicht der Fall ist. Damit ist $\mathcal{F}/\mathcal{J}$ ein Körper und $\mathcal{J}$ ein maximales Ideal in $\mathcal{F}$. Es bleibt zu zeigen: $\mathcal{F}/\mathcal{J} \cong \mathcal{R}$. Dies ist eine unmittelbare Folge des Standardteiltheorems 5.13, denn für jede Klasse $\boldsymbol{a} + J \in F/J$ gilt $\boldsymbol{a} + J \approx \boldsymbol{a}$ und es existiert genau ein $r \in \mathbb{R}$ mit $r = st(\boldsymbol{a}) \approx \boldsymbol{a}$. ∎

Theorem 5.15 *Die Standardteilfunktion ist ein surjektiver Ring-Homomorphismus von der Menge der finiten hyperreellen Zahlen in die reellen Zahlen, das heißt für finite $\boldsymbol{a}$ und $\boldsymbol{b}$ gilt:*

(i) $st(\boldsymbol{a} + \boldsymbol{b}) = st(\boldsymbol{a}) + st(\boldsymbol{b})$;

(ii) $st(\boldsymbol{a} - \boldsymbol{b}) = st(\boldsymbol{a}) - st(\boldsymbol{b})$;

(iii) $st(\boldsymbol{a} \cdot \boldsymbol{b}) = st(\boldsymbol{a}) \cdot st(\boldsymbol{b})$.

Beweis: Sei $\boldsymbol{a} = r + \varepsilon$ und $\boldsymbol{b} = s + \delta$ wo $r = st(\boldsymbol{a})$ und $s = st(\boldsymbol{b})$. Dann sind ε und δ infinitesimal. (i)/(ii): $st(\boldsymbol{a} \pm \boldsymbol{b}) = st((r+\varepsilon) \pm (s+\delta)) = st((r+s) \pm (\varepsilon+\delta)) = r \pm s$. (iii): $st(\boldsymbol{a} \cdot \boldsymbol{b}) = st((r+\varepsilon) \cdot (s+\delta)) = st(rs + r\delta + s\varepsilon + \varepsilon\delta) = rs$, denn $r\delta + s\varepsilon + \varepsilon\delta$ ist infinitesimal. Also ist st ein Homomorphismus. – Es wird tatsächlich jedes Element von $\mathbb{R}$ angenommen, da für $r \in \mathbb{R}$ gilt $st(r) = r$. ∎

Man kann also mit finiten Elementen aus $^*\mathbb{R}$ alle Körperoperationen ausführen.

5.2.6 Interne Mengen und Funktionen, Nichtstandarderweiterungen, Stetigkeit

Es wird hier im angeordneten Körper $^*\mathcal{R}$ der hyperreellen Zahlen $^*\mathbb{R}$ argumentiert, den man sich gemäß der Ultrapotenzmethode konstruiert denkt. Die Definition von internen Mengen und Funktionen, sowie der entsprechenden Nichtstandarderweiterungen, geschieht wie im Abschnitt 2.10.2.

Eine Folge $\{A_n\}$ von Teilmengen von $\mathbb{R}$, $A_n \subset \mathbb{R}$, für alle $n \in \mathbb{N}$, definiert eine *interne Teilmenge* $A \subset {}^*\mathbb{R}$, wenn gilt: $\boldsymbol{a} = \{a_n\}/\mathcal{U} \in A \subset {}^*\mathbb{R}$ genau dann, wenn $\{n \in \mathbb{N} \mid a_n \in A_n\} \in \mathcal{U}$. Alle übrigen Teilmengen von $^*\mathbb{R}$ heißen *externe Mengen* . – *Beispiele*: Sei $A_n = \{x \in \mathbb{R} \mid 0 \leq x < n\}$. Dann ist A gegeben durch $\{\boldsymbol{a} \in {}^*\mathbb{R} \mid 0 \leq \boldsymbol{a} < \Omega\}$. Ist $B_n = \{x \in \mathbb{R} \mid -1/n < x < 1/n\}$, so ist B gegeben durch $\{\boldsymbol{b} \in {}^*\mathbb{R} \mid -\varepsilon < \boldsymbol{b} < \varepsilon\}$.

Ist insbesondere $A_n = A$ für (fast) alle $n \in \mathbb{N}$, so heißt die durch die konstante Folge $\{A\}$ definierte interne Menge die Nichtstandarderweiterung $^*A$ von A. Also ist $\boldsymbol{a} \in {}^*A \subset {}^*\mathbb{R}$ genau dann, wenn $\{n \in \mathbb{N} \mid a_n \in A\}$ kofinit und damit in $\mathcal{U}$ ist. – *Beispiele*: $^*\mathbb{R}$ ist die Nichtstandarderweiterung von $\mathbb{R}$. Jedes Standardelement $r \in \mathbb{R}$ gibt Anlaß zu einer einelementigen internen Menge $^*\{r\} \subset {}^*\mathbb{R}$ und jede endliche Menge von Elementen von $\mathbb{R}$ besitzt dieselbe Menge als Nichtstandarderweiterung.

Man kann natürlich nicht zeigen, daß *jede* nach oben beschränkte Teilmenge von $^*\mathbb{R}$ eine kleinste obere Schrankte hat, denn die Struktur $^*\mathcal{R}$ ist nicht vollständig. Insbesondere ist zwar $\mathbb{R} \subset {}^*\mathbb{R}$ durch jedes positive infinite Element $\boldsymbol{a} \in {}^*\mathbb{R}$ nach oben beschränkt, aber $\mathbb{R}$ hat keine obere Schranke. Es gilt jedoch folgende Tatsache.

Theorem 5.16 *Jede nichtleere nach oben beschränkte interne Teilmenge von $^*\mathbb{R}$ hat eine kleinste obere Schranke.*

Beweis: Ist $A \subset {}^*\mathbb{R}$ eine nichtleere nach oben beschränkte interne Teilmenge von $^*\mathbb{R}$, das heißt eine Menge von hyperreellen Zahlen, so gibt es eine Folge $\{A_n\}$ von Teilmengen von $\mathbb{R}$ mit $\{n \in \mathbb{N} \mid A_n \neq \emptyset\} \in \mathcal{U}$, wobei die A_n nach oben beschränkt sind durch ein $k_n \in \mathbb{R}$, das heißt genauer $\{n \in \mathbb{N} \mid x \leq k_n \text{ für alle } x \in A_n\} \in \mathcal{U}$. Daraus folgt: $\{n \in \mathbb{N} \mid A_n \subset \mathbb{R} \text{ hat kleinste obere Schranke } a_n \leq k_n\} \in \mathcal{U}$. Die hyperreelle Zahl $\boldsymbol{a} = \{a_n\}/\mathcal{U}$ ist dann die kleinste obere Schranke für $A \subset {}^*\mathbb{R}$. ■

Da $\mathbb{R}$ zwar durch jedes infinite Element beschränkt ist, aber keine kleinste obere Schrankte hat, folgt unmittelbar das Theorem 5.17.

Theorem 5.17 *Die Menge $\mathbb{R}$ aller Standardelemente ist eine externe Menge in $^*\mathbb{R}$.*

Theorem 5.18 *Die Menge aller finiten Elemente in $^*\mathbb{R}$ und die Menge aller infiniten Elemente in $^*\mathbb{R}$ sind externe Mengen.*

Beweis: Die Menge aller finiten Elemente in $^*\mathbb{R}$ ist durch jedes infinite Element nach oben beschränkt, hat aber keine kleinste obere Schranke in $^*\mathbb{R}$, da die Menge der infiniten Elemente kein kleinstes Element hat. Also ist nach Theorem 5.16 die Menge aller finiten Elemente extern. Letzteres ist auch der Grund, weshalb die Menge der infiniten Elemente extern sein muß: diese Menge ist zwar durch jedes finite Element nach unten beschränkt. Es gibt aber keine größte untere Schranke für die Mengen aller infiniten Elemente. ■

Theorem 5.19 *Die Menge aller infinitesimalen Elemente in $^*\mathbb{R}$ ist extern. Allgemeiner: Die Menge der Elemente einer Monade ist extern in $^*\mathbb{R}$.*

Beweis: Sei $\mu(\boldsymbol{x}) = \{\boldsymbol{a} \in {}^*\mathbb{R} \mid \boldsymbol{a} \approx \boldsymbol{x}\}$ die Monade des Standardelementes $\boldsymbol{x}$. Diese Menge ist sicher nach oben (nach unten) beschränkt, hat aber keine kleinste obere Schrankte. Denn wäre $\boldsymbol{b}$ eine solche Schranke, dann wäre $\boldsymbol{x} \leq \boldsymbol{b}$ für alle $\boldsymbol{x} \approx \boldsymbol{a}$, aber es existierte kein $\boldsymbol{c} < \boldsymbol{b}$ mit $\boldsymbol{x} \leq \boldsymbol{c}$ für alle $\boldsymbol{x} \approx \boldsymbol{a}$. Man setze jedoch $\boldsymbol{c} := \boldsymbol{b} - \varepsilon$ mit ε infinitesimal, dann ist sicher $\boldsymbol{c} < \boldsymbol{b}$ und wegen $\boldsymbol{x} \approx \boldsymbol{a}$ ist auch $\boldsymbol{x} + \varepsilon \approx \boldsymbol{a}$, also $\boldsymbol{x} + \varepsilon \leq \boldsymbol{b}$ und folglich $\boldsymbol{x} \leq \boldsymbol{b} - \varepsilon = \boldsymbol{c}$. Widerspruch. Also gibt es keine kleinste obere Schranke und damit ist $\mu(\boldsymbol{x})$ extern. – Da $\mu(0)$ die Menge aller infinitesimalen Elemente in $^*\mathbb{R}$ ist, muß diese Menge ebenfalls extern sein. ■

Definition interner Funktionen: Eine Folge $\{f_n\}$ von Funktionen $\mathbb{R} \supseteq A \longrightarrow \mathbb{R}$ definiert eine *interne Funktion* $f : {}^*\mathbb{R} \supseteq {}^*A \longrightarrow {}^*\mathbb{R}$, wenn gilt

$$\{x_n\}/\mathcal{U} \in {}^*A \subset {}^*\mathbb{R} \longrightarrow \{f_n(x_n)\}/\mathcal{U} = \{y_n\}/\mathcal{U} \in {}^*\mathbb{R}$$

genau dann, wenn $\{n \in \mathbb{N} \mid y_n = f_n(x_n)\} \in \mathcal{U}$. Insbesondere heißt die durch die konstante Folge $\{f\}$ mit $f_n = f$ für alle $n \in \mathbb{N}$ bestimmte interne Funktion die *Nichtstandardversion* oder *Nichstandarderweiterung* $^*f$ der Funktion f. Sei also f eine Funktion $\mathbb{R} \supseteq A \longrightarrow \mathbb{R}$, so ist die Nichtstandarderweiterung $^*f : {}^*\mathbb{R} \supseteq {}^*A \longrightarrow {}^*\mathbb{R}$ gegeben durch $^*f(\boldsymbol{x}) = \{f(x_n)\}/\mathcal{U}$ für alle $\boldsymbol{x} \in {}^*A$, das heißt $\{n \in \mathbb{N} \mid x_n \in A\} \in \mathcal{U}$. – *Beispiel*: Sei f gegeben durch $f(x) = 1/x$

mit $0 < x < \infty$, dann ist die Nichtstandarderweiterung ${}^*f$ definiert für alle $\{(x_n)\}/\mathcal{U}$ für $0 < x_n < \infty$. Für eine Standardzahl $x \in {}^*\mathbb{R}$ mit $x > 0$ gilt also

$$ {}^*f(x) = \{f(x)\}/\mathcal{U} = \{1/x\}/\mathcal{U} = 1/x = f(x). $$

Für $\varepsilon = \{1, 1/2, 1/3, \ldots, 1/n, \ldots\}/\mathcal{U}$ erhält man

$$ {}^*f(\varepsilon) = \{f(1), f(2), f(3), \ldots\}/\mathcal{U} = \{1, 2, 3, \ldots\}/\mathcal{U} = 1/\varepsilon = \Omega $$

und weiter

$$ {}^*f(\Omega^2) = \{f(1), f(2), f(3), \ldots\}/\mathcal{U} = \{1, 1/4, 1/9, \ldots\}/\mathcal{U} = 1/\Omega^2. $$

Im Rahmen der Ultrapotenzmethode soll noch die Stetigkeit von Funktionen behandelt werden, die später in verallgemeinerter Form wieder aufgegriffen wird (Abschnitt 5.4.1). Eine Funktion $f : \mathbb{R} \supseteq A \longrightarrow \mathbb{R}$ heißt *stetig* in einem Punkt $a \in A$ genau dann, wenn es zu jedem reellen $\varepsilon > 0$ ein reelles $\delta > 0$ gibt sodaß $|f(a) - f(x)| < \varepsilon$ für alle $x \in A$ mit $|a - x| < \delta$.

Theorem 5.20 *Die Funktion $f : \mathbb{R} \supseteq A \longrightarrow \mathbb{R}$ ist stetig im Standardpunkt $a \in \mathbb{R}$ genau dann, wenn für die Nichtstandardversion ${}^*f : {}^*\mathbb{R} \supseteq {}^*A \longrightarrow {}^*\mathbb{R}$ gilt: ${}^*f(\boldsymbol{x})$ ist infinitesimal benachbart zu ${}^*f(a)$ für jeden hyperreellen Punkt $\boldsymbol{x} \in {}^*A$, der infinitesimal benachbart ist zu a: ${}^*f(\boldsymbol{x}) \approx {}^*f(a)$ für alle $\boldsymbol{x} \in {}^*A$ mit $\boldsymbol{x} \approx a$.*

Beweis: Die Funktion f läßt sich zu einer Funktion ${}^*f$ fortsetzen, sodaß für ein $\boldsymbol{x} = \{x_1, x_2, x_3, \ldots\}/\mathcal{U}$ gilt ${}^*f(\boldsymbol{x}) = \{f(x_1), f(x_2), f(x_3), \ldots\}/\mathcal{U}$. (i) Sei f stetig im Punkte a, das heißt für jedes reelle $\varepsilon > 0$ existiert ein reelles $\delta > 0$ sodaß $|f(a) - f(x)| < \varepsilon$ für *alle* $x \in A$ mit $|a - x| < \delta$. Sei nun $\boldsymbol{x} \in {}^*A$ mit $\boldsymbol{x} \approx a$, das heißt $\{n \in \mathbb{N} \mid |a - x_n| < \delta\} \cap \{n \in \mathbb{N} \mid x_n \in A\} \in \mathcal{U}$. Aber diese Menge ist enthalten in der Menge

$$ B_\varepsilon = \{n \in \mathbb{N} \mid |f(a) - f(x_n)| < \varepsilon\} \cap \{n \in \mathbb{N} \mid x_n \in A\}, $$

also ist wegen (F_2) $B_\varepsilon \in \mathcal{U}$ für alle reellen $\varepsilon > 0$. Das heißt aber nichts anderes als daß ${}^*f(a) - {}^*f(\boldsymbol{x})$ infinitesimal ist für $\boldsymbol{x} \in {}^*A$ also ${}^*f(\boldsymbol{x}) \approx {}^*f(a)$. (ii) (indirekt) Sei umgekehrt ${}^*f(\boldsymbol{x}) \approx {}^*f(a)$ für alle $\boldsymbol{x} \in {}^*A$ mit $\boldsymbol{x} \approx a$. Man nehme an, f sei nicht stetig in a. Dann existiert ein reelles $\varepsilon > 0$, sodaß für jedes reelle $\delta > 0$ ein $x \in A$ gefunden werden kann mit $|a - x| < \delta$ und $|f(a) - f(x)| \geq \varepsilon$. Damit kann man eine Folge $\{x_n\} \subset A$ definieren durch: $|a - x_n| < 1/n$ und $|f(a) - f(x_n)| \geq \varepsilon$. Ist nun $\boldsymbol{x} = \{x_1, x_2, x_3, \ldots\}/\mathcal{U}$, dann ist $\boldsymbol{x} \in {}^*A$ und $\boldsymbol{x} \approx a$, jedoch ${}^*f(a) - {}^*f(\boldsymbol{x})$ nicht infinitesimal, denn $\{n \in \mathbb{N} \mid |f(a) - f(x_n)| \geq \varepsilon\} \in \mathcal{U}$, im Widerspruch zu ${}^*f(\boldsymbol{x}) \approx {}^*f(a)$. ■

5.3 Symbolisierungen

5.3.1 Symbolisierung der Axiome der reellen Zahlen

Eine Symbolisierung der Axiome eines angeordneten Körpers im Rahmen einer Sprache erster Stufe mit der Symbolmenge $S = \{+, \cdot, <, 0, 1\}$ sieht folgendermaßen aus:

R1	**K1**	$\forall x \forall y\, x + y \equiv y + x, \quad \forall x \forall y\, x \cdot y \equiv y \cdot x.$
	K2	$\forall x \forall y \forall z\, x + (y + z) \equiv (x + y) + z, \quad \forall x \forall y \forall z\, x \cdot (y \cdot z) \equiv (x \cdot y) \cdot z.$
	K3	$\forall x \forall y \forall z\, x \cdot (y + z) \equiv x \cdot y + x \cdot z.$

	K4	$\neg(0 \equiv 1), \quad \forall x\, x + 0 \equiv x, \quad \forall x\, x \cdot 1 \equiv x.$
	K5	$\forall x \exists y\, x + y \equiv 0, \quad \forall x\, (\neg(x = 0) \to \exists z\, x \cdot z \equiv 1).$
R2	**O1**	$\forall x\, \neg(x < x).$
	O2	$\forall x \forall y \forall z\, (x < y \wedge y < z) \to x < z.$
	O3	$\forall x \forall y\, x < y \vee x \equiv y \vee y < x.$
	OK1	$\forall x \forall y \forall z\, x < y \to x + z < y + z.$
	OK2	$\forall x \forall y\, (0 < x \wedge 0 < y) \to 0 < x \cdot y.$

Probleme bei der Symbolisierung macht einzig das Vollständigkeitsaxiom:

R3 $\forall X \subseteq \mathbb{R}$ [wenn $X \neq \emptyset$ nach oben beschränkt ist, dann hat X eine kleinste obere Schranke] oder formaler

$\forall X \subseteq \mathbb{R}\, [\neg(X \neq \emptyset) \wedge \exists b \forall x (x \in X \to x < b) \to \exists b [\forall x (x \in X \to x < b) \wedge \forall c (\forall x (x \in X \to x < c)) \to b < c].$

Wegen der Quantifizierung über Teilmengen von $\mathbb{R}$ (und nicht über Elemente von $\mathbb{R}$) kann der begriffliche Gehalt des Vollständigkeitsaxioms in dieser Form nicht in einer Sprache erster Stufe ausgedrückt werden. Daran ändert auch die Darstellung dieses Axioms in einem Axiomenschema nichts, denn die Menge der Teilmengen von $\mathbb{R}$ ist überabzählbar, also läßt sich mit abzählbar vielen Sätzen der begriffliche Gehalt von **R3** nicht einfangen.

Symbolisiert man das Vollständigkeitsaxiom anstatt mit Verwendung von Teilmengen von $\mathbb{R}$ durch Formeln oder Ausdrücke der Sprache erster Stufe, so erhält man das folgende Axiomenschema:

Für alle Formeln $\phi(x)$ mit genau der freien Variablen x gilt:

$\exists x\, \phi(x) \wedge \exists b \forall x (\phi(x) \to x < b) \to \exists b [\forall x (\phi(x) \to x < b) \wedge \forall c (\forall x (\phi(x) \to x < c)) \to b < c].$

Da es viele verschiedene, zum Vollständigkeitsaxiom äquivalente Sachverhalte gibt, könnte man vermuten, daß einer davon in der Sprache erster Stufe formulierbar ist. Dies ist aber nicht der Fall, denn nach Metatheorem 4.11 gibt es keine endliche oder abzählbar unendliche Satzmenge erster Stufe, welche den vollständig angeordneten Körper der reellen Zahlen bis auf Isomorphie charakterisiert. Denn zu jeder solchen Satzmenge gibt es ein abzählbares Modell und ein solches könnte sicher nicht zum Standardmodell $\mathcal{R} = \langle \mathbb{R}, +, \cdot, <, 0, 1 \rangle$ der reellen Zahlen isomorph sein.

Es hat sich schon im Falle der natürlichen Zahlen gezeigt, daß sich das archimedische Axiom nicht symbolisieren läßt, also kann der entsprechende Sachverhalt in der Theorie $Th(\mathcal{R})$ ebenfalls nicht gelten. Es bleibt noch zu zeigen, daß die in den vorangehenden Abschnitten 5.2.3 und 5.2.4 entwickelten Erweiterungsmodelle zum Standardmodell $\mathcal{R}$ elementar äquivalent sind, das heißt, daß in diesen Modellen dieselben Sachverhalte symbolisierbar sind.

5.3.2 Nichtstandardmodelle

Als *Nichtstandardmodelle* der rellen Zahlen werden wieder solche Strukturen verstanden, die dieselbe Theorie haben wie die reellen Zahlen, aber nicht zu diesen isomorph sind. Mit anderen Worten, ein Nichtstandardmodell ist elementar äquivalent aber nicht isomorph zu $\mathcal{R} =$

$\langle \mathbb{R}, +, \cdot, <, 0, 1 \rangle$. Im folgenden lehnen sich alle Formulierungen eng an Abschnitt 4.10 an, wo alles Wesentliche für den Nachweis der elementaren Äquivalenz bereits entwickelt wurde.

A) Adjunktion

Ausgehend von der Standardstruktur $\mathcal{R} = \langle \mathbb{R}, +_{\mathcal{R}}, \cdot_{\mathcal{R}}, <_{\mathcal{R}}, 0_{\mathcal{R}}, 1_{\mathcal{R}} \rangle$ wird die Struktur $\mathcal{A} = \langle {}^{\Omega}\mathbb{R}\ +_{\Omega}, \cdot_{\Omega}, <_{\Omega}, 0_{\Omega}, 1_{\Omega} \rangle$ aufgebaut. Es sei $\mathbb{N}_{\mathcal{R}} = \{\mathbf{1}, \mathbf{2}, \mathbf{3}, \ldots, \boldsymbol{n}_{\mathcal{R}}, \ldots\}$ die Menge der in $\mathbb{R}$ eingebetteten natürlichen Zahlen. Für das adjungierte Element Ω gilt die Satzmenge:

$$\Omega > \mathbf{1}, \Omega > \mathbf{2}, \Omega > \mathbf{3}, \ldots, \Omega > \boldsymbol{n}_{\mathcal{R}}, \ldots.$$

Die Elemente von ${}^{\Omega}\mathbb{R}$ sind Folgen $\alpha(\boldsymbol{n})$, für die gilt: $\{\boldsymbol{n}_{\mathcal{R}} \in \mathbb{N}_{\mathcal{R}} \mid \alpha(\boldsymbol{n}_{\mathcal{R}}) \in \mathbb{R}\} \in \mathcal{C}$. Dann sind durch die fast überall konstanten Folgen die Elemente von $\mathbb{R}$ repräsentiert. Die Forderung nimmt nun folgende Gestalt an:

Forderung: *Es sei $\phi(x^{(1)}, x^{(2)}, x^{(3)}, \ldots, x^{(k)})$ ein S-Ausdruck mit den freien Variablen $x^{(1)}$, $x^{(2)}$, $x^{(3)}, \ldots, x^{(k)}$. Dann gilt für jede Belegung dieser Variablen mit Elementen $\alpha^{(1)}(\Omega), \alpha^{(2)}(\Omega), \ldots, \alpha^{(k)}(\Omega)$ aus A:*

$$\mathcal{A} \models \phi(\alpha^{(1)}(\Omega), \alpha^{(2)}(\Omega), \ldots, \alpha^{(k)}(\Omega))$$

$$\leftrightarrow$$

$$\{n_{\mathcal{R}} \in \mathbb{N}_{\mathcal{R}} \mid \mathcal{R} \models \phi(\alpha^{(1)}(\boldsymbol{n}_{\mathcal{R}}), \alpha^{(2)}(\boldsymbol{n}_{\mathcal{R}}), \ldots, \alpha^{(k)}(\boldsymbol{n}_{\mathcal{R}}))\} \in \mathcal{C}.$$

Wie man sofort sieht, liegen hier bis auf wenige Änderungen dieselben Sachverhalte vor wie im Abschnitt 4.11.1. Damit läßt sich die Aufstellung und der Beweis des entsprechenden Übertragungsprinzips leicht bewerkstelligen; es wird deshalb auf die weitere Darstellung verzichtet.

B) Ultrapotenzkonstruktion

Der einzige wesentliche Unterschied der Ultrapotenzkonstruktion eines Nichtstandardmodells (Ultrapotenzmethode) der reellen Zahlen zur entsprechenden Konstruktion für die natürlichen Zahlen liegt darin, daß im ersten Fall Äquivalenzklassen von Folgen reeller Zahlen und im zweiten Fall Äquivalenzklassen von Folgen natürlicher Zahlen herangezogen werden. Aus diesem Grunde ändert sich nichts Entscheidendes an der Formulierung und dem Beweis der Metatheoreme 4.20 und 4.21.

5.3.3 Axiomatik

Man gehe aus von der Standardstruktur $\mathcal{R} = \langle \mathbb{R}, +_{\mathcal{R}}, \cdot_{\mathcal{R}}, <_{\mathcal{R}}, 0_{\mathcal{R}}, 1_{\mathcal{R}} \rangle$ der reellen Zahlen. Nichtstandardmodelle ${}^*\mathcal{R} = \langle {}^*\mathbb{R}, +_*, \cdot_*, <_*, 0_*, 1_* \rangle$ von *hyperreellen Zahlen* können durch folgendes Axiomensystem festgelegt werden:

I *Körperaxiome:* a) $\mathcal{R} = \langle \mathbb{R}, +_{\mathcal{R}}, \cdot_{\mathcal{R}}, <_{\mathcal{R}}, 0_{\mathcal{R}}, 1_{\mathcal{R}} \rangle$ ist ein angeordneter Körper, das heißt $\mathcal{R}$ erfüllt die Axiome **R1** und **R2**.

b) $\langle \mathbb{R}, <_{\mathcal{R}} \rangle$ ist ordnungsvollständig, das heißt erfüllt das Axiom **OV**.

II *Erweiterungsaxiome:* a) Für jede Funktion f oder Relation R über $\mathbb{R}$ existiert eine entsprechende hyperrelle Funktion ${}^*f$ bzw. Relation ${}^*R$ über ${}^*\mathbb{R}$; sie werden *Nichtstandarderweiterungen* oder *Nichtstandardversionen* genannt.

b) Die Körperoperationen in $^*\mathcal{R} = \langle ^*\mathbb{R}, +_*, \cdot_*, <_*, 0_*, 1_* \rangle$ sind die Nichtstandarderweiterungen der Körperoperationen in $\mathcal{R}$.

III *Übertragungs- oder Transferaxiom:* In $\mathcal{R}$ und in $^*\mathcal{R}$ gelten dieselben S-Sätze erster Stufe über der Symbolmenge $S = \{+, \cdot, <, 0, 1\}$, das heißt für einen S-Satz ϕ gilt $\mathcal{R} \models \phi$ genau dann, wenn $^*\mathcal{R} \models \phi$.

IV *Existenzaxiom:* $^*\mathcal{R} = \langle ^*\mathbb{R}, +_*, \cdot_*, <_*, 0_*, 1_* \rangle$ ist ein echter Erweiterungskörper von $\mathcal{R}$.

Die relative Widerspruchsfreiheit dieser Axiome ergibt sich aus der Tatsache, daß sie durch die in den Abschnitten 5.2.3 und 5.2.4 konstruierten Modelle erfüllbar sind.

Es folgt noch eine leicht variierte Fassung des obigen Axiomensystems für hyperreelle Zahlen.

I′ *Körperaxiome:* a) $\mathcal{R} = \langle \mathbb{R}, +_{\mathcal{R}}, \cdot_{\mathcal{R}}, <_{\mathcal{R}}, 0_{\mathcal{R}}, 1_{\mathcal{R}} \rangle$ ist ein angeordneter Körper, das heißt $\mathcal{R}$ erfüllt die Axiome **R1** und **R2**.

b) $\mathcal{R}$ ist archimedisch.

II *Erweiterungsaxiome:* wie oben.

III *Übertragungs- oder Transferaxiom:* wie oben.

IV′ *Existenzaxiom:* Es gibt eine hyperreelle Zahl $\Omega \in {}^*\mathbb{R}$, die nicht reell ist, das heißt $\Omega \notin \mathbb{R}$.

V *Vollständigkeitsaxiom:* Jede hyperreelle, endliche und nicht reelle Zahl ist infinitesimal benachbart zu einer eindeutig bestimmten reellen Zahl.

Man kann zeigen, daß diese beiden Axiomensysteme äquivalent sind. Insbesondere gilt: Auf der Grundlage der Axiome II, III, IV ist Axiom I ($\mathcal{R}$ ist ein vollständig angeordneter Körper) äquivalent mit: $\mathcal{R}$ ist archimedisch angeordnet und das Standardteiltheorem 5.13 gilt (siehe Keisler [1976], Kapitel 1, S. 16 f.).

5.3.4 Theorie der reell-abgeschlossenen Körper

Eine Struktur heißt *reell-abgeschlosser angeordneter Körper*, wenn sie die Körperaxiome **R1** und die Anordnungsaxiome **R2** von Abschnitt 5.3.1 sowie die folgenden Axiome und Axiomenschemata (siehe Abschnitt 5.1.4, Theorem 5.8) erfüllt:

RA1 Für alle $n \in \mathbb{N}$ gilt: $x_0^2 + x_1^2 + \ldots + x_n^2 \equiv 0 \rightarrow x_0 \equiv 0 \wedge x_1 \equiv 0 \wedge \ldots \wedge x_n \equiv 0$.

RA2 $\forall x \exists y\, y^2 \equiv x \vee y^2 + x \equiv 0$.

RA3 Für alle ungeraden $n \in \mathbb{N}$ gilt: $\exists y (x_n y^n + x_{n-1} y^{n-1} + \ldots + x_1 y + x_0 \equiv 0) \vee (x_n \equiv 0)$.

Die Satzmenge erster Stufe, bestehend aus den symbolisierten Axiomen und Axiomenschemata eines reell-abgeschlossenen angeordneten Körpers **R1**, **R2**, **RA** bilden eins erfüllbare Satzmenge Φ_{RA}, denn die Struktur der reellen Zahlen ist ein reell-abgeschlossener angeordneter Körper. Die erweiterte Satzmenge

$$\{\phi \text{ ein } S\text{-Satz erster Stufe} \mid \Phi_{RA} \models \phi\}$$

aller aus Φ_{RA} folgenden Sätze, das heißt aller S-Sätze, die in jedem Modell von Φ_{RA} gültig sind, bildet eine Theorie $Th(\Phi_{RA})$, die Theorie der reell-abgeschlossenen angeordneten Körper. Denn eine Satzmenge T heißt eine *Theorie*, wenn T erfüllbar ist und wenn jeder S-Satz, der aus T folgt, bereits zu T gehört. Es gilt nun das entscheidende Theorem von Tarski.

Theorem 5.21 (Theorem von Tarski) *Die Theorie der reell-abgeschlossenen angeordneten Körper ist vollständig.*

Beweis: Siehe Tarski [1951]; Chang/Keisler [1990], § 5.4; Prestel [1984], Kapitel 5, [1986], Kapitel 4. ■

Eine Theorie T heißt *vollständig*, wenn für jeden S-Satz ϕ entweder $\phi \in T$ oder $\neg\phi \in T$. Aus Metatheorem 4.13 folgt, daß dann je zwei Modelle von $Th(\Phi_{RA})$ der Theorie der reell-abgeschlossenen angeordneten Körper elementar äquivalent sind. Dies bedeutet, daß alle reell abgeschlossenen angeordneten Körper zum Körper der reellen Zahlen elementar äquivalent sind: $Th(\Phi_{RA}) = Th(\mathcal{R})$; darunter hat es auch viele solche, die sicher nicht isomorph zu $\mathcal{R}$ sind, etwa der Körper $\mathcal{A}$ der reellen algebraischen Zahlen. Dies ist zugleich ein konkretes Beispiel eines zum Standardmodell der reellen Zahlen elementar äquivalenten, jedoch abzählbaren Modells.

Zusammen mit der Entscheidbarkeit der Satzmenge Φ_{RA}, und der daraus folgenden rekursiven Axiomatisierbarkeit und Aufzählbarkeit von $Th(\Phi_{RA})$ ergibt sich mit Metatheorem 4.29 die Entscheidbarkeit der Theorie $Th(\Phi_{RA}) = Th(\mathcal{R})$.

Zum Schluß sie noch erwähnt, daß dasselbe Resultat auch für algebraische Körper der Charakteristik p (p Primzahl) gilt: die Theorie der algebraisch abgeschlossenen Körper der Charakteristik p ist vollständig und damit entscheidbar. Das Axiomensytem $\Phi_{AK(p)}$ der algebraisch abgeschlossenen Körper der Charakteristik p ist gegeben durch die Körperaxiome **R1** sowie die folgenden Axiome:

AK1 $\underbrace{1+1+1+\ldots+1}_{p\text{-mal}} \equiv 0$

AK2 Für alle $n \in \mathbb{N}$, $n \geq 1$, gilt: $\exists y(x_n y^n + x_{n-1} y^{n-1} + \ldots + x_1 y + x_0 \equiv 0) \vee (x_n \equiv 0)$.

Für $p = 0$ erhält man als Beispiel den Körper $\mathcal{C} = \langle \mathbb{C}, +, \cdot, <, 0, 1 \rangle$ der komplexen Zahlen. Also gilt $Th(\Phi_{AK(0)}) = Th(\mathcal{C})$.

Man könnte versucht sein zu denken, daß alle S-Sätze, die in $Th(\mathcal{N})$ gelten, auch in $Th(\mathcal{R})$ gelten, das heißt, daß gilt $Th(\mathcal{N}) \subset Th(\mathcal{R})$, da die natürlichen Zahlen $\mathcal{N}$ in $\mathcal{R}$ enthalten sind. Dies ist aber nicht der Fall, denn aus dem Ersten Gödelschen Unvollständigkeitssatz (Metatheorem 4.41) folgt, daß jede die elementare vollständige Arithmetik $Th(\mathcal{N})$ umfassende Theorie nicht entscheidbar sein kann. Dies bedeutet, daß der Begriff der natürlichen Zahl in $Th(\mathcal{R})$ nicht repräsentierbar ist, obwohl jede einzelne natürliche Zahl darin vorkommt: 1, $2 := 1+1$, $3 := 1+1+1$, ... Da die Variablen in $Th(\mathcal{R})$ per definitionem reelle Werte annehmen, kann also die Beschränkung auf natürliche Zahlenwerte nicht in $Th(\mathcal{R})$ ausgedrückt werden. Insbesondere gehört etwa $\forall x \forall y \forall z\ (x^3 + y^3 \neq z^3)$ zu $Th(\mathcal{N})$, aber nicht zu $Th(\mathcal{R})$. Da weiter $\forall x \forall y\ (x + y = y + x)$ sowohl zu $Th(\mathcal{N})$ als auch zu $Th(\mathcal{R})$ gehört, ist demnach $Th(\mathcal{N}) \not\subset Th(\mathcal{R})$ und $Th(\mathcal{N}) \cap Th(\mathcal{R}) \neq \emptyset$. In diesem Sinne ist die Theorie $Th(\mathcal{N})$ wesentlich komplizierter als $Th(\mathcal{R})$.

5.4 Ausblick auf einige Grundbegriffe der Nichtstandardanalysis

5.4.1 Limes und Stetigkeit

Die Definition des Limes wird an den Anfang gesetzt, da alle weiteren Begriffe darauf beruhen. Es seien $x_0, r \in \mathbb{R}$ und $^*f : {}^*\mathbb{R} \longrightarrow {}^*\mathbb{R}$ die Nichtstandarderweiterung der Funktion $f : \mathbb{R} \longrightarrow \mathbb{R}$. Es sei nun definiert:

> $^*lim_{\boldsymbol{x}\to x_0}{}^*f(\boldsymbol{x}) = r$ genau dann, wenn $st[^*f(\boldsymbol{x}+\boldsymbol{h})] = r$ für alle infinitesimalen $\boldsymbol{h} \neq 0$.

Letzteres ist gleichbedeutend mit $^*f(\boldsymbol{x}+\boldsymbol{h}) \approx r$ für alle $\boldsymbol{h} \approx 0,\ \boldsymbol{h} \neq 0$. Daraus läßt sich sofort eine Definition der $*$-*Stetigkeit* einer Funktion $^*f$ im Punkte $x_0 \in \mathbb{R}$ gewinnen: Die Funktion $^*f$ ist $*$-stetig bei $x_0 \in \mathbb{R}$ genau dann, wenn

$$^*lim_{\boldsymbol{x}\to x_0}{}^*f(\boldsymbol{x}) = f(x_0).$$

Dies ist äquivalent mit $st[^*f(x_0+\boldsymbol{h})] = st[^*f(x_0)] = f(x_0)$ für alle infinitesimalen $\boldsymbol{h} \neq 0$, also $^*f(x_0+\boldsymbol{h}) \approx f(x_0)$ für alle $\boldsymbol{h} \approx 0$ mit $\boldsymbol{h} \neq 0$.

Nun kann man das entscheidende Theorem beweisen:

Theorem 5.22 (Limestheorem) *Für $f : \mathbb{R} \longrightarrow \mathbb{R}$ und die Nichtstandarderweiterung $^*f : {}^*\mathbb{R} \longrightarrow {}^*\mathbb{R}$ gilt mit $x_0, r \in \mathbb{R}$: $lim_{x\to x_0}f(x) = r$ genau dann, wenn $^*lim_{\boldsymbol{x}\to x_0}{}^*f(\boldsymbol{x}) = r$.*

Beweis: (i) Sei $lim_{x\to x_0}f(x) = r$. Nach der üblichen Definition gibt es also für jedes reelle $\varepsilon > 0$ ein reelles $\delta > 0$ derart, daß

$$\mathbb{R} \models \ \forall h\ (0 < |h| < \delta) \to |f(x_0+h) - r| < \varepsilon.$$

Mit dem Übertragungsprinzip (siehe Metatheorem 4.21) erhält man daraus

$$^*\mathbb{R} \models \ \forall \boldsymbol{h}\ (0 < |\boldsymbol{h}| < \delta) \to |^*f(x_0+\boldsymbol{h}) - r| < \varepsilon.$$

Sei nun $\boldsymbol{h} \neq 0$ und $\boldsymbol{h}$ infinitesimal, das heißt $\boldsymbol{h} \approx 0$. Dann gilt in $^*\mathbb{R}$, daß $0 < |\boldsymbol{h}| < \delta$, also auch $|^*f(x_0+\boldsymbol{h}) - r| < \varepsilon$. Da dies für jedes ε gilt, ist $|^*f(x_0+\boldsymbol{h}) - r| \approx 0$, also $^*f(x_0+\boldsymbol{h}) \approx r$ und damit $^*lim_{\boldsymbol{x}\to x_0}{}^*f(\boldsymbol{x}) = r$. (ii) Sei umgekehrt $^*f(x_0+\boldsymbol{h}) \approx r$ für $\boldsymbol{h} \approx 0$ mit $\boldsymbol{h} \neq 0$. Man wähle ein positiv infinitesimales $\delta \approx 0$, dann gilt für beliebige reelle $\varepsilon > 0$ und alle $\boldsymbol{h}$ mit $0 < \boldsymbol{h} < \delta$, daß $|^*f(x_0+\boldsymbol{h}) - r| < \varepsilon$, denn jedes solche $\boldsymbol{h}$ ist selbst infinitesimal. Formal ausgedrückt bedeutet dies, daß

$$^*\mathbb{R} \models \exists\delta{>}0\,\forall \boldsymbol{h}\ (0 < \boldsymbol{h} < \delta) \to |^*f(x_0+\boldsymbol{h}) - r| < \varepsilon.$$

Mit dem Übertragungsprinzip ergibt sich wieder:

$$\mathbb{R} \models \exists\delta{>}0\,\forall h\ (0 < h < \delta) \to |f(x_0+h) - r| < \varepsilon.$$

Die ist aber gleichbedeutend mit $lim_{x\to x_0}f(x) = r$. ■

In etwas anderer Ausdrucksweise kann man den Gehalt von Theorem 5.22 auch so darstellen:

> $lim_{0\neq h\to 0}f(x_0+h) = r$ genau dann, wenn $^*f(x_0+\boldsymbol{h}) \approx r$ für alle $\boldsymbol{h} \approx 0$ mit $\boldsymbol{h} \neq 0$.

Aus Theorem 5.22 ergibt sich nun unmittelbar ein weiteres Theorem:

Theorem 5.23 *Eine Funktion $f : \mathbb{R} \longrightarrow \mathbb{R}$ ist stetig in $x_0 \in \mathbb{R}$ genau dann, wenn die Nichtstandardversion $^*f : {}^*\mathbb{R} \longrightarrow {}^*\mathbb{R}$ $*$-stetig ist in $x_0 \in \mathbb{R}$.*

Beweis: Nach Theorem 5.22 ist $lim_{x \to x_0} f(x) = f(x_0)$ genau dann, wenn $^*lim_{\boldsymbol{x} \to x_0} {}^*f(\boldsymbol{x}) = f(x_0)$. Daraus ergibt sich, daß eine Funktion $f : \mathbb{R} \longrightarrow \mathbb{R}$ genau dann stetig ist in $x_0 \in \mathbb{R}$, wenn aus $\boldsymbol{x} \in \mu(x_0)$ folgt $^*f(\boldsymbol{x}) \in \mu(f(x_0))$, mit anderen Worten, wenn aus $\boldsymbol{x} \approx x_0$ folgt $^*f(\boldsymbol{x}) \approx f(x_0)$, das heißt wenn $^*f$ $*$-stetig ist. ∎

Eine Funktion $f : \mathbb{R} \supset A \longrightarrow \mathbb{R}$ heißt *gleichmäßig stetig* auf A, wenn es für jedes reelle $\varepsilon > 0$ immer ein reelles $\delta > 0$ gibt, sodaß $|f(x) - f(y)| < \varepsilon$ für alle $x, y \in A \subset \mathbb{R}$ mit $|x - y| < \delta$.

Theorem 5.24 *Eine Funktion $f : \mathbb{R} \supset A \longrightarrow \mathbb{R}$ ist gleichmäßig stetig auf $A \subset \mathbb{R}$ genau dann, wenn für die Nichtstandardversion $^*f : {}^*\mathbb{R} \supset {}^*A \longrightarrow {}^*\mathbb{R}$ gilt: Wenn $\boldsymbol{x}$ und $\boldsymbol{y}$ infinitesimal benachbart sind für alle $\boldsymbol{x}, \boldsymbol{y} \in {}^*A$, dann sind $^*f(\boldsymbol{x})$ und $^*f(\boldsymbol{y})$ infinitesimal benachbart, das heißt $^*f(\boldsymbol{x}) \approx {}^*f(\boldsymbol{y})$ für alle $\boldsymbol{x} \approx \boldsymbol{y}$.*

Beweis: Anwendung des Übertragungsprinzips. ∎

5.4.2 Differential

Das *Differential* $df(x)$ einer Funktion $f : \mathbb{R} \longrightarrow \mathbb{R}$ an der Stelle $x \in \mathbb{R}$ sei definiert durch

$$df(x) = {}^*f(x + \boldsymbol{h}) - f(x),$$

wobei $^*f$ die Nichtstandardversion von f ist und $\boldsymbol{h} \approx 0$ mit $\boldsymbol{h} \neq 0$. Für die spezielle Funktion $f(x) = x$ ergibt sich $dx = (x + \boldsymbol{h}) - x = \boldsymbol{h}$. Im folgenden wird $\boldsymbol{h} \approx 0$ mit $\boldsymbol{h} \neq 0$ durch dx ersetzt, also ist

$$df(x) = {}^*f(x + dx) - f(x).$$

Der *Differentialquotient* $df(x)/dx$ kann für *jede* Funktion $f : \mathbb{R} \longrightarrow \mathbb{R}$ gebildet werden, er ist ein bestimmtes Element aus $^*\mathbb{R}$:

$$\frac{df(x)}{dx} = \frac{^*f(x+dx) - f(x)}{dx}.$$

Den Zusammenhang mit der *Ableitung* der Funktion f an der Stelle $x \in \mathbb{R}$ wird durch folgendes Theorem beschrieben:

Theorem 5.25 *Der Limes $a = f'(x)$ des Differentialquotienten einer Funktion $f : \mathbb{R} \longrightarrow \mathbb{R}$ an der Stelle $x \in \mathbb{R}$ existiert genau dann, wenn für alle infinitesimalen dx gilt*

$$\frac{df(x)}{dx} = \frac{^*f(x+dx) - f(x)}{dx} \approx f'(x) = a.$$

Beweis: Man wende das Limestheorem 5.22 auf die Funktion

$$g(h) = \frac{f(x+h) - f(x)}{h}$$

mit $x_0 = 0$ an, dann ist $lim_{0 \neq h \to 0} g(h) = a$ genau dann, wenn $^*lim_{0 \neq \boldsymbol{h} \to 0} {}^*g(\boldsymbol{h}) = a$. Letzteres ist aber äquivalent zu $^*g(\boldsymbol{h}) \approx a$ für alle infinitesimalen $\boldsymbol{h} \approx 0$ mit $\boldsymbol{h} \neq 0$, also ist $^*g(dx) \approx f'(x)$. ∎

Daraus lassen sich nun leicht die üblichen Theoreme der Differentialrechnung ableiten. Es folgt nur ein Beispiel, ansonsten wird auf die Literatur verwiesen.

Theorem 5.26 *Ist die Funktion $f : \mathbb{R} \longrightarrow \mathbb{R}$ an der Stelle $x \in \mathbb{R}$ differenzierbar, so ist f in x stetig.*

Beweis: Wegen $df(x)/dx \approx f'(x)$ folgt $^*f(x + dx) - f(x) = df(x) \approx f'(x)dx \approx 0$; da $f'(x)$ finit und dx infinitesimal ist. Also ist $^*f(x + dx) \approx f(x)$ für alle dx und folglich ist f stetig. ∎

5.5 Was sind und was sollen reelle Nichtstandardzahlen?

Bei der Beurteilung der hyperreellen Zahlen müssen zwei Aspekte unterschieden werden: ihr Zahlcharakter und ihre Funktion in der Darstellung der Grundlagen der Infinitesimalrechnung. Bezüglich des Zahlcharakters müssen ähnliche Gedanken vorgebracht werden wie schon im Falle hypernatürlicher Zahlen.

Die Axiome eines *angeordneten ordnungsvollständigen Körpers* charakterisieren diesen eindeutig, das heißt alle Strukturen, welche diese Axiome erfüllen sind zueinander isomorph. Das Axiomensystem ist kategorisch oder monomorph. Die reellen Zahlen sind also durch endlich viele Axiome in mathematisch eindeutiger Weise erfaßbar (Abschnitt 5.1.1).

Es hat sich gezeigt, daß echte *Erweiterungskörper* der reellen Zahlen nicht archimedisch und folglich nicht vollständig sind. Sie enthalten außerdem Nichtstandardelemente, die relativ zu den reellen Zahlen, den Standardelementen, unendlich groß oder unendlich klein sind (Abschnitt 5.2.5). Um Zahlen im ursprünglichen Sinne kann es sich also nicht mehr handeln, da ganz andere Eigenschaften und Beziehungen vorliegen.

Beim Übergang zur *symbolischen Darstellung* der Axiome und Theoreme der reellen Zahlen in der Sprache der Prädikatenlogik erster Stufe ergibt sich folgendes:

1. Die Axiome des angeordneten ordnungsvollständigen Körpers lassen sich in einer Sprache erster Stufe weder durch endlich viele noch abzählbar unendlich viele S-Sätze in ihrem begrifflichen Sinne ausdrücken. Problematisch ist hier insbesondere die Ordnungsvollständigkeit (Abschnitt 5.3.1).

2. Die in der Sprache erster Stufe formulierbare abzählbar unendliche S-Satzmenge der *symbolisierten Axiome* eines angeordneten ordnungsvollständigen Körpers ist *nicht kategorisch*: sie ist *polymorph*. Es gibt also zueinander nicht isomorphe Modelle dieser Satzmenge (Abschnitt 5.3.2).

3. Ist $\mathcal{R} = \langle \mathbb{R}, +, \cdot, <, 0, 1 \rangle$ das Standardmodell der reellen Zahlen, so gibt es zu $\mathcal{R}$ nicht isomorphe Modelle der symbolischen Axiome des angeordneten ordnungsvollständigen Körpers, in dem die *selben in der Sprache erster Stufe formulierbaren Sätze* gelten (Abschnitt 5.3.2). Solche Modelle heißen *Nichtstandardmodelle* und ihre Elemente *hyperreelle Zahlen*.

4. Sätze erster Stufe gelten im Körper der reellen Zahlen genau dann, wenn sie in allen reellabgeschlossenen angeordneten Körpern gelten (Abschnitt 5.3.4).

5. Es gibt Modelle der symbolisierten Axiome des angeordneten ordnungsvollständigen Körpers, die weder isomorph noch elementar äquivalent zum Standardmodell $\mathcal{R}$ sind (Abschnitte 4.11 und 4.12).

Punkt 3 ist dafür verantwortlich, daß man von hyperreellen *Zahlen* spricht. Die für das Standardmodell zutreffenden Eigenschaften, insbesondere die Archimedizität und die Ordnungsvollständigkeit, gelten in Nichtstandardmodellen nicht, da sie gar nicht in der Sprache erster Stufe darstellbar sind. Beschränkt man sich jedoch auf diejenigen Mengen hyperreeller Zahlen, die durch Eigenschaften bestimmt sind, die auch für reelle Zahlen in der ersten Stufe formulierbar sind, das heißt sogenannte *interne* Mengen, so kann auch die Ordnungsvollständigkeit nachgewiesen werden.

Was den Zahlcharakter betrifft, kommt man wieder auf ein ähnliches Resultat wie bei den hypernatürlichen Zahlen: die Beschränkung auf in bestimmter Weise formulierbare Eigenschaften bringt keine Präzisierung der begrifflichen Erfassung des Systems der reellen Zahlen. Im Gegenteil: die die reellen Zahlen bestimmenden Gesetze entziehen sich teilweise dem *sprachlichen* Zugriff.

Bei der Funktion der hyperreellen Zahlen in der Entwicklung der Grundlagen der Infinitesimalrechnung fällt insbesondere auf, daß die den Grenzwertbetrachtungen zugrundeliegende dynamische Auffassung einer mehr statischen Darstellung weicht. Letztlich ist es das Hauptziel der Anwendung von infinitesimalen Größen, Grenzwertbetrachtungen überhaupt zu eliminieren und durch algebraische Manipulationen zu ersetzen. Für eine solche Einstellung zur Differential- und Integralrechnung ist der exakte Aufbau eines konkreten *Kalküls* (algorithmisch definierte Rechenoperationen) das Entscheidende und nicht die Klärung der gesetzmäßigen Grundlagen des Zahl- und Grenzwertbegriffs. Ist schon die ε-δ-Technik ein Schritt hin zur Arithmetisierung, so scheint die Nichtstandardanalysis hier noch einen Schritt weiter zu gehen, da sie sich wesentlich an eine bestimmte *sprachliche* Darstellung bindet. Damit steht nicht mehr die Mathematik als Gesetzesorganismus und deren begriffliche Entwicklung im Vordergrund, sondern deren *Darstellung* oder Kommunikation vermöge mechanischer Zeichenmanipulationen.

Ob der mathematische Ansatz zur Konstruktion und Behandlung infinitesimaler Größen auch einen Keim zu einer sachgemäßen Auffassung des Grenzwertbegriffs enthält, muß an dieser Stelle offen gelassen werden. Die Beurteilung dieses Sachverhaltes setzt eine gründliche mathematische und philosophische Analyse der Grenzwertauffassung sowie des Problems des Kontinuums voraus.

Bibliographische Hinweise

Abschnitt 5.1.1: Artmann [1983], Mainzer [1988].

Abschnitt 5.1.2: Artmann [1983], Mainzer [1988], Pickert/Görke [1962].

Abschnitt 5.1.3: Artmann [1983]. Zur Geschichte, siehe Laugwitz [1986], S. 220 f. und Kapitel 6.7.

Abschnitt 5.1.4: Zur Theorie der reell-abgeschlossenen Körper, siehe van der Waerden [1993], Kapitel I 11; Jacobson [1964], Kapitel VI; Pickert/Steiner [1962], Kapitel 2.3; Prestel [1984].

Abschnitt 5.2.1: Für die Geschichte, siehe Laugwitz [1986], Kapitel 6.

Abschnitt 5.2.2: Laugwitz [1986], Kapitel 2.3.

Abschnitt 5.2.3: Laugwitz [1986], Kapitel 2.3, Engeler [1983].

Abschnitt 5.2.4: Laugwitz [1986], Kapitel 2.2.

Abschnitt 5.3.3: Eine eindeutige Charakterisierung von $^*\mathcal{R}$ bis auf Isomorphie ist nicht so ohne weiteres möglich. Man braucht dazu ziemlich weitgehende Hilfmittel aus der höheren Mengenlehre (unerreichbare Kardinalzahlen) und Modelltheorie. Siehe dazu Keisler [1976], S. 60 f. und Chang/Keisler [1990].

Abschnitt 5.3.4: Siehe Prestel [1984], [1992]; Rabin [1977]; Tuschik/Wolter [1994, Kapitel 3.3, 3.4].

Abschnitt 5.4: Für eine moderne Darstellung der Nichtstandardanalysis mit Ausblicken auf Anwendungen, siehe Cutland [1988]. Eine elegante und kurzgefaßte axiomatische Entwicklung findet sich in Robert [1988].

Anhang

Thoralf Skolem: Über die Bedeutung des Satzes von Löwenheim-Skolem

[Vorbemerkung des Herausgebers: Der nachfolgende Aufsatz von Thoralf Skolem ist erstmals erschienen in: F. Gonseth (ed.), *Les entretiens de Zurich sur les fondements des sciences mathématiques, 6-9 décembre 1938*, Zurich: Leemann frères & Cie 1941, S.25-47, Diskussion S.47-52 (= Skolem [1941]) = Skolem [1970], S.455-482. Die Übersetzung aus dem Französischen stammt von R. Ziegler. Zusätze des Übersetzers im laufenden Text stehen in eckigen Klammern. – Zur Terminologie: Eine *pränexe Normalform* ist ein Ausdruck Ψ der Form $\Phi_1 x_1\ \Phi_2 x_2\ \ldots\ \Phi_m x_m \Psi_0$, wobei $\Phi_i = \exists$ oder $\Phi_i = \forall$ für $1 \leq i \leq m$ und Ψ_0 quantorenfrei. $\Phi_1 x_1\ \Phi_2 x_2\ \ldots\ \Phi_m x_m$ heißt der *Präfix* von Ψ und Ψ_0 der *Kern* von Ψ. *Prädikatenvariablen* sind Zeichen für Funktionen oder Relationen. Der Kern ist ein *quantorenfreier Ausdruck*, aufgebaut aus Individuenvariablen, Funktionen und Relationen. Ein *Zählaudruck* ist ein Ausdruck in der Sprache des Prädikatenkalküls 1. Stufe.]

1. Historische und systematische Bemerkungen

In seiner Arbeit *Über Möglichkeiten im Relativkalkül* [1915] bewies Löwenheim den folgenden Satz: *Alle Zählausdrücke, wenn sie erfüllbar sind, sind dies bereits in einem abzählbaren Bereich.* «Zählausdruck» bedeutet hier einen Ausdruck des Funktionenkalküls (engerer Funktionenkalkül, Prädikatenkalkül [erster Stufe]), worin gewisse Individuenvariablen erscheinen. Ein «Zählausdruck», der die sogenannte pränexe Normalform hat, hat die folgende Gestalt:

(1) $$\forall x_1 \ldots \forall x_m \exists y_1 \ldots \exists y_n \forall z_1 \ldots \forall z_p \exists u_1 \ldots \exists u_q \ldots \\ K(x_1, \ldots, x_m, y_1, \ldots, y_n, z_1, \ldots, z_p, u_1, \ldots, u_q, \ldots; A, B, C, \ldots),$$

wo A, B, C Prädikatenvariablen sind, die in K vorkommen. Man sagt heute, daß die Untersuchungen von Löwenheim, wie auch die sich daran anschließenden Arbeiten von Skolem, einer Prädikatenlogik angehören, die sich auf die Mengenlehre gründet. Löwenheim geht von der Annahme aus, daß ein gegebener «Zählausdruck», der sich immer auf die Form (1) bringen läßt, einen in einem Bereich M wahren Ausdruck repräsentiert bei geeigneter Wahl der Prädikate $A, B, C, \ldots$. Mit dieser Annahme kann er dann zeigen, daß, wenn die Bedeutung der Prädikate $A, B, C, \ldots$ beibehalten wird, der Ausdruck (1) auch wahr ist in einem abzählbaren Teilbereich M_0 von M.

Der Beweis von Löwenheim ist sehr mühsam wegen der Verwendung der logischen Ausdrücke Π, Σ, die gemäß der Notation von Schröder mit einer unendlichen oder unbestimmten Menge von Termen verwendet werden. Aber seine Überlegungen lassen sich vereinfachen mit Hilfe von Belegungsfunktionen (das heißt Funktionen von Individuen, deren Werte wiederum Individuen sind) unter Verwendung der Tatsache, daß ein Ausdruck

(2) $$\forall x_1 \ldots \forall x_h \exists y\ A(x_1, \ldots, x_h, y)$$

immer transformiert werden kann in

(3) $$\exists f \forall x_1 \ldots \forall x_h\ A(x_1, \ldots, x_h, f(x_1, \ldots, x_h)).$$

Das Zeichen «es existiert» $\exists f$ bezieht sich dabei auf die Funktion $f(x_1, \ldots, x_h)$. Wendet man die Transformation von (2) auf (3) sukzessive auf (1) an, so erhält man

(4) $\exists f_1 \ldots \exists f_n \exists g_1 \ldots \exists g_q \ldots \forall x_1 \ldots \forall x_m \forall z_1 \ldots \forall z_p \ldots$
$$K(x_1, \ldots, x_m, f_1(x_1, \ldots, x_m), \ldots, f_n(x_1, \ldots, x_m), z_1, \ldots, z_p, g_1(x_1, \ldots, x_m, z_1, \ldots, z_p), \ldots, g_q(x_1, \ldots, x_m, z_1, \ldots, z_p), \ldots).$$

Aber die Wahrheit von (4) in M bedeutet, daß

(5) $$K(x_1, \ldots, x_m, f_1(x_1, \ldots, x_m), \ldots, f_n(x_1, \ldots, x_m), z_1, \ldots, z_p, g_1(x_1, \ldots, x_m, z_1, \ldots, z_p), \ldots, g_q(x_1, \ldots, x_m, z_1, \ldots, z_p), \ldots)$$

ein wahrer Ausdruck ist für gewisse Funktionen $f_1, \ldots, f_n, g_1, \ldots, g_p, \ldots$ für eine beliebige Wahl der Individuen $x_1, \ldots, x_m, z_1, \ldots, z_p, \ldots$ von M.

Nun läßt sich rekursiv ein Teilbereich M_0 von M auf die folgende Weise definieren: Es gibt ein bestimmtes Individuum 0 von M das auch in M_0 erscheint. Zweitens, wenn die $x_1, \ldots, x_m, z_1, \ldots, z_p, \ldots$ Elemente von M_0 sind, dann gehören die Individuen von M, die durch die Funktionen $f_1(x_1, \ldots, x_m), \ldots, f_n(x_1, \ldots, x_m), g_1(x_1, \ldots, x_m, z_1, \ldots, z_p), \ldots, g_q(x_1, \ldots, x_m, z_1, \ldots, z_p), \ldots$ gebildet werden, auch zu M_0. (Eine erste Anwendung dieser Regel ergibt, daß $f_1(0, \ldots, 0), \ldots, f_n(0, \ldots, 0), g_1(0, \ldots, 0, 0, \ldots, 0), \ldots, g_q(0, \ldots, 0, 0, \ldots, 0), \ldots$ ebenfalls zu M_0 gehören.) M_0 muß keine weiteren Elemente enthalten. Daraus folgt, daß M_0 eine abzählbare Teilmenge von M ist, und daß (5) in M_0 wahr ist für jede beliebige Wahl von $x_1, \ldots, x_m, z_1, \ldots, z_p, \ldots$. Im weiteren ergibt sich, daß (4), und folglich (1), auch in M_0 wahr sind.

In der Arbeit *Logisch-Kombinatorische Untersuchungen über die Erfüllbarkeit oder Beweisbarkeit mathematischer Sätze* [1920] hat Skolem gezeigt, daß das Problem der Erfüllbarkeit eines Ausdrucks der Form (1) zurückgeführt werden kann auf die Erfüllbarkeit eines Ausdrucks der Form

(6) $\forall x_1 \ldots \forall x_m \exists y_1 \ldots \exists y_n K(x_1, \ldots, x_m, y_1, \ldots, y_n; A, B, C, \ldots)$.

Zu diesem Zweck führt man eine gewisse Anzahl von Hilfsprädikaten ein.

Ein einfaches Beispiel dieser Transformation soll am Ausdruck $\forall x \exists y \forall z\ K(x, y, z)$ demonstriert werden. Man kann $\forall z\ K(x, y, z)$ als ein Prädikat $A(x, y)$ betrachten. Somit erhält man

$$\forall z(\neg A(x, y) \vee K(x, y, z)) \wedge \exists u(A(x, y) \vee \neg K(x, y, u))$$

und folglich

$$\forall \xi \forall \eta \forall z \exists u[(\neg A(\xi, \eta) \vee K(\xi, \eta, z)) \wedge (A(\xi, \eta) \vee \neg K(\xi, \eta, u))].$$

Damit ist klar, daß die Erfüllbarkeit von

$$\forall x \exists y \forall z\ K(x, y, z)$$

äquivalent ist der Erfüllbarkeit von

$$\forall x \exists y\ A(x, y) \wedge \forall \xi \forall \eta \forall z \exists u[(\neg A(\xi, \eta) \vee K(\xi, \eta, z)) \wedge (A(\xi, \eta) \vee \neg K(\xi, \eta, u))].$$

Aber der letzte Ausdruck kann auch mit dem Präfix

$$\forall \xi \forall \eta \forall z \exists y \exists u$$

geschrieben werden.

In seiner Arbeit [1920] hat Skolem einen Beweis des Satzes von Löwenheim gegeben, der auf der [Skolemschen] Normalform (6) basiert. In diesem Beweis bediente er sich des Auswahlaxioms. Man schließt dabei folgendermaßen: Wenn (6) in einem Bereich M wahr ist, dann ist die Menge

$M_{x_1,\ldots,x_m}$ aller n-Tupel $y_1, \ldots, y_n$ für welche $K(x_1, \ldots, x_m, y_1, \ldots, y_n)$ wahr ist, nicht leer, wie auch immer das m-Tupel $x_1, \ldots, x_m$ gewählt wird. Gemäß dem Auswahlaxiom kann nun in jeder der Mengen $M_{x_1,\ldots,x_m}$ ein n-Tupel $y_1, \ldots, y_n$ ausgewählt werden, das eindeutig bestimmt ist durch $x_1, \ldots, x_m$. Nun lassen sich aber aus den $y_1, \ldots, y_n$ die Funktionen $f_1, \ldots, f_n$ von $x_1, \ldots, x_m$ gewinnen, also kommt man zum selben Resultat [wie Löwenheim].

In seinem Vortrag *Einige Bemerkungen zur axiomatischen Begründung der Mengenlehre* [1922] gibt Skolem noch einen anderen Beweis, worin das Auswahlaxiom keine Rolle spielt. Man nimmt an, daß der gegebene «Zählausdruck» in einem Bereich M erfüllbar ist, und man zeigt dann, daß der «Zählausdruck» auch erfüllbar ist im Bereich der positiven ganzen Zahlen. Mit anderen Worten, die Wahrheitswerte «wahr» und «falsch» lassen sich für die Prädikatenvariablen $A, B, C, \ldots$ für alle möglichen Werte der Argumente so bestimmen, daß die «Zählausdrücke» eine wahre Aussage für die Zahlenreihe darstellen.

Man muss außerdem den Beweis näher ansehen, den Skolem in seiner Arbeit *Über einige Grundlagenfragen der Mathematik* [1929] gegeben hat. Man betrachtet eine Folge $R_1, R_2, \ldots$ von Teilmengen der natürlichen Zahlen R. Der «Zählausdruck» sei gegeben in der Form (6). R_1 enthalte dann als einzige Zahl die 1. R_2 sei die Folge $1, 2, \ldots, n+1$, wobei gleichzeitig der Folge $2, 3, \ldots, n+1$ das m-Tupel $(1, \ldots, 1)$ zugeordnet wird. Im allgemeinen Falle bildet man $R_{\nu+1}$ aus R_ν, indem man jedem m-Tupel $(x_1, \ldots, x_m)$ aus R_ν, welchem kein n-Tupel in R_ν entspricht, n Zahlen in ihrer natürlichen Reihenfolge zuweist.

Ist (6) im Bereich M erfüllt, so muß es möglich sein, den Prädikaten $A, B, C, \ldots$, mit den Argumenten $1, 2, \ldots, n+1$, solche Wahrheitswerte zu erteilen, daß K wahr ist, wenn anstelle von $x_1, \ldots, x_m$ überall 1 steht, und anstelle von $y_1, \ldots, y_n$ die Zahlen $2, 3, \ldots, n+1$. Natürlich sind verschiedene solcher Werteverteilungen für $A, B, C, \ldots$ möglich. Es muß im übrigen möglich sein, eine oder mehrere dieser Werteverteilungen so zu erweitern, daß sie ganz innerhalb R_3 stattfindet. Dies bedeutet, daß man die Werte «wahr» und «falsch» für $A, B, C, \ldots$ für die neuen Argumente aus R_3 so bestimmen kann, daß $K(x_1, \ldots, x_m, , y_1, \ldots, y_n)$ wahr ist, wenn man anstelle von $x_1, \ldots, x_m$ alle m-Tupel von R_2 zuläßt und für $y_1, \ldots, y_n$ das entsprechende n-Tupel aus R_3. Dieser Prozeß muß unendlich oft wiederholt werden. Die approximative Erfüllung des Ausdrucks (6) vom Grad ν besteht dann in allen Bestimmungen der Prädikate mit Argumenten in R_ν so, daß $K(x_1, \ldots, x_m, y_1, \ldots, y_n)$ wahr ist für alle m-Tupel $(x_1, \ldots, x_m)$ aus $R_{\nu-1}$ und für das entsprechende n-Tupel $(y_1, \ldots, y_n)$ aus R_ν.

Im weiteren läßt sich ohne Schwierigkeiten, etwa mit Hilfe des lexikographischen Prinzips, eine lineare Ordnung aller Approximationen vom Grad ν für jedes ν herstellen. Zudem kann mit Hilfe des Prinzips vom ausgeschlossenen Dritten (tertium non datur) geschlossen werden, daß entweder für jede Approximation vom Grad μ für alle $\nu > \mu$ Approximationen vom Grad ν existieren, die Erweiterungen darstellen, jedoch innerhalb R_μ zusammenfallen – oder es gibt keine solchen Erweiterungen für alle ν. Im ersten Falle kann man die gegebene Approximation vom Grad ν als «unbegrenzt fortsetzbar» bezeichnen. Es läßt sich sehr einfach zeigen, daß für $\nu > \mu$ die erste unbegrenzt fortsetzbare Approximation vom Grade ν eine Erweiterung der ersten unbegrenzt fortsetzbaren Approximation vom Grade μ ist. Folglich ergibt sich, daß die Bestimmung der Wahrheitswerte der Prädikate $A, B, C, \ldots$ durch die erste unbegrenzt fortsetzbare Approximation vom Grade ν, für $\nu = 1, 2, 3, \ldots$ *ad infinitum*, aus (6) einen wahren Satz im Bereich R der natürlichen Zahlen macht.

Der Beweis läßt sich allerdings auch ohne Heranziehung des Prinzips vom ausgeschlossenen Dritten für die Zahlen durchführen, etwa auf folgende Weise: Jede Approximation vom Grade ν ist entweder in M erfüllbar oder nicht. Die Existenz einer Erfüllbarkeit bedeutet, daß es möglich ist, die Elemente der Teilmenge R_ν als Individuen von M zu betrachten, und zwar so, daß die Wahrheitswerte von $A, B, C, \ldots$ in der Erfüllung von (6) in M mit der Approximation vom betrachteten Grade ν zusammenfallen. Jede Erfüllbarkeit vom Grade ν muß also als Erweiterung eine Erfüllbarkeit vom Grade $(\nu + 1)$ haben. Ist $\mu < \nu$, dann ist die erste Erfüllbarkeit vom Grade ν eine Erweiterung der ersten Erfüllbarkeit vom Grade μ. In ihrer Gesamtheit bilden die ersten Erfüllbarkeiten vom Grade ν, für $\nu = 1, 2, 3, \ldots$ *ad infinitum*, eine Bestimmung der Werte von $A, B, C, \ldots$ derart, daß (6) wahr ist im Bereich R der natürlichen Zahlen.

Skolem zeigte in der weiter oben genannten Arbeit [1920], daß sich durch analoge Überlegungen die folgende Verallgemeinerung des Satzes von Löwenheim gewinnen läßt: *Wenn die «Zählausdrücke»* $Z_1, Z_2, \ldots$ *(die eine abzählbare Folge bilden), gleichzeitig in einem bestimmten Bereich erfüllbar sind, dann sind sie es auch gleichzeitig in einem abzählbar unendlichen Bereich.* Tatsächlich kann man eine Approximation vom ersten Grade für Z_1 bilden, anschließend eine Approximation vom zweiten Grad mit Z_1 und Z_2, und so weiter. Es kann hier aber nicht in die Details des Beweises eingetreten werden.

In seiner Arbeit *Recherches sur la théorie de la démonstration* [1930] hat J. Herbrand eine Interpretation und einen Beweis des Satzes von Löwenheim vom finitistischen Standpunkt aus gegeben (vgl. Hilbert-Bernays [1930], *Grundlagen der Mathematik*, Bd. II, § 3, Abschnitt 4). Unter diesem Gesichtspunkt wird nur der reine Prädikatenkalkül betrachtet, sowie keine Annahme über den unendlichen Bereich gemacht, wie auch das tertium non datur nicht auf Mengen mit unendlich vielen Elementen angewendet. Gemäß Herbrand heißt ein «Zählausdruck» «erfüllbar in einem unendlichen Bereich» wenn man zeigen kann, daß für jedes ν eine Approximation vom Grade ν existiert, im eben erklärten Sinne. Wenn Z nur unvollständig erfüllbar ist, so bedeutet dies, daß die Negation $\neg Z$ von Z nicht innerhalb des Kalküls ableitbar ist; mit anderen Worten: Z ist nicht widerlegbar. Herbrand beweist zwei Sätze [1930, S. 118], die etwa folgendermaßen formuliert werden können: Wenn Z nicht widerlegbar ist, dann ist Z erfüllbar in einem unendlichen Bereich (in dem Sinne, wie er diesen Ausdruck verwendet). Wenn Z widerlegbar ist, dann ist Z nicht erfüllbar in einem unendlichen Bereich. Der erste Satz ist genau derjenige von Löwenheim.

So wichtig und so interessant auch diese finiten Interpretationen des Satzes von Löwenheim sein mögen, so werden sie hier doch nicht weiterverfolgt, da dieser Satz seine wahre Bedeutung im klassischen Bereich der Mathematik hat. Seine wichtigste Anwendung findet er allerdings in einer Kritik der Grundbegriffe der Mengenlehre, insbesondere der Begriffe der höheren unendlichen Mächtigkeiten.

2. Anwendung des Satzes von Löwenheim auf die Axiomatik der Mengenlehre

Die Entdeckung der Antinomien hat deutlich gezeigt, daß die naive Mengenlehre, wie sie auf Cantor zurückgeht, nicht aufrechterhalten werden kann. Seither hat man es unternommen, die Mengenlehre neu aufzubauen, sei es axiomatisch, sie es mit Hilfe von formal-logischen [hier:

symbolisch-logischen] Systemen. Diese beiden Versuche laufen letztendlich auf dasselbe hinaus. In beiden Fällen stellt man gewisse Prinzipien auf zur Konstruktion von neuen Mengen ausgehend von bekannten Mengen. Und, manchmal, wie etwa im Falle des Auswahlaxioms, fordert man die Existenz einer Menge, die nicht eindeutig bestimmt ist. Man kann zusätzlich noch anders geartete Bedingungen einführen, wie etwa, daß «eine Menge durch ihre Elemente bestimmt ist», das Reduzibilitätsaxiom für formale Systeme, und weiteres mehr.

Die weitaus wichtigste Anwendung des Satzes von Löwenheim betrifft diese Art von Mengenlehre. Skolem hat auf diesen Tatbestand zum ersten Mal aufmerksam gemacht und zwar in seiner Arbeit *Einige Bemerkungen zur axiomatischen Begründung der Mengenlehre* [1922]. Um diese Sache in überzeugender Art und Weise vorzuführen, sollen zwei typische Beispiele betrachtet werden, nämlich zunächst die Axiomatik von J. Von Neumann [1925, 1928] und dann das Axiomensystem, das man erhält, wenn man zu den Axiomen von E. Zermelo [1908] das Schema der Ersetzungsaxiome von A. Fraenkel [1927] und einige weitere Präzisierungen hinzunimmt.

Im Axiomensystem von Von Neumann betrachtet man I-Objekte und II-Objekte, zwei spezielle Objekte A, B, zwei zweistellige Relation $[a,b]$ und $\langle a,b\rangle$, sowie die zweistellige Relation $=$. Um deutlich zu machen, daß diese Axiome als «Zählausdrücke» geschrieben werden können, ist es am einfachsten, die Aussage «x ist ein I-Objekt» durch die Bezeichnung $F(x)$ und die Aussage «x ist ein II-Objekt» durch die Bezeichnung $G(x)$ auszudrücken. Im weiteren führt man zwei dreistellige Relationen $H(x,y,z)$ und $K(x,y,z)$ ein, die beziehungsweise bedeuten «z ist ein Ding $[x,y]$» und «z ist ein Ding $\langle x,y\rangle$». Dies bringt mit sich, daß folgendes Axiom eingeführt werden muß,

(1) $\forall x \forall y \forall z \forall u\ [(H(x,y,z) \wedge H(x,y,u)) \vee ((K(x,y,z) \wedge K(x,y,u)) \rightarrow (z = u)]$,

um auszudrücken, daß wenn die Relationen $H(x,y,z)$ und $K(x,y,z)$ existieren, z eindeutig bestimmt ist durch x und y. Auf den ersten Blick scheint das Vorhandensein der Identität zur Folge zu haben, daß man es nicht nur mit Ausdrücken des Prädikatenkalküls zu tun hat. Die Relation $x = y$ drückt jedoch in diesem System einfach aus, daß jeder für x gültige Ausdruck auch für y gültig ist und umgekehrt. Für die genannten Zwecke kann man sich ohnehin auf Sätze beschränken, die mit Hilfe von $=, F, G, H, K$ ausdrückbar sind. Deshalb wird die Relation $=$ als eine Prädikatenvariable betrachtet, im selben Sinne wie F, G, H, K; das läßt sich erreichen, indem einfach folgende Axiome hinzugenommen werden:

(2) $\forall x \forall y \forall z\ [(x = x) \wedge ((x = y) \leftrightarrow (y = x)) \wedge ((x = y) \wedge (y = z) \rightarrow (x = z))]$.

(3) $$\begin{aligned}&\forall x \forall y \forall u \forall v\ [(x = y) \rightarrow (F(x) \leftrightarrow F(y)) \wedge (G(x) \leftrightarrow G(x))\\ &\wedge (H(x,u,v) \leftrightarrow H(y,u,v)) \wedge (H(u,x,v) \leftrightarrow H(u,y,v))\\ &\wedge (H(u,v,x) \leftrightarrow H(u,v,y)) \wedge (K(x,u,v) \leftrightarrow K(y,u,v))\\ &\wedge (K(u,x,v) \leftrightarrow K(u,y,v)) \wedge (K(u,v,x) \leftrightarrow K(u,v,y))].\end{aligned}$$

Daraus folgt tatsächlich, daß für $x = y$ alle Prädikate, die mit Hilfe von $=, F, G, H, K$ formuliert und für x gültig sind, auch für y gültig sind und umgekehrt.

Obwohl die Form, in welcher die Axiome von Von Neumann erscheinen, nur von untergeordneter Bedeutung ist, so werden sie trotzdem hingeschrieben. Sie werden direkt in den Symbolismus des Prädikatenkalküls übersetzt ohne jeden Versuch einer Vereinfachung. Der Gruppe **V** gehen dabei Definitionen einiger Abkürzungen voraus, die allerdings jederzeit ohne weiteres eliminiert werden können.

I

1. $F(A) \wedge F(B)$
2. $\forall x \forall y[\forall z\ (H(x,y,z) \rightarrow G(x) \wedge F(y) \wedge F(z)) \wedge (G(x) \wedge F(y) \rightarrow \exists u\ H(x,y,u))]$
3. $\forall x \forall y[\forall z(K(x,y,z) \rightarrow F(x) \wedge F(y) \wedge F(z)) \wedge (F(x) \wedge F(y) \rightarrow \exists u(K(x,y,u))]$
4. $\forall x \forall y\ [G(x) \wedge G(y) \wedge \forall z(F(z) \rightarrow \forall u(H(x,z,u) \leftrightarrow H(y,z,u))) \rightarrow (x = y)]$

II

1. $\exists x[G(x) \wedge \forall y(F(y) \rightarrow (H(x,y,y))]$
2. $\forall x[F(x) \rightarrow \exists y(G(y) \wedge \forall z(F(z) \rightarrow H(y,z,x)))]$
3. $\exists x[G(x) \wedge \forall y \forall z \forall u\ (K(y,z,u) \rightarrow H(x,u,y))]$
4. $\exists x[G(x) \wedge \forall y \forall z \forall u\ (K(y,z,u) \rightarrow H(x,u,z))]$
5. $\exists x[G(x) \wedge \forall y \forall z \forall u \forall v\ \{G(y) \wedge K(y,z,u) \wedge H(x,u,v) \rightarrow H(y,z,v)\}]$
6. $\forall x \forall y\ [G(x) \wedge G(y) \rightarrow \exists z\{G(z) \wedge \forall u \forall v \forall w \forall t(H(z,u,v) \wedge H(x,u,w) \wedge H(y,u,t) \rightarrow K(w,t,v))\}]$
7. $\forall x \forall y\ [G(x) \wedge G(y) \rightarrow \exists z\{G(z) \wedge \forall u \forall v \forall w(H(z,u,v) \wedge H(y,u,w) \rightarrow H(x,w,v)\}]$

III

1. $\exists x\ [G(x) \wedge \forall y \forall z \forall u\{K(y,z,u) \rightarrow ((y = z) \leftrightarrow \neg H(x,u,A))\}]$
2. $\forall x\ [G(x) \rightarrow \exists y\{G(y) \wedge \forall z(F(z) \rightarrow (\neg H(y,z,A) \leftrightarrow \forall u \forall v(K(z,u,v) \rightarrow H(x,v,A))))\}]$
3. $\forall x\ [G(x) \rightarrow \exists y\{(G(y) \wedge \forall z \forall u(\forall v K(z,u,v) \rightarrow \neg H(x,v,A)) \wedge \forall w(\forall t(K(z,w,t) \rightarrow \neg H(x,t,A)) \rightarrow (u = w)) \rightarrow H(y,z,u)))\}]$

IV

1. $\exists x\ [G(x) \wedge \forall y\{F(y) \rightarrow (G(y) \leftrightarrow \neg H(x,y,A))\}]$
2. $\forall x\ [G(x) \rightarrow \{\neg F(x) \leftrightarrow \exists y(G(y) \wedge \forall z \exists u(F(z) \rightarrow F(u) \wedge \neg H(x,u,A) \wedge H(y,u,z)))\}]$

Definition der Abkürzungen der Gruppe **V**:
$x \in y$ bedeutet $F(x) \wedge G(y) \wedge \neg H(x,y,A)$
$x \prec y$ bedeutet $G(x) \wedge G(y) \wedge \forall z((z \in x) \rightarrow (z \in y))$
$x \sim y$ bedeutet $(x \prec y) \wedge (y \prec x)$
$x < y$ bedeutet $(x \prec y) \wedge \neg(y \prec x)$

V

1. $\exists x\ [F(x) \wedge G(x) \wedge \exists y(F(y) \wedge G(y) \wedge (y \in x)) \wedge \forall z\{F(z) \wedge G(z) \wedge (z \in x) \rightarrow \exists u(F(u) \wedge G(u) \wedge (u \in x) \wedge (z < u))\}]$
2. $\forall x[F(x) \wedge G(x) \rightarrow \exists y\{F(y) \wedge G(y) \wedge \forall z \forall u((z \in u) \wedge (u \in x) \rightarrow (z \in y))\}]$
3. $\forall x\ [F(x) \wedge G(x) \rightarrow \exists y\{F(y) \wedge G(y) \wedge \forall z(F(z) \wedge G(z) \wedge (z \prec x) \rightarrow \exists u(F(u) \wedge G(u) \wedge (z \sim u) \wedge (u \in y)))\}]$

Bildet man nun die Konjunktion aller dieser 19 Axiome und vertauscht A und B durch zwei Individuenvariablen α, β, indem man vor den ganzen Ausdruck $\exists\alpha\exists\beta$ schreibt, so hat man einen «Zählausdruck». Die Konjunktion dieses Ausdrucks mit den Axiomen (1), (2), (3) ergibt dann einen «Zählausdruck» der das gesamte Axiomensystem umfaßt.

Nun folgt aber nach dem Satz von Löwenheim: wenn die Axiome untereinander widerspruchsfrei sind, so müssen sie innerhalb des Bereichs der natürlichen Zahlenreihe $1, 2, \ldots$ erfüllbar sein. Mit anderen Worten, die Werte «wahr» und «falsch» können für die Prädikate $=, F, G, H, K$ und für die verschiedenen Argumente die im Bereich der Zahlenreihe möglich sind, so gewählt werden, daß alle Axiome wahr sind. Dies drückt man gewöhnlicherweise folgendermaßen aus: «*Wenn das Axiomensystem der Mengenlehre widerspruchsfrei ist, dann gibt es ein abzählbares Modell.*»

In seiner Arbeit über *Eine Axiomatisierung der Mengenlehre* [1925] zeigt Von Neumann unter anderem die Existenz eines solchen Modells auf einem anderen Wege, unabhängig vom Satz von Löwenheim. Dabei verwendet er allerdings die Annahme von der Existenz übergeordneter Mengentheorien, das heißt von Bereichen, die seinen Axiomen genügen, aber viel umfangreicher sind und in welchen die II-Objekte die Rolle der I-Objekte spielen. Bereits im § 1 wurde darauf hingewiesen, daß die Anwendung des Satzes von Löwenheim – wenn von der finitistischen Interpretation von Herbrand abgesehen wird – auch eine Annahme klassischer Natur voraussetzt. Diese Annahme wurde jedoch auf ein Minimum reduziert. Es genügt anzunehmen (§ 1), daß die gesamte Approximation vom Grad ν entweder im betrachteten Bereich erfüllbar ist oder nicht; davon ausgehend kann man von Erfüllbarkeit vom Grad ν sprechen.

Das Axiomensystem von Von Neumann ist auf einen einzigen «Zählausdruck» reduzierbar; dies gilt aber nicht für alle Axiomensysteme. Man nehme zum Beispiel das durch das Ersetzungsaxiom von Fraenkel erweiterte Axiomensystem von Zermelo. Dabei werde der Begriff der «definiten Aussage» [für das Aussonderungsaxiom] folgendermaßen präzisiert: Jeder Ausdruck des Prädikatenkalküls, in welchem die Elementarrelation $\in$ das einzige primitive Prädikat, ist eine definite Aussage. Wenn es im Bereich der Mengenlehre Dinge gibt, die keine Mengen sind, so kann man zusätzlich die Identität $=$ als primitives Prädikat einführen. Da dies keinen grundlegenden Unterschied macht, kann man hier annehmen, daß alle Dinge Mengen sind. Dann läßt sich die Identität wie folgt definieren:

$$x = y \text{ bedeutet } \forall z\,((z \in x) \leftrightarrow (z \in y)).$$

Anstelle des Extensionalitätsaxioms fordert man, daß identische Mengen gleichzeitig entweder je beide Elemente, oder je beide nicht Elemente jeder Menge sind. Also:

(1) $\forall x \forall y \forall z\,((x = y) \wedge (x \in z) \rightarrow (y \in z)).$

Da die Relation $x = y$ symmetrisch ist, folgt:

$$(x = y) \rightarrow \forall z\,((x \in z) \leftrightarrow (y \in z)).$$

Aufgrund des Aussonderungsaxioms ist es möglich, und vorteilhaft, die Axiome für elementare Mengenbildungen, das heißt für die Vereinigungsmenge $\bigcup M$ und die Menge $\mathfrak{Pot}(M)$ aller Teilmengen einer gegebenen Menge M, ein wenig zu vereinfachen. Anstatt die Existenz der Menge $\bigcup M$ zu postulieren, genügt es, die Existenz einer Menge N zu fordern derart, daß jedes Element m von M eine Teilmenge von N ist. Man kann nun tatsächlich mit Hilfe des Aussonderungsaxioms die Menge N aus der Menge $\bigcup M$ aussondern. Denn $\bigcup M$ ist nichts anderes als die Menge aller Elemente von N, die Elemente sind eines Elementes von M. Mit dieser Vereinfachung nehmen die entsprechenden Axiome die folgende Form an:

(2) $\exists x \forall y \, (y \notin x)$

(3) $\forall x \forall y \exists z \, ((x \in z) \land (y \in z))$

(4) $\forall x \exists y \forall z \forall u \, [(z \in u) \land (u \in x) \rightarrow (z \in y)]$

(5) $\forall x \exists y \forall z \, [\forall u \, ((u \in z) \rightarrow (u \in x)) \rightarrow (z \in y)]$

Das Unendlichkeitsaxiom läßt sich dann folgendermaßen formulieren:

(6) $\exists x \forall y \, [(\forall z (z \notin y) \rightarrow (y \in x) \land \{(y \in x) \rightarrow \forall u ((y \in u) \land \forall v \, ((v \in u) \rightarrow (v = y)) \rightarrow (u \in x))\}]$.

Das Auswahlaxiom wird zu:

(7) $\forall x \, [\forall y \forall z \, \{(y \in x) \land (z \in x) \rightarrow \exists u (u \in y) \land ((y = z) \lor \forall v \, ((v \notin y) \lor (v \notin z)))\} \rightarrow \exists w \forall t \, \{(t \in x) \rightarrow \exists p \, ((p \in w) \land (p \in t) \land \forall q \, ((q \in w) \land (q \in t) \rightarrow (p = q)))\}]$.

Während alle diese Axiome als «Zählausdrücke» geschrieben werden können, ist dies für das Aussonderungsaxiom nicht der Fall. Hat man es aber nur mit einem einzigen Ausdruck $P(x_1, x_2, \ldots, x_n, x_{n+1})$ des Prädikatenkalküls zu tun, so kann dieses Axiom auch als «Zählausdruck» geschrieben werden:

(8) $\forall x_1 \ldots \forall x_n \forall y \exists z \forall u \, ((u \in z) \leftrightarrow (u \in y) \land P(x_1, x_2, \ldots, x_n, u))$.

Im Grunde genommen besteht das Aussonderungsaxiom aus einer unendlichen Folge von speziellen Axiomen der Form (8). Diese Folge ist abzählbar, da die definiten Ausdrücke P des Prädikatenkalküls offensichtlich abgezählt werden können.

Ähnliches läßt sich für das Ersetzungsaxiom sagen, das sich etwa folgendermaßen formulieren läßt: Sei $R(x, y)$ ein funktionaler Ausdruck, wo für jedes x genau ein y existiert, für welches $R(x, y)$ wahr ist und sei M eine [beliebige] Menge. Dann existiert eine Mengen N aller derjenigen y für welche ein x existiert, sodaß gilt $R(x, y) \land (x \in M)$. Im Falle wo es sich um den im Prädikatenkalkül gegebenen Ausdruck R handelt, erhält man:

(9) $\forall u \exists v \forall w \, (R(u, w) \leftrightarrow (w = v)) \rightarrow \forall x \exists y \forall z \, \{(z \in y) \leftrightarrow \exists u \, (R(u, z) \land (u \in x))\}$.

Da die Ausdrücke $R(x, y)$ abzählbar sind, kann man das Ersetzungsaxiom ebenfalls als eine unendliche Folge von abzählbaren Axiomen der Form (9) betrachten.

Daraus folgt aber, daß alle Axiomensysteme als eine abzählbar unendliche Folge von «Zählausdrücken» betrachtet werden können. *Gemäß der im § 1 genannten Verallgemeinerung des Satzes von Löwenheim läßt sich daraus die Existenz eines abzählbaren Modells dieser Mengenlehre ableiten, wenn das ihr zugrundeliegende Axiomensystem widerspruchsfrei ist.* Dies heißt nichts anderes, als daß es möglich ist, die Paare (x, y) von Zahlen $1, 2, 3, \ldots$ vermöge $x \in y$ und $x \notin y$ so in zwei Klassen zu teilen, daß alle Axiome zu wahren Aussagen werden.

Es ist jedoch im allgemeinen bekannt, daß man in diesen beiden Theorien die Existenz von unendlich vielen unendlich großen Kardinalzahlen beweisen kann. So läßt sich zum Beispiel der Satz beweisen, daß die Potenzmenge $\mathfrak{Pot}(M)$, das heißt die Menge aller Teilmengen von M, eine höhere Mächtigkeit hat als M. Die Beweisbarkeit dieses Satzes beruht auf folgenden zwei Tatsachen: erstens existiert eine eineindeutige Zuordnung zwischen einer Teilmenge von $\mathfrak{Pot}(M)$ und M und zweitens existiert keine eineindeutige Zuordnung zwischen den Elementen von $\mathfrak{Pot}(M)$ und M. Da solche Zuordnungen Mengen sind, die der axiomatischen Mengenlehre angehören müssen, so bedeutet der letztere Satz, daß es keine Menge gibt, die eine solche

Zuordnung stiftet. Dies heißt allerdings nicht, daß überhaupt keine solche Beziehung [im absoluten Sinne] gefunden werden kann, sondern nur, daß sie nicht zu den [symbolisch-axiomatisch bestimmten] «Mengen» gehört.

Im weiteren ist auch klar, daß die Teilmengen einer gegebenen unendlichen Menge M, die in einem abzählbaren Modell vorkommen, nicht die Gesamtheit aller möglichen Mengen im absoluten Sinne der naiven [Cantorschen] Mengenlehre umfassen; denn diese selbst bilden in ihrer Gesamtheit eine im absoluten Sinne überabzählbare Menge. Aus diesem Grunde umfaßt in der axiomatischen Mengenlehre die Menge $\mathfrak{Pot}(M)$ aller Teilmengen von M nur diejenigen Teilmengen von M *die im [symbolisch-axiomatisch definierten] Bereich vorkommen*. Dies verhindert natürlich nicht, daß eine Vielzahl von weiteren Elementen von M durch verschiedenste Definitionen oder Konstruktionen gewonnen werden können. Aber dies sind dann keine Teilmengen von M im [symbolischen] axiomatisch definierten Sinne und erscheinen folglich nicht als Elemente von $\mathfrak{Pot}(M)$ innerhalb des betrachteten Bereichs.

Alle Begriffe der Mengenlehre, und folglich der gesamten Mathematik, erweisen sich auf diese Art als *relativ*. Der Sinn dieser Begriffe ist nicht absolut, er bezieht sich auf den zugrunde gelegten axiomatisch definierten Bereich.

Es ist vielleicht nützlich, explizit darauf hinzuweisen, daß der Begriff «endlich» ebenfalls relativ zu verstehen ist. Die Endlichkeit einer Menge bedeutet für , daß es keine eineindeutige Beziehung F gibt zwischen M und einer strikten Teilmenge M_1 von M. Es ist aber klar, daß die Nichtexistenz dieser beiden Dinge, F und M_1, im Bereich der [symbolisch-axiomatischen] Mengenlehre, nicht ausschließt, daß sie sich irgendwo anders auffinden lassen. Die Endlichkeit läßt sich noch auf eine andere Weise definieren, zum Beispiel: eine Menge M ist endlich, wenn in der Gesamtheit der Teilmengen von M immer eine größte Menge existiert. Aber diese Eigenschaft ist ebenfalls vom [symbolisch-axiomatisch definierten] Bereich abhängig.

Viele Mathematiker haben diesen Relativismus als paradox empfunden. Aber in Wirklichkeit ist daran nichts Erstaunliches. Der Grund wehalb man diesen Relativismus als paradox empfunden hat, stammt daher, daß man, natürlich ohne den geringsten Grund, angenommen hat, es sei mit Hilfe von Axiomen möglich, die Existenz von Mengen im absoluten Sinne der naiven Mengenlehre sicherzustellen. Aber dies ist nicht der Fall. Analysiert man die mathematischen Schlußweisen, indem man die fundamentalen Denkoperationen [symbolisch-]axiomatisch formuliert, so ist aufgrund der allgemeingültigen Natur des Satzes von Löwenheim der Relativismus unvermeidbar.

Alle Schlüsse innerhalb einer axiomatischen Mengenlehre oder eines formal-logischen [hier: symbolisch-logischen] Systems sind untrennbar verknüpft mit der Nicht-Existenz von im absoluten Sinne überabzählbar-unendlich vielen Dingen; die Behauptung der Existenz von überabzählbaren Mengen kann folglich nur als ein Spiel mit Worten interpretiert werden. Das absolut Überabzählbare ist eine bloße Fiktion. Die wahre Bedeutung des Satzes von Löwenheim ist genau diese Kritik an der absoluten Nicht-Abzählbarkeit. Kurz: diese Kritik führt die höheren Unendlichkeiten der naiven Mengenlehre nicht *ad absurdum*, sondern reduziert sie zu Nicht-Objekten.

In den entsprechenden Überlegungen wurde immer hervorgehoben: wenn die Axiome keinen Widerspruch enthalten, dann können sie bereits in einem abzählbaren Bereich erfüllt werden.

Es ist interessant hier anzumerken, daß die Abzählbarkeit der [im symbolisch-axiomatischen Sinne] konstruierbaren Mengen auch in der ursprünglichen widerspruchsvollen Theorie erhalten bleibt, vorausgesetzt, daß sie [symbolisch] präzisiert wird. Die Cantorsche Theorie leidet unter zwei Mängeln: sie ist einerseits unbestimmt [vage] und andererseits inkonsistent. Die im folgenden dargestellte Theorie könnte die [symbolisch] «präzisierte Cantorsche Theorie» (in welcher die Unbestimmtheit, nicht aber die Widersprüchlichkeit vermieden wird) nennen. Zur Vereinfachung kann man das Auswahlaxiom weglassen.

Als «definite» Ausdrücke oder definite Aussagenfunktionen (das heißt definite Ausdrücke mit freien Variablen) werden alle Ausdrücke des Prädikatenkalküls bezeichnet, in welchen als einziges primitives Prädikat $\in$ vorkommt (oder etwa auch $=$, sofern auch Nicht-Mengen berücksichtigt werden, was hier aber aus Gründen der Bequemlichkeit nicht getan werden soll). Die Identität von zwei Mengen wird, wie weiter oben, folgendermaßen definiert:

$$(x = y) \text{ bedeutet } \forall z\,((z \in x) \leftrightarrow (z \in y)).$$

Das Axiom

$$\forall x \forall y \forall z\,((x = y) \wedge (x \in z) \rightarrow (y \in z))$$

wird als gültig angenommen. Im übrigen ist auch das Komprehensionsaxiom gültig: Wenn $P(x)$ ein definiter Ausdruck mit einer freien Variablen x ist (wo auch weitere Parameter vorkommen können), dann existiert eine Menge y sodaß $x \in y$ äquivalent ist mit $P(x)$, das heißt

$$\forall P \exists y \forall x\,(x \in y) \leftrightarrow P(x).$$

Diese Mengentheorie ist inkonsistent; es läßt sich in ihr die Russellsche Antinomie ableiten. Es ist jedoch klar, daß nur eine abzählbare Mannigfaltigkeit von Mengen definierbar ist. Denn die definiten Aussagenfunktionen P lassen sich abzählen, und jede Menge wird überhaupt erst durch eine Anwendung des Komprehensionsaxioms produziert. (Die konstanten Mengen, die in der Definition einer Menge vorkommen, lassen sich mit Hilfe ihrer Definition eliminieren.) Daraus folgt, daß wenn man in der Mengentheorie Cantors (unter Weglassung des Auswahlaxioms) den abzählbaren Bereich verlassen will, man Definitionen von völlig anderem Charakter einführen muß, wie etwa diejenige der Menge aller Mengen, die durch Aussagenfunktionen mit höchstens 100 Symbolen bestimmt werden können und so weiter. Entsprechend, wenn man eine abzählbare Gesamtheit von Zahlen der zweiten Zahlklasse übersteigen will, dann muß man folgende Definition einführen: die kleinste Zahl der zweiten Zahlklasse, die nicht durch eine definite Aussagenfunktion (im oben genannten Sinne) bestimmt werden kann. Man könnte diese Definitionen syntaktisch nennen, und man könnte sie in verschiedene Grade einteilen. Die naive [Cantorsche] Mengenlehre ist vage, weil sie nicht zwischen diesen wesentlich verschiedenen Definitionen unterscheidet. Die Abzählbarkeit aller mit Hilfe definiter Aussagenfunktionen definierbaren Mengen ergibt sich in natürlicher Weise aus den syntaktischen Definitionen, wie R. Carnap [1934b, 284] scharfsinnig bemerkt hat.

Daß die [symbolische] Axiomatik zum Relativismus führt, wurde immer wieder als der schwache Punkt der axiomatischen Methode betrachtet. Dies ohne Grund. Eine Analyse des mathematischen Denkens, eine Festlegung der fundamentalen Hypothesen und der grundlegenden Schlußweisen kann für die Wissenschaft nur von Vorteil sein. Es ist nicht eine Schwäche der wissenschaftlichen Methode, wenn sie das Unmögliche nicht erfassen kann. Es scheint aber, wie wenn die Mehrheit der Mathematiker sich davor fürchtet, daß die absolute Mengenlehre etwas Unmögliches ist.

Eine völlig andere Sache betrifft den Einwand, daß die axiomatische Mengenlehre, wie auch formal-logische [hier: symbolisch-logische] Systeme, die dieser im wesentlichen äquivalent sind, keine befriedigende Grundlage der Mathematik bilden können, da ihre Axiome willkürlich sind und keine Sicherheit bezüglich der Existenz von Widersprüchen besteht. So viel steht jedenfalls fest: die rekursive Zahlentheorie ist ein absolut sicheres Teilgebiet der Mathematik. Und gemäß den Forschungen von Gentzen [1936] und Ackermann [1937] muß man von nun an die formale Zahlentheorie und die Axiomatik der Mengenlehre ohne Unendlichkeitsaxiom im selben Sinne als vollständig gesichert ansehen.

3. Über die Nicht-Kategorizität mathematischer Begriffe

Veblen [1904, 346] nennt einen Bereich kategorisch bestimmt durch gewisse Axiome, wenn zwei Modelle M und M' dieses Bereiches, das heißt zwei beliebige Erfüllungen dieses Bereiches bezüglich aller Eigenschaften und Relationen, von denen in den Axiomen die Rede ist, isomorph sind. Dies bedeutet, daß M und M' eineindeutig einander zugeordnet werden können derart, daß alle Eigenschften und Relationen dabei erhalten bleiben. Jede in M gültige Aussage ist dann auch in M' gültig, und umgekehrt.

Dieser Begriff kann folgendermaßen im Rahmen einer Mengenlehre interpretiert werden: Man betrachte die Bereiche als Mengen im Sinne dieser Theorie. Die Axiome sind dann Postulate, die eine bestimmte Klasse K von Mengen bestimmen. Wie man zeigen kann, sind dann in vielen Fällen diese Klassen kategorisch, was von diesem Gesichtspunkt aus bedeutet, daß zwei beliebige Mengen der Klasse K im angegebenen Sinne isomorph sind.

Die Situation ist völlig verschieden, wenn man den Begriff der Kategorizität ohne jeden Bezug zu einer bereits gegebenen Mengenlehre betrachten will. Dies ist aber notwendig, wenn man Fragen, die die Kategorizität betreffen, für [symbolisierte] axiomatische Mengenlehren selbst stellen will. Von Neumann hat bereits in seiner Arbeit *Eine Axiomatisierung der Mengenlehre* [1925] bemerkt, daß der von ihm axiomatisch definierte Bereich der Mengenlehre nicht kategorisch ist, und daß es sehr wahrscheinlich nicht möglich ist, diesen Bereich kategorisch zu machen, nicht einmal durch Adjunktion weiterer Axiome. Daß sich dies tatsächlich so verhält, ergibt sich aus einer Arbeit von K. Gödel [1931], die besagt, daß in jedem formal-logischen [hier: symbolisch-logischen] System, oder in jeder Mengenlehre, welche die gewöhnliche Arithmetik umfaßt, Ausdrücke formuliert werden können, die nicht entscheidbar sind. Wenn Σ ein nicht entscheidbarer Ausdruck ist, dann muß ein Modell M existieren, für welches Σ wahr ist und genauso ein Modell M' für welches Σ falsch ist, und folglich sind M und M' sicher nicht isomorph, also existiert auch keine Kategorizität.

Skolem bewies mit sehr einfachen Mitteln in zwei Arbeiten, [1933] und [1934], folgenden Satz: Wenn der Mengen- und Prädikatsbegriff [mit Hilfe der symbolisierten Prädikatenlogik] präzisiert werden, dann bestimmen die gewöhnlichen Axiome der Arithmetik die Zahlenreihe nicht kategorisch. Er zeigt tatsächlich, daß die Existenz eines gewissen Modells die Existenz eines viel umfassenderen Modells nach sich zieht. Da dieser Satz intim mit dem Relativismus der Begriffe der Mengenlehre zusammenhängt, ist es instruktiv, hier einige Worte darüber zu sagen.

Die Axiome von Peano, die die Zahlenreihe charakterisieren, setzen den Begriff einer beliebigen Teilmenge oder einen dazu äquivalenten Begriff voraus. Da nun diese Begriffe nur in einem relativen Sinne möglich sind, ist man geneigt zu denken, daß es gar keine Axiome geben könne, welche nur für die Zahlenreihe gültig sind, aber nicht für andere Dinge. Dieser Verdacht ist gerechtfertigt. Um den nicht kategorischen Charakter [des symbolisierten Peanoschen Axiomensystems] der Zahlenreihe zu beweisen, bringt Skolem das Prinzip vom ausgeschlossenen Dritten ins Spiel. Die wichtigsten Punkte dieser Arbeit sind im folgenden zusammengefaßt.

Zunnächst beweist er einen Hilfssatz über Funktionen von positiven ganzen Zahlen: Sei $f_r(x)$, $r = 1, 2, \ldots$ eine unendliche Folge von Funktionen. Für wachsendes x existiert dann eine monoton wachsende Funktion $g(x)$ derart, daß für zwei beliebige Indizes i, j immer einer der folgenden drei Fälle eintritt:

(1) $$f_i(g(x)) < f_j(g(x)) \text{ oder } f_i(g(x)) = f_j(g(x)) \text{ oder } f_i(g(x)) > f_j(g(x))$$

sobald x eine gewisse Zahl x_{ij} überschreitet.

Anschaulich läßt sich der Inhalt dieses Satzes etwa folgendermaßen aussprechen: Es existiert eine Teilmenge N_ω der Zahlenreihe N derart, daß zwei beliebige dieser Funktionen f_i im Innern von N_ω im Unendlichen der Größe nach miteinander vergleichbar sind. Der Beweis ergibt sich ohne Schwierigkeiten, etwa so: man ordnet zunächst alle Indizespaare in einer natürlichen Folge; dann bestimmt man eine Teilmenge N_1 von N derart, daß in N_1 die Funktionen des ersten Paares im Unendlichen vergleichbar sind, dann bestimmt man eine Teilmenge N_2 von N_1 derart, daß in N_2 die Funktionen des zweiten Indizespaares im Unendlichen vergleichbar sind, und so weiter. Man wählt dabei die Anordnung so, daß beim Übergang von N_i zu N_{i+1} die ersten i Elemente von N_i erhalten bleiben. N_ω ist der Durchschnitt aller N_i.

Um die entsprechenden Verhältnisse noch klarer hervortreten zu lassen wollen wir, bevor wir zu den Grundlagen der eigentlichen Behauptung übergehen, zeigen, daß die rekursive Zahlentheorie für einen aus N abgeleiteten, aber viel größeren Bereich N^* gültig ist, genau im selben Sinne wie sie für N gültig ist. Sei N^* die Gesamtheit der Funktionen einer Variablen, die sich in dieser Theorie vorfinden. Dann ist N^* eine abzählbare Folge $f_1(x), f_2(x), \ldots$. Gemäß dem Hilfssatz läßt sich eine Funktion $g(x)$ finden derart, daß (1) gültig ist für alle Indizespaare. Diese drei Fälle, geschrieben in der Form $f_i < f_j$, $f_i = f_j$, $f_i > f_j$, bestimmen eine lineare Ordnung auf N^*. Berücksichtigt man, daß die Elemente von N konstante Funktionen, das heißt Konstanten in N^* sind, so sieht man, daß die rekursive Definition der Relation $<$ auch für N^* gültig ist. Diese Definition lautet:

$$\neg x < 1$$

$$(x < y + 1) \leftrightarrow (x < y) \vee (x = y).$$

Wenn ϕ_1 und ϕ_2 Elemente von N^* sind, dann bedeutet $\phi_1 < \phi_2 + 1$, daß für ein genügend großes x gilt: $\phi_1(g(x)) < \phi_2(g(x)) + 1$, wobei

$$(\phi_1(g(x)) < \phi_2(g(x))) \vee (\phi_1(g(x)) = (\phi_2(g(x))).$$

Für jedes genügend große x trifft genau eine der beiden letzten Möglichkeiten zu oder nicht zu, also folgt:

$$(\phi_1 < \phi_2) \vee (\phi_1 = \phi_2).$$

Die Umkehrung folgt ganz analog.

Es ist ebenfalls nicht schwierig zu erkennen, daß die Relation $<$ asymmetrisch und transitiv ist, das heißt

$$(\phi < \psi) \vee (\phi = \psi) \vee (\phi > \psi)$$

und daß die Relation = reflexiv, symmetrisch und transitiv ist.

Alle Funktionen von N können nun als Funktionen von N^* interpretiert werden, und zwar so, daß diese Interpretation eine Erweiterung ihrer Bedeutung in N darstellt. Das einfachste Beispiel für diese Situation ist folgendes: Wenn $F(x_1, \ldots, x_n)$ eine Funktion in N ist, und wenn $\phi_1, \ldots, \phi_n$ Elemente von N^* sind, dann ist $F(\phi_1(x), \ldots, \phi_n(x))$ eine Funktion von x in N, das heißt eine Element von N^*. Und aufgrund eben dieser Tatsache folgt, daß F als Funktion von N^* mit den Variablen $\phi_1, \ldots, \phi_n$ aufgefaßt werden kann. Wenn $\phi_1, \ldots, \phi_n$ Konstanten sind, so reduziert sich diese neue Interpretation von F auf die alte.

Es ist ebenfalls leicht zu erkennen, daß jede Formel der rekursiven Zahlentheorie, die in N gültig ist, auch in N^* gültig ist. Jede Formel [in N] ist äquivalent zu einer Formel der Form:

(2) $\quad U_1 \wedge U_2 \wedge \ldots,$

wo jedes U_i eine Disjunktion von Gleichungen und «kleiner»-Beziehungen ist. Nun repräsentiert (2) sowohl in N wie auch in N^* eine wahre Formel, genau dann wenn die $U_1, U_2, \ldots$ ebenfalls wahr sind. Es genügt folglich zu zeigen, daß

(3)
$$\begin{aligned}
&(F_1(\phi_1(x), \ldots, \phi_n(x)) = G_1(\phi_1(x), \ldots, \phi_n(x))) \vee \ldots \vee \\
&(F_m(\phi_1(x), \ldots, \phi_n(x)) = G_m(\phi_1(x), \ldots, \phi_n(x))) \vee \\
&(F_{m+1}(\phi_1(x), \ldots, \phi_n(x)) < G_{m+1}(\phi_1(x), \ldots, \phi_n(x))) \vee \ldots \vee \\
&(F_{m+m'}(\phi_1(x), \ldots, \phi_n(x)) < G_{m+m'}(\phi_1(x), \ldots, \phi_n(x)))
\end{aligned}$$

eine in N^* wahre Fomel ist, wenn

(4)
$$\begin{aligned}
&(F_1(x_1, \ldots, x_n) = G_1(x_1, \ldots, x_n)) \vee \ldots \vee \\
&(F_m(x_1, \ldots, x_n) = G_m(x_1, \ldots, x_n)) \vee \\
&(F_{m+1}(x_1, \ldots, x_n) < G_{m+1}(x_1, \ldots, x_n)) \vee \ldots \vee \\
&(F_{m+m'}(x_1, \ldots, x_n) < G_{m+m'}(x_1, \ldots, x_n))
\end{aligned}$$

eine in N wahre Formel ist. Falls für jedes n-Tupel $(x_1, \ldots, x_n)$ in N eine der $m + m'$ Alternativen in (4) zutrifft, dann trifft für jedes x eine der $m + m'$ Alternativen in (3) zu. Andererseits trifft für ein genügend großes x eine der drei Relationen $<, =, >$ zwischen F_i und G_i zu. Folglich trifft dies ebenfalls für die $m + m'$ Indizes i zu. Also ist einer der möglichen Ausdrücke in (3) wahr für alle genügend großen x, das heißt (3) ist in N^* gültig.

Es folgt insbesondere, daß die rekursiven Gleichungen aller rekursiv gebildeten Funktionen auch in N^* gültig sind. Aber auch die Induktionsschemata sind in N^* gültig. Wenn zum Beispiel $U(1)$ und $\neg U(f) \vee U(f+1)$ außerdem für ein beliebiges f in N^* gültig sind, dann sind $U(1)$ und $\neg U(x) \vee U(x+1)$ ebenso gültig für ein beliebiges x aus N und folglich ist $U(x)$ gültig für ein beliebiges x aus N, also ist auch $U(f)$ gültig für eine beliebige Funktion aus N^*.

Daraus folgt die Gültigkeit der gesamten Theorie der rekursiven Funktionen in N^*. Andererseits können aber die Modelle N und N^* nicht isomorph sein, denn sonst müßte eine eineindeutige ordnungserhaltende Beziehung zwischen den Elementen von N und N^* existieren.

Aber bei jeder derartigen Beziehung entsprechen sich die Elemente von N selbst [aufgefaßt als konstante Funktionen], und das Element $f(x) = x$ aus N^* ist dann $>$ als jede Konstante, das heißt $>$ als jedes Element von N. In der Sprache der Mengenlehre heißt das, daß N^* einen viel größeren Ordnungstypus hat als N.

Man kann dieselben Überlegungen durchführen unter Zugrundelegung eines [symbolisierten] Axiomensystems für die Zahlentheorie, wie etwa das System (Z) der *Grundlagen der Mathematik* von Hilbert-Bernays [1934, S. 371]. Dort handelt es sich um Aussagenfunktionen oder Prädikate die im [symbolisierten] Prädikatenkalkül ausgedrückt werden können, ausgehend von der Relation $=$, der Addition und Multiplikation. Mit Hilfe von «Belegungsfunktionen» lassen sich dann die Sätze der Arithmetik mit freien Variablen, wie in der rekursiven Arithmetik, schreiben.

Mit Hilfe der vollständigen Induktion kann man tatsächlich leicht zeigen, daß, wenn Zahlen x existieren, für welche $A(x)$ gültig ist, wobei A ein beliebiges Prädikat des Systems ist, dann gibt es ein kleinstes solches x. Folglich kann man jedem Prädikat $A(x_1, \ldots, x_n, y)$ eine «Belegungsfunktion» $f(x_1, \ldots, x_n)$ zuordnen, die für ein gegebenes n-Tupel $(x_1, \ldots, x_n)$ die kleinste Zahl y repräsentiert, für welche $A(x_1, \ldots, x_n, y)$ wahr ist; dabei wird $f(x_1, \ldots, x_n)$ Null gesetzt, falls ein solches y nicht existiert. Also gilt die folgende Äquivalenz:

$$\exists y\ A(x_1, \ldots, x_n, y) \leftrightarrow A(x_1, \ldots, x_n, f(x_1, \ldots, x_n)).$$

Führt man solche «Belegungsfunktionen» für alle Aussagenfunktionen ein, dann läßt sich nach und nach jeder Ausdruck des Systems in eine dazu äquivalent Form, die freie Variablen enthält, umwandeln.

Sei $\tilde{N}$ die Menge der Individuenfunktionen, die man aus Addition, Multiplikation und sukzessive Substitution aus den Belegungsfunktionen gewinnen kann. Es ist also klar, daß $\tilde{N}$ bezüglich Substitutionen abgeschlossen ist; das heißt wenn $F(y_1, \ldots, y_m), f_1(x_1, \ldots, x_n), \ldots, f_m(x_1, \ldots, x_n)$ zu $\tilde{N}$ gehören, dann gehört $F(f_1(x_1, \ldots, x_n), \ldots, f_m(x_1, \ldots, x_n))$ ebenso zu $\tilde{N}$. Im weiteren ist $\tilde{N}$ natürlich abzählbar. Bezeichnet man mit N^* die Gesamtheit der Elemente von $\tilde{N}$, die Funktionen einer einzigen Variablen sind, dann ist es möglich, durch ein Verfahren, das zum weiter oben skizzierten Verfahren analog ist, den Gültigkeitsbereich der Individuenfunktionen in N so zu erweitern, daß sie auch Funktionen in N^* werden. Wie bereits angedeutet, können dann alle Ausdrücke mit freien Variablen geschrieben werden und man erhält so ohne weitere Umstände Ausdrücke, die auch in N^* gültig sind.

Wenn es mir erlaubt ist, möchte ich noch etwas beitragen zur Illustration der Relativität des Begriffes «endlich». Betrachtet man die Begriffe «Menge» und «Zuordnung» als gegeben durch Prädikate unseres Systems, dann kann man leicht mit Hilfe der vollständigen Induktion zeigen, daß diejenigen Individuen x mit $x \leq y$, für ein beliebiges y, eine endliche Menge konstituieren. Es ist dann am einfachsten, diejenigen Mengen als endlich zu betrachten, für welche unter allen x, die $E(x)$ erfüllen, wenn E ein beliebiges Prädikat ist, ein kleinstes und ein größtes x existiert. Und dies gilt sowohf für N^* als auch für N.

Zum Abschluß möchte ich noch festhalten, daß die Existenz von verschiedenen Modellen einer [symbolisierten] axiomatischen Theorie nicht notwendigerweise bedeutet, daß jede innerhalb der Theorie formulierbare Aussage auch entscheidbar ist. Dies beruht auf der Tatsache, daß die Unterschiede zwischen den verschiedenen Modellen auf Eigenschaften beruhen, die nicht innerhalb des Systems formuliert werden können. Ein einfaches Beispiel ist folgendes:

ein Axiomensystem enthalte keine anderen Beziehungen als $<$ und $=$; folglich existiert eine lineare Ordnung derart, daß jedes Element ein ihm unmittelbar vorangehendes und ein ihm unmittelbar nachfolgendes besitzt. Manchmal werden diese Axiome als «kategorisch» bezeichnet. Dieser Begriff von «kategorisch» ist sicher viel brauchbarer als derjenige, von dem weiter oben gesprochen wurde. Aber man entnimmt dem Satz von Gödel, daß die wichtigsten formalen [hier: symbolisierten] Systeme der Mathematik auch nicht kategorisch sind in diesem letztgenannten Sinne.

4. Diskussion

Die Diskussion erstreckt sich insbesondere auf den paradoxen Charakter des Satzes von Löwenheim-Skolem.

S. Mazurkiewicz: Ist das Auswahlaxiom für den ersten Beweis von Löwenheim wesentlich?

T. Skolem: Der Rückgriff auf das Auswahlaxiom ist für diesen Beweis tatsächlich wesentlich, wie übrigens auch für den ersten der beiden Beweise, die ich vorgeführt habe. Andererseits hatte der zweite Beweis insbesondere das Ziel, den Rückgriff auf dieses Axiom zu beseitigen.

P. Bernays: Die folgenden Bemerkungen dienen dazu, den Inhalt dieses Satzes ins rechte Licht zu rücken.

Die unbegrenzt aufsteigende Folge der Mächtigkeiten, ausgehend vom Überabzählbaren, hat gewiß etwas Erstaunliches an sich, wenn man sich Rechenschaft gibt über die bereits im Abzählbaren herrschende Reichhaltigkeit der Beziehungsgefüge. Diese Reichhaltigkeit kann durch die Vielfalt der Beziehungen in darüber hinausgehenden Theorien kaum übertroffen werden.

Von diesem Gesichtspunkt aus hat die folgende Tatsache etwas Befriedigendes an sich: Daß man sich nämlich klar machen kann, wie die Gesamtheit der traditionellen Inhalte der Mathematik sich auf einem Gebiete abspielt, das sich in präziser Form eingrenzen und in einem abzählbaren Bereich repräsentieren läßt.

Diese Eingrenzung zeigt sich tatsächlich in den [symbolisierten] axiomatischen Systemen der Mengenlehre, wie auch in den Systemen der Logistik, auf welche sich der Satz von Skolem anwenden läßt.

F. Enriques: Wie läßt sich das Paradoxon vermeiden, das in der Idee eines abzählbaren Modells des Kontinuums liegt?

P. Bernays: Das Paradoxon löst sich auf, wenn man den entscheidenden Unterschied beachtet, der zwischen der gewöhnlichen Axiomatik und den [symbolisierten] axiomatischen Systemen, von denen hier die Rede ist, beachtet (ein Beispiel für letztere bilden die kürzlich aufgestellten Axiomensysteme der Mengenlehre). Für letztere ist es charakteristisch, daß man nicht das Recht hat, die Begriffe der Zahl, der Menge, und der Zuordnung in ihrem intuitiven Sinne zu gebrauchen. Diese Begriffe sind selbst Teil der [symbolisierten] axiomatischen Theorie und folglich gewissen Einschränkungen unterworfen.

S. Mazurkiewicz: Unter diesen Umständen taucht die Frage wieder auf, ob es möglich ist, ausgehend von der gewöhnlichen Axiomatik der reellen Zahlen, diese durch eine so geartete Anordnung zu ersetzen, daß der Satz von Löwenheim-Skolem auf sie anwendbar wird.

P. Bernays: Dies ist durchaus möglich: Nach der üblichen Cantorschen Definition des Kontinuums ist dieses die Menge aller Teilmengen der Zahlenreihe. Nun darf man aber gemäß der neuen [symbolisierten] Axiomatik den Begriff der Teilmenge nicht in ihrem intuitiven Umfange in die Überlegungen einfließen lassen. Man muß, ganz im Gegenteil, den durch das Axiomensystem geforderten Bedingungen Genüge tun.

F. Enriques: Erhält man dadurch nicht nur eine Teilmenge des Cantorschen Kontinuums und folgt dann, unter dieser Voraussetzung, nicht gerade der Satz von der Überabzählbarkeit des Kontinuums?

P. Bernays: Der erste Teil ihrer Behauptung ist richtig. Zum zweiten muß ich eine prinzipielle Bemerkung einflechten: Wie präzisiert man denn tatsächlich die Aussage, daß zwei Mengen diesselbe Mächtigkeit besitzen ? Betrachten wir als Beispiel die Folge aller natürlichen Zahlen $1, 2, 3, 4, \ldots$ und die Folge der geraden Zahlen $2, 4, 6, 8, \ldots$. Diese zwei Mengen habe diesselbe Mächtigkeit, wenn eine Menge von Zahlenpaaren $(1, 2), (2, 4), (3, 6), (4, 8), \ldots$ existiert, sodaß jedes Element der ersten Folge dort genau einmal an einer ersten Stelle und jedes Element der zweiten Folge genau einmal an einer zweiten Stelle erscheint.

In den axiomatische Systemen muß man zusätzlich fordern, daß die Existenz dieser Menge von Zahlenpaaren aus den Axiomen abgeleitet werden kann.

Ein wesentliches Charakteristikum der von Skolem betrachteten [symbolisierten] Axiomatisierungen der Mengenlehre ist, wir erinnern uns, daß der Mengenbegriff nicht in seinem intuitiven Sinne eingeht, sondern selbst zu den axiomatisch bestimmten Begriffen gehört. Was die oben erwähnte Menge der Zahlenpaare betrifft, so kann deren Existenz genau in diesem Sinne exakt abgeleitet werden.

Es ist aber möglich, daß eine auf der Grundlage von intuitiven Bestimmungen abgeleitete Menge keine widerspruchsfreie Existenz mehr im axiomatischen System hat.

Insbesondere trifft dies für Mengen von Zahlenpaaren, die eine eineindeutige Zuordnung zwischen der Menge der natürlichen Zahlen und der Menge der Teilmengen dieser Mengen bestimmen würden, zu, und zwar in jedem (abzählbaren) Modell der [symbolisch-] axiomatischen Mengenlehre, von der hier die Rede ist.

Daraus erklärt sich auch die Tatsache, daß der Cantorsche Satz von der Überabzählbarkeit des Kontinuums beweisbar bleibt, und daß daraus kein Widerspruch für das betrachtete System folgt.

F. Gonseth: Ist mit dieser Axiomatik der Bereich der Folgerungen genau derselbe wie derjenige der gewöhnlichen Mathematik?

P. Bernays: Die [symbolisch-]axiomatische Beschränkung des Mengenbegriffs verhindert nicht, daß alle üblichen Sätze der Zahlentheorie, der Analysis und der Cantorschen Mengenlehre erhalten werden können.

Man kann folglich sagen, daß zwischen der üblichen Mathematik und ihrer [symbolisierten und] axiomatisierten Theorie eine deduktive Beziehung besteht. Man muß allerdings beachten, daß diese Art der Präzisierung des Mengenbegriffs (oder des Prädikatbegriffs) eine Konsequenz ganz anderer Art nach sich zieht: nämlich, daß die Interpretation des Systems nicht mehr notwendigerweise eindeutig ist.

Insbesondere gibt es kein derartig [symbolisch] präzisiertes System, das durch ein abzählbares Modell erfüllt werden kann, aber nicht durch ein nicht abzählbares, und umgekehrt. Man kann hier eine Parallele ziehen. Skolem und Behmann haben gezeigt, daß man aufgrund eines Formalismus, der als einzige erlaubte Prädikate die Gleichheit und Prädikate mit nur einer einzigen Variablen enthält, nur erreichen kann, daß ein Axiomensystem durch ein endliches Modell beliebiger Mächtigkeit erfüllt ist, ohne es gleichfalls für ein unendliches Modell zu sein. Wenn es eine [nichtabbrechende] Folge von immer größeren endlichen Modellen gibt, dann existiert auch ein unendliches Modell. Anhand des letzteren Falles sieht man, daß die Unmöglichkeit, das Endliche im Vergleich zum Unendlichen zu charakterisieren, auf die Beschränktheit des [symbolischen] Formalismus zurückzuführen ist. Man kann sich deshalb fragen, ob die Unmöglichkeit, das Abzählbare im Vergleich zum Überabzählbaren in einem gewissen unbedingten Sinne zu charakterisieren, nicht auch ein gewisses Ungenügen der hier besprochenen Methode zur Präzisierung der Axiomatik zum Vorschein bringt.

T. Skolem: Ich denke, daß es nicht angeht, die Situation unter diesem Blickwinkel zu betrachten. Nach meiner Meinung ist es besser, wenn man sich in jedem Forschungsbereich an einen geeigneten Formalismus hält. Dieses Vorgehen impliziert nicht eine Beschränkung der Möglichkeiten des Urteilens und Schließens, da man jederzeit die Freiheit hat von einem Formalismus zu einem umfassenderen Formalismus überzugehen.

F. Enriques: Wie erklärt es sich, daß die Axiome von Peano nicht nur im Bereich der natürlichen Zahlen, sondern auch für kompliziertere Gebilde gütig sind?

T. Skolem: Für dieses Problem ist es wiederum entscheidend, zwischen dem naiven oder absoluten Mengenbegriff und demjenigen Begriff zu unterscheiden, der sich aus einer Methode ergibt, die für dessen [symbolische] Präzisierung entworfen wurde. Der Begriff ist im zweiten Fall präziser und nur wegen seiner Begrenzung zugleich relativ; das Induktionsprinzip hat ebenfalls eine eingeschränktere Bedeutung als in der «naiven» Theorie. Ein Beispiel dafür wurde im vorangehenden Referat gegeben. Es ist ein wenig kompliziert. Hier ist ein einfacheres: Betrachte die Mengen der Polynome

$$a_0x_n + a_1x_{n-1} + \ldots + a_n \quad (a_0 > 0)$$

wo die a_i ganze Zahlen sind. Werden diese Polynome lexikographisch geordnet, so bilden sie eine viel umfassendere Menge als die natürlichen Zahlen. Es gelten jedoch alle gewöhnlichen Sätze über ganze Zahlen bezüglich Addition, Multiplikation und der Beziehung «kleiner».

F. Enriques: Solche Folgen sind aber nicht wohlgeordnet.

T. Skolem: Auch der Begriff der «Wohlordnung» ist natürlich nicht derselbe in der intuitiven wie in der [symbolisierten] axiomatischen Mengenlehre.

P. Bernays: Um die Bedeutung dieses Beispiels genau zu verstehen, darf man nicht aus dem Auge verlieren, daß die hier erlaubten Mengen genau diejenigen sind, die man mit Hilfe einer gewissen Anzahl von im vornherein festgelegten Operationen erhalten kann (ganz analog zu demjenigen, was über den «axiomatisierten» Begriff der Menge gesagt wurde). Man kann nun verstehen, daß es unter diesen Bedingungen nicht möglich ist, die natürliche Zahlenreihe aus dem betrachteten Bereich als eine erlaubte Menge auszusondern.

Zusammenfassend ergibt sich folgende Situation: Während man in der gewöhnlichen

Axiomatik Begriffe wie Punkt, Gerade, und so weiter (zum Beispiel) axiomatisch zu erfassen trachtet, indem man die Begriffe der Mengenlehre und der Logik in ihrem gewöhnlichen Sinne verwendet, konzentriert sich die neuere [symbolisierte] Axiomatik genau auf diese Begriffe selbst.

M. Fréchet: Man hat es jetzt also mit zwei verschiedenen Formen des Prinzips der vollständigen Induktion zu tun, wo die eine restriktiver ist als die andere.

F. Gonseth: Abschließend sei bemerkt, wie die Diskussion deutlich zum Ausdruck gebracht hat, wie gewisse Schwierigkeiten, die im ersten Augenblick einen paradoxen Charakter haben, eine ganz natürliche Erklärung finden, wenn geeignete Unterscheidungen zwischen der gewöhnlichen und der präzisierten Form gewisser Fundamentalbegriffe eingeführt werden. Diese Unterscheidungen sind in den Fällen relativ leicht durchzuführen, wo die in Frage kommenden Begriffe sich nicht unter denjenigen befinden, auf die man sich im Verlaufe der gedanklichen Ableitung stützt und die dem Urteilen überhaupt zugrundeliegen. In dieser Weise hat man gelernt, den «gewöhnlichen» Raumbegriff zu ersetzen durch axiomatisch präzisierte Begriffe, die die Begriffe der Logik und der Mengenlehre intakt lassen. Und doch, sogar in diesem Falle läßt sich diese Substitution nicht machen ohne ein sogar die Grundlagen des Bewußtseins berührendes Problem aufzuwerfen, ob nämlich der Raum selbst eine *apriorische* Form des Bewußtseins darstellt. Es darf hier aber bemerkt werden, daß dieser Aspekt des Raumbegriffes, was die sonstigen Praktiken des Schließens anbetrifft, genügend unbestimmt ist, um mit allen «präzisierten» Varianten des Raumbegriffs verträglich zu bleiben. Wenn der in gewissem Sinne «organische» Aspekt des intuitiven Raumbegriffs nicht derart unaufdringlich wäre, dann wäre es nicht möglich, den gewöhnlichen und den präzisierten Begriff zusammenzubringen. Mit noch größerer Schärfe stellt sich diesselbe Frage für Begriffe wie den der Zahl, der Menge oder des Prädikats. Diese Begriffe bleiben nicht weniger präsent in ihrem noch nicht präzisierten Sinne in allen Urteilen und Schlüssen die das axiomatische System betreffen, auch wenn sie in dem axiomatisierten oder formalisierten [hier: symbolisierten] System in präziser Weise eingeführt worden sind. Das sich hier stellende methodische Problem ist, zu begreifen (und zu zeigen), daß die meta-axiomatische Rolle der in der Axiomatik auftauchenden Begriffe erhalten bleibt. Was hier auftritt ist schlußendlich das Problem des legitimen Standpunktes, das aktuell wird, sobald der Gesichtspunkt der «gewöhnlichen» Evidenz verlassen wird. Dieses Problem steht hinter allen Arten von Axiomatisierungen und Formalisierungen. Das Problem wird noch dringender angesichts der nicht kategorischen Natur präzisierter Bestimmungen.

Gregor Schneider: Nachwort

Einleitung – Was sind und sollen die Zahlen?

Was sind die sogenannten natürlichen Zahlen, die Eins, Zwei, Drei und Vier und alle weiteren? Sind sie stets schon da? Aber dann, *wo* sind sie? Oder erschaffen wir sie, wenn wir in die Welt schauen und in Zahlen sehen und denken? Aber warum sind sie dann bei allen Menschen scheinbar dieselben? Oder gibt es sie gar nicht, und es führt uns unsere gemeinsame Sprache in die Irre, oder es sind die neurophysiologischen Vorgänge im Gehirn, die uns die Zahlen und ein Verständnis derselben vorgaukeln? Auf jeden Fall scheint es nichts zu geben, das ganz ohne eine von ihnen wäre. Wären sie kraftbegabte Wesen, so wären sie die Herrscher des Universums.

Diese Fragen haben alle gemeinsam, dass sie für den Mathematiker und sein Mathematisieren uninteressant sind. Er arbeitet grundsätzlich nur mit den natürlichen Zahlen, insofern sie miteinander verbunden sind – und zwar durch eine Ordnungsrelation, durch die Addition und dann durch die Multiplikation. Je nach mathematischem Interesse können weitere Operationen auf den natürlichen Zahlen hinzukommen, die sie in weitere Beziehungen setzen. Die Gesetzmäßigkeiten der Verbindung der Zahlen durch $+1$, die Addition im allgemeinen und die Multiplikation werden in den Axiomen der sogenannten Peano-Arithmetik niedergelegt. Die mathematischen Beziehungen zwischen den Objekten sind das mathematisch Relevante, nicht was eine einzelne Zahl *für sich* ist. Der moderne Mathematiker kennt die Drei nur als Moment in der unendlichen Reihe aller natürlichen Zahlen. Was die Drei über dieses Moment hinaus ist, bleibt eine nur philosophische Frage, deren Resultat für keinen Beweis von Bedeutung ist.

Aus diesem Umstand entspringt der mathematische Strukturalismus. Ein Strukturalist ist überzeugt davon, dass die kleinsten eigenständigen mathematischen Objekte Strukturen sind. Bildlich gesprochen ist eine Struktur ein Beziehungsnetz, dessen Knotenpunkte als Objekte aufgefasst werden können, die ihre inhaltliche Bestimmung aber nur durch ihre Eigenschaften als Knotenpunkte erfahren. Strukturen können mittels Axiomensystemen, in denen die Beziehungen in ihren Grundsätzen so weit aufgeführt sind, dass sie die Struktur eindeutig kennzeichnen, bestimmt werden. Über die zu Beginn gestellten philosophischen Fragen ist damit noch nichts entschieden, denn man kann der Auffassung sein, dass Strukturen unabhängig von den Dingen in der Welt existieren (*ante rem* Strukturalismus), sie nur in den Beziehungen der Dinge in der Welt existieren (*in re* Strukturalismus) oder es sie gar nicht gibt, und man nur über *mögliche* Strukturen nachdenkt, wenn man Mathematik betreibt.

Bei aller Beliebtheit bei Mathematikern sollte man sich bewusst sein, dass der mathematische Strukturalismus recht jung ist und sich mit ihm die Art und Weise, wie man bis ins neunzehnte Jahrhundert Mathematik betrieben hat, nicht gut beschreiben lässt. Auch die älteren Ansichten dazu, wie man mathematisiert, sind im Ganzen nicht der Ansicht verpflichtet, dass die eigentlichen Gegenstände der Mathematik Strukturen seien. Diese Meinung kann dagegen sogar sehr unplausibel erscheinen: Sind die nächsten drei Seiten dieses Buches nicht genau drei unabhängig davon, was für andere und größere Zahlen noch existieren? Ist die geometrische Form des folgenden Buchstabens E nicht unabhängig davon, was es noch für Formen gibt?

Aber auch der Mathematiker, der sich einer Antwort auf diese philosophischen Fragen nach der tatsächlichen Existenz seiner Untersuchungsgegenstände enthält, wird durch *mathematische*

Theoreme in eine für ihn als Mathematiker zuweilen existentielle Auseinandersetzung über seine Grundlagen verwickelt. Es passiert nämlich folgendes: Man kennt die natürlichen Zahlen und ihre Operationen und deutet dies an, indem man einen Namen für ihre Menge benutzt, für gewöhnlich das Zeichen "$\mathbb{N}$". Zusammen mit den Operationen ($+$, $\cdot$ und S als Nachfolger bzw. $+1$), die als Funktionen auf $\mathbb{N}$ verstanden werden, und den zwei ausgezeichneten Zahlen 0 und 1 ergibt sich damit ein Modell $\mathcal{N} := \langle \mathbb{N}, S, +, \cdot, 0, 1 \rangle$, in dem die Axiome der Peano-Arithmetik gelten. Aus den natürlichen Zahlen lassen sich nun viel kompliziertere Strukturen basteln – auch die später dann als Nichtstandard-Modelle der natürlichen Zahlen bezeichneten Strukturen. Dadurch, das die formale Logik ins Spiel kommt, wird man nun jedoch stark verunsichert. (Hier wird der heute übliche Ausdruck "formal" für die von Ziegler als "symbolisch" bezeichnete Logik verwendet.) Denn die formale Prädikatenlogik erster Stufe wird zum einen für *die* Logik gehalten, die der modernen Mathematik zugrunde liegt und in der jeder Mathematiker letztlich arbeitet, zum anderen ist es eines ihrer Metatheoreme, dass man mit den Axiomen der Peano-Arithmetik die natürlichen Zahlen gar nicht von anderen, viel komplizierteren Reihen unterscheiden kann. – Aber was soll das bedeuten? Man hat sie doch gerade voneinander unterschieden, als man die Modelle baute!? Und man weiß doch ganz genau, was die natürlichen Zahlen sind!? Ist vielleicht die benutzte formale Logik defizitär?

Ich werde im folgenden versuchen zu skizzieren, wie sich meiner Einsicht nach diese paradoxalen Probleme auflösen lassen und letztlich die Erkenntnis erweitern. Manche philosophischen Thesen und Behauptungen sind erst in ihrem weiteren begrifflichen Kontext und im Gegenlicht divergenter Aussagen ganz zu verstehen und lassen erst dann mehr von ihrer Stärke erkennen. Ein wenig von diesem Licht auf Renatus Zieglers *Zahlen und ihre Struktur* zu werfen ist Aufgabe der folgenden Anmerkungen, in denen entweder konträre Thesen formuliert werden, oder zumindest andeutungsweise der Schwerpunkt der Fragestellung verschoben wird.

Am Anfang der folgenden Untersuchungen sollte dabei eine Erkenntnis über die formale Logik stehen, mit der sich ein freieres Verhältnis zu ihr gewinnen lässt. Der streitbare Mathematiker Gian Carlo-Rota formulierte es einmal etwas übertrieben:

> Logic is nowadays no longer part of philosophy. ... Very few logicians of our days believe that mathematical logic has anything to do with the way we think. ... The fake philosophical terminology of mathematical logic has misled philosophers [and mathematicians; G.S.] into believing that mathematical logic deals with the truth in the philosophical sense. But this is a mistake. (Rota [1997], S. 92f.)

Nichtstandardmodelle der natürlichen Zahlen, darf das sein?

Die Axiome der Peano-Arithmetik sind einfach, charakterisieren grundlegende Eigenschaften der natürlichen Zahlen, und sie scheinen in dieser Hinsicht sogar vollständig zu sein, insofern niemand eine Gesetzmäßigkeit der natürlichen Zahlen wüsste, die man noch ergänzen könnte. Formalisiert man in der erststufigen Prädikatenlogik die Peano-Axiome, so kann man die Modelle betrachten, die diese formalisierten Gesetzmäßigkeiten erfüllen. ('Formalisieren' und 'Symbolisieren' werden im folgenden austauschbar verwendet.) Überraschenderweise sehen die Modelle ziemlich verschieden voneinander aus und haben nur gemeinsam, dass sie alle die sogenannten Standardzahlen – das sind die natürlichen Zahlen, die man eigentlich meint,

d. h. intendiert – enthalten. Darüber hinaus gibt es in diesen Nichtstandardmodellen der Peano-Arithmetik die unterschiedlichsten Zahlen, die alle größer sind als die Standardzahlen. Die Existenz derartiger Modelle ist eine direkte Anwendung des Kompaktheitsatzes der Prädikatenlogik erster Stufe: Legt man die unendliche Satzmenge $A := \{0 < a, 1 < a, 2 < a, 3 < a, \ldots\}$ (a eine Konstante) mit den Peano-Axiomen zusammen, so ist jede endliche Teilmenge davon im Standardmodell $\mathcal{N}$ erfüllt. Nach dem Kompaktheitssatz muss es dann aber auch ein Modell geben, dass alle diese Sätze auf einmal erfüllt. Die Satzmenge A erzwingt daher, dass es mindestens eine Zahl größer als alle Standardzahlen gibt. Verschiedene Konstruktionsweisen von Nichtstandard-Modellen sind in Abschnitt 4.11 dargestellt.

Erst- und zweitstufige Axiomatisierungen

Die erste Reaktion eines Mathematikers ist für gewöhnlich, darin einen Defekt zu sehen. Denn scheinbar sind die erststufig formalisierten Peano-Axiome nicht in der Lage, das, was er intendiert, eindeutig zu charakterisieren. In einer üblichen zweitstufigen Logik dagegen sei das Induktionsaxiom adäquat darstellbar (s. Abschnitt 4.16), denn die zweitstufigen Axiome der Peano-Arithmetik sind kategorisch, d. h. sie charakterisieren das intendierte Modell bis auf Isomorphie. Auch waren die ersten Axiomatisierungen der natürlichen Zahlen zweitstufig, und die Prädikatenlogik erster Stufe ein späteres Erzeugnis.

Das stärkste Argument gegen die Verwendung einer zweitstufigen Logik als metamathematischer Rahmen in der Mathematik beruht darauf, dass die zweitstufige Logik nicht mit der erststufigen Logik allein sondern mit einer erststufig axiomatisierten Mengenlehre verglichenen werden sollte. Denn die zweitstufige Logik erlaubt es über alle Teilmengen des eigentlichen Objektbereichs zu quantifizieren, was praktisch der einmaligen Bildung der Potenzmenge des ursprünglichen Objektbereichs entspricht. Dazu kommt, dass sich in gewissem Sinne die höherstufigen Logiken auf die zweitstufige reduzieren lassen, was wiederum bedeutet, dass man praktisch eine iterierte Potenzmengenbildung zur Verfügung hat. Das Argument ist nun, dass man mit der zweitstufigen Logik so tut, als wüsste man, wie viel *alle* Teilmengen einer unendlichen Menge sind, weil die Potenzmengenbildung in die Semantik eingebaut ist. Tatsächlich ist diese Frage, die unter dem Namen der (generellen) Kontinuumshypothese bekannt ist, nicht nur unabhängig von ZFC, sondern immer noch Gegenstand kompliziertester Untersuchungen und das Ergebnis offen. Diesem Umstand wird die erststufig axiomatisierte Mengentheorie ZFC gerecht, indem es von ihr Nichtstandard-Modelle gibt, und es der Modelltheorie sozusagen erlaubt, die Frage weiter zu erforschen.

Lockert man zudem in einer zweitstufigen Logik die Interpretation des Quantors über die Teilmengen, so dass er nur über die in dem durch die üblichen Kalkülregeln geforderten Teilmengen laufen muss – wechselt man also von einer Standardsemantik zu einer Interpretation, die sogenannte Henkin-Modelle erlaubt –, dann sind auch die zweitstufigen Axiome der Peano-Arithmetik nicht mehr kategorisch, und die resultierende Logik ist in ihren Eigenschaften wesentlich erststufig, obwohl ihre Sprache ausdrucksstärker ist. Die für die Kategorizität der Peano-Arithmetik notwendige Stärke der zweitstufigen Logik liegt demnach nicht darin, dass in ihrer Sprache zweitstufige Quantoren und Variablen erlaubt sind, sondern dass diese so standardmäßig interpretiert werden, als wüsste man, was die Potenzmenge der natürlichen Zahlen ist. Dies mag nun zwar der Praxis vieler Mathematiker entsprechen, aber gerade bei Überlegungen zu Grundlagenfragen der Mathematik sollten die unerforschten Probleme auf den Tisch gelegt werden. Die schwache Semantik der erststufigen Logik entpuppt sich demnach als mathematischer Vorteil: Nichts als das, was bereits klar in den Axiomen festgelegt wurde, fließt durch sie in die axiomatisierte Theorie ein.

Wenn man die Kontinuumsfrage als gelöst dem formalen Verständnis der natürlichen Zahlen zugrunde legt, indem man die Peano-Arithmetik in einer Prädikatenlogik zweiter Stufe mit Standardsemantik formalisiert, dann ist darin zunächst kein Zirkel zu erkennen. Aber zumindest ist es möglich, dass man im formalen Aufbau bereits ein Verständnis der natürlichen Zahlen voraussetzt, wenn man schon ein um einiges komplizierteres Problem unbemerkt als gelöst annahm. Nach Blau [2008], S. 113, liegt hier aus anderen Gründen tatsächlich ein Zirkel vor, womit im Ganzen wiederum der Verdacht genährt wird, dass die Reihe der natürlichen Zahlen grundsätzlich nicht vollständig formal bestimmbar ist.

Auf das intendierte Modell direkt zugreifen

Nachdem wir damit gescheitert sind allgemein und ohne Zirkel mittels Aussagen zu bestimmen, was die natürlichen Zahlen sind, bleibt die Option, uns Überlegungen zuzuwenden, die auf Nicht-Formalisierbares zurückgehen. Ein Weg, der auf einen praktischen Begriff von Rekursivität rekurriert, verläuft über Tennenbaums Theorem, das eine Aussage über die Komplexität aller Nichtstandard-Modelle trifft:

Tennenbaums Theorem *Sei* $\mathcal{N} = \langle \mathbb{N}, +, \cdot, 0, 1, < \rangle$ *das Standard-Modell von* **PA** *und* $\mathcal{M} = \langle M, +_{\mathcal{M}}, \cdot_{\mathcal{M}}, 0_{\mathcal{M}}, 1_{\mathcal{M}}, <_{\mathcal{M}} \rangle$ *ein abzählbares Modell von* **PA**, *das nicht isomorph zu* $\mathcal{N}$ *ist. Dann gibt es keine bijektive Funktion* $f : \mathbb{N} \longrightarrow M$, *so dass die Urbilder von* $+_{\mathcal{M}}$, $\cdot_{\mathcal{M}}$ *und* $<_{\mathcal{M}}$ *unter* f *in* $\mathcal{N}$ *rekursiv sind.*

f ist dabei nicht auf rekursive Funktionen beschränkt, sondern beliebig. Damit wird festgehalten, dass alle Nichtstandard-Modelle der natürlichen Zahlen in einer letztlich durch Rekursivität unterscheidbaren Weise komplexer sind als das intendierte Modell. Es gibt kein rekursives Nichtstandard-Modell von **PA**.

Wenn wir nun einen praktischen Begriff der Rekursion haben, der kein Verständnis der natürlichen Zahlen voraussetzt, und diese informelle Rekursion der formalen entspricht, gemäß *Church's thesis*, dann können wir das intendierte Modell (bis auf Isomorphie) daran erkennen, dass es ausgehend von unserem informellen Begriff rekursiv ist (s. Halbach und Horsten [2005]). Beziehungsweise, wenn man ein Notationssystem hat, das praktisch rekursiv ist, dann ist es isomorph zur Reihe der natürlichen Zahlen. Unser nicht formalisierter Umgang mit den Zahlziffern, Plus und Mal wäre ein Beispiel.

Ein informeller Begriff der Rekursion kann nun vielleicht *an* einem konkreten Umgang mit Symbolen gelernt werden und sich auch an ihm zumindest in Teilen zeigen, aber er geht nicht ganz *in* ihm auf und entspringt aus ihm. Denn wäre mein so von außen gewonnener informeller Begriff der Rekursion nichtstandard – so wie die (scheinbare) Rekursivität in einem Nichtstandard-Modell der natürlichen Zahlen –, dann könnte ich ihn nicht mittels Tennenbaums Theorem korrigieren. Der informelle Begriff der Rekursivität muss demnach durch einen mentalen Akt gegeben sein, wenn man auf ihn unser Verständnis der natürlichen Zahlen stellen kann. Dem gehen wir weiter nach.

Um das intendierte Modell der Arithmetik auszusondern, benötigt man nun nicht den rekursiven Umgang mit komplizierteren Notationssystemen, sondern es reicht der rekursive Umgang mit der (Standard-)Progression $\mathbb{P}$. Denn dies gibt ein Verständnis des (Standard-)ω-Ordnungstyps, mit dem sich das Standard-Modell identifizieren lässt (siehe Benacerraf [1996]). Das Verständnis der Progression kann nun mit *selbstreferenziellen Imperativen* mitgeteilt werden (siehe Blau [2008], S. 114), die lauten: **P0**: Betrachte einen Anfangspunkt: die Null! **P1**: Füge dem zuletzt betrachteten Punkt einen Nachfolger an und wiederhole **P1**! **P2**: Betrachte die Folge aller so zu betrachtenden Punkte: Dies ist $\mathbb{P}$.

Blau erläutert diesen selbstreferentiellen Imperativ im Anschluss:

> Niemand *könnte* ihn schrittweise vollständig oder auch nur approximativ befolgen. Aber jeder *versteht* ihn. Und wer ihn versteht, hat mental, mühelos und nahezu unbewußt ein doppeltes Kunststück zustande gebracht, er hat (a) alle Schritte übersprungen und (b) implizit verstanden, aber vielleicht nicht erkannt, daß er *genau die* natürlichen Standardzahlen übersprungen hat.
>
> ...
>
> Betrachten wir den nichtmathematischen Kern dieses mathematischen Phänomens. Wir verstehen, daß $\mathbb{P} = 0, 1, 2, \ldots$, weil wir das wichtigste Symbol der informellen Mathematik, die drei Pünktchen verstehen. Aber wie?
>
> a) und so geht es immer weiter.
>
> b) und geh so weiter!
>
> a) ist zirkulär; in "immer" steckt schon der Allquantor über $\mathbb{P}$. Wir verstehen a) ohne Zirkel über b), weil b) den Gedankensprung über die kleinste fundierte aktuale Unendlichkeit nicht beschreibt sondern *bewirkt*: Wir antizipieren eine aktuale Unendlichkeit nicht vollzogener Schritte, und kein rein materieller Rechner hat Zugang zu diesem immateriellen Bereich: dem Bereich des *Normativen*[.]

Entscheidend ist hierbei in **P2** der Ausdruck "aller so zu betrachtenden Punkte", der besonders auf **P1** Bezug nimmt, denn er müsste dem (zweitstufigen) Induktionsaxiomenschema der Peano-Arithmetik in seiner vollen Interpretation entsprechen. Was ist in **P2** anders? Im Unterschied zum Induktionsaxiomenschema wird hier eine genetische Perspektive eingenommen, d. h. es wird versucht die Progression durch den Nachfolgerschritt ganz zu bestimmen im Sinne von 'alle so und nur so zu betrachtenden Punkte'. Oder, wenn man etwas metaphorisch den Nachfolgerschritt als eine 'Erzeugung' der nächsten Zahl vorstellt, sind die Punkte der Progression beziehungsweise die natürlichen Zahlen als genau die Strukturpunkte der Progression die Punkte, die im Ausgang von der Null erzeugt werden. Umgekehrt ist das intendierte Modell der Schnitt über alle 'gleich großen' oder 'größeren' Modelle (minus Isomorphie der Teilabschnitte), die die Axiome erfüllen, und das Induktionsaxiomenschema der Versuch einer innertheoretischen Formulierung dieses Schnitts. Denn je stärker es ist, desto kleiner ist sein Geltungsbereich.

Insofern fordert **P2** auf die Null zu betrachten und genau die Punkte, die sich in ihrem Bezug auf den Nachfolgerschritt nicht unterscheiden, die sich bezüglich **P1** homogen zueinander verhalten. Aber auch diese Charakterisierungen der Progressionspunkte sind natürlich nicht vollständig, denn ein Nicht-Unterscheiden bezieht sich notwendig auf eine Menge von Eigenschaften und ähnlich vage muss das "homogen" in seiner Bedeutung bleiben, und **P2** ist wesentlich eine Aufforderung, mittels der wir abgleichen können, ob wir alle das Gleiche unter der Progression verstehen, weil wir dem Imperativ jeweils nachkommen. Zumindest ergibt sich diese Sicht, wenn man **P2** bewusst vollzieht und erkennt, dass man dadurch die Progression beziehungsweise die Reihe der natürlichen Zahlen zu fassen kriegt.

Der Grund, warum man den Imperativ zuvor und auch teilweise weiterhin unbewusst befolgt, scheint in dem Tun zu liegen. Der in einer Handlung zum Ausdruck kommende *Wille* bleibt weitgehend unbewusst und eine mentale Handlung diffiziler Natur leicht unbemerkt. Ein anschauliches Beispiel: Ich werde mir gerade bewusst, dass ich mit meiner linken Hand an meine Nase gefasst habe, was zunächst von mir unbemerkt verlief. Nun wirke ich aber bewusst auf meinen Willen ein und führe die Hand erneut zu meiner Nase unter konzentrierter Aufmerksamkeit und fasse sie an. Der Unterschied ist jedoch, dass ich neben allem Gewinn dieser Handlung durch sie nichts genuin Neues verstehe, während die Befolgung des selbsterweiternden Imperatives ein Verständnis der Progression hervorbringt.

Diese spezielle Erkenntnisquelle, nämlich «das, wodurch ich etwas weiss, weil ich es thue», nennt man nach Kant und Fichte *intellektuelle Anschauung*. «Sie ist das unmittelbare Bewusstseyn, dass ich handle, und was ich handle». (Beide Zitate aus Fichte [1797/1971], S. 463.) Das zumindest vorläufige Ergebnis unserer Untersuchung ist demnach, dass unser Verständnis der natürlichen Zahlen und der Arithmetik nicht formal ausdrückbar ist und sie vermutlich nur in einer intellektuellen Anschauung ganz gefasst werden können.

Symbolisieren und Symbolisierbarkeit

Sowohl historisch wie systematisch kann man die moderne Logik als einen Versuch der Mathematiker betrachten auf ihr mathematisches Denken und ihren Sprachgebrauch zu reflektieren. Die künstliche Sprache einer Prädikatenlogik bietet die Möglichkeit, die mathematisch relevante Bedeutung und die mathematisch relevanten Wahrheitsbedingungen ihrer Ausdrücke eindeutig festzulegen. Die Einwirkung der modernen formalen Logik auf die Praxis der Mathematik im zwanzigsten Jahrhundert war dabei so gewaltig, dass sie mittlerweile die Bedeutung der mathematischen Umgangssprache bestimmt: Ein moderner Mathematiker versteht unter dem Satz (wenn er die natürlichen Zahlen $1, 2, 3, \ldots$ zugrunde legt)

Wenn die Zahl n die Gleichung $x = x^2$ erfüllt, dann ist $n = 1$.

das Gleiche wie unter dem Ausdruck

$$\forall x \, (x = x^2 \; \rightarrow \; x = 1) \, .$$

Das Problematische dieser Entwicklung ist nun, dass die Reflektion sich nicht von der Sprache löste und zu einer Thematisierung reiner Gedankeninhalte für sich überging. Vielmehr sind die Aussagen der formalen Logik Symbolketten (und keine reinen Gedanken), deren jeweilige Anordnung in Bezug auf mengentheoretische Modelle interpretiert wird. Darauf weist Ziegler eindringlich hin.

Für die mathematische Praxis ist dieser Punkt allerdings weniger relevant, denn ein nicht-grundlagentheoretisch arbeitender Mathematiker verwendet eine Formel als etwas, an dem etwas anderes mathematisch verstanden werden kann, und insofern als Ausdruck eines mathematischen Gedankens. Problematisch ist die moderne formale Logik nicht als rein mathematische Theorie, sondern gemessen an dem Anspruch eine oder die *Logik* im philosophischen Sinne, nämlich Darlegung der reinen Denkgesetze zu sein. Dann wäre nicht nur ihr Objektbereich, der sich nicht auf Gedanken, sondern Symbolketten oder mathematische Objekte, die jene kodieren, ein falscher, sondern die metamathematischen Resultate bekämen auch philosophisch eine größere Wucht. Noch problematischer wäre die Behauptung, die übliche Prädikatenlogik erster Stufe mit mengentheoretischer Modelltheorie wäre die *eine wahre* Logik

Zu den Grenzen der Symbolisierbarkeit

Wo sind die Grenzen der Symbolisierbarkeit? Das heißt, was kann man grundsätzlich nicht mehr symbolisch ausdrücken, was könnte man noch und was kann man in eine symbolische Form bringen? Schwierig an dieser Frage ist zunächst, dass es vage ist, was Symbolisierbarkeit hier genau bedeutet. Ist damit eine Unaussprechbarkeit oder Unaufschreibbarkeit in einer natürlichen oder formalen Sprache gemeint – oder ist es sinnvoll die Bedeutung so festzulegen? Wir verstehen im folgenden, da wir uns an Zieglers Ausführungen orientieren, unter der Symbolisierbarkeit eines Gedankens, dass er seinem Sachgehalt nach adäquat in eine ihm äußerliche Form gebracht werden kann, nämlich genauer in eine formale Logik. Dass bei dieser Bestimmung relativ viel an dem Wörtchen "adäquat" hängt, betrachten wir an einem Beispiel.

Die natürlichen Sprachen sind relativ flexibel, in deutscher Schrift kann man von der Unaufschreibbarkeit schreiben, über die Unaussprechbarkeit sprechen, und man kann auch im Denken über das scheinbar Unausdenkbare nachdenken. Nun hat man durch die Entwicklung formaler Logiken auch versucht unser Verständnis des (mathematischen) Beweisens mathematisch-symbolisch zu fassen. Diesem so konstitutierten Begriff der formalen Beweisbarkeit wird zuweilen der Begriff einer informellen Beweisbarkeit gegenübergestellt; und zwar – das ist nun der Clue – formal. Denn man kann zum Vergleich nur allgemeine Gesetzmäßigkeiten der formalen und informellen Beweisbarkeit betrachten. Dazu benutzt man die formale Modallogik mit ihren zwei intensionalen Operatoren, die der Idee nach für die Möglichkeit und die Notwendigkeit stehen. Man sah aber bald im zwanzigsten Jahrhundert, dass die modallogischen Gesetzmäßigkeiten, in denen sich manche Modallogiken unterscheiden, von viel allgemeinerer Bedeutung sind und sich die Operatoren ganz unterschiedlich interpretieren lassen. So stimmen die Gesetzmäßigkeiten des Notwendigkeitoperators in der Modallogik GL mit denen der formalen Beweisbarkeit überein. Ein für GL charakteristisches Aussagenschema

$$\Box(\Box p \to p) \to \Box p$$

gilt demgemäß auch, wenn man $\Box$ als "formal beweisbar" interpretiert. Dagegen, so wird manchmal behauptet (siehe Leitgeb [2009], Blau [2008], S. 163, Gödel [1933]), gilt für die informelle

Beweisbarkeit, dass aus der Beweisbarkeit einer Aussage auch direkt folgt, dass die Aussage wahr ist, formal:

$$\Box p \rightarrow p \ .$$

Dieses Aussagenschema ist aber wiederum charakterisierend für die Modallogik S4. Diese beiden Gesetzmäßigkeiten schließen sich jedoch gegenseitig als Axiomenschemata aus, da sie zusammen zu einem Widerspruch führen. (Weil aus jeder Instantiierung $\Box p \rightarrow p$ in S4 oder GL $\Box(\Box p \rightarrow p)$ abgeleitet werden kann mittels der Nezessisierungsregel, und damit aber $\Box p$ gilt für ein *beliebiges* p und damit wiederum p wahr sein müsste.) Damit ist formal bewiesen, dass die informelle Beweisbarkeit von der formalen nicht gefasst wird – und in diesem Sinne nicht formalisierbar ist. Das schließt aber nicht aus, dass man Einzelne ihrer Teile formalisieren kann, oder vielleicht sogar alle Teile jeweils für sich, nur nicht alle gemeinsam.

Die Frage nach der Symbolisierbarkeit ist also in die zu verändern, *inwiefern* und *inwieweit* ein Gedanke (adäquat) symbolisierbar ist. Das Beispiel hebt aber auch hervor, dass der entscheidende Schritt der der Formalisierung ist, in dem Präformales und Formales daraufhin verglichen werden, wie adäquat die Formalisierung im Hinblick auf den Sachgehalt des Gedankens ist.

Worauf Ziegler und Finsler ihre Aufmerksamkeit beim Thema der Symbolisierbarkeit lenken, sind in anderen Worten *anagogische Begriffskontexte*. Ein anagogischer Begriffskontext ist genau dann gegeben, wenn ein ausgesuchter Begriff in einer äußeren Form betrachtet wird, die dazu anleitet sich des Begriffsinhalts im Unterschied zu seiner äußeren Form bewusst zu werden.

Für nicht zielführend halte ich inzwischen im allgemeinen den Versuch, für Begriffe in oder zumindest nahe bei der modernen Mathematik zeigen zu wollen, dass sie in keiner Weise symbolisierbar sind. Zum einen deshalb, weil die Nicht-Symbolisierbarkeit kein Alleinstellungsmerkmal dieser Begriffe wäre. Alle vagen und nicht exakten Umstände sind nicht in einer stets exakten mathematischen Theorie, wie jeder formalen Logik, ihrer Vagheit gemäß formalisierbar. So kann man leicht der Überzeugung sein, dass kein natürlich-sprachlicher Satz, der nicht ganz mathematischen Inhalts ist, adäquat formalisierbar ist.

Man müsste also von einem exakten Begriff seine Nicht-Formalisierbarkeit zeigen. Aber – und damit sind wir beim zweiten Punkt – der Begriff der Exaktheit in der modernen Mathematik, wie sie sich momentan gibt, ist meiner Überzeugung nach abhängig vom Begriff der formalen Ausdrückbarkeit. Für sie sind mathematisch exakte Begriffe Gedanken, die bereits zu den Gedanken gehören, die man adäquat formalisieren können sollte. (Ob die Mathematik idealerweise anders sein sollte und in ihrer Geschichte auch war, ist eine andere Frage.)

Die Überlegung ist folgende: Ein Mathematiker hat eine mathematische Intuition, auch ein Gedanke, den er solange gedanklich bearbeitet, bis er eine Beweisidee hat, die er dann versucht auszuführen. Nun ist die Intuition von ganz anderer Art als der spätere Beweis und die darin vorkommenden Begriffe, auch kann er seine Intuition nur selten auch in persönlichen Gesprächen mitteilen, erst die strukturell klarere Beweisidee ist zumindest in Teilen kommunizierbar. Wenn die moderne Mathematik tatsächlich in ihrem Wesen mit einer Zeichenbenutzung und Verschriftlichung zusammenhängt, dann wäre es vergeblich einen in diesem Sinne 'exakten' mathematischen Begriff zu suchen, der nicht formalisierbar ist. Wenn diese Überlegung richtig ist, dann wäre es sinnvoller den Unterschied zwischen Denken und symbolischem Kalkül anhand nicht formalisierbarer Gedanken, wie sie in der mathematischen Intuition oder bei Hegelschen Begriffsbewegungen auftreten, herauszuarbeiten, oder sich gleich damit zu beschäftigen, dass das Denken ein von einem Selbstbewusstsein iniziierter und geleiteter seelisch-geistiger Prozess ist, während Manipulationen in einem symbolischen Kalkül das alles fehlt. Dass rational-mathematisches Denken essentiell zeichen- bzw. bildgebunden sein könnte und damit an sich nicht direkt ins rein ideenmäßige Denken überführt werden kann, ist aber eine Vermutung, die die abendländische Philosophie schon seit ihrer Entstehung begleitet. (Platon lässt sie Sokrates im platonischen Dialog *Der Staat* bei der Erläuterung des sogenannten Liniengleichnisses äußern.)

Vor diesen Überlegungen ist statt nach der Symbolisierbarkeit rein mathematischer Begriffe eher zu fragen, inwieweit die moderne Mathematik bestimmte Begriffe überhaupt ganz zu fassen bekommt. Ist das, was in der Mathematik über Zahlen und geometrische Figuren gedacht wird, alles, was sich über sie denken lässt und wie man sie gedanklich fassen kann und der Vollständigkeit nach muss? Sind Begriffe reine, mathematisch-axiomatisch kennzeichenbare Strukturen? Weiter oben wurde beabsichtigt eine negative Antwort auf diese Frage am Beispiel der natürlichen Zahlen zu geben: Sie sind nur mit Hilfe einer außer-mathematischen Erkenntnisfähigkeit ganz zu begreifen.

Zur Symbolisierbarkeit der Finsler-Mengenlehre

Eine mathematische Theorie, die durch informelle Axiome gegeben ist, zu symbolisieren lässt sich in vier Schritte einteilen, die zeitlich nicht unbedingt zu trennen sind. Als erstes sind die informellen Axiome bis in die letzte Ecke zu verstehen, ihre Grundbegriffe festzulegen und somit letztlich ihre Bedeutung zu *explizieren*. Im zweiten Schritt werden sie in eine sprachliche Form gebracht, die strukturell bereits dem syntaktischen Aufbau der Formeln der Logik wie auch ihrer Semantik entspricht, und die nicht strukturell gefassten Teile in einem Lexikon gesammelt (*Strukturierung*). Der dritte Schritt besteht dann nur noch in einer Umformung der Notation, so dass die Sätze zu Formeln der Ziel-Logik werden, und in einer Unterbringung des Lexikons in der Interpretation der Formeln in der Logik. Im letzten Schritt bezieht man nun das in einer Logik Formalisierte zurück auf das, von dem man ausgegangen ist, und überprüft inwieweit das Formalisierte dem Informellen adäquat ist und der Zweck der Formalisierung erreicht wurde.

Dieser Prozess der Formalisierung verläuft bestenfalls auch nicht auf eine zu Beginn bestimmte Logik hinaus, in der die Axiome formalisiert werden. Anzustreben ist, die Logik nach den Anforderungen, die sich aus der Explikation und auch der Strukturierung ergeben, anzupassen; so zumindest im allgemeinen. Für ein mathematisches Axiomensystem dagegen ist eigentlich alles zu explizieren und die Logik so einfach und schwach zu halten wie die Prädikatenlogik erster Stufe. Denn was nicht explizit angeführt werden kann, hat keinen mathematischen Nutzen und kann weggelassen werden.

Der Formalisierungsprozess ist ein Teil der mathematischen Praxis, da er hilft zwischen den mathematischen Intuitionen und den exakter formulierten Beweisen und Begrifflichkeiten zu vermitteln, und er ist etwas, das man dort zumindest in Teilschritten öfters (und weil unproblematisch, unbewusst) vollzieht. Versuchen wir jedoch die drei Axiome der Finsler-Mengenlehre (FM) zu formalisieren, dann stoßen wir schnell auf Probleme (siehe Abschnitt 4.19; F1: Für jede Menge ist eindeutig bestimmt, zu welchen Mengen sie die Beziehung $\ni$ hat. F2: Mengen sind immer dann identisch, wenn die Annahme ihrer Identität nicht zu einem Widerspruch führt. F3: Ein mathematisches Objekt ist eine Menge immer dann, wenn die Annahme, es sei eine Menge, nicht zu einem Widerspruch mit den Axiomen F1 und F2 führt.). Das erste Axiom F1, auf den ersten Blick ohne Schwierigkeiten adäquat formalisierbar, ist bereits eine logische Wahrheit in der Prädikatenlogik erster Stufe. In F2 tritt der Begriff der Beweisbarkeit auf, womit bereits eine aufwendige Explikation zu erwarten ist, während F3 sogar inkonsistent zu sein scheint, wenn man es zu F1 und F2 hinzufügt. Betrachten wir die einzelnen Formalisierungen etwas näher.

F1: Jedes Prädikat und jede prädikatenlogische Bestimmung ist in der üblichen Prädikatenlogik erster Stufe definit, d. h. es ist eindeutig bestimmt, auf welche Objekte des Gegenstandbereichs es zutrifft und auf welche nicht. Diese Voraussetzung muss demnach abgeschwächt werden, um F1 zu einem Axiom mit Aussagekraft zu machen. Eine Möglichkeit wäre partielle Prädikate oder Funktionen zuzulassen, eine andere wäre eine dreiwertige Logik zu verwenden, in der man F1 mit einem Wahrheitsjunktor W ($W\,A$ ist wahr, wenn A wahr ist und ansonsten falsch) adäquat formalisieren könnte als $\forall xy\,(W(x \ni y) \vee W(x \not\ni y))$.

F2: Um F2 zu formalisieren müsste man den in ihm auftretenden Beweisbarkeitsbegriff explizieren, was kein leichtes Geschäft ist. Allerdings könnte hier der Schlüssel liegen, mit dem man die Unformalisierbarkeit der Finsler-Mengenlehre zeigen könnte. Denn wenn es sich hier um die informelle Beweisbarkeit handelt, dann wäre diese unter Umständen *per se* nicht (ganz) zu formalisieren, insofern in einer formalen Logik formal bewiesen wird (siehe oben).

F3: Da sich F3 direkt auf die ersten beiden Axiome bezieht, besteht FM eigentlich nur aus einem Axiom, nämlich F3, in dem F1 und F2 explizit formuliert werden. F3 ist nun mehr eine metatheoretische Aussage als ein mathematisches Axiom, da es ja etwas über Bereiche aussagt, in denen die ersten beiden Axiome erfüllt werden. Die Kategorientheorie würde mittlerweile einen metatheoretischen Rahmen bilden, in dem sich F3 (zumindest in seinem Gehalt, der unabhängig vom spezifischen Inhalt der ersten beiden Axiome ist) gut formalisieren lassen müsste. Die sich ansonsten auf den ersten Blick ergebenden Schwierigkeiten bestehen darin, dass die übliche Modelltheorie auf der ZFC-Mengenlehre aufbaut, in der im allgemeinen andere mengentheoretische Gesetze gelten als in der Finsler-Mengenlehre.

Die Formalisierbarkeit der Finsler-Mengenlehre ist also noch nicht entschieden und auch nicht so zentral. Denn die wichtigere Frage ist vielmehr, inwieweit die Finsler-Mengenlehre formalisierbar ist und was genau dabei herausfällt. Noch wichtiger als diese Frage ist aber das, was sich bei diesem Formalisierungsprozess klärt, also das durch die Formalisierungsanstrengungen (und nicht durch das formale Resultat!) sich ergebende bessere Verständnis der Finsler-Mengenlehre.

Das zentrale Argument von «Zahlen und ihre Struktur»

Im vorangegangenen Werk widmet sich Renatus Ziegler einigen bedeutenden metamathematischen Phänomenen, die einem Mathematiker und Philosophen begegnen, wenn er sich über die Natur der natürlichen und reellen Zahlen Rechenschaft ablegen möchte. Genauer sind es die Phänomene, die durch die Anwendung der modernen formalen Logik – Ziegler nennt sie historisch und systematisch angemessen, wenn auch gegen den aktuellen Sprachgebrauch, *symbolische* Logik, und ich folge ihm ab jetzt darin – in der Mathematik auf die natürlichen (und die reellen) Zahlen und die Arithmetik auftreten. Seine Kernaussage ist bei der ganzen Unternehmung, dass diese für den praktizierenden Mathematiker stark irritierenden Phänomene allein daraus entstehen, dass die eigentlich ganz wahre formale Logik in eine ihr fremde Form (der symbolischen Logik) gebracht wird, nämlich an sichtbare Zeichen gekettet wird, und dass, nachdem – in meinen Worten – diese Mathematisierung der formalen Logik historisch vollzogen wurde, das Bewusstsein über ihren Ursprung und über die Veränderungen durch diese Mathematisierung verloren ging, weshalb jene Phänomene im allgemeinen falsch und vor allem als zu bedeutend bewertet werden. Deshalb ist nach einer mathematischen Darstellung der natürlichen Zahlen und Arithmetik im zweiten Kapitel, ein Kapitel über die nicht symbolisierte, formale Logik eingefügt, insofern sie eine Wissenschaft der wahrheitsfähigen Gedanken ist.

Obwohl es der Sache angemessen ist, mit einer Darstellung der mathematischen Sachverhalte zu beginnen, ist es in der Fachliteratur nicht üblich. Durch dieses Vorgehen wird jedoch erst das Erstaunen verständlich, dass einem Mathematiker in Betrachtung jener Phänomene ereilen kann: Ihm scheint nahe gelegt zu werden, dass er mehr meinte über die natürlichen Zahlen zu verstehen als er wirklich versteht, seine Selbstgewissheit, mit den Axiomen die Arithmetik eindeutig gefasst zu haben, wie er sich mathematisch bewies (siehe Theorem 2.4 in Abschnitt 2.5), und jede mathematische Frage zur Arithmetik auf ihrer Grundlage beantworten zu können, wird massiv angezweifelt. Ja sogar die Unterscheidung zwischen mathematisch bereits unterschiedenen Strukturen scheint für den Mathematiker aufgehoben zu werden, insofern ihm die Fähigkeit abgesprochen wird symbolisch zwischen Standard- und Nichtstandardmodellen unterscheiden zu können. Der Verdacht des selbstbewussten Mathematikers, dass daher irgendetwas mit der symbolischen Logik nicht stimmen kann, wird konkretisiert, indem die Kluft zwischen formaler und symbolischer Logik in den Blick gerückt wird.

Die Art der Darstellung legt nahe, dass ein Gedanken- oder Begriffsrealismus der Untersuchung zugrunde gelegt werden sollte. Meiner Einschätzung nach ist das nicht nötig, da sich das zentrale Argument Zieglers folgendermaßen gestaltet: Die durch die symbolische Logik erreichte Konkretisierung und Präzisierung (in Form einer Spezialisierung) ist zumindest im allgemeinen in der Mathematik und auch in der formalen Logik weder notwendig noch erstrebenswert. Denn der Mathematiker ist autonom in der mathematischen Bewertung seiner Überlegungen und Ergebnisse. – Der Mathematiker kann mit dem für mathematische Verhältnisse vagen Begriff der Eigenschaft natürlicher Zahlen, wie er im nicht symbolisierten Induktionsaxiom **P3** verwendet wird, gut umgehen, weil er das Vertrauen in sich und sein Denken hat, in allen relevanten Einzelfällen pragmatisch entscheiden zu können, ob etwas eine Eigenschaft natürlicher Zahlen ist oder nicht. Da es ihm um die Lösung rein mathematischer Probleme geht, zieht er bei der Untersuchung eines Gebiets die Methoden anderer (und damit auch ihre anderen mathematische Objekte) heran und hat kein Bedürfnis, die verschiedenen Gebiete (den Objekten nach) auf eines zu reduzieren, da es den Methoden gegenüber unangemessen und der Entwicklung neuer Methoden hinderlich wäre.

Dieses Argument sollte aber nicht gegen einzelne mathematische Fachgebiete und zwar hier gegen das der mathematischen Logik, die mit der symbolischen identisch ist, ausgespielt werden. Das verstöße gegen die Denkfreiheit der Mathematik. Auch wenn ein wesentlicher Unterschied zwischen formaler und symbolischer Logik besteht, so können gerade unter Beachtung dieses Unterschieds die detaillierten Untersuchungen zur symbolischen Logik die Grundlage für weitreichende Argumente bilden. Denn insofern die symbolische Logik doch der Versuch ist, Teilbereiche der mathematischen Argumentation zu modellieren, stellt sie Mittel bereit, um das Reflexionsniveau zu dem, was man macht, wenn man im konkreten Einzelfall Mathematik betreibt, erheblich zu erhöhen (wie in den vorhergehenden Abschnitten dargelegt). Damit ist im Vorhinein keiner antiplatonistischen Position der Philosophie der Mathematik das Wort geredet: Wenn sich zum Beispiel herausstellen sollte, dass es keine vollständige symbolische Beschreibung der natürlichen Zahlen bzw. der Arithmetik gibt und vielleicht auch keine geben kann, ich sie aber trotzdem verstehe, dann liegt eine Argumentation nahe für die platonistische These, dass zum Verständnis der natürlichen Zahlen die endlichen sprachlichen Mittel und die endlichen Gehirnverknüpfungen nicht ausreichen. – Zusammenfassend gesagt sind Zieglers Ausführungen eine Apologie der Haltung des forschenden und idealistischen Mathematikers gegen die Anmutungen der modernen metamathematischen Sophistereien.

Bibliographische Hinweise

Einführungen in die aktuelle Philosophie der Mathematik findet man in Shapiro [2000] und Colyvan [2012].

Für einen gerafften Überblick über die Bedeutung der Unvollständigkeitsresultate für die Mathematik des zwanzigsten Jahrhunderts siehe Macintyre [2011].

Zur Formalisierbarkeit im allgemeinen siehe Brun [2003], Blau [2008] und Schneider [2012], Kap.5; Baumgartner [2008] und Baumgartner [2010]. Zum formalen Anspruch der praktizierten Mathematik siehe Müller-Hill [2011]. Zur Finsler-Mengenlehre und ihrer Formalisierbarkeit siehe Schneider [2012], Kap.5.5.

Zur zweitstufigen Logik ist die Arbeit von Shapiro [1991] einschlägig. Zum Verhältnis von erststufiger und zweitstufiger Logik bzw. Mengenlehre als Fundamentaltheorie der Mathematik siehe Väänänen [2012] und Shapiro [2012].

Zum mathematischen Kontext von Tennenbaums Theorem siehe Tennenbaum [1959] und Kaye [2011], zu seiner philosophischen Bedeutung für ein Begreifen der Reihe der natürlichen Zahlen siehe Halbach und Horsten [2005], Quinon und Zdanowski [2006], Horsten [2012], Button und Smith [2012].

Literatur zum Nachwort

Avigad, Jeremy [2003], Number Theory and Elementary Arithmetic. *Philosophia Mathematica* 11 (3), S. 257-84.

Baumgartner, Michael und Timm Lampert [2008], Adequate formalization. *Synthese* 164, S. 93-115.

Baumgartner, Michael und Timm Lampert [2010], The Problem of Validity Proofs. *Grazer Philosophische Studien* 80, S. 79-109.

Benacerraf, Paul [1996], Recantation or Any old ω-sequence would do after all. *Philosophia Mathematica* 4 (3), S. 184-9.

Blau, Ulrich [2008], *Logik der Unbestimmtheiten und Paradoxien*. Heidelberg: Synchron.

Brun, Georg [2003], *Die richtige Formel. Philosophische Probleme der logischen Formalisierung*. Frankfurt: Ontos.

Button, Tim und Peter Smith [2012], The Philosophical Significance of Tennenbaum's Theorem. *Philosophia Mathematica* 20 (3), S. 114-21.

Colyvan, Mark [2012], *An Introduction to the Philosophy of Mathematics*. Cambridge: Cambridge University Press.

Fichte, Johann G. [1797/1971], Zweite Einleitung in die Wissenschaftslehre, für Leser, die schon ein philosophisches System haben. In: I. H. Fichte (Hrsg.): *Fichtes Werke. Zur theoretischen Philosophie I*, Berlin: de Gruyter, S. 451-519.

Gödel, Kurt [1933], Eine Interpretation des intuitionistischen Aussagenkalküls, *Ergebnisse eines mathematischen Kolloquiums* 4, S. 39-40. Wiederabgedruckt in *Collected Works. I: Publications 1929 – 1936*, New York: Oxford University Press, 1986, S. 300-2.

Halbach, Volker und Leon Horsten [2005], Computational Structuralism. *Philosophia Mathematica* 13 (3), S. 174-8.

Horsten, Leon [2012], Vom Zählen zu den Zahlen: On the Relation Between Computation and Arithmetical Structuralism. *Philosophia Mathematica* 20 (3), S. 275-88.

Isaacson, Daniel [1987], Arithmetical Truth and hidden higher-order Concepts. *Logic Colloquium '85*. Amsterdam: North-Holland, S. 147-69.

Kaye, Richard [2011], Tennenbaum's Theorem for Models of Arithmetic. In: J. Kennedy, R. Kossak (Hrsg.): *Set theory, arithmetic, and foundations of mathematics: theorems, philosophies*. Cambridge: Cambridge University Press, S. 66-79.

Leitgeb, Hannes [2009], On Formal and Informal Provability. In: O. Bueno, O. Linnebo (Hrsg.): *New Waves in Philosophy of Mathematics*. Hampshire, New York: Palgrave Macmillan, S. 263-99.

Macintyre, Angus [2011], The Impact of Gödel's Incompletness Theorems on Mathematics. In: Matthias Baaz, Ch. H. Papadimitriou, H. Putnam, D. S. Scott und Ch. L. Harper (Hrsg.): *Kurt Gödel and the Foundations of Mathematics. Horizons of Truth*. New York: Cambridge University Press, S. 3-25.

Müller-Hill, Eva [2011], *Die epistemische Rolle formalisierbarer mathematischer Beweise*. Köln. http://hss.ulb.uni-bonn.de/2011/2526/2526.pdf.

Quinon, Paula und Konrad Zdanowski [2006], The Intended Model of Arithmetic. An Argument from Tennenbaum's Theorem. http://www.impan.pl/~kz/files/PQKZ_Tenn.pdf.

Rota, Gian-Carlo [1997], *Indiscrete Thoughts*. Boston: Birkhäuser.

Schneider, Gregor [2012], *Mathematischer Platonismus*. München, Dissertation.

Shapiro, Steward [1991], *Foundations without foundationalism. A case for second order logic*. Oxford: Clarendon.

Shapiro, Steward [2000], *Thinking about Mathematics. The Philosophy of Mathematics.* Oxford: Oxford University Press.

Shapiro, Steward [2012], Higher-Order Logic or Set Theory: A False Dilemma. *Philosophia Mathematica* 20 (3), S. 305-23.

Tennenbaum, Stanley [1959], Non-Archimedian models of arithmetic. *Notices of the American mathematical Society* 6, S. 270.

Väänänen, Jouko [2012], Second-Order Logic or Set-Theory. *The Bulletin of Symbolic Logic* 18 (1), S. 91-121.

Literatur

Ackermann, Walter [1937], Die Widerspruchsfreiheit der allgemeinen Mengenlehre. *Mathematische Annalen*, Band 114, S.305-315.

Artmann, Benno [1983], *Der Zahlbegriff*. Göttingen: Vandenhoeck & Ruprecht. (Moderne Mathematik in elementarer Darstellung, Band 19).

Asser, Günther [1972a], *Einführung in die mathematische Logik. Teil I: Aussagenkalkül*. Leipzig: Teubner (4. Auflage).

— [1972b], *Einführung in die mathematische Logik. Teil II: Prädikatenkalkül der ersten Stufe*. Leipzig: Teubner.

— [1981], *Einführung in die mathematische Logik. Teil III: Prädikatenlogik höherer Stufe*. Leipzig: Teubner.

Bachmann, Heinz [1983], *Der Weg der mathematischen Grundlagenforschung*. Bern: Peter Lang.

Baer, Reinhold [1928a], Über ein Vollständigkeitsaxiom in der Mengenlehre. *Mathematische Zeitschrift*, Band 27, S.536-539.

— [1928b], Bemerkungen zur Erwiderung von P. Finsler. *Mathematische Zeitschrift*, Band 27, S. 543.

Bakker, Arthur / Ziegler, Renatus [1996], *Finsler-Mengenlehre*. Technical notes (x) series, Institute for Logic, Language and Computation, Universiteit van Amsterdam.

Barwise, Jon [1977], An introduction to first-order logic. In: Barwise (ed.) [1977], S.5-46.

Barwise, Jon (ed.) [1977], *Handbook of Mathematical Logic*. Amsterdam: North-Holland (Studies in Logic and the Foundations of Mathematics, Vol. 90).

Barwise, Jon / Feferman, Solomon (ed.) [1985], *Model-Theoretic Logics*. New York: Springer (Perspectives in Mathematical Logic).

Behmann, Heinrich [1922], Beiträge zur Algebra der Logik, insbesondere zum Entscheidungsproblem. *Mathematische Annalen*, Band 86, S.163-229.

Behnke, Heinrich et al. (Hg.) [1962], *Grundzüge der Mathematik, Band I: Grundlagen der Mathematik, Arithmetik und Algebra*. Göttingen: Vandenhoeck & Ruprecht (2. Auflage).

Berka, Karel / Kreiser, Lothar [1986], *Logik-Texte. Kommentierte Auswahl zur Geschichte der modernen Logik*. Berlin: Akademie-Verlag (4. Auflage).

Bernays, Paul [1930], Die Philosophie der Mathematik und die Hilbertsche Beweistheorie. In: Bernays [1976], S.17-61.

— [1941], Sur les questions méthodologiques actuelles de la théorie hilbertienne de la démonstration. In: Gonseth [1941], S.144-152; Diskussion: S.153-161.

— [1957], Betrachtungen zum Paradox von Skolem. In: Bernays [1976], S.113-118.

— [1976], *Abhandlungen zur Philosophie der Mathematik*. Darmstadt: Wissenschaftliche Buchgesellschaft.

Bochenski, Josef Maria [1956], *Formale Logik*. Freiburg/München: Alber (4. Auflage 1978) (Orbis Academicus, Band III 2).

Booth, David [1990], Hereditarily Finite Finsler Sets. *The Journal of Symbolic Logic*, Band 55, S. 700-706.

— [1991], Logical Feedback. *Studia Logica*, Band L, No. 2, S.225-239.

— [1996a], Introduction to Foundational Part. In: Booth/Ziegler [1996], S.91-108.

— [1996b], The Combinatorics of Non-Well-Founded Sets. In: Booth/Ziegler [1996], S.217-243.

Booth, David / Ziegler, Renatus [1996], *Finsler Set Theory: Platonism and Circularity*. Basel: Birkhäuser.

Brendel, Elke [1992], *Die Wahrheit über den Lügner. Eine philosophisch-logische Analyse der Antinomie des Lügners*. Berlin: de Gruyter.

Böhme, Gert [1981], *Einstieg in die mathematische Logik*. München: Hanser.

Burali-Forti, Cesare [1897], Una questione sui numeri transfiniti. *Rendiconti del Circolo Matematico di Palermo*, Band 11, S.154-164. (Englische Übersetzung: Heijenoort [1967], S.105-111.)

Burckhardt, Johann. J. [1939], Zur Neubegründung der Mengenlehre. *Jahresberichte der Deutschen Mathematiker-Vereinigung*, Band 48, S.146-165.

Carnap, Rudolf [1934a], Die Antinomien und die Unvollständigkeit der Mathematik. *Monatshefte für Mathematik und Physik*, Band 41, S.263-284.

— [1934b], *Logische Syntax der Sprache*. Wien.

Chang, Cheng Chung / Keisler, H. Jerome [1990], *Model Theory*. Amsterdan: North-Holland (3rd edition) (Studies in Logic and the Foundations of Mathematics, Vol. 73).

Cutland, Nigel (ed.) [1988], *Nonstandard Analysis and its Applications*. Cambridge: Cambridge University Press.

Delong, Howard [1970], *A Profile of Mathematical Logic*. Reading (Mass.): Addison-Wesley.

Ebbinghaus, Heinz-Dieter [1994], *Einführung in die Mengenlehre*. Mannheim: Bibliographisches Institut (3. Auflage).

Ebbinghaus, Heinz-Dieter et al. (Hg.) [1988], *Zahlen*. Berlin/Heidelberg: Springer (2. Auflage); (Grundwissen Mathematik, Band I).

Ebbinghaus, Heinz-Dieter / Flum, Jörg / Thomas, Wolfgang [1992], *Einführung in die mathematische Logik*. Mannheim: Bibliographisches Institut (3. Auflage).

Engeler, Erwin [1983], *Metamathematik der Elementarmathematik*. Berlin/Heidelberg: Springer.

Felgner, Ulrich (Hrsg.) [1979], *Mengenlehre*. Darmstadt: Wissenschaftliche Buchgesellschaft.

Felscher, Walter [1978a], *Naive Mengen und abstrakte Zahlen, I*. Zürich: Bibliographisches Institut.

— [1978b], *Naive Mengen und abstrakte Zahlen, II: Algebraische und reelle Zahlen*. Zürich: Bibliographisches Institut.

— [1979], *Naive Mengen und abstrakte Zahlen, III: Transfinite Methoden*. Zürich: Bibliographisches Institut.

Finsler, Paul [1925], Gibt es Widersprüche in der Mathematik? *Jahresberichte der Deutschen Mathematiker-Vereinigung*, Band 34, S. 143-155 = Finsler [1975], S. 1-10.

— [1926a], Formale Beweise und die Entscheidbarkeit. *Mathematische Zeitschrift*, Band 25, S. 676-682 = Finsler [1975], S. 11-17.

— [1926b], Über die Grundlegung der Mengenlehre. Erster Teil. Die Mengen und ihre Axiome. *Mathematische Zeitschrift*, Band 25, S. 683-713 = Finsler [1975], S. 19-49.

— [1927a], Über die Grundlegung der Mathematik. *Jahresberichte der Deutschen Mathematiker-Vereinigung*, Band 36, S. 18 = Finsler [1975], S. 18.

— [1927b], Über die Lösung von Paradoxien. *Philosophischer Anzeiger*, Band 2, S. 183-192 = Finsler [1975], S. 57-66.

— [1927c], Antwort auf die Entgegnung des Herrn Lipps. *Philosophischer Anzeiger*, Band 2, S. 202-203 = Finsler [1975], S. 69-70.

— [1933], Die Existenz der Zahlenreihe und des Kontinuums. *Commentarii Mathematici Helvetici*, Band 5, S. 88-94 = Finsler [1975], S. 71-77.

— [1943/44], Gibt es unentscheidbare Sätze? *Commentarii Mathematici Helvetici*, Band 16, S. 310-320 = Finsler [1975], S. 97-107.

— [1964], Über die Grundlegung der Mengenlehre. Zweiter Teil. Verteidigung. *Commentarii Mathematici Helvetici*, Band 38, S. 172-218 = Finsler [1975], S. 176-222.

— [1975], *Aufsätze zur Mengenlehre* (hrsg. von G. Unger). Darmstadt: Wissenschaftliche Buchgesellschaft.

Fraenkel, Abraham [1927], *Zehn Vorlesungen über die Grundlegung der Mengenlehre* (Wissenschaft und Hypothese, Bd. 31). Leipzig/Berlin: Teubner. (Reprint: Darmstadt, Wissenschaftliche Buchgesellschaft 1972)

— [1928] [Referat von Finsler [1926b]], *Fortschritte der Mathematik*, Band 54, 192-193.

Fraenkel, Abraham / Bar-Hillel, Y. / Levy, Azriel [1973], *Foundations of set theory*. Amsterdam/New York/Oxford: North Holland (2nd edition).

Friedrichsdorf, Ulf / Prestel, Alexander [1985], *Mengenlehre für den Mathematiker*. Braunschweig: Vieweg.

Gentzen, Gerhard [1936], Die Widerspruchsfreiheit der reinen Zahlentheorie. *Mathematische Annalen*, Band 112, S. 493-565.

Gonseth, Ferdinand (ed.) [1941], *Les entretiens de Zurich sur les fondements et la méthode des sciences mathématiques, 6-9 décembre 1938. Zurich*: Leemann frères & Cie.

Goodstein, R. L. [1971], *Development of Mathematical Logic*. New York: Springer.

Gödel, Kurt [1930], Die Vollständigkeit der Axiome des logischen Funktionenkalküls. *Monatshefte für Mathematik und Physik*, Band 37, S. 349-360 = Collected Works, Volume I (New York: Oxford University Press 1986), S. 102-122.

— [1931], Über formal unentscheidbare Sätze der Principia Mathematica und verwandter Systeme I. *Monatshefte für Mathematik und Physik*, Band 38, S. 173-198 = Collected Works, Volume I (New York: Oxford University Press 1986), S. 144-195.

— [1938], The consistency of the axiom of choice and of the generalized continuum-hypothesis. *Proceedings of the National Academy of Sciences* (U.S.A.), Band 24, S. 556-557.

Hajek, Petr / Pudlàk, Pavel [1993], *Metamathematics of First-Order Arithmetic*. Berlin/Heidelberg: Springer (Perspectives in Mathematical Logic)

Hallett, Michael [1995], Logic and Existence. In: Lorenz Krüger und Brigitte Falkenburg (Hrsg.), *Physik, Philosophie und die Einheit der Wissenschaften*. Berlin/Oxford: Spektrum Akademischer Verlag 1995, S. 33-82.

Heijenoort, Jean van (ed.) [1967], *From Frege to Gödel- A source book in mathematical logic 1879-1931*. Cambridge (Mass.): Harvard University Press.

Henkin, Leon [1950], Completeness in the Theory of Types. *Journal of Symbolic Logic*, Band 16, S. 81-91.

Herbrand, Jacques [1930], *Recherches sur la théorie de la démonstration*. Thèse, Université de Paris. (English translation of chapter 5: Heijenoort 1967, S. 525-581.)

Hermes, Hans / Markwald, Werner [1962], Grundlagen der Mathematik. In: Behnke, Heinrich et al., *Grundzüge der Mathematik*, Band I: Grundlagen der Mathematik, Arithemtik und Algebra; Göttingen: Vandendhoeck & Ruprecht 1962 (2. Auflage), S. 1-89.

Hilbert, David / Ackermann, Wilhelm [1967], *Grundzüge der theoretischen Logik*. Berlin/Heidelberg: Springer (5. Auflage); (Grundlehren der mathematischen Wissenschaften, Band 27).

Hilbert, David / Bernays, Paul [1934/39], *Grundlagen der Mathematik*. Berlin: Springer, Bd. I: 1934, Bd. II: 1939.

Hoffmann, Dirk W. [2011], *Grenzen der Mathematik: Eine Reise durch die Kerngebiete der mathematischen Logik*. Heidelberg: Spektrum.

Hoskins, R. F. [1990], *Standard and Nonstandard Analysis. Fundamental Theory, Techniques and Applications*. Chichester (England): Ellis Horwood.

Kamke, Erich [1969], *Mengenlehre*, Berlin: de Gruyter (6. Auflage) (Sammlung Göschen, Band 999/999a).

Kay, Richard [1991], *Models of Peano Arithmetic*. Oxford: Clarendon 1991 (Oxford Logic Guides, Vol. 15).

Keisler, H. Jerome [1976], *Foundations of Infinitesimal Calculus*. Boston (Mass.): Prindle, Weber & Schmidt.

Kemeny, John G. [1958], Undecidable Problems of Elementary Number Theory. *Mathematische Annalen*, Band 135, S. 160-169.

Kneale, William / Kneale, Martha [1984], *The Development of Logic*. Oxford: Clarendon. Kreiser, Lothar et al. (Hg.) [1990], *Nichtklassische Logik. Eine Einführung*. Berlin: Akademie-Verlag (Zweite Auflage).

Kutschera, Franz von [1967], *Elementare Logik*. Wien/New York: Springer.

Jacobson, Nathan [1964], *Lectures in Abstract Algebra, Volume III: Theory of Fields and Galois Theory*. New York: Springer (Graduate Texts in Mathematics, Vol. 32).

Landau, Edmund [1930], *Grundlagen der Analysis*. Das Rechnen mit ganzen, rationalen, irrationalen und komplexen Zahlen. Leipzig (Reprint: Darmstadt, Wissenschaftliche Buchgesellschaft 1970).

Landers, Dieter / Rogge, Lothar [1994], *Nichtstandard Analysis*. Berlin/Heidelberg: Springer.

Laugwitz, Detlef [1986], *Zahlen und Kontinuum. Eine Einführung in die Infinitesimalmathematik*. Zürich: Bilbliographisches Institut (Lehrbücher und Monographien zur Didaktik der Mathematik, Band 5).

Lipps, Hans [1927], Entgegnung [auf Finsler [1927b]. *Philosophischer Anzeiger*, Band 2, S. 193-201.

Locher, Louis [1961], Von der Gedankenlosigkeit in der Behandlung der Mathematik. *Elemente der Mathematik*, Band 16, S. 97-102, 121-123 und Band 17, S. 1-3.

Löwenheim, Leopold [1915], Über Möglichkeiten im Relativkalkül. *Mathematische Annalen*, Band 76, S. 447-470.

Lukasiewicz, Jan [1935], Zur Geschichte der Aussangelogik. *Erkenntnis*, Band 5, S. 111-131.

— [1957], *Aristotle's Syllogistic from the Standpoint of Formal Logic*. Oxford: Clarendon (2. edition).

Mainzer, Klaus [1988], *Reelle Zahlen*. In: Ebbinghaus et al. (Hg.) [1988], Teil A, Kapitel 2, S. 23-44.

Manin, Yu. I. [1977], *A Course in Mathematical Logic*. New York: Springer (Graduate Texts in Mathematics, Vol. 53).

Markwald, Werner [1972], *Einführung in die formale Logik und Metamathematik*. Stuttgart: Klett.

Menne, Albert [1954], *Logik und Existenz*. Meisenheim: Hain.

— [1991], *Einführung in die formale Logik*. Darmstadt: Wissenschaftliche Buchgesellschaft (2. Auflage).

Moore, Gregory H. [1982], *Zermelo's Axiom of Choice - Its Origins, Developments and Influence*. New York: Springer (Studies in the History of Mathematics and Physial Sciences, Vol 8).

Neumann, John von [1925], Eine Axiomatisierung der Mengenlehre. *Journal für die reine und angewandte Mathematik*, Band 154, S. 219-240 und Band 155, S. 128.

— [1928], Die Axiomatisierung der Mengenlehre. *Mathematische Zeitschrift*, Band 27, S. 669-752.

Oberschelp, Arnold [1976], *Aufbau des Zahlensystems*. Göttingen: Vandenhoeck & Ruprecht (3. Auflage); (Moderne Mathematik in elementarer Darstellung, Band 7).

— [1993], *Rekursionstheorie*. Mannheim: Bibliographisches Institut.

Ostheimer, Christian / Ziegler, Renatus [1996], *Skalen und Wegkurven. Einführung in die Geometrie von Wegkurven und Wegflächen*. Dornach: Philosophisch-Anthroposophischer Verlag am Goetheanum (Mathematisch-Astronomische Blätter - Neue Folge, Band 19).

Patzig, Günther [1969], *Die aristotelische Syllogistik*. Göttingen: Vandenhoeck & Ruprecht (3. Auflage).

Pickert, Günter / Görke, Lilly [1962], *Aufbau des Systems der rellen Zahlen*. In: Behnke et al. [1962], Teil B, Kapitel 1, S. 92-157.

Pickert, Günter / Steiner, Hans-Georg [1962], *Komplexe Zahlen und Quaternionen*. In: Behnke et al. [1962], Teil B, Kapitel 8, S. 469-497.

Prestel, Alexander [1984], *Lectures on Formally Real Fields*. Heidelberg: Springer (Lecture Notes in Mathematics, Vol. 1093).

— [1988], *Non-Standard Analysis*. In: Ebbinghaus et al. (Hg.) [1988], Teil C, Kapitel 12, S. 253-275.

— [1992], *Einführung in die Mathematische Logik und Modelltheorie*. Braunschweig/Wiesbaden: Vieweg (Vieweg Studium, Band 60, Aufbaukurs Mathematik).

Rabin, Michael O. [1977], *Decidable Theories*. In: Barwise (ed.) [1977], pp. 595-629.

Richard, J. 1905 Les principes des mathématiques et la problème des ensembles. *Revue générale des sciences pures et appliquées*, Band 16, S. 541.

Richter, Michael M. [1982], *Ideale Punkte, Monaden und Nichtstandard-Methoden*. Braunschweig: Vieweg.

Robert, Alain [1988], *Nonstandard Analysis*. New York: Wiley.

Robinson, Abraham [1966], *Non-Standard Analysis*. Amsterdam: North-Holland (Studies in Logic and the Foundations of Mathematics).

Schmidt, H. Arnold [1960], *Mathematische Gesetze der Logik I: Vorlesungen über Aussagenlogik*. Berlin: Springer (Die Grundlehren der mathematischen Wissenschaften, Band 69).

Scholz, Heinrich [1931], *Abriß der Geschichte der Logik*. Berlin (3. Auflage: Freiburg/München, Alber 1967).

Segre, Michael [1994], Peano's Axioms in their Historical Context. *Archive for the History of Exact Sciences*, Band 48, S. 202-342.

Sierpinski, Waclaw [1941], L'axiome du choix et l'hypothèse du continu. In: Gonseth (ed.) 1941, S. 125-134; Diskussion: S. 134-143. (Übersetzung ins Deutsche: Felgner [1979], S. 143-158.)

Skolem, Thoralf [1920], Logisch-kombinatorische Untersuchungen über die Erfüllbarkeit oder Beweisbarkeit mathematischer Sätze nebst einem Theorem über dichte Mengen. *Videnskapakademiet i Kristiania, Skrifter I.* No. 4, S. 1-36 = Skolem 1970, S. 103-136. (English translstion: Heijenoort 1967, 252-263).

— [1922], Einige Bemerkungen zur axiomatischen Begründung der Mengenlehre. *Proceedings of the 5th Scandinavian Math. Congr.*, Helsinki 1922, S. 217-232 = Skolem 1970, S. 137-152 = Felgner 1979, S. 57-72. (Englische Übersetzung: Heijenoort 1967, S. 290-301).

— [1926], [Referat von Finsler [1926b]] *Fortschritte der Mathematik*, Band 52 (1926), S. 192-193.

— [1929], Über einige Grundlagenfragen der Mathematik. *Videnskapakademiet i Oslo, Skrifter I.*, No. 4., S. 1-49 = Skolem [1970], S. 227-273.

— [1933], Über die Unmöglichkeit einer vollständigen Charakterisierung der Zahlenreihe mittels eines endlichen Axiomensystems. *Norsk Matematisk Forening, Skrifter*, Series 2, No. 1-12, S.73-82 = Skolem [1970], S.345-354.

— [1934], Über die Nicht-Charakterisierbarkeit der Zahlenreihe mittels endlich oder abzählbar vieler Aussagen mit ausschliesslich Zahlenvariablen. *Fundamenta Mathematicae*, Band 23, S.150-161 = Skolem [1970], S.355-366.

— [1941], Sur la portée du théorème de Löwenheim-Skolem. In: Gonseth (ed.) [1941], S.25-47, discussion S.47-52 = Skolem [1970], S.455-482.

— [1970], *Selected Works in Logic*. Oslo: Universitetsforlaget.

Smorynski, Craig [1991], *Logical Number Theory I: An Introduction*. Berlin/Heidelberg: Springer.

Specker, Ernst [1954], Die Antinomien der Mengenlehre. *Dialectica*, Band 8, S.234-244.

Tarski, Alfred [1935], Der Wahrheitsbegriff in den formalisierten Sprachen. *Studia Philosophica Commentarii Societatis Philosophicae Polonorum*, Band 1, S.261-405. Wiederabgedruckt mit Originalpaginierung: Berka/Kreiser [1986], S.445-546.

— [1951], *A Decision Method for Elementary Algebra and Geometry*. Berkeley/Los Angeles: University of California Press (2. edition).

Tuschik, Hans-Peter / Wolter, Helmut [1994], *Mathematische Logik - kurzgefaßt. Grundlagen, Modelltheorie, Entscheidbarkeit, Mengenlehre*. Mannheim: Bibliographisches Intitut.

Veblen, Oswald [1904], A system of axioms for geometry. *Transactions of the American Mathematical Society*, Band 5, S.343-384.

Waerden, Bartel Leendert van der [1993], *Algebra I*. Berlin/Heidelberg: Springer (9. Auflage).

Waismann, Friedrich [1936], *Einführung in das mathematische Denken*; Die Begriffsbildung der modernen Mathematik. Mit einem Vorwort von Karl Menger. Wien: Gerold (Dritte, durchgesehene und verbesserte Auflage [ohne Vorwort von Karl Menger]: München, Deutscher Taschenbuch Verlag 1970) (4. Auflage: Darmstadt: Wissenschaftliche Buchgesellschaft 1996 [Reprint der 2. Auflage mit einem Vorwort und Anmerkungen von Heinz-Jörg Claus]).

Whitesitt, J. Eldon / Stumpf, Botho [1972], *Einführung in die Boolesche Algebra*. Braunschweig: Vieweg.

Wilder, Raymond L. [1983], *Introduction to the Foundations of Mathematics*. Malabar (Florida): Krieger (corrected reprint of the 2. edition).

Zermelo, Ernst [1904], Beweis, dass jede Menge wohlgeordnet werden kann. *Mathematische Annalen*, Band 59, S.514-516.

— [1908], Untersuchungen über die Grundlagen der Mengenlehre I. *Mathematische Annalen*, Band 65, S.261-281 (Englische Übersetzung: Heijenoort 1967, S.199-215).

Ziegler, Renatus [1995], *Selbstreflexion. Studien zur Selbstbeziehbarkeit im Denken und Erkennen*. Dornach: Philosophisch-Anthroposophischer Verlag am Goetheanum.

— [1996], Introduction to Philosophical Part. In: Booth/Ziegler [1996], S.11-21.

Symbolregister

Mathematische Symbole, 10
ν, 18, 26, 122, 134, 169
$<$, 27, 134
ω, 39, 151
ω^*, 39, 151
θ, 39, 40
η, 40, 51, 150, 151
1_U, 45
$\neg$, 57, 134
$\top$, 57
$\bot$, 57
$\wedge$, 57, 134
$\vee$, 57, 134
$\rightarrowtail\!\!\!\leftarrowtail$, 57
$\diamond$, 57
$/$, 57
$\leftrightarrow$, 57, 134
$\rightarrow$, 58, 134
$\leftarrow$, 58
$\supset$, 58
$\subset$, 58
$\Rightarrow$, 60, 76
$\Leftrightarrow$, 60, 76
$\models$, 60, 62, 76, 78, 88, 139
$\forall$, 73, 134
$\exists$, 73, 134
$\vdash$, 90, 142
$\in$, 98
$\ni$, 113
$\equiv$, 134, 145
$\approx$, 199, 207
Ω, 204

Abkürzungen, 10
$\mathcal{B}$, 201
$Ded()$, 162
$Ded(\Pi A)$, 163
$df(x)$, 217
F, 57, 138
$\mathcal{F}$, 201
$Gerade()$, 55
$\mathcal{G}$, 201
$\mathfrak{J}$, 139
$^*lim$, 216
$\mathbb{N}$, 21, 191
$^*\mathbb{N}$, 45, 159
N_n, 31
$\mathcal{N}$, 21, 29, 37, 138
$\mathcal{N}_\nu$, 29, 138
$\mathcal{N}_<$, 29, 138, 149, 152, 155, 159
$^*\mathcal{N}$, 45, 155
$^*\mathcal{N}_<$, 159
$Prim()$, 55
Φ_{ZFC}, 175
$\mathcal{Q}$, 192
$\mathbb{R}$, 191
$\mathcal{R}$, 191–193, 206
$\mathcal{R}^{\mathcal{N}}$, 201
$\mathcal{R}^{\mathcal{N}}/\mathcal{V}$, 202
$^*\mathcal{R}$, 203, 206, 207
$^*\mathbb{R}$, 203, 206
$^\Omega\mathbb{R}$, 205
SaP, 82
SeP, 82
SiP, 82
SoP, 82
$st()$, 208
$Th()$, 145, 162
$Th(\mathcal{A})$, 162
$Th(\mathcal{N})$, 147
$Th(\mathcal{N}_<)$, 149
$Th(\Pi A)$, 163
$\mathcal{U}$, 45
$\mathcal{V}$, 201
W, 57, 138

Axiome, 10
AC, 33
B1, B2, B3, B4, 67
B5, B6, 67
DO1, DO2, 30
EL, 30
F1, 113, 119, 188
F2, 114, 119, 188
F3, 115
F3$_C$, 119
FC, 119
G, 33
G1, G2, G3, 33
K1, K2, K3, K4, K5, 191, 212

O, 27
O1, O2, O3, 27, 191, 212
OK1, OK2, 191, 212
OV, 191
$\mathbf{\Omega 1}$, $\mathbf{\Omega 2}$, $\mathbf{\Omega 3}$, 137
P, 18
P1, 18, 121
P2, 18, 121
P3, 19, 74, 121
P3', 21
P3'', 21
P3''', 21
P4, P5, P6, P6, P7, 26
PA, 26, 136
PA1, PA2, PA3, PA4, PA5, PA6, 26
$\mathbf{P0_1}$, 121
$\mathbf{P0_2}$, 121
$\Pi\mathbf{1}$, $\Pi\mathbf{2}$, 135
$\Pi\mathbf{3}$, 135
$\Pi^{(1)}\mathbf{3}$, 135
$\Pi^{(2)}\mathbf{3}$, 136
ΠA, 137
$\Pi A^{(2)}$, 136
$\Pi A\mathbf{1}$, $\Pi A\mathbf{2}$, 136
$\Pi A\mathbf{4}$, $\Pi A\mathbf{5}$, $\Pi A\mathbf{6}$, 136
$\Pi A\mathbf{3}^{(2)}$, 136
R1, 191, 211
R2, 191, 212
R3, 191, 212
WO, 30

Sachregister

abgeschlossen
  deduktiv, 68
  prädikatenlogisch, 95
  propositionslogisch, 65
Abgeschlossenheit
  Propositionslogik, 66
Ableitbarkeit, 14
Ableitung, 81, 199
  prädikatenlogisch, 81
  propositionslogisch, 64
Abstraktionsprinzip, 98
Abtrennungsregel, 68
Abtrennungsschluß, 63, 81
adäquat
  propositionslogisch, 65
Adäquatheit, 65
  Prädikatenlogik, 81
  Propositionslogik, 66
  Sequenzenkalkül, 145
Adjunktion, 13, 15, 213
  verallgemeinert, 205
Adjunktionsmethode, 13, 15, 37, 40, 51, 52, 149, 152, 154, 157, 197, 204, 205, 213
Äquivalenz, 57
  prädikatenlogisch, 76
Äquivalenzen, 60, 61
  Disjunktionsgesetze, 61
  Konjunktionsgesetze, 61
  Subjunktionsgesetze, 61
Affirmation, 57
A-Gegenstand, 87
A-Gegenstandsvariable, 87
Algebra der Propositionen, 100
algebraisch, 197
Algebraisierung, 199
Algorithmus, 165
allgemeingültig, 59, 76, 88
Allklasse, 98
Antidiagonalfolge, 183
Antinomie, 14, 103
  Allklasse, 105
  endliche Definierbarkeit, 16, 182
  Klassenbildung, 104–106
  Lügner, 104, 184
  logisch, 104
  Modellbildung, 104, 109
  Ordinalzahlen, 105
  Russell, 104
  Russellsche Eigenschaft, 104
  Russellsche Klasse, 104
  Selbstbezug, 104, 110, 111
  semantisch, 104
  Wahrheit, 104
Antireflexivität, 27
A-Prädikat, 87
A-Prädikatenform, 87
A-Prädikatenvariable, 87
Archimedisches Prinzip, 28, 159
Archimedizität: siehe Archimedisches Prinzip, 13, 37
Argument, 56, 71
Arithmetik
  elementar, 147
  vollständig, 147, 163
Arithmetisierung, 199
Aufzählbarkeit, 165, 166
Aussage, 53, 131
  definit, 229
Aussagenlogik, 55
Aussonderungsaxiom, 229
Auswahlaxiom: siehe Auswahlprinzip, 44
Auswahlprinzip, 33, 44, 119, 224, 230, 237
Axiom, 87
axiomatisierbar
  endlich, 167
  rekursiv, 167
Axiomatisierung, 16, 68, 86, 87, 89, 120
Axiomenschema, 135
Axiomensystem, 9, 14, 16, 23
  A-Prädikatenform, 87
    Ableitung, 90
    allgemeingültig, 88
    Beweis, 90
    beweisbar, 90
    Deduktion, 90
    direkter Beweis, 91
    Eindeutigkeitsbeweis, 91
    erfüllbar, 88
    Existenzbeweis, 91
    Folgerung, 88

gültig, 88, 90
indirekter Beweis, 90
konstruktiver Beweis, 92
Theorem, 90
Widerspruchsbeweis, 90
Belegung, 88
deduktiv korrekt, 94
deduktiv vollständig, 94
deduktiv widerspruchsfrei, 94
Definition, 88
bedingt, 89
Explizitdefinition, 89
implizit, 89
Kontextdefinition, 89
Korrektheit, 89
Nichtkreativität, 89
stückweise, 89
Wohldefiniertheit, 89
Existenz, 89, 96
Interpretation, 88
kategorisch, 23, 93
Modell, 23, 88
modell-vollständig, 92
monomorph, 23, 93
prädikatenlogisch abgeschlossen, 95
prädikatenlogisch vollständig, 95
relativ erfüllbar, 92
relativ vollständig, 92
relativ widerspruchsfrei, 92
Vollständigkeit, 92
Widerspruchsfreiheit, 14, 89, 92, 96

Bedeutung, nach Frege, 56
Begriff, 14, 54
extensionale Auffassung, 97
intensionale Auffassung, 97
Belegung, 75, 78, 88, 223
Berechenbarkeit, 166
effektiv, 132
Beweis, 14, 64, 68, 81, 90, 142
direkt, 91
Eindeutigkeit, 91
Existenz, 91
indirekt, 90
konstruktiv, 92
Widerspruchsbeweis, 90
Bewertung, 59, 62
Bijunktion, 57
Boolesche Algebra, 67, 101
Axiome, 66
Boolescher Verband, 67, 101

Cantor-Mengenlehre, 118–120, 188
Axiom der Vollständigkeit, 119
Axiome, 119
Cantor-Bedingung, 119
Cantorsches Diagonalverfahren, 117, 183, 184
Cauchy-Folge, 195

Darstellbarkeit
endlich, 132
De Morgan-Gesetz, 61
Dedekindscher Schnitt, 194
Deduktion, 53
prädikatenlogisch, 77, 81, 90
propositionslogisch, 64
Denk- und Erkenntnislehre, 53, 55, 70, 112, 121, 126
denk-phänomenologisch, 11
Denken, 14, 185
formal, 103
sprachliche Bindung, 103
symbolische Darstellung, 15, 103
Deutung, 75
Differential, 199, 217
Differentialquotient, 199
differenzierbar, 199
direkte Potenz, 42
direktes Produkt, 42
Disjunktion, 57
Abschwächung, 64
Dualfolgen, 183
endlich definierbar, 183
Dualitätsprinzip, 67

Einbettung, 192
elementar, 35
Einermenge, 99
Einsetzungsgesetz, 60
Element, 98
endlich
Dedekind, 31
gewöhnlich, 31
entscheidbar, 166
formallogisch, 59, 76
Entscheidbarkeit, 165
Entscheidungsverfahren, 165
erfüllbar, 62, 78

partikulär, 59, 76
relativ, 65, 92
universell, 59, 76
Ersetzungsaxiom, 229
Euklidischer Algorithmus, 125
ex falso sequitur quodlibet, 61, 62
Existenz, 82, 89, 91, 96, 115, 119
Existenz-Postulat, 82
Existenzaxiom, 106, 107, 159, 174, 214
Exklusion, 57
Explizitdefinition, 89
Extension, 70
extensionaler Gesichtspunkt, 57, 68, 70, 139
Extensionalitätsaxiom, 229
Extensionalitätsprinzip, 86, 98
externe Mengen, 47

falsch, 55
Filter, 44, 154, 202
Finsler-Mengenlehre, 14, 16, 33, 106, 112–120, 187, 188
Axiome, 113–115
Dedekind-unendlich, 116
Existenz, 115
fundierte Menge, 116
identische Darstellung, 114
Identität, 114
J-Menge, 113
Klasse, 113
Klasse aller Ordinalzahlen, 117
Mächtigkeit, 116
modellfreie Axiomatik, 116
Potenzmenge, 117
prinzipielle Nichtsymbolisierbarkeit, 187
Russell-Klasse, 113
transitive Hülle, 114
Transitivität, 114
Vollständigkeit, 116
Widerspruchsfreiheit, 115
wohlgeordnete Menge, 116
zirkelfreie Mengen, 117
Finslersche Unvollständigkeitssätze, 181
Folgenringe, 200
Folgerung, 14
prädikatenlogisch, 78
propositionslogisch, 62
Folgerungsschema, 62
Folgesatz, 63, 78
Form, 11
formal, 12
Formalisierung, 133
fortgesetzte Teilung, 23
Fortsetzung
natürlich, 36
Fréchet-Filter, 44
freie Variablen, 72
Fundamentalfolge, 195
äquivalent, 195
Ideal, 195
maximales Ideal, 201
Nullfolge, 195
rational konvergent, 195
Restklasse, 195
Ring, 195, 200
Funktion
berechenbar, 166
rekursiv, 166
repräsentierbar, 170

Ganze Zahlen, 13, 36
Gedankeninhalte, 71
Gegensatz
konträr, 57
kontradiktorisch, 57
Gegenstand, 69, 71
unbestimmt, 71
Gegenstandsvariable, 71
Existenzialisierung, 73
frei, 72
gebunden, 72
Generalisierung, 72
Partikularisierung, 73
Spezialisierung, 73
Universalisierung, 72
Verallgemeinerung, 72
Wertebereich, 72
Generalisierungsoperator, 73
Gerade Zahlen, 23
Gesamtheit, 70
Gödelisierung, 171
Gödelnummer, 171
Gödelsche Unvollständigkeitssätze, 169
Grenzen der formalen Logik: siehe Logik, formal, 14
Grenzen der Symbolisierung: siehe Symbolisierung, 16
Gruppe, 33, 88
abelsch, 35

abstrakt, 34
Axiome, 33
endlich, 34
isomorph, 34
kommutativ, 34, 35
symbolisiert, 137
torsionsfrei, 35, 137
Gruppenaxiome, 33
nichtisomorphe Modelle, 33
Gruppenstruktur: siehe Gruppe, 33

Hornwinkel, 196
Hypernatürliche Zahlen, 13, 15, 37, 38, 47, 51, 156
Hyperreelle Zahlen, 206
Axiome, 213
endlich, 206
externe Mengen, 209
finit, 206
infinit, 206
infinitesimal, 206
infinitesmial benachbart, 207
interne Funktion, 210
interne Menge, 209
Monade, 207
Standardteil, 208
Stetigkeit, 211
unendlich, 206

Ideal, 195
maximal, 201
Idee, 53
Identität, 229
Identitätsprinzip, 61
Implikation, 58–61
Hypothetische Syllogismen, 61
prädikatenlogisch, 76
Individuen, 69
unbestimmt, 71
Individuenvariablen, 71
Induktionsaxiom, 13, 19, 20
Minimalbedingung, 21
induktiv, 19
infinit, 199, 206
infinitesimal, 199, 206
infinitesimal benachbart, 207
Inhalt: siehe Form, 11
interne Funktionen, 48
interne Mengen, 47
Interpretation, 75, 78, 88
Intervallschachtelung, 194
Intuitionismus, 105
Isomorphie, 13, 15

J-Menge, 113

Kalkül: symbolisch, siehe Prädikatenkalkül, 14, 105
Kardinalzahl, 36
kategorisch, 13, 23, 233
Kette
unendlich absteigend, 29, 46
Kettenbruch, 194
Kettenschluß, 64, 80
Klasse, 98
Klassen-Mengen-Lehre, 105
Klassen-Relationenform, 100
allgemeingültig, 100
erfüllbar, 100
Klassenalgebra, 100
Klassenbildung, 98, 105
Abstraktionsprinzip, 98
Allklasse, 98
Einermenge, 99
Element, 98
Extensionalitätsprinzip, 98
Klassenbildungsprinzip, 104
Komprehensionsprinzip, 98, 104
leere Klasse, 98
Nullklasse, 98
Teilklasse, 100
Klassenlehre, 105
Klassenlogik, 14, 70, 97
formal, 54
Gesetze, 99
Grenzen, 103
Körper, 191
Adjunktion, 197
algebraisch abgeschlossen, 197
algebraischer Erweiterungskörper, 197
algebraischer Zahlkörper, 197
angeordnet, 191
archimedisch geordnet, 192
Einbettung, 192
isomorph, 192
maximal archimedisch, 193
nichtarchimedisch, 196
ordnungsvollständig, 191
Quotientenkörper, 196

rationale Funktionen, 196
reell-abgeschlossen, 197, 214
Theorie, 214
reell-abgeschlossen angeordnet, 214
reeller Zahlkörper, 197
vollständig, 191
vollständig angeordnet, 191
kofinit, 43
Kommunikation, 15, 54, 131
Komprehensionsprinzip, 98
Konjunktion, 57
Abschwächung, 64
Konklusion, 63, 78
konsistent
deduktiv, 65
formal, 63
Konstanten, 58, 87
Konstruierbarkeit
endlich, 132
Konstruktivismus
finit, 105
Kontextdefinition, 89
Kontingenz, 59, 76
Kontradiktion, 59, 76
Kontrapositionsgesetz, 61
Kontrapositionsschluß, 64
Kontravalenz, 57
Korrektheit, 65
deduktive, 65, 66, 81, 94

Limeskardinalzahlen, 37
Limeszahlen, 36
Logik
formal, 12, 14, 53
Grenzen, 14, 54, 128
Unvollständigkeit erster Art, 128
Unvollständigkeit zweiter Art, 129
klassisch aristotelisch, 12, 82
mathematisch, 133
symbolisch, 12, 14, 54, 106, 133
theoretisch, 133
Logikkalkül, 133
Logistik, 133

Mächtigkeit, 116
Manipulation, 132
Menge
aufzählbar, 166
entscheidbar, 166
rekursiv, 166
rekursiv aufzählbar, 166
Mengenlehre, 102
mathematisch, 14, 102, 112
symbolisiert, 174
Skolemsches Paradoxon, 174
ZF-Axiome, 174
Metaebene, 110
Modell, 13, 15, 23, 62, 88
nicht intendiert, 15
modus ponens, 61, 63, 81
modus tollens, 61, 63
Monade, 207
Monomorphie, 13, 21, 23, 26, 93, 163

Nachfolgerfunktion, 12, 13, 18
Natürliche Zahlen, 12
ordnungstheoretischer Gesichtspunkt, 17
Addition, 12, 19, 25
Assoziativgesetz, 20
Kommutativgesetz, 20
algebraische Erweiterung, 36
algebraischer Gesichtspunkt, 12, 17
Distributivgesetz, 20
Eindeutigkeit, 21
formallogische Darstellung
allgemeine Existenzbeweise, 124
Axiome, 121
bedingte Definition, 123
Beweise, 123
Definitionen, 122
direkte Beweise, 124
Explizitdefinition, 122
indirekte Beweise, 124
konkrete Existenzbeweise, 125
konstruktive Beweise, 125
Kontextdefinitionen, 123
Prädikate, 121
rekursive Definitionen, 122
Theoreme, 123
Mengendarstellung
Von Neumann, 24
Zermelo, 24
Multiplikation, 12, 20, 25
Assoziativgesetz, 20
Kommutativgesetz, 20
Nachfolger, 17, 18
Ordnungseigenschaften, 12, 27
Ordnungsstruktur, 27

ordnungstheoretische Erweiterung, 9, 35, 36
ordnungstheoretischer Gesichtspunkt, 12
Ordnungstypus, 36, 39
Reihenfolge, 12, 17
Standardmodell, 23
Struktur, 21
Strukturerweiterung, 13
Unendlichkeit, 30
Negation, 57
doppelt, 61
Negator, 57
New Foundations, 105
Nichtstandardanalysis, 15, 200, 216
Ableitung, 217
Differential, 217
Differentialquotient, 217
gleichmässig stetig, 217
Limes, 216
Stetigkeit, 216
Nichtstandardelemente, 46, 51, 204, 206
Sequenz, 46
Nichtstandarderweiterung, 47, 48
Nichtstandardzahlen, 9, 15, 37, 38
Ordnungstypus, 39
Bedeutung, 218
Sequenz, 39
Nichtstandardzahlen: symbolisiert, siehe Peano-Arithmetik: symbolisiert, 147
Nichtwiderspruchsprinzip, 61
Normalform
prӓnexe, 223
Skolemsche, 224
n-stellige Funktion, 138
n-stellige Relation, 138
Nullfolge, 195
Nullklasse, 98

Objektebene, 110
Omegazahl, 205
Ordinalzahlen, 36
Ordnung
archimedisch, 13, 16
diskret, 13, 28
diskret linear, 13, 16
erstes Element, 28
letztes Element, 28
linear, 13, 27
Ordnungsnachfolger, 28
Ordnungsvorgänger, 28
symbolisiert, 137
total, 13, 27, 191
wohlgeordnet, 29
Ordnungsstruktur: siehe Ordnung, 27

Peano-Arithmetik, 25, 52, 136
Axiome, 26
monomorph, 26
Standardstrukturen, 29
symbolisiert, 138
Peano-Arithmetik: symbolisiert, 136, 147, 163, 173
S-Satz
semantisch unabhängig, 152
syntaktisch unabhängig, 162
S-Satzmenge
deduktiv abgeschlossen, 162
kategorisch, 163
monomorph, 163
syntaktisch vollständig, 162
vollständig, 163
Axiome, 136
Axiomensystem, 167
Hypernatürliche Zahlen, 156
Nichtstandardmodell, 147, 149, 151, 152
Adjunktionsmethode, 153, 157
Axiomatik, 159
elementare Einbettung, 156
externe S-Ausdrücke, 156
interne S-Ausdrücke, 156
Ordnungsstruktur, 149
Ordnungstypus, 151
Skolems Konstruktion, 158
Ultrapotenmethode, 154, 157
Nichtstandardzahlen, 149, 150
Bedeutung, 160
Sequenz von Nichtstandardzahlen, 150
Standardelemente, 152, 156
Standardmodell, 152
Theorem von Skolem, 147
Theorie, 162
semantisch vollständig, 162
Theorie von $\mathcal{N}$, 147
Unvollständigkeit, 164
vollständige Arithmetik, 147
Vollständigkeit, 162
Peano-Axiome, 9, 12, 15–18, 121, 132
kategorisch: siehe monomorph, 13
Modelle, 13, 23
nicht-isomorph, 15

monomorph, 13, 15, 21
Nichtstandardmodell: siehe Hypernatürliche Zahlen, 15, 16
notwendig und hinreichend, 21
Rechenregeln, 133
Symbolisierung, 135, 136
Zahlendarstellung, 133
Zahlwort, 132
Peano-Axiome: symbolisiert, 135, 173
Axiomenschema, 135
kategorisch, 136
monomorph, 136
Peano-Struktur, 21, 23
isomorph, 21
monomorph, 21
Peano-Theorie, 15
Unvollständigkeit, 15
ponendo ponens, 80
Prädikat, 71
Argument, 71
einstellig, 14, 69, 82, 97
extensionale Auffassung, 97
intensionale Auffassung, 97
mehrstellig, 69, 97
unbestimmt, 71
Prädikatenalgebra
monadisch, 100
Prädikatenbestimmung, 75
Prädikatenform, 75
allgemeingültig, 76
Axiom, 87
Belegung, 75, 78
Deutung, 75
Eindeutigkeit, 89
erfüllbar, 78
Existenz, 89
Folgerung, 78
Folgesatz, 78
Generalisierung des Vordergliedes, 78
Interpretation, 75, 78
Konklusion, 78
Kontingenz, 76
Kontradiktion, 76
Modell, 78
partikulär erfüllbar, 76
Partikularisierung des Hintergliedes, 78
Prämisse, 78
Schlußfolgerung, 78
Schlußsatz, 78
Tautologie, 76
teilgültig, 76
Theorem, 87
unerfüllbar, 76
ungültig, 76
universell erfüllbar, 76
Vordersatz, 78
Widerspruchsfreiheit, 89
Prädikatenkalkül, 106
S-Adäquatheit, 145
S-Ausdruck, 135
S-Aussage, 135
S-Belegung, 138
S-Folgerungsbeziehung, 139
S-Formel, 135
S-Interpretation, 138
S-Modell, 139, 140
S-Modellbeziehung, 139
S-Satz, 135, 138, 145
semantisch unabhängig, 162
syntaktisch unabhängig, 162
S-Satzmenge
deduktiv abgeschlossen, 162
monomorph, 163
semantisch vollständig, 162
syntaktisch vollständig, 162
S-Schlußregeln, 142
Antezedensregel, 143
Fallunterscheidungsregel, 143
Korrektheit, 142
Voraussetzungsregel, 143
Widerspruchsregel, 143
S-Struktur, 138
S-Term, 134
S-Wahrheitswert, 138
S-Wahrheitswerttafel, 138
S-ableitbar, 142
S-allgemeingültig, 140, 178
S-beweisbar, 142
S-elementar äquivalent, 145
S-erfüllbar, 140
S-isomorph, 140
S-logisch äquivalent, 140
S-logische Vollständigkeit, 144
S-widerspruchsfrei, 143
Ableitung, 142
Adäquatheit des Sequenzenkalküls, 145
Alphabet, 134
atomarer Ausdruck, 135

Axiomenschema, 135
Beweis, 142
Endlichkeitstheorem, 145
engerer, 134
erfüllt, 139
erste Stufe, 15, 16, 134, 223
Unentscheidbarkeit, 179
folgt, 139
freie Variable, 135
Gödelscher Vollständigkeitssatz, 144
gebundene Variable, 135
gilt, 139
Koinzidenztheorem, 140
Kompaktheitstheorem, 145
Konstruktion, 134
Korrektheitstheorem, 143
Peano-Axiome, 135
Primformel, 135
Quantifizierung, 135
semantische Begriffe, 144
semantisches Endlichkeitstheorem, 145
Sequenzenkalkül, 142
Sprache, 134
Symbolmenge, 134
syntaktische Begriffe, 144
syntaktisches Endlichkeitstheorem, 143
Theorem von Löwenheim-Skolem, 145
Theorem von Skolem, 147
Theorie, 145, 162
(semantisch) vollständig, 145, 162
Vollständigkeit, 163
zweite Stufe, 15, 136, 177
S-logische Unvollständigkeit, 177
Unvollständigkeit, 179
Prädikatenlogik, 14, 15, 54–56, 69, 70
Äquivalenz, 76, 80
Ableitung, 81
Adäquatheit, 81
analoge Gesetze, 77
Axiom, 87
Axiomatisierung, 86
Axiomensystem, 87
Beweis, 81
Deduktion, 77, 81
dritte Stufe, 75
erste Stufe, 74
Existenz, 96
Folgerung, 78
formal, 54, 69, 70
Gesetze, 76, 80
Grenzen, 86
Implikation, 76, 77, 80
Kettenschluß, 80
Mathematisierung, 86
Modell, 78
nichtklassisch, 86
Quadrat, 74
Quantifizierung, 72, 77
Schlußfolgerung, 79
Syllogismen der Implikation, 80
symbolisch, 14
Theorem, 87
Widerspruchsfreiheit, 96
zweite Stufe, 74
prädikatenlogisches Quadrat, 74
Prädikatenprädikate, 75
Prädikatenvariable, 71
Prämisse, 63, 78
Presburger-Arithmetik, 169
Prinzip des ausgeschlossenen Dritten, 61, 105, 109, 225
Projektive Punktreihe, 24
Proposition, 14, 53, 55
unbestimmte, 56
Propositionsform, 56
allgemeingültig, 59
Propositionsfunktor oder -operator, 56
Propositionslogik, 54–56, 58–60, 62, 63, 65–68
Ableitung, 68
Adäquatheit, 65
Axiomatik, 67
Axiomatisierung, 67
Beweis, 68
Deduktionsregeln, 67
formal, 54, 55
Gesetze, 59, 60, 68
Grenzen, 68
Konstanten, 58
Mathematisierung, 67
Quadrat, 62
Schlußfolgerung, 63
propositionslogisches Quadrat, 62
Propositionsvariable, 56
Psychologisierung, 12

Quantifizierung, 72, 74, 77, 86, 100, 134, 135, 177, 212
Spezalisierung, 72

Verallgemeinerung, 72
Quotientenkörper, 196

Rationale Zahlen, 13, 36, 192
reductio ad absurdum, 61, 64
reell-algebraisch, 197
Reelle Zahlen, 12, 191, 193
Axiome, 191
Körpererweiterung, 193
Kennzeichnung, 193
Konstruktion, 193
Dedekindsche Schnitte, 194
Dezimaldarstellung, 194
Fundamentalfolgen, 195
Intervallschachtelung, 194
Kettenbrüche, 194
Nichtstandarderweiterung, 198
algebraische Struktur, 207
externe Mengen, 209
interne Funktionen, 210
interne Mengen, 209
Stetigkeit, 211
Nichtstandardkonstruktion, 191
Adjunktion, 204
Nichtstandardelemente, 206
Omegazahl, 205
Standardelemente, 206
Ultrapotenzmethode, 202
Verallgemeinerte Adjunktion, 205
Reelle Zahlen: symbolisiert, 211
Axiome, 212
Nichtstandardmodell, 212
Adjunktion, 213
Axiomatik, 213
Ultrapotenz, 213
Vollständigkeitsaxiom, 212
Reelle Zahlen: symbolisiert:Axiome, 211
rekursiv, 19, 166
rekursiv aufzählbar, 166
Relation, 54, 69, 71, 97, 99
Relationenlogik, 14, 70, 97
Gesetze, 99
Grenzen, 103
Relativkalkül, 223
Replikation, 58
repräsentierbar, 170, 171
Ring der Fundamentalfolgen, 195
Russellsche Klasse, 104

Sachverhalt, 53
S-Ausdruck, 135
S-Aussage, 135
Schluß, 54, 63
Schlußfolgerung, 53
korrekt, 63, 79, 81
prädikatenlogisch, 78, 79
propositionslogisch, 63
Schlußform, 14, 54, 56
Bedingte Generalisierung, 79
Bedingte Partikularisierung, 80
Generalisierung des Vordergliedes, 79
korrekt, 54, 83
Partikularisierung des Hintergliedes, 79
Schlußsatz, 63, 78
Schlußschema, 62, 78
Selbstbezug, 111, 128
Verbot, 110
Sequenzenkalkül, 142
S-logische Vollständigkeit, 144
Adäquatheit, 145
S-Formel, 135
Skolemsche Methode, 48
Skolemsches Paradoxon, 174, 176
Speicherung, 132
sprachliche Repräsentation, 54
Standardelemente, 46, 51, 204, 206
Standardzahlen, 37
S-Term, 135
Stetigkeit, 200
Struktur, 13, 75, 87
arithmetisch, 26
Erweiterung, 13, 35
hypernatürlich, 40
isomorph, 21
Subjekt, 69
unbestimmt, 71
Subjektvariablen, 71
Subjunktion, 58
Umkehrung, 58
Substitutionsregel, 68
Syllogismus, 61, 64
korrekt, 83
korrekte Schlußform, 83
Modi, 84
Schlußfiguren, 84
Schlußformen, 84
Syllogistik, 14, 82
aristotelisch, 82, 85

Existenz-Postulat, 82
logisches Quadrat, 83
mathematisch, 85
unmittelbare Schlüsse, 83
vervollständigt, 85
symbolisch-logisch, 9
symbolische Darstellung, 133
Symbolisierung, 106, 133
Beschränkung, 126
Forderung, 126
Grenzen, 16, 181

Tautologie, 59, 60, 76
teilgültig, 59
Teilklasse, 100
tertium non datur, 61, 105, 109, 225
Theorem, 87
Theorie, 145, 162, 214
torsionsfrei, 35
Torsionsgruppe, 35, 137
Transitivität, 27
transzendent, 197
Trichotomie, 27
Typentheorie, 105

Ultrafilter, 44, 154, 203
Ultrapotenz, 15, 45
Ultrapotenzmethode, 13, 15, 42, 52, 152, 154, 157, 158, 202, 206, 209, 213
Umfang, 70
Umformung
äquivalente, 76
unendlich, 206
Dedekind, 31
gewöhnlich, 31
unendlich groß, 199
unendlich klein, 199
Unendlichkeitsaxiom, 230
Unentscheidbarkeit
Prädikatenkalkül erster Stufe, 179
unerfüllbar, 59, 76
ungültig, 59
unnatürliche Zahlen: siehe Nichtstandardzahlen, 13
Unvollständigkeit
Prädikatenkalkül zweiter Stufe, 179
Unvollständigkeitssatz
erster
Finsler, 16, 185
Gödel, 15, 16, 173, 182
zweiter
Finsler, 16, 187
Gödel, 16, 173, 182
Urteil, 14, 54

Variable: siehe Gegenstandsvariable oder Prädikatenvariable, 72
Verband
distributiv, 66
Verzweigungen, 18
vollständig
deduktiv, 94
prädikatenlogisch, 95
propositionslogisch, 65
relativ, 92
Vollständige Induktion, 13, 19, 48
Vordersatz, 63, 78

wahr, 55
Wahrheit, 14, 54
Wahrheitsfunktion, 57
einstellig, 57
zweistellig, 57
Wahrheitsfunktor, 57, 58
Wahrheitswert, 56
Wahrheitswerteverteilung, 58
Widerlegungsschluß, 63
widerspruchsfrei
deduktiv, 65, 94
formal, 63
relativ, 65, 92
semantisch, 140
syntaktisch, 143
Widerspruchsfreiheit, 16, 96, 115
relative, 106
Widerspruchsprinzip, 61
Wohlordnung, 29

Zählausdruck, 223
Zahlenreihe, 17
Zahlkörper
algebraisch, 197
algebraisch abgeschlossen, 198
reell, 197
reell-abgeschlossen, 198
Zeichen, 12
ZF-Axiome, 174
ZFC-Mengenlehre, 174, 175

Axiome, 174, 175
Zornsches Lemma: siehe Auswahlprinzip, 44
Zyklen , 18

Namenregister

Ackermann, Wilhelm, 233

Behmann, Heinrich, 239
Bernays, Paul, 105, 236–239
Brouwer, Luitzen E. J., 105

Cantor, Georg, 117, 119, 120, 183, 185, 188, 195, 202, 226, 232, 238
Carnap, Rudolf, 232
Cauchy, Augustin L., 195

Dedekind, Richard, 12, 13, 16, 17, 21, 31, 116, 194, 196, 231

Enriques, Federigo, 237–239

Finsler, Paul, 14, 16, 33, 106, 107, 112, 113, 118–120, 181, 184, 185, 187, 188
Fraenkel, Abraham A., 105, 174–177, 188, 227, 229
Fréchet, Maurice R., 44, 240
Frege, Gottlob, 55, 56, 85

Gödel, Kurt, 15, 105, 144, 169, 171–173, 179, 181, 182, 189, 233, 237
Gentzen, Gerhard, 233
Gonseth, Ferdinant, 238, 240

Herbrand, Jacques, 226, 229
Heyting, Arend, 105
Hilbert, David, 226, 236

Löwenheim, Leopold, 145, 148, 176, 177, 188, 189, 223, 224, 226, 227, 229–231, 237
Locher, Louis, 9, 16

Mazurkiewicz, Stefan, 237

Peano, Giuseppe, 9, 12, 13, 15–18, 25, 89, 121, 123

Quine, Willard V. O., 105

Russell, Betrand, 55, 104, 105, 110, 113, 188

Skolem, Thoralf, 9, 15, 16, 48, 51, 52, 105, 145, 147, 148, 152–154, 158, 174, 176, 177, 188, 189, 223–227, 233, 234, 237–239

Tarski, Alfred, 110, 111, 172, 173, 188, 214

Veblen, Oswald, 233
von Neumann, John, 24, 105, 227, 229, 233

Waisman, Friedrich, 16
Whitehead, Alfred N., 105

Zermelo, Ernst, 24, 105, 174–177, 188, 227, 229

Zum Autor

Renatus Ziegler studierte Mathematik und Theoretischen Physik an der ETH in Zürich. Promotion 1985 über geometrische Mechanik an der Universität Kassel. Zwei Jahr Tätigkeit in Forschung und Lehre an Universitäten der USA. Seit 2001 als wissenschaftlicher Mitarbeiter im Verein für Krebsforschung, Arlesheim (Schweiz), und seit 2011 auch Mitwirkender am Philosophicum in Basel.